"十二五"职业教育国家规划教材
经全国职业教育教材审定委员会审定
"十三五"职业教育国家规划教材

机械设计基础(第 2 版)

林 伟　向晓汉　主　编
商　进　吕伟文　郑贞平　副主编

电子工业出版社

Publishing House of Electronics Industry

北京·BEIJING

内容简介

本书依据职业院校自动化类专业的人才培养目标,对工程力学、机械原理、机械零件等学科的知识进行重新组合,并简化理论分析而来。全书共13个单元,主要内容包括机械设计概论、工程材料与钢的热处理、互换性技术、工程力学基础、平面连杆机构、齿轮传动、带传动和链传动、轴承、轴、连接、常用机构简介、机械创新、工业机器人的机械结构与安装。

本书可作为职业院校机电一体化技术、电气自动化技术等专业的教材,也可供广大工程技术人员参考。

未经许可,不得以任何方式复制或抄袭本书之部分或全部内容。
版权所有,侵权必究。

图书在版编目(CIP)数据

机械设计基础/林伟,向晓汉主编. —2版. —北京:电子工业出版社,2022.4
ISBN 978-7-121-37817-1

Ⅰ. ①机… Ⅱ. ①林… ②向… Ⅲ. ①机械设计—高等学校—教材 Ⅳ. ①TH122

中国版本图书馆 CIP 数据核字(2019)第 248358 号

责任编辑:朱怀永
印　　刷:北京七彩京通数码快印有限公司
装　　订:北京七彩京通数码快印有限公司
出版发行:电子工业出版社
　　　　　北京市海淀区万寿路173信箱　邮编　100036
开　　本:787×1092　1/16　印张:23.25　字数:595.2千字
版　　次:2015年2月第1版
　　　　　2022年4月第2版
印　　次:2025年7月第5次印刷
定　　价:64.80元

凡所购买电子工业出版社图书有缺损问题,请向购买书店调换,若书店售缺,请与本社发行部联系,联系及邮购电话:(010)88254888,88258888。
质量投诉请发邮件至 zlts@phei.com.cn,盗版侵权举报请发邮件至 dbqq@phei.com.cn。
本书咨询联系方式:(010)88254608 或 zhy@phei.com.cn。

编审编委会

组　长
钟　健

副组长
滕宏春　徐　兵　向晓汉　刘　哲　曹　菁

编委会委员

冰　妍	畅建辉	陈　伟	程立章	邓玲黎	丁晓玲
冯　宁	高　健	高志昌	胡继胜	李方园	林　伟
李湘伟	李　颖	廖雄燕	马金平	金龙国	麦艳红
莫名韶	石从刚	汪建武	王文斌	吴　海	吴逸群
杨春生	杨　芸	张　超	张惊雷	张　静	张君艳
仲照东					

前　言

本书对应的课程为机电类专业综合课程，遵照知识面宽、理论适度、技术新、强化技能、侧重职业素养培养的原则，该课程确立以"常用机构的正确分析和通用零件的正确选择"为主线，有机融合"工程材料及钢的热处理""极限配合和技术测量""工程力学""机械设计基础"等传统课程内容。在重组课程内容和编写本教材时，摒弃了原各门课程各为体系、分门别类地加以叙述的方法，而以课程主线为纲，从"常用机构的正确分析应用和通用零件的正确选择"的需要出发，引出"必需、够用"的基础理论知识。如从机构的运动副中引出约束力、从机构的分析应用中引出力系平衡、从正确选择通用零件中引出构件拉（压）、剪切、扭、弯等变形概念及强度计算方法等。避免以往为力学而学力学的倾向，使学生在学习力学的基础理论知识时有一个明确的"应用"方向，有一个实在的"应用"载体。

为使本课程更趋系统化和科学化，同时也为使学生对最基本的理论知识有一个全面正确的理解，便于今后的进一步学习。实际学习或教学中，在选用这些最基本的理论知识时，不再受原课程体系所束缚，而以课程主线为依据，使所选内容为新课程体系所选、为新课程体系所用，成为新课程体系的有机组成部分。

创新教育是教育界永恒的主题，在高职教育界更具现实意义。因此在本课程建设中，始终重视对学生进行创新意识的培养。除了本书内容的重组和编写是一个创新外，在书中还添加了机构创新的内容，在某一特定层面上培养学生的创新意识。

本书的每一单元均附有一定数量的习题，以便学生学完该单元后对所学内容的复习和巩固。

本书可作为自动化类各专业的教材，也可供工程技术人员参考。

本书单元1、4、5、9、12、13由无锡职业技术学院林伟编写；单元2由无锡职业技术学院向晓汉编写；单元3由无锡职业技术学院郑贞平编写；单元6、11由无锡职业技术学院吕伟文编写；单元7、10由青岛职业技术学院李颖、王海琴编写；单元8由无锡职业技术学院朱耀武编写。全书由林伟、向晓汉任主编，吕伟文、郑贞平任副主编。全书由无锡职业技术学院倪森寿主审。

在课程建设和教材编写中，得到了各级领导和广大教师的帮助和支持，在此谨表衷心感谢。

本书是高职课程改革探索的成果，限于编者的水平，书中疏漏和不足在所难免，恳请读者批评指正。

编　者
2020年9月

目 录

单元1 机械设计概论 ………………………………………………………………………… 1

单元2 工程材料与钢的热处理 …………………………………………………………… 6
   2.1 材料的力学性能和工艺性能 ……………………………………………………… 6
   2.2 常用工程材料 ……………………………………………………………………… 11
   2.3 钢的常用热处理及其作用 ………………………………………………………… 21
   习题 ……………………………………………………………………………………… 28

单元3 互换性技术 …………………………………………………………………………… 30
   3.1 互换性概述 ………………………………………………………………………… 30
   3.2 光滑圆柱结合的公差与配合 ……………………………………………………… 31
   3.3 形状和位置公差 …………………………………………………………………… 53
   3.4 表面结构 …………………………………………………………………………… 68
   习题 ……………………………………………………………………………………… 74

单元4 工程力学基础 ………………………………………………………………………… 78
   4.1 静力学基础 ………………………………………………………………………… 78
   4.2 刚体的运动力学 …………………………………………………………………… 82
   4.3 载荷和应力的分类 ………………………………………………………………… 93
   4.4 机械零件的主要失效形式及工作能力准则 …………………………………… 94
   习题 ……………………………………………………………………………………… 96

单元5 平面连杆机构 ………………………………………………………………………… 101
   5.1 机器和机构 ………………………………………………………………………… 101
   5.2 平面机构运动简图 ………………………………………………………………… 104
   5.3 平面四杆机构及其应用 …………………………………………………………… 109
   5.4 平面机构支反力和构件受力分析 ………………………………………………… 116
   5.5 平面机构中拉(压)构件的强度和变形计算 …………………………………… 125
   习题 ……………………………………………………………………………………… 133

单元6 齿轮传动 ……………………………………………………………………………… 139
   6.1 齿轮传动的特点和分类 …………………………………………………………… 139

6.2	渐开线齿廓	141
6.3	直齿圆柱齿轮的主要参数及几何尺寸	143
6.4	渐开线直齿圆柱齿轮的啮合传动	147
6.5	渐开线直齿圆柱齿轮的切齿干涉和变位齿轮简介	148
6.6	齿轮失效形式与齿轮材料	151
6.7	标准直齿圆柱齿轮传动设计计算	155
6.8	斜齿圆柱齿轮传动	164
6.9	直齿圆锥齿轮	168
6.10	蜗杆传动	170
6.11	轮系	177
习题		183

单元7 带传动和链传动 ·············· 187

7.1	带传动概述	187
7.2	带传动的工作能力分析	192
7.3	普通V带传动的设计计算	196
7.4	链传动概述	203
7.5	链传动的运动分析、受力分析、布置及润滑	207
习题		209

单元8 轴承 ·············· 210

8.1	轴承的功用和类型	210
8.2	滚动轴承的组成、类型及特点	211
8.3	滚动轴承的代号	214
8.4	滚动轴承的选择和计算	217
8.5	滚动轴承的组合设计	223
8.6	滚动轴承的润滑与密封	227
8.7	滑动轴承简介	228
习题		233

单元9 轴 ·············· 234

9.1	轴概述	234
9.2	传动轴的强度和刚度——构件的扭转问题	236
9.3	心轴的强度和刚度——构件的弯曲问题	245
9.4	转轴的强度——构件的弯扭组合问题	255
9.5	轴结构尺寸的确定	257
习题		262

单元 10 连接 ... 267

- 10.1 键连接和销连接 ... 267
- 10.2 螺纹连接 ... 272
- 10.3 联轴器、离合器和制动器 ... 286
- 习题 ... 291

单元 11 常用机构简介 ... 294

- 11.1 凸轮机构 ... 294
- 11.2 螺旋机构 ... 298
- 11.3 间歇运动机构 ... 300
- 11.4 其他新型传动机构 ... 304
- 习题 ... 309

单元 12 机械创新 ... 311

- 12.1 机械创新设计概述 ... 311
- 12.2 平面四杆机构尺寸的确定 ... 314
- 12.3 机构的演化 ... 316
- 12.4 机构的组合与创新 ... 318
- 习题 ... 327

单元 13 工业机器人的机械结构与安装 ... 328

- 13.1 工业机器人的分类 ... 328
- 13.2 工业机器人的机械结构 ... 332
- 13.3 工业机器人的机械装配和本体安装 ... 343
- 习题 ... 357

附录 A 滚动轴承 深沟球轴承 外形尺寸 ... 358

附录 B 滚动轴承 角接触球轴承 外形尺寸 ... 359

单元1 机械设计概论

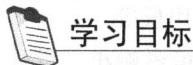
学习目标

了解机械设计的一般程序、基本要求和基本方法。

一、机器的基本组成要素

在一部现代化的机器中,常会包含着机械、电气、液压、气动、润滑、冷却、控制、监测等系统的部分或全部,但是机器的主体仍然是它的机械系统。机械系统总是由一些机构组成,每个机构又是由许多零件组成。所以,机器的基本组成要素就是机械零件。

机械零件可分为两大类:一类是在各种机器中经常都能用到的零件,叫作通用零件,如螺钉、齿轮、链轮等;另一类是在特定类型的机器中才能用到的零件,叫作专用零件,如叶片、螺旋桨、曲轴等。

二、设计机器的一般程序

一部新机器的设计过程大致分为以下几个阶段。

(1) 计划阶段

计划阶段是设计机器的预备阶段,其目标是拟定出设计任务书。在此阶段,要根据社会和市场的需求,明确所设计机器的功能范围和性能指标;根据现有的技术资料进行可行性研究,明确设计中要解决的关键问题,最后形成设计任务书。设计任务书应包括机器的功能、经济性估计、制造要求、基本使用要求、预计设计期限等。

(2) 方案设计阶段

本阶段对设计机器的成败起关键作用,其目标是确定一个原理性的设计方案。在此阶段,要按设计任务书的要求,提出可能采用的多种方案,并对这些方案在技术、经济、可靠性等方面进行综合评价,最后进行决策,确定可进行技术设计的原理图或机构运动简图。

(3) 技术设计阶段

技术设计阶段产生总装配草图及部件装配草图。在此阶段,要按已确定的设计方案,进行运动学、动力学计算,零件的工作能力计算和结构设计,最后绘制出总装配图、部件装配图和零件图。在这一过程中,计算、绘图、修改常常是反复交叉进行的。本阶段所涉及的问题是机械设计课程最主要的研究任务。

(4) 技术文件编制阶段

技术文件编制阶段是设计机器的最后一个阶段,其目标是编写机器的设计计算说明书、使用说明书等文件。设计计算说明书中应包括方案选择和技术设计的全部结论性内容;使用说明书应向用户介绍机器的性能参数范围、使用操作方法、日常保养及简单的维修方法、备用件目录等。

三、设计机器应满足的基本要求

设计机器应满足的基本要求如下：

① 使用功能要求。所设计的机器必须实现预定的使用功能。为此，正确地选择机器的工作原理是最重要的。此外，还应正确地选择执行机构和机械传动方案等。

② 经济性要求。机器的经济性是一个综合性指标，它要求设计和制造的成本低，生产周期短，使用机器的生产率高、效率高，能源和原材料消耗少，维护和管理费用低等。

③ 劳动保护要求。对所设计的机器，要求操作方便、安全，并对周围环境影响小。设计机器时，操作机构要适应人的生理条件，使操作轻便省力；要保证机器使用人员的人身安全，应设有安全防护装置。同时，应降低机器噪声，防止有害介质的渗漏，减轻对环境的污染。机器的外形和色彩应协调，符合工程美学的要求以美化工作环境。

④ 可靠性要求。机器的可靠性是指机器在使用过程中性能的稳定性，是机器的一个重要质量指标。可靠性高，说明机器使用过程中发生故障的概率小，能正常工作的时间长。机器的可靠性高低是用可靠度来衡量的。机器的可靠度是指在规定的工作条件下和预定的使用期内机器能够正常工作的概率。

⑤ 其他专用要求。这是对某种类型机器提出的一些特有的要求。例如，食品机器应能保持产品清洁，建筑机器要便于拆装和搬运，飞机应具有质量小、飞行阻力小、运载能力大的性能等。

四、设计机械零件应满足的基本要求

设计机械零件应满足的基本要求如下：

① 工作能力要求。组成机器的所有零件必须具有相应的工作能力，否则就会失效。为避免在预定寿命期内失效，机械零件应具有强度大、刚度足、抗疲劳、耐磨损和防腐蚀等性能。

② 结构工艺性要求。机械零件具有良好的结构工艺性，就是要求零件结构合理，外形简单，在既定生产条件下易于加工和装配。零件的结构工艺性不仅与毛坯制造、机械加工、装配要求有关，而且还与零件的材料、生产批量、生产设备条件等有关。零件的结构设计对零件的结构工艺性具有决定性的影响，是学习机械设计时应掌握的一个重点内容，要予以足够的重视。

③ 经济性要求。经济性要求就是要降低零件的生产成本。从经济性考虑，可以采取以下一些措施：尽量采用标准化的零部件以取代需要加工的零部件；采用廉价材料代替贵重材料；采用轻型结构以减少零件的用料；采用少余量或无余量的毛坯或简化零件结构，以减少加工工时；采用装配工艺性良好的结构以减少装配工序和工时等。

④ 质量小的要求。要尽量减少机械零件的质量，因为这样可减少材料的消耗，降低成本，还可以减小运动零件的惯性以改善机器的动力性能。

⑤ 可靠性要求。机器是由许多零件组成的，因而机器的可靠性取决于机械零件的可靠性。为了提高零件的可靠性，应当使工作条件和零件性能的随机变化尽可能小，并在使用中加强维护和对工作条件进行监测。

五、机械零件的主要失效形式

机械零件由于某种原因不能正常工作，称为失效。机械零件的失效形式主要有以下几种：

① 整体断裂。整体断裂分为一次断裂和疲劳断裂两类。当零件受外载荷作用,由于危险截面上应力超过零件的强度极限时而发生的断裂称为一次断裂。当零件在循环变应力作用下工作较长时间以后,危险截面上的应力超过零件的疲劳极限时所发生的断裂称为疲劳断裂。在机械零件的整体断裂失效中,多数属于疲劳断裂。

② 过大的残余变形。如果作用于零件上的应力超过了材料的屈服极限,则零件将产生残余变形。如机床上夹持定位零件的过大的残余变形,会降低加工精度。

③ 表面破坏。机器中的零件都要与别的零件发生静接触或动接触,或形成配合关系,因此表面破坏是机械零件经常发生的一种失效形式。机械零件的表面破坏主要是腐蚀、磨损和接触疲劳。腐蚀是金属表面与周围介质发生的一种电化学或化学侵蚀现象,使零件表面产生锈蚀而破坏。磨损是两个接触表面在做相对运动过程中表面材料的脱落或转移的现象。接触疲劳是零件表面长期受到接触变应力的作用而产生裂纹或微粒剥落的现象。这些破坏形式都是随工作时间的延续而逐渐发生的失效形式。

④ 破坏正常工作条件引起的失效。有些机械零件只有在一定的工作条件下才能正常工作。如果这些工作条件被破坏,就将导致零件失效。例如,对于带传动,当其所传递的有效圆周力超过临界摩擦力时,将发生打滑失效;对于高速转动的零件,当其转速与转动件系统的固有频率接近时,就会发生共振而使零件不能工作。

六、机械零件的计算准则

为了避免机械零件失效,在设计零件时进行计算所依据的准则是与零件的失效形式密切相关的。一个机械零件可能有多种失效形式,但在设计时,应根据其主要的失效形式而采用相应的计算准则。主要的计算准则如下:

① 强度准则。强度是机械零件抵抗整体断裂、塑性变形和表面接触疲劳的能力。例如,对一次断裂来讲,应力不超过材料的强度极限;对疲劳破坏来讲,应力不超过零件的疲劳极限;对残余变形来讲,应力不超过材料的屈服极限。其一般的表达式为

$$\sigma \leqslant \sigma_{\lim} \tag{1-1}$$

考虑到各种偶然性或难以精确分析的影响,式(1-1)右边要除以设计安全系数 S,即

$$\sigma \leqslant \frac{\sigma_{\lim}}{S} \tag{1-2}$$

式中,$\sigma_{\lim}$——极限应力。对应于一次断裂、疲劳断裂、塑性变形和表面接触疲劳,分别为材料的强度极限、零件的疲劳极限、材料的屈服极限和零件的接触疲劳极限。

② 刚度准则。刚度是机械零件抵抗弹性变形的能力。如果零件的刚度不够,就会因过大的弹性变形而引起失效。刚度准则是指零件在载荷作用下产生的弹性变形量不超过许用变形量。其表达式为

$$y \leqslant [y] \tag{1-3}$$

式中,y——弹性变形量,可由各种求变形量的理论或试验方法确定;

$[y]$——许用变形量,即机器工作性能所允许的极限值,应随不同的工作情况,由理论值或经验值来确定其合理的数值。

③ 寿命准则。寿命是机械零件能正常工作延续的时间。影响零件寿命的主要失效形式为腐蚀、磨损和疲劳。由于它们各自的产生机理和发展规律不同,应有相应的寿命计算方

法。但对于腐蚀和磨损,目前尚无法给出相应的寿命准则。对于疲劳寿命,通常是用求出使用寿命时的疲劳极限来作为计算的依据。

④ 振动稳定性准则。振动是指机械零件发生周期性的弹性变形现象。一般情况下,零件的振幅较小。但当零件的固有频率 f 与激振源(如做往复运动的零件、偏心转动的轴、啮合的齿轮等)的频率接近或成整倍数关系时,零件就会发生共振,振幅急剧增大,致使零件破坏或机器工作失常。这种现象就称为失去振动稳定性。振动稳定性准则是指设计时使机器中受激振作用的各零件的固有频率与激振源的频率 f_p 错开。其条件表达式通常为

$$0.85f > f_p \quad \text{或} \quad 1.15f < f_p \tag{1-4}$$

由于激振源的频率取决于往复行程数或工作转速,通常为确定值,故当不能满足上述条件时,可用改变零件和系统的刚性、改变支撑位置、增加或减少辅助支撑等办法来改变零件的固有频率 f,以避免发生共振。

此外,提高回转件的动平衡精度、采用隔振元件把激振源与零件隔开以防止振动传播、采用阻尼以消耗引起振动的能量等措施,都可改善零件的振动稳定性。

七、机械零件的设计方法

机械零件的常规设计方法有以下几种:

① 理论设计。理论设计是指根据设计理论和试验数据所进行的设计。它可分为设计计算和校核计算两类。设计计算是根据零件的工作情况,选定计算准则,按其所规定的要求计算出零件的主要几何尺寸和参数。校核计算是先按其他办法初步拟定出零件的主要尺寸和参数,然后根据计算准则所规定的要求校核零件是否安全。由于校核计算时,已知零件的有关尺寸,因此能计入影响强度的结构因素和尺寸因素,计算结果比较精确。

② 经验设计。经验设计是根据已有的经验公式或设计者本人的工作经验,或借助类比方法所进行的设计。这种设计方法主要适用于使用要求相对固定而结构形状已典型化的零件,如箱体、机架、传动零件等。

③ 模型试验设计。模型试验设计是对一些尺寸巨大、结构复杂的重要零件,根据初步设计的结果,按比例制成小尺寸的模型,经过试验对其各方面的特性进行检验,再根据试验结果对原设计进行逐步修改,从而达到完善的设计。模型试验设计是在设计理论还不成熟,已有的经验又不足以解决设计问题时,为积累新经验、发展新理论和获得好结果而采用的一种设计方法。但这种设计方法费时、耗资,一般只用于特别重要的设计中。

八、机械零件设计的一般步骤

机械零件设计的一般步骤如下:

① 选择零件的类型和结构。这要根据零件的使用要求,在熟悉各种零件的类型、特点及应用范围的基础上进行。

② 分析和计算载荷。分析和计算载荷,是根据机器的工作情况,来确定作用在零件上的载荷。

③ 选择合适的材料。要根据零件的使用要求、工艺要求和经济性要求来选择合适的材料。

④ 确定零件的主要尺寸和参数。根据对零件的失效分析和所确定的计算准则进行计算,便可确定零件的主要尺寸和参数。

⑤ 零件的结构设计。应根据功能要求、工艺要求、标准化要求,确定零件合理的形状和结构尺寸。

⑥ 校核计算。只是对重要的零件且有必要时才进行校核计算,以确定零件工作时的安全程度。

⑦ 绘制零件的工作图。

⑧ 编写设计计算说明书。

九、机械零件材料的选用原则

机械零件材料选择的一般原则是应满足零件的使用性、工艺性和经济性三方面的要求。

(1) 使用性要求

使用性要求是指零件的受载情况、工作条件、零件的尺寸和质量的限制等。例如,对于承受变应力的零件,应选择疲劳强度极限高的材料;对于受冲击载荷的零件,应选用韧性较好的材料;对于受接触应力较大的零件,应选用经表面强化处理的材料;在湿热环境下工作的零件,应选择防锈和耐蚀材料;在高温下工作的零件,应选用耐热材料;在滑动摩擦下工作的零件,应选用减摩、耐磨材料;对于要求强度高而质量小的零件,应选用强度极限与密度之比较高的材料;对于要求刚度大而质量小的零件,应选用弹性模量与密度之比较高的材料等。

(2) 工艺性要求

工艺性要求是指零件所用材料应使其在毛坯制造、热处理和冷加工时都易于进行。对于毛坯制造,结构简单的可用锻造,结构复杂的宜采用铸造或焊接。锻造材料的工艺性是指材料的延展性、热脆性和塑性变形能力等。铸造材料的工艺性是指材料的液态流动性、收缩率、偏析程度和产生缩孔的可能性等。焊接材料的工艺性是指材料的可焊性和焊缝产生裂纹的倾向性等。热处理工艺性是指材料的淬硬性、淬火变形倾向性和淬透性等。冷加工工艺性是指材料的硬度、易切削性、冷作硬化程度和切削后能达到的表面粗糙度等。

(3) 经济性要求

经济性要求是一个综合性的指标。在满足使用要求的基础上,尽可能选择价格低廉的材料,同时还应考虑使材料的利用率高、加工费用低和供应状况好等因素。

十、机械设计中的标准化

在机械设计中,标准化的作用非常重要。

标准化包括三方面的内容,即零件标准化、产品系列化和部件通用化。零件标准化是通过对零件的尺寸、结构要素、材料性能、检验方法、设计方法和制图要求等制定出各式各样的供设计者共同遵守的标准。产品系列化是产品在同一基本结构或基本尺寸的条件下,按一定的规律优化组合成若干个不同规格尺寸的产品。部件通用化是指在系列产品内部或跨系列产品之间采用同一结构和尺寸的零部件。

标准化在简化设计工作、缩短设计周期、提高设计质量、便于专业化生产、扩大互换性、便于维修、保证产品质量和降低成本等方面具有重要意义。

我国现行标准有国家标准(GB)、部标准、专业标准和企业标准等。出口产品一般应符合国际标准(ISO)。

单元 2　工程材料与钢的热处理

学习目标

（1）了解材料的力学性能和工艺性能；
（2）掌握常用金属材料的牌号及选用；
（3）了解非金属材料的牌号及选用；
（4）了解钢的常用热处理种类及作用；
（5）掌握钢常用热处理种类的选用。

2.1　材料的力学性能和工艺性能

材料是人类社会发展的重要物质基础，它是现代科学技术和生产发展的重要支柱之一。工程材料之所以获得广泛的应用，是因为它们具备许多优异的性能。这些性能可分为两类：一类是使用性能，反映材料在使用过程中所表现出来的特性，如力学性能（强度、硬度、塑性、韧性等）、物理性能（导电性、导热性、热膨胀性和磁性等）和化学性能（抗氧化性、耐腐蚀性）等；另一类是工艺性能，反映材料在加工制造过程中所表现出来的特性，如铸造性、锻造性、焊接性、切削加工性和热处理性等。

一、金属材料的力学性能

任何一台机器都是由零件、部件所组成的，而零件在使用时都承受外力的作用。材料在外力作用下所表现出来的特性是力学性能。它的主要指标是强度、塑性、硬度、冲击韧性和疲劳强度等。上述指标既是选材的重要依据，又是控制、检验材料质量的重要参数。

材料受外力作用时，会引起尺寸与形状的改变，这种外力叫载荷（或称负荷），尺寸和形状的改变叫变形。载荷与变形的关系可用试验的方法测定。

拉伸试验是测定材料静态力学性能指标的常用方法。通常将材料制成标准试样，装在拉伸试验机上，对试样缓慢施加拉力，使之不断地产生变形，直到拉断试样为止。根据拉伸试验过程中的载荷和对应的变形量关系，可画出材料的拉伸曲线。如图 2-1 所示为低碳钢的拉伸曲线。图中的纵坐标表示载荷 F，横坐标表示变形量 Δl。通过拉伸曲线可测定材料的强度与塑性。

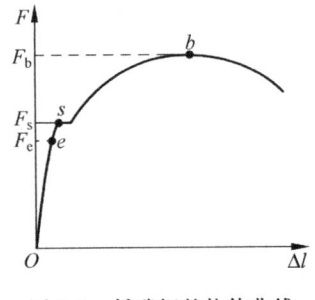
图 2-1　低碳钢的拉伸曲线

1．强度

强度是材料在载荷（外力）作用下抵抗塑性变形和破坏的能力。抵抗塑性变形和破坏的能力越大，则强度越高。

材料受到外力作用会发生变形，同时在材料内部产生一个抵抗变形的力（又称内力），其大小和外力相等，方向相反。

在单位截面积上产生的内力称为应力,单位为 Pa(帕),即 N/m^2。工程上常用 MPa(兆帕),$1MPa=10^6Pa$,或 $1MPa=10^6 N/mm^2$。

(1) 屈服点

由图 2-1 可知,当载荷增加到 F_s 时,在不再继续增加载荷的情况下,试样仍能继续伸长,这种现象称为屈服。将开始发生屈服现象时的应力,即开始出现塑性变形时的应力,叫作屈服极限 σ_s。

$$\sigma_s = \frac{F_s}{A_0}$$

式中,F_s——试样屈服时的载荷,N;

A_0——试样的原始截面面积,mm^2。

屈服强度是设计和选取材料的主要依据之一。

(2) 抗拉强度

当载荷超过 F_s 以后,试样将继续变形,载荷达到最大值后,试样产生缩颈,有效截面急剧减小,直至断裂。抗拉强度是试样在断裂前所能承受的最大应力,用 σ_b 表示。

$$\sigma_b = \frac{F_b}{A_0}$$

式中,F_b——试样断裂前的最大载荷,N。

2. 塑性

塑性是材料断裂前发生不可逆永久变形的能力。材料断裂前的塑性变形越大,表示它的塑性越好,反之则表示其塑性越差。常用的塑性指标是断后伸长率和断面收缩率。

(1) 断后伸长率

断后伸长率是指试样拉断后的标距伸长量和原始标距的百分比,用 δ 表示。

$$\delta = \frac{l_1 - l_0}{l_0} \times 100\%$$

式中,l_0——试样原始的标距长度;

l_1——试样断裂后的标距长度。

拉伸试样通常采用圆棒试样,原始标距 l_0 与原始直径 d_0 之间通常有一定的比例关系。$l_0 = 10d_0$ 时,称为长试样;$l_0 = 5d_0$ 时称为短试样。使用长试样测定的断后伸长率用符号 δ_{10} 表示,通常写成 δ;使用短试样测定的断后伸长率用符号 δ_5 表示。同一种材料的短试样伸长率 δ_5 大于长试样的伸长率 δ_{10}。因此,比较伸长率时要注意试样规格的统一。

(2) 断面收缩率

断面收缩率是指试样拉断后,缩颈处横截面面积的最大缩减量与原始横截面面积的百分比,用符号 ψ 表示。

$$\psi = \frac{A_0 - A_1}{A_0} \times 100\%$$

式中,A_0——试样的原始横截面面积;

A_1——试样拉断后缩颈处的最小横截面面积。

断面收缩率与试样尺寸无关,所以它能比较确切地反映材料的塑性。材料的 δ 或 ψ 值越大,表示材料的塑性越好。塑性直接影响到零件的成形加工及使用。例如,钢的塑性较好,能通过锻造成形;而灰铸铁塑性极差,不能进行锻造。金属材料经塑性变形(屈服)后能得到强化,因此,塑性好的零件超载时仍有强度储备,比较安全。

3. 硬度

硬度是指金属材料抵抗局部变形,特别是塑性变形、压痕或划伤的能力。因此硬度也可以看作是材料对局部塑性变形的抗力。

硬度是衡量材料性能的一个综合的工程量或技术量。通常材料硬度越高,耐磨性越好,强度也越高。

测定硬度的方法很多,常用的有布氏硬度测试法和洛氏硬度测试法。

(1) 布氏硬度及其测定

布氏硬度的测定是在布氏硬度试验机上进行的,试验原理如图 2-2 所示。

用直径为 D 的淬硬钢球或硬质合金球,在规定载荷 F 的作用下压入被测金属表面,保持一定时间后卸除载荷,测定压痕直径,求出压痕球冠形的表面积,压痕单位表面积上所承受的平均压力(F/A)即为布氏硬度值,用符号 HBS 或 HBW 表示(压头为淬硬钢球时用 HBS,压头为硬质合金球时用 HBW)。

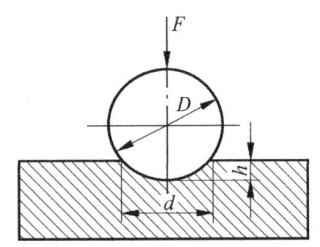

图 2-2 布氏硬度试验原理示意图

$$\text{HBS(HBW)} = \frac{F}{A} = \frac{F}{\pi D h} = \frac{2F}{\pi(D - \sqrt{D^2 - d^2})}$$

式中,F——所加载荷,kgf;

A——压痕球冠形表面积,mm²;

D——球形压头直径,mm;

d——压痕直径,mm;

h——压痕深度,$h = \frac{D}{2} - \frac{1}{2}\sqrt{D^2 - d^2}$,mm。

当所加载荷以 N 为单位时,布氏硬度值表示为

$$\text{HBS} = \frac{F}{A} = 0.102 \times \frac{2F}{\pi D(D - \sqrt{D^2 - d^2})}$$

由上式可知,当试验载荷和球体直径一定时,压痕直径 d 越大,则布氏硬度值越小,即材料的硬度越低。在实际应用时,只要测出压痕直径 d,就可在专用表中查出相应的布氏硬度值。

布氏硬度试验的优点是测定的数据准确稳定,数据重复性强;但压痕的面积较大,对金属表面的损伤也大,不易测定太薄零件的硬度,也不适合测定成品件的硬度。布氏硬度测试法多适用于测定原材料、半成品及微小部分性能不均匀的材料(如铸铁)的硬度。

(2) 洛氏硬度及其测定

洛氏硬度的测定是在洛氏硬度试验机上进行的。它是以锥顶角为 120° 的金刚石圆锥

体或直径为 1.5875mm(1/16in)的淬火钢球为压头,以一定的载荷压入被测金属材料的表层,然后根据压痕的深度来确定硬度值。在相同的试验条件下,压痕深度越小,则材料的硬度越高。

实际测量时,为了减少因材料(试样)表面不平而引起的误差,应先加初载荷,后加主载荷,并可在洛氏硬度试验机的刻度盘上直接读出硬度值。

洛氏硬度值没有单位,只是根据不同的试验材料、不同的压头和所加压力大小,分为 HRA,HRB,HRC 三种标记。其中,HRA 与 HRC 值的测定是用锥顶角为 120°的金刚石圆锥体为压头,采用的总载荷分别为 588N 与 1471N;而 HRB 值的测定则采用直径为 1.5875mm 的淬火钢球作为压头,总载荷为 980N。中等硬度材料可用 HRC 测量,软材料用 HRB 测量,较硬的材料用 HRA 测量,其中 HRC 应用最广。

与布氏硬度相比,洛氏硬度试验操作简单、方便、迅速,适用的硬度范围广,可用来测量薄片和成品,但测量结果不如布氏硬度精确。故需在试样上不同部位测定三点,取其算术平均值。洛氏硬度试验不宜用于测定各微小部分性能不均匀的材料(如铸铁)。其余材料均可根据硬度的不同,在 HRA,HRB,HRC 中选择对应的测量方法。

(3) 维氏硬度及其测定

维氏硬度的试验原理与布氏硬度基本相同,它是用顶角为 136°的四棱金刚石,在较小的载荷(压力)F(常用 50~1000N)作用下压入被测材料表面,并按规定保持一定时间,然后用附在试验计上的显微镜测量压痕的对角线长度 d,以凹痕单位表面积上所承受的压力作为维氏硬度值,用符号 HV 表示。

$$HV = \frac{F}{S_{压痕}} \approx 1.8544 \frac{F}{d^2}$$

维氏硬度法所测得的压痕轮廓清晰,数值较准确,测量范围广,采用较小的压力可以测量硬度较高的薄件(如硬质合金、渗碳层、渗氮层)而不至于将被测件压穿。

4. 冲击韧性

机械设备中有很多零件要承受冲击载荷的作用。对于承受冲击载荷的零件不能只以强度和硬度指标来衡量,这是因为一些强度较高的金属零件,在冲击载荷的作用下往往也会发生断裂。因此,对于这些机械零件和工具,还必须考虑金属材料的冲击韧性。

冲击韧性是指金属材料在冲击载荷的作用下折断时吸收变形能量的能力,常用冲击吸取功或冲击韧度来表示。

冲击韧性的测定方法是将被测材料制成标准缺口(V 或 U 形)试样,在冲击试验机上由置于一定高度的重锤自由落下而一次冲断,试验原理如图 2-3 所示。冲断试样所消耗的能量称为冲击功,单位为 J,用符号 A_{KV}(或 A_{KU})表示,其数值为重锤冲断试样的势能差,其值可从试验机刻度盘上读得。

冲击韧度值就是试样缺口处单位截面积上所消耗的冲击功,用 a_{KV}(或 a_{KU})表示。

$$a_{KV} = \frac{A_{KV}}{A_0}$$

式中,A_0——试样缺口处横截面面积,cm^2;

$A_{KV}(A_{KU})$——V 形(U 形)缺口试样冲断时所消耗的冲击功,J。

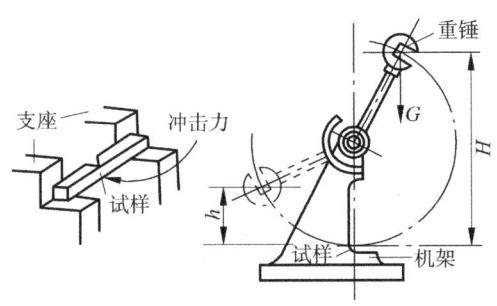

图 2-3 冲击试验原理图

A_{KV} 或 $α_{KV}$ 值越小,表示材料的冲击韧性越差,在受到冲击时越易断裂;反之,数值越大,则韧性越好,受冲击时越不容易断裂。

5. 疲劳强度

疲劳是指在循环应力和应变作用下,在材料的一处或几处产生局部永久性累积损伤,经一定循环次数后产生裂纹或突然断裂的过程。这种破坏称为疲劳破坏(或疲劳断裂)。

许多机械零件,如各种轴、齿轮、弹簧、连杆等,经常受到大小和方向周期性变化的载荷作用。这种交变载荷常常会使材料在小于其强度极限,甚至小于其屈服极限的情况下,经多次循环后,在没有明显的外观变形时发生断裂。

疲劳断裂与静载荷下断裂不同,无论是脆性材料还是塑性材料,疲劳破坏都是突然发生的,常常会造成严重事故,具有很大的危险。

疲劳强度是表示材料经周期性交变载荷作用而不致引起断裂的最大应力,其大小与应力变化的次数有关。对于钢材,一般取循环次数 $N=10^7$,对有色金属取 $N=10^8$ 为基数来确定材料的疲劳强度,称为条件疲劳强度。

金属的疲劳破坏与很多因素有关,人们可通过改善零件的结构形状,避免应力集中,改善表面粗糙度,进行表面热处理和表面强化处理来提高金属材料的疲劳强度。

二、金属材料的工艺性能

金属材料的工艺性能是指金属材料所具有的能够适应各种加工工艺要求的能力,它是力学、物理、化学等性能的综合表现,包括铸造性、锻造性、焊接性、切削加工性等。

1. 铸造性

铸造是将熔融金属浇入与工件形状相应的铸造型腔中,待其冷却后,得到毛坯或零件的成形方法。而铸造性是指金属在铸造生产中表现出的工艺性能,如流动性、收缩性、偏析性及吸气性等。如果某一金属材料在液态时流动能力强,不容易吸收气体,冷凝过程中收缩小,凝固后铸件的化学成分均匀,则认为这种金属材料具有良好的铸造性。在常用的金属材料中,灰铸铁和青铜有良好的铸造性。

2. 锻造性

锻造性是指锻造金属材料的难易程度。若金属材料在锻造时塑性好(能发生大的塑性变形而不破坏),变形抗力小(锻造时消耗能量小),则称该金属锻造性好;反之,则称该金属锻造性差。所以,金属的锻造性是金属的塑性和变形抗力两者的综合。

钢的锻造性与化学成分有关,低碳钢的锻造性比中碳钢、高碳钢好;普通碳钢的锻造性比同样含碳量的合金钢好;铸铁则没有锻造性。

3. 焊接性

焊接性是指金属材料对焊接成形的适应性,也就是指在一定的焊接工艺条件下金属材料获得优质焊接接头的难易程度。焊接性能好的材料,可用一般的焊接方法和焊接工艺进行焊接,焊缝中不易产生气孔、夹渣或裂纹等缺陷,其焊接接头强度与母材相近。焊接性能差的金属材料要采用特殊的焊接方法和工艺才能进行焊接。

金属的焊接性很大程度上受金属本身材质(如化学成分)的影响。在常用金属材料中,低碳钢有良好的焊接性,而高碳钢和铸铁焊接性则较差。

4. 切削加工性

切削加工性是指金属材料被切削加工的难易程度。金属材料的切削加工性不仅与材料本身的化学成分、金相组织有关,还与刀具的几何参数等因素有关。通常可根据材料的硬度和韧性对材料的切削加工性做大致的判断:工件材料硬度过高,刀具易磨损,寿命短,甚至不能切削加工;硬度过低,容易黏刀,且不易断屑,加工后表面粗糙。所以,硬度过高或过低、韧性过大的材料,其切削性能较差。碳钢硬度为 150~250HBS 时,有较好的切削加工性;灰铸铁具有良好的切削加工性。

2.2 常用工程材料

一、黑色金属材料

1. 铸铁

铸铁是含碳质量分数大于 2.11% 的铁碳合金。工业上常用的铸铁含碳质量分数一般为 2.5%~4.0%。由于铸铁具有良好的铸造性、吸振性、切削加工性及一定的力学性能,并且价格低廉、生产设备简单,所以,在机器零件材料中占有很大的比重,广泛地用来制作各种机架、底座、箱体、缸套等形状复杂的零件。

根据碳在铸铁中存在的形态不同,铸铁可分为下列几种。

(1) 白口铸铁

白口铸铁中碳几乎全部以渗碳体(Fe_3C)的形式存在。Fe_3C 具有硬而脆的特性,使得白口铸铁变得非常脆硬,切削加工困难。工业上很少直接用它来制造机械零件,而主要作为炼钢的原料。它的断口呈亮白色,故称为白口铸铁。

(2) 灰铸铁

灰铸铁中的碳大部分或全部以片状石墨的形式存在,断口呈灰色,故称为灰铸铁。灰铸铁具有良好的铸造性、耐磨性、抗震性和切削加工性,因此是目前生产中用得最多的一种铸铁。灰铸铁的牌号是用两个汉语拼音字母和一组力学性能数值来表示的。灰铸铁有HT100、HT150、HT200、HT250、HT300 和 HT350 六个牌号,牌号中"HT"是"灰铁"两字汉语拼音的第一个字母,其后的数字表示其最低的抗拉强度。表 2-1 所示为常用灰铸铁的牌号、力学性能及应用。

表 2-1 常用灰铸铁的牌号、力学性能及应用

类别	牌号	铸铁壁厚 /mm	抗拉强度 σ_b/MPa ≥	硬度/HBS	用途举例
铁素体灰铸铁	HT100	2.5～10 10～20 20～30 30～50	130 100 90 80	110～166 93～140 87～131 82～122	低载荷和不重要的零件,如盖、外罩、手轮、支架、底板、手柄等
铁素体珠光体灰铸铁	HT150	2.5～10 10～20 20～30 30～50	175 145 130 120	137～205 119～179 110～166 105～157	承受中等应力的铸件,如普通机床的支柱、底座、齿轮箱、刀架、床身、轴承座、工作台、带轮、泵壳、阀体、法兰、管路及一般工作条件的零件
珠光体灰铸铁	HT200	2.5～10 10～20 20～30 30～50	220 195 170 160	157～236 148～222 134～200 129～192	承受较大应力和要求一定气密性或耐蚀性的较重要铸件,如汽缸、齿轮、机座、机床床身、立柱、汽缸体、汽缸盖、活塞、刹车轮、泵体、阀体、化工容器等
	HT250	4.0～10 10～20 20～30 30～50	270 240 220 200	175～262 164～247 157～236 150～225	
孕育灰铸铁	HT300	10～20 20～30 30～50	209 250 230	182～272 168～251 161～241	承受高的应力和要求耐磨、高气密性的重要铸件,如剪床、压力机、重型机床床身、机座、机架、齿轮、凸轮、衬套、大型发动机曲轴,汽缸体、缸套、高压油缸、水缸、泵体、阀体等
	HT350	10～20 20～30 30～50	340 290 260	199～298 182～272 171～257	

(3) 球墨铸铁

球墨铸铁中的碳以球状石墨形式存在。它是浇铸前在熔化的铸铁中加入一定量的球化剂(稀土镁合金)和孕育剂(硅铁或硅钙合金)获得的。球墨铸铁是一种性能优良的铸铁,其强度、塑性和韧性等力学性能远远超过灰铸铁而接近于普通碳素钢,同时又具有灰铸铁的一系列优良性能,如良好的铸造性、耐磨性、切削加工性和低的缺口敏感性等。因此,球墨铸铁常用于制造承受冲击载荷的零件,如传递动力的齿轮、曲轴、连杆等。

球墨铸铁的牌号用两个汉语拼音字母和两组力学性能数值来表示。如 QT400-17,牌号中"QT"是"球铁"两字汉语拼音的第一个字母,其后两组数字分别表示最低抗拉强度为400MPa、最低伸长率为17%。表 2-2 所示为常用球墨铸铁的牌号、力学性能及应用。

(4) 可锻铸铁

可锻铸铁中的石墨呈团絮状,它是由白口铸铁经长时间高温石墨化退火而得到的一种铸铁。可锻铸铁实际上并不能锻造,"可锻"仅表示它具有一定的塑性,其强度比灰铸铁高,但铸造性能比灰铸铁差。由于它生产周期长,工艺复杂且成本高,已逐渐被球墨铸铁所取代。

表 2-2 常用球墨铸铁的牌号、力学性能及应用

基本类型	牌号	力学性能				用途举例
		σ_b/MPa	$\sigma_{0.2}$/MPa	δ/%	HBS	
		不小于				
铁素体	QT400-18	400	250	18	130～180	农机具犁铧、犁柱,汽车、拖拉机的轮毂、离合器壳、差速器壳、拨叉;阀体、阀盖、汽缸;铁路垫板、电动机壳、飞轮壳等
	QT400-15	400	250	15	130～180	
	QT450-10	450	310	10	160～210	
铁素体+珠光体	QT500-7	500	320	7	170～230	内燃机油泵齿轮、铁路机车轴瓦、机器座架、传动轴、飞轮等
珠光体+铁素体	QT600-3	600	370	3	190～270	柴油机和汽油机的曲轴、凸轮轴、汽缸套、连杆,部分磨床、铣床、车床的主轴,农机具脱粒机的齿条、负荷齿轮,起重机滚轮,小型水轮机主轴等
珠光体	QT700-2	700	420	2	225～305	
珠光体或回火组织	QT800-2	800	480	2	245～335	
贝氏体+回火马氏体	QT900-2	900	600	2	280～360	内燃机的曲轴、凸轮轴,汽车的螺旋齿轮、转向轴,拖拉机减速齿轮,农机犁铧等

可锻铸铁的牌号用三个汉语拼音字母和两组力学性能数值来表示。如"KTH"表示黑心可锻铸铁,"KTZ"表示珠光体可锻铸铁,"KTB"表示白心可锻铸铁。如 KTH350-10 表示黑心可锻铸铁,最低抗拉强度为 350MPa,最低断后伸长率为 10%。

2. 碳素钢

通常把含碳质量分数在 2.11% 以下的铁碳合金称为钢。实际应用的碳素钢含有少量的杂质,如硅(Si)、锰(Mn)、硫(S)、磷(P)等。碳素钢可以轧制成板材和型材,也可以锻造成各种形状的锻件。

碳素钢一般可按含碳质量分数、质量和用途三种情况来分类。

按含碳质量分数,碳素钢分为

- 低碳钢——含碳质量分数≤0.25%;
- 中碳钢——0.25%<含碳质量分数≤0.6%;
- 高碳钢——含碳质量分数>0.6%。

按钢的质量,即主要根据钢中有害杂质(硫、磷)的含量可分为

- 普通碳素钢——含硫质量分数≤0.055%,含磷质量分数≤0.045%;
- 优质碳素钢——含硫质量分数≤0.045%,含磷质量分数≤0.040%;
- 高级优质碳素钢——含硫质量分数≤0.03%,含磷质量分数≤0.035%。

按用途分为

- 碳素结构钢——主要用于制造各种工程构件(如桥梁、船舶、建筑用钢)和机械零件(如齿轮、轴、连杆、螺栓、螺钉等)。这类钢一般属于低、中碳钢。
- 碳素工具钢——主要用于制造各种刃具、量具、模具。这类钢一般属于高碳钢。

一般钢中常见的有益元素有锰和硅,它们能使钢的强度、硬度提高,而塑性、韧性不显著

降低。

下面简要介绍几种常用的碳素钢。

(1) 普通碳素结构钢

这类钢通常为热轧钢板、型钢、棒钢等,可供焊接、铆接、栓接一般工程构件,大多不需进行热处理而直接在供应状态下使用。

钢的牌号由代表屈服点的字母、屈服点数值、质量等级符号、脱氧方法符号四个部分按顺序组成。如 Q235-A·F,Q 为钢材屈服点"屈"字汉语拼音首位字母;235 表示屈服强度为 235MPa;A(B、C、D)为质量等级;F 为沸腾钢。

表 2-3 所示为普通碳素结构钢的力学性能和应用举例。

表 2-3 普通碳素结构钢的力学性能和应用举例

钢号	质量等级	σ_a/MPa 钢材厚度(直径)/mm				σ_b/MPa	σ_5/% 钢材厚度(直径)/mm				应用举例
		≤16	>16~40	>40~60	>60~100		≤16	>16~40	>40~60	>60~100	
		不小于					不小于				
Q195	—	(195)	(185)	—	—	315~390	33	32	—	—	塑性好,有一定的强度,用于制造受力不大的零件,如螺钉、螺母、垫圈等,焊接件、冲压件及桥梁建筑等金属结构件
Q215	A B	215	205	195	185	335~410	31	30	29	28	
Q236	A B C D	235	225	215	205	375~460	36	25	24	23	
Q255	A B	255	245	235	225	410~510	24	23	22	21	强度较高,用于制造承受中等载荷的零件,如小轴、销子、连杆、农机零件等
Q275	—	275	265	255	245	490~610	20	19	18	17	

(2) 优质碳素结构钢

优质碳素结构钢中只含有少量的有害杂质硫和磷,既能保证钢中的化学成分,又能保证其力学性能,因此质量较高,可用于制造较重要的机械零件。

钢的牌号用两位数字表示,这两位数字表示钢中平均含碳质量分数的万分数。如 08F、10A、45、65Mn,表示钢中平均含碳质量分数分别为 0.08%、0.1%、0.45%、0.65%。含碳质量分数后面加"A"表示高级优质钢,加"F"表示沸腾钢;含锰质量分数较高时则在含碳质量分数后面加锰元素符号"Mn"。

优质碳素结构钢根据含碳量又可分为低碳钢、中碳钢和高碳钢。

- 低碳钢强度低、塑性、韧性好、易于冲压加工,主要用于制造受力不大的机械零件,如螺钉、螺母、冲压件和焊接件等。
- 中碳钢强度较高,塑性和韧性也较好,应用广泛,多用于制造齿轮、丝杠、连杆和各种轴类零件等。
- 高碳钢热处理后具有高强度和良好的弹性,但切削加工性、锻造性和焊接性差,主要用于制造弹簧和易磨损的零件。

表 2-4 所示为优质碳素结构钢的化学成分、力学性能和用途。

表 2-4 优质碳素结构钢的化学成分、力学性能和用途

编号	化学成分/%					力学性能					应用举例
	C	Si	Mn	P	S	σ_b/MPa	σ_s/MPa	δ_5/%	ϕ/%	A_k/J	
						不小于					
08F	0.05~0.11	≤0.03	0.25~0.50	≤0.035	≤0.035	295	175	35	60	—	受力不大但要求高韧性的冲压件、焊接件、紧固件，如螺栓、螺母、垫圈等。渗碳淬火后可制造要求强度不高的受磨零件，如凸轮、滑块活塞销等
10F	0.07~0.14	≤0.07	0.25~0.50	≤0.035	≤0.035	315	185	33	55	—	
15F	0.12~0.19	≤0.07	0.25~0.50	≤0.035	≤0.035	355	205	29	55	—	
08	0.05~0.12	0.17~0.37	0.35~0.65	≤0.035	≤0.035	325	195	33	60	—	
10	0.07~0.14	0.17~0.37	0.35~0.65	≤0.035	≤0.035	335	205	31	55	—	
15	0.12~0.19	0.17~0.37	0.35~0.65	≤0.035	≤0.035	375	225	27	55	—	
20	0.17~0.24	0.17~0.37	0.35~0.65	≤0.035	≤0.035	410	245	25	55	—	
25	0.22~0.30	0.17~0.37	0.50~0.80	≤0.035	≤0.035	450	275	23	50	71	
30	0.27~0.35	0.17~0.37	0.50~0.80	≤0.035	≤0.035	490	295	21	50	63	载荷较大的零件，如连杆、曲轴、主轴、活塞销、表面淬火齿轮、凸轮等
35	0.32~0.40	0.17~0.37	0.50~0.80	≤0.035	≤0.035	530	315	20	45	55	
40	0.37~0.45	0.17~0.37	0.50~0.80	≤0.035	≤0.035	570	335	19	45	47	
45	0.42~0.50	0.17~0.37	0.50~0.80	≤0.035	≤0.035	600	355	16	40	39	
50	0.47~0.55	0.17~0.37	0.50~0.80	≤0.035	≤0.035	630	375	14	40	31	
55	0.52~0.60	0.17~0.37	0.50~0.80	≤0.035	≤0.035	645	385	13	35	—	
60	0.57~0.65	0.17~0.37	0.50~0.80	≤0.035	≤0.035	675	400	12	35	—	要求弹性极限或强度较高的零件，如轧辊、弹簧、钢丝绳、偏心轮等
65	0.62~0.70	0.17~0.37	0.50~0.80	≤0.035	≤0.035	695	410	10	30	—	
70	0.67~0.75	0.17~0.37	0.50~0.80	≤0.035	≤0.035	715	420	9	30	—	
75	0.72~0.80	0.17~0.37	0.50~0.80	≤0.035	≤0.035	1080	880	7	30	—	
80	0.77~0.85	0.17~0.37	0.50~0.80	≤0.035	≤0.035	1080	930	6	30	—	
85	0.82~0.90	0.17~0.37	0.50~0.80	≤0.035	≤0.035	1130	980	6	30	—	
15Mn	0.12~0.19	0.17~0.37	0.70~1.00	≤0.035	≤0.035	410	245	26	55	—	应用范围和普通含锰量的优质碳素结构钢相同
20Mn	0.17~0.24	0.17~0.37	0.70~1.00	≤0.035	≤0.035	450	275	24	50	—	
25Mn	0.22~0.30	0.17~0.37	0.70~1.00	≤0.035	≤0.035	490	295	22	50	71	
30Mn	0.27~0.35	0.17~0.37	0.70~1.00	≤0.035	≤0.035	540	315	20	45	63	
35Mn	0.32~0.40	0.17~0.37	0.70~1.00	≤0.035	≤0.035	560	335	19	45	55	
40Mn	0.37~0.45	0.17~0.37	0.70~1.00	≤0.035	≤0.035	590	355	17	45	47	
45Mn	0.42~0.50	0.17~0.37	0.70~1.00	≤0.035	≤0.035	620	375	15	40	39	
50Mn	0.48~0.56	0.17~0.37	0.70~1.00	≤0.035	≤0.035	645	390	13	40	31	
60Mn	0.57~0.65	0.17~0.37	0.70~1.00	≤0.035	≤0.035	695	410	11	35	—	
65Mn	0.62~0.70	0.17~0.37	0.70~1.00	≤0.035	≤0.035	735	430	9	30	—	
70Mn	0.67~0.75	0.17~0.37	0.70~1.00	≤0.035	≤0.035	785	450	8	30	—	

注：表中数据摘自 GB/T 699—1988。

(3) 碳素工具钢

碳素工具钢含碳质量分数在 0.7% 以上,属于高碳钢,适宜制作各种工具、刃具、量具和模具。

碳素工具钢的牌号首位用"T"表示,后面的数字表示平均含碳质量分数的千分数。例如 T8 表示平均含碳质量分数为 0.8% 的碳素工具钢。若含碳质量分数后面加注"A",表示高级优质钢,如 T10A。

(4) 铸钢

铸钢分为碳素铸钢和合金铸钢,一般情况下多用碳素铸钢,当有特殊用途和特殊要求时可采用合金铸钢。铸钢的牌号用"ZG"(铸钢两字汉语拼音字首)加后面两组数字组成,如 ZG200-400,ZG310-570,第一组数字代表屈服强度值(MPa),第二组数字代表抗拉强度值(MPa)。铸钢主要用于承受重载、强度和韧性要求较高、形状复杂的铸件,如大型齿轮、水压机机座等。

3. 合金钢

为了提高钢的性能,有意识地在碳素钢中加入一定量的合金元素(如硅、锰、铬、镍、钼、钒、钛等),即炼成合金钢。由于合金元素的加入,细化了钢的晶粒,提高了钢的综合力学性能和热硬性、淬透性。合金钢按用途一般可分为合金结构钢、合金工具钢和特殊性能合金钢三类。

(1) 合金结构钢

合金结构钢的牌号以"两位数字+合金元素符号+数字"表示。前面的两位数字表示平均含碳质量分数的万分数,合金元素符号后的数字表示该元素平均含量的百分数,若平均含量<1.5% 时,一般不标明含量;当平均含量在 1.5%~2.5%,2.5%~3.5% 等时,则相应地用 2,3 等表示。如 60Si2Mn 表示平均含碳质量分数为 0.6%、平均含硅量为 2%、平均含锰量<1.5% 的硅锰钢。

合金结构钢根据性能和用途的不同,可分为低合金钢、合金渗碳钢、合金调质钢、合金弹簧钢和滚动轴承钢等。滚动轴承钢是制造滚动轴承的专用钢,常用的牌号有 GCr9、GCr15、GCr9SiMn,牌号中"G"为"滚"字汉语拼音字首,铬元素符号后的数字表示平均含铬量的千分数。如 GCr15 表示含 Cr 为 1.5%。

(2) 合金工具钢

合金工具钢的编号方法与合金结构钢相似,平均含碳质量分数超过 1% 时,一般不标出含碳量数字,若含碳质量分数小于 1% 时,可用一位数字表示,以千分数计。如 9SiCr 表示平均含碳质量分数为 0.9%,含硅、铬质量分数均<1.5% 的铬钢;Cr12MoV 则表示平均含碳质量分数≥1%,含铬质量分数为 12%,含钼、钒质量分数均<1.5% 的铬钼钒钢。

合金工具钢常用来制造各种刃具、量具和模具,因而对应地就有刃具钢、量具钢和模具钢。

① 刃具钢　用于制造各种刀具,通常分为低合金刃具钢和高速钢。低合金刃具钢主要是含铬的钢,常用的牌号有 9SiCr、9Cr2 等,主要用于制作形状较复杂的低速切削工具(如丝锥、板牙、铰刀等)。而高速钢是一种含钨、铬、钒等合金元素较多的钢,它的平均含碳质量分数在 1% 左右。由于高速钢在空气中冷却也能淬硬,故又称风钢;由于它可以刃磨得很锋

利,很白亮,故又称为锋钢或白钢。高速钢有较高的热硬性、足够的强度、韧性和刃磨性,目前是制造钻头、铰刀、铣刀、螺纹刀具和齿轮刀具等复杂形状刀具的主要材料。高速钢常用的牌号有 W18Cr4V、W6Mo5Cr4V2 和 W9Mo3Cr4V 等。

② 量具钢　量具钢要求有高的硬度和耐磨性,经热处理后不易变形,而且要有良好的加工工艺性。块规可选用变形小的钢,如 CrWMn、GCr15、SiMn 等。简单的量具除用 T10A、T12A 外,还可用 9SiCr 等。

③ 模具钢　模具钢按使用要求可分为热作模具钢和冷作模具钢。热作模具钢用来制作热态下使金属成型的模具(如热锻模、压铸模等)。它应具有很好的抗热疲劳损坏的能力、高的强度和较好的韧性,常用的牌号有 5CrNiMo 和 5CrMnMo。冷作模具钢用来制作冷态下使金属成型的模具(如冷冲模、冷挤压模等)。它应具有高的硬度、耐磨性和一定的韧性,并要求热处理变形小,常用的牌号有 Cr12、Cr12W、Cr12MoV 等。

(3) 特殊性能合金钢

特殊性能合金钢是指具有特殊的物理、化学性能的一种高合金钢。其牌号表示法与合金工具钢相似。前面一位数表示平均含碳质量分数,以千分数计。若平均含碳质量分数<0.1%时用"0"表示,平均含碳质量分数≤0.03%时用"00"表示。例如,2Cr13、0Cr13 和 00Cr18Ni10 分别表示平均含碳质量分数为 0.2%、<0.1%、≤0.03%。它主要包括不锈钢、耐热钢、耐磨钢和磁性钢。

① 不锈钢　不锈钢中的主要合金元素是铬和镍。铬与氧化合,在钢表面形成了一层致密的氧化膜,保护钢免受进一步氧化。一般含铬量不低于 12% 的不锈钢才具有良好的耐腐蚀性能,适用于制造化工设备、医疗器械等。常用的牌号有 1Cr13、2Cr13、3Cr13、4Cr13 等铬不锈钢;还有 1Cr18Ni9Ti、1Cr18Ni9Nb 等铬镍不锈钢。

② 耐热钢　耐热钢是在高温下抗氧化并具有较高强度的钢。钢中常含有较多铬和硅,以保证钢具有高的抗氧化性和高温下的力学性能,耐热钢适用于制造在高温条件下工作的零件。如内燃机气阀、加热炉管道等。耐热钢常用的牌号有 15CrMo、4Cr9Si2、4Cr10Si2Mo 等。

③ 耐磨钢　主要指高锰钢。如 ZGMn13,这种钢含碳质量分数高于 1%,含锰质量分数为 13% 左右。该钢机械加工困难,大多铸造成型。它具有在强烈冲击下抵抗磨损的性能,主要用于制作坦克和拖拉机履带、推土机挡板、挖掘机齿轮等。

④ 磁性钢　硅钢片是常用的磁性钢。它是在铁中加入硅并轧制成薄片状材料。硅钢片杂质含量极少,具有良好的磁性,是制造变压器、电动机、电工仪表等不可缺少的材料。

二、有色金属材料

工业生产中通常称钢铁为黑色金属,而称铜、铝、镁、铅等及其合金为有色金属。由于有色金属具有某些特殊的性能,如良好的导热性、导电性及耐腐蚀性,已成为现代工业生产中不可缺少的重要材料。

1. 铜与铜合金

① 纯铜　纯铜外观呈紫红色,又称紫铜。它具有良好的导电、导热性能,极好的塑性及较好的耐腐蚀性,但力学性能较差,不宜用来制造结构零件,常用来制造导电线和耐腐蚀性元件。

② 黄铜　黄铜是铜(Cu)与锌(Zn)的合金。它色泽美观,具有良好的防腐性能及机械

加工性能。黄铜中锌的含量为20%~40%，随着锌含量的增加，强度增加而塑性下降。黄铜可以铸造，也可以压力加工。除了铜和锌以外，再加入少量其他元素的铜合金叫特殊黄铜，如锡黄铜、铅黄铜等。黄铜一般用于制造耐腐蚀和耐磨零件，如阀门、子弹壳、管件等。压力加工黄铜的牌号用"黄"字汉语拼音字首"H"加数字表示，该数字表示平均含铜质量分数的百分数。如H62表示平均含铜质量分数为62%、含锌质量分数为38%。特殊黄铜则在牌号中标出合金元素的含量。如HPb59-1表示平均含铜质量分数为59%、含铅质量分数为1%的铅黄铜。

③ 青铜　除黄铜和白铜（铜镍合金）外，其余铜合金统称为青铜。铜锡合金称为锡青铜，其余青铜称为无锡青铜。

• 锡青铜　锡青铜是铜与锡的合金。它有很好的力学性能、铸造性能、耐腐蚀性和减摩性，是一种很重要的减摩材料。它主要用于制造摩擦零件和耐腐蚀零件，如蜗轮、轴瓦、衬套等。

• 无锡青铜　除锡以外的其他合金元素与铜组成的合金，统称为无锡青铜，主要包括铝青铜、硅青铜和铍青铜等。它们通常作为锡青铜的代用材料。

加工青铜的牌号以"Q"为代号，后面标出主要元素的符号和含量。如QSn4-3，表示含锡量为4%、含锌量为3%，其余为铜（93%）的压力加工锡青铜。铸造铜合金的牌号用"ZCu"及合金元素符号和含量组成。如ZCuSn5Pb5Zn5表示含锡、铅、锌各约为5%，其余为铜（85%）的铸造锡青铜。

2. 铝及铝合金

① 纯铝　纯铝是一种密度小（$2.72g/cm^3$）、熔点低（660℃），导电、导电热性好，塑性好，强度、硬度低的金属。由于铝表面能生成一层极致密的氧化铝膜，能阻止铝继续氧化，故铝在空气中具有良好的抗腐蚀能力，主要用作导电材料或制造耐腐蚀零件。

② 铝合金　铝中加入适量的铜、镁、硅、锰等元素即构成了铝合金。它具有足够的强度、较好的塑性和良好的抗腐蚀性，且多数可热处理强化。根据成分及加工成形特点，铝合金可分为变形铝合金和铸造铝合金两大类。

• 变形铝合金　变形铝合金具有较高的强度和良好的塑性，可通过压力加工制作各种半成品，可以焊接。主要用作各类型材和结构件，如飞机构架、螺旋桨、起落架等。变形铝合金又可按性能及用途分为防锈铝、硬铝、超硬铝、锻铝和特殊铝合金等五种。它们的牌号以相应的汉语拼音字母加上序号数字表示。例如，防锈铝以LF表示；硬铝以LY表示；超硬铝以LC表示；锻铝以LD表示；特殊铝以LT表示。变形铝合金新旧牌号对照、力学性能及用途见表2-5。

• 铸造铝合金　铸造铝合金包括铝镁、铝锌、铝硅、铝铜等合金。它们有良好的铸造性能，可以铸成各种形状复杂的零件。但其塑性差，不宜进行压力加工，应用最广的是硅铝合金，称为硅铝明。各类铸造铝合金的代号均由"ZL"加三位数字组成，第一位数字表示合金类别，第二、三位数字是顺序号。如ZL102、ZL201等。

3. 轴承合金

轴承合金是用来制造滑动轴承的特定材料。对轴承合金的要求是：摩擦系数小、耐磨性好、抗压强度高、导热性好等。

① 锡基轴承合金（锡基巴氏合金）　锡基轴承合金中含有锑和铜等元素。例如ZSnSb11Cu6，

Z 代表铸造,含 Sb 为 11%,含 Cu 为 6%,其余为 Sn。

表 2-5 变形铝合金新旧牌号对照、力学性能及用途

新牌号	相当于旧代号	主要化学成分（质量分数）/%				材料状态	力学性能			用途举例
		Cu	Mg	Mn	Zn		σ_b/MPa	σ_b/%	HBS	
5AD5	LF5	0.10	4.8~5.5	0.3~0.6	0.20	退火 强化	220 250	15 8	65 100	焊接油箱、油管、焊条、铆钉及中等载荷零件及制品
3A21	LF21	0.2	0.05	1.0~1.6	0.10	退火 强化	125 165	21 3	30 55	焊接油箱、油管、焊条、铆钉及中等载荷零件及制品
2A01	LY1	2.2~3.0	0.2~0.5	0.20	0.10	退火 强化	160 300	24 24	38 70	中等强度、工作温度不超过 100℃ 的结构用铆钉
2A11	LY11	3.8~4.8	0.4~0.8	0.4~0.8	0.30	退火 强化	250 400	10 13	— 110	中等强度的结构零件,如螺旋桨叶片、螺栓、铆钉、滑轮等
7A04	LC4	1.4~2.0	1.8~2.8	0.2~0.6	5.0~7.0	退火 强化	260 600	— 8	— 150	主要受力构件,如飞机大梁、桁条、加强框、接头及起落架等
2A05	LD5	1.8~2.6	0.4~0.8	0.4~0.8	0.3	退火 强化	— 420	— 13	— 105	形状复杂的中等强度的锻件、冲压件及模锻件、发动机零件等
2A50	LD6	1.8~2.6	0.4~0.8	0.4~0.8	0.30	退火 强化	— 410	— 8	— 95	形状复杂的模锻件、压气机轮和风扇叶轮
2A70	LD7	1.9~2.5	1.4~1.8	0.2	0.30	退火 强化	— 415	— 13	— 105	高温下工作的复杂锻件,如活塞、叶轮等

② 铅基轴承合金（铅基巴氏合金） 铅基轴承合金中含有锑、锡和铜等元素。例如 ZPbSb16Sn16Cu2,含 Sb 为 16%,Sn 为 16%,Cu 为 2%,其余为 Pb。

三、非金属材料

1. 塑料

塑料是一种以合成树脂为主要成分,加上其他添加剂（如增强剂、增塑剂、固化剂、稳定剂等）组成的高分子有机化合物。

按受热后所表现的性能不同,塑料可分为热塑性塑料和热固性塑料两大类。

热塑性塑料经加热后软化并熔融成流动的黏稠液体,冷却后即成型固化。此过程是物理变化,可反复多次进行,其性能并不发生显著变化,如聚乙烯、聚氯乙烯、聚酰胺（尼龙）等。这类塑料的优点是成型加工简便,具有较高的机械性能;缺点是耐热性和刚性较差。

热固性塑料经加热后软化,冷却后成型固化,发生化学变化,再加热时不再转化（即变化是不可逆的）,如酚醛、环氧、氨基塑料等。这类塑料具有耐热性高、受压不易变形等优点;缺点是力学性能不好,但可加入填料,以提高其强度。

按塑料的应用范围可分为通用塑料、工程塑料和耐高温塑料等。工程塑料是指用以代替金属材料作为工程结构的塑料。它们的机械强度高、质轻、绝缘、减摩、耐磨,或具有耐热、

耐蚀等特种性能,成型工艺简单,生产效率高,是一种良好的工程材料。

常用的工程塑料有以下几种。

① ABS 塑料　综合特性力学性能较好,并且耐热、耐腐蚀、易于成型加工,常用来制作泵的叶轮、齿轮、家用电器的外壳及小轿车车身等。

② 聚酰胺(PA)　又名尼龙,是热塑性塑料。它具有坚韧、耐磨、耐疲劳、耐油、耐水、无毒等优良的综合性能,可用于制作减摩、耐磨件及传动件,如轴承、齿轮、蜗轮、高压密封圈等。

③ 酚醛塑料　又名"电木",是热固性塑料。它具有优良的耐热、绝缘、化学稳定性及尺寸稳定性,广泛用于制作电话机外壳、开关、插座及齿轮、凸轮、带轮等。

④ 氨基塑料　也是热固性塑料,具有良好的绝缘性、自熄性、防毒性、耐电弧性和耐热性,可用于制作一般机械零件、绝缘件和其他电器零件。

⑤ 环氧树脂　它是应用广泛的一种热固性工程塑料,具有较高的强度、较好的韧性、优良的电绝缘性及高的化学稳定性和尺寸稳定性,可制作塑料模具、电气电子元件及线圈的灌封与固定等。同时环氧树脂也是一种很好的胶粘剂。

⑥ 有机玻璃(PMMA)　有机玻璃具有良好的透明性能,其透光度和韧性都比无机玻璃好,在工业、国防和生活用品等方面得到了广泛的应用,如制作油标、油杯、设备标牌、机壳等。

2. 橡胶

橡胶是一种天然的或人工合成的高聚物的弹性体。工业上使用的橡胶制品是在橡胶中加入各种添加剂(有硫化剂、硫化促进剂、软化剂、防老化剂和填充剂等),经过硫化处理后所得到的产品。橡胶具有良好的吸震性、耐磨性、绝缘性及足够的强度和积储能量等特点。工业上常用的橡胶牌号有丁苯橡胶、顺丁橡胶、氯丁橡胶、丁基橡胶等。

3. 陶瓷

陶瓷是一种无机非金属材料,它可分为普通陶瓷和特种陶瓷两大类。普通陶瓷是以黏土、长石和石英等天然原料,经过粉碎成型和烧结而成,主要用于制作日常生活用品和工业上的高低压电器配件。特种陶瓷是用人工化合物(如氧化物、氮化物、碳化物、硼化物等)为原料制成的。它具有独特的力学、物理、化学、光学性能,主要用于化工、冶金、机械、电子、能源等领域和一些新技术中。

陶瓷硬度高、抗压强度大、耐高温、抗氧化、耐磨损和耐腐蚀,但质脆韧性差,不能承受冲击,抗急冷、急热性能差,易碎裂。

工业上常用的陶瓷种类有普通陶瓷、氧化铝陶瓷、氮化硅陶瓷和氮化硼陶瓷等。

4. 复合材料

复合材料是由两种或两种以上不同化学性质或不同组织结构的材料,用某种工艺方法经人工组合而成的多相合成材料。在复合材料中的每一组成部分,不仅保持了它们各自的性能特点,还能扬长避短,发挥叠加效应,从而取得多种优良的性能,这是任何单一材料所无法比拟的。例如,玻璃和树脂的强度和韧性都不高,可是它们组成的复合材料(玻璃钢)却有很高的强度和韧性,并且重量也轻。

复合材料按增强材料的类型可分为以下四大类。

① 纤维增强复合材料　如玻璃纤维、碳纤维、硼纤维和碳化硅纤维等;

② 颗粒增强复合材料 如陶瓷粒与金属复合、金属粒与塑料复合等；

③ 迭层复合材料 如双金属复合、多层板复合等；

④ 夹层结构复合材料 如夹层内填充蜂窝结构或填充泡沫塑料，具有质轻、刚性大的特性等。

2.3 钢的常用热处理及其作用

金属材料的热处理是采用适当的方式对金属材料或工件(以下简称工件)进行加热、保温和冷却以获得预期的组织结构和性能。热处理是机器零件及工具制造过程中的一个重要工序，它是发挥材料潜力、改善使用性能、提高产品质量、延长使用寿命的有效措施。目前机器和仪器上的钢制零件大约 80% 需要进行热处理，而刀具、模具、量具、轴承等则全部需要进行热处理。

根据热处理的目的和工艺方法的不同，热处理一般可分为：

- 整体热处理(普通热处理) 对工件进行穿透加热热处理，如退火、正火、淬火、回火等。
- 表面热处理 为改善表面的组织和性能，仅对其表面进行热处理的工艺，如火焰加热表面淬火、感应加热表面淬火、其他表面热处理。
- 化学热处理 将工件置于适当的活性介质中加热、保温，使一种或几种元素渗入它的表层，以改变其化学成分、组织和性能的热处理，如渗碳、渗氮、碳氮共渗(氰化)、其他化学热处理。

根据作用的不同，热处理可分为：

- 最终热处理 其作用是使钢件得到使用要求的性能，如淬火、回火、表面淬火等。
- 预备热处理 其作用是消除加工(锻、轧、铸、焊等)所造成的某些缺陷，或为以后的切削加工和最终热处理做好准备。例如，钢锻件一般要进行退火或正火，改变锻造后因变形程度不均匀和停锻温度控制不良而造成的晶粒粗大或不均匀现象；调整硬度适合于切削加工，并为以后的淬火做好准备。这种退火或正火，就属于预备热处理。当然，如果零件的性能要求不高，退火或正火后性能已满足使用要求，以后不再进行其他热处理，则退火和正火也属于最终热处理。

一、退火

退火是将工件加热到适当温度，保持一定时间，然后缓慢冷却的热处理工艺。根据钢的化学成分的不同，退火工艺可分为完全退火、球化退火和去应力退火等。

1. 完全退火

完全退火就是将工件完全奥氏体化后缓慢冷却，获得接近平衡组织的退火。

完全退火又称重结晶退火，一般简称退火。完全退火的工艺是将钢件加热到临界温度(临界温度是指固态金属开始发生相变的温度)以上某一温度，经保温一段时间后，随炉缓慢冷却至 500~600℃ 以下，然后在空气中冷却的一种热处理工艺。

完全退火可以达到细化晶粒的目的。在退火的加热和保温过程中，可以消除加工造成的内应力，而缓慢冷却又避免产生新的内应力。由于钢的冷却缓慢，能得到接近平衡状态的组织，故其硬度较低。完全退火一般适用于中碳钢、低碳钢的锻件，有时也可用于焊接件。

2. 球化退火

球化退火是为使工件中的碳化物球状化而进行的退火。

球化退火的工艺是将钢件加热至临界温度以下的某一温度,保温足够时间后随炉冷却至 600℃,出炉空冷的退火工艺。

球化退火一般适用于高碳钢的锻件。因此,对工具钢、轴承钢等锻造后必须进行球化退火,避免这些锻件在淬火加热时产生过热、淬火变形和开裂现象,同时能降低锻件硬度,便于切削加工。

3. 去应力退火

去应力退火是为去除工件塑性变形加工、切削加工或焊接造成的内应力及铸件内的残余应力而进行的退火。

去应力退火又称低温退火。低温退火的工艺一般只需把钢件加热至 500~650℃,保温足够时间,然后随炉冷却至 200~300℃ 以下出炉空冷。

去应力退火的目的是消除钢件焊接和冷校直时产生的内应力;消除精密零件切削加工(如粗车、粗刨等)时产生的内应力,使这些零件在以后的加工和使用过程中不易产生变形。

二、正火

正火是将工件加热至临界温度以上 40~60℃,保温一段时间后,从炉中取出在空气中或喷水、喷雾、吹风冷却的一种热处理工艺,又称常化。正火的目的与退火相似,主要区别是正火加热温度比退火高,冷却速度比退火快。因此,同样的工件正火后的强度、硬度比退火后的高。

正火的目的是使晶粒细化和碳化物分布均匀化,去除材料的内应力,降低材料的硬度。低碳钢件正火可适当提高其硬度,改善切削加工性能。对于性能要求不高的零件,正火可作为最终处理。一些高碳钢件需经正火消除网状渗碳体后才能进行球化退火。

三、淬火

淬火是将工件加热奥氏体化后以适当的方式冷却获得马氏体或(和)贝氏体组织的热处理工艺。最常见的有水冷淬火、油冷淬火、空冷淬火等。淬火的目的是提高钢的硬度和耐磨性。

淬火工艺有两个概念应加以重视和区分:一是淬硬性,是以钢在理想条件下淬火所能达到的最高硬度来表征的材料特性。它主要取决于钢中的含碳质量分数,钢中含碳质量分数高,则淬硬性好;另一个是淬透性,是指以规定条件下钢试样淬硬深度和硬度分布表征的材料特性,淬硬层越深,淬透性越好。淬透性取决于钢的化学成分(含碳质量分数及合金元素含量)和淬火冷却方法,如加入锰、铬、镍、硅等元素可提高钢的淬透性。淬硬性和淬透性对钢的力学性能影响很大,因此钢的淬硬性和淬透性是合理选材和确定热处理工艺的两项重要指标。

由于钢在淬火时的冷却速度快,工件会产生较大的内应力,极易引起工件的变形和开裂。所以,淬火后的工件一般不能直接使用,必须及时回火。

四、表面淬火

表面淬火是仅对工件表面进行淬火。其中包括感应淬火、接触电阻加热淬火、火焰淬火、激光淬火、电子束淬火等。

利用快速加热的方法，将工件表层迅速升温至淬火温度，不等热量传至心部，立即予以冷却，使得表层淬硬，获得高硬度和耐磨性，而心部仍保持原来的组织，具有良好的塑性和韧性。这种热处理工艺适用于要求外硬（耐磨）内韧的机械零件，如凸轮、齿轮、曲轴和花键轴等。零件在表面淬火前，须进行正火或调质处理，表面淬火后要进行低温回火。

根据感应电流频率不同，感应加热表面淬火又分为高频、中频和工频淬火。

五、回火

回火是工件淬硬后加热到 AC1 以下的某一温度，保温一段时间，然后冷却到室温的热处理工艺。

回火的目的是：稳定组织和尺寸，降低脆性，消除内应力；调整硬度，提高韧性，获得优良的力学性能和使用性能。

回火总是在淬火后进行，通常是热处理的最后工序。淬火钢回火的性能与回火的加热温度有关，强度和硬度一般随回火温度的升高而降低，塑性、韧性则随回火温度的升高而提高。根据回火温度的不同，回火可分为低温回火、中温回火和高温回火。

1. 低温回火

工件在 250℃ 以下进行回火。低温回火主要为了降低淬火内应力和脆性并保持高硬度，用于处理要求硬度高、耐磨性好的零件，如各种工具（刀具、量具、模具）、滚动轴承等。

为了提高精密零件与量具的尺寸稳定性，可在 100～150℃ 以下进行长时间（可达数十小时）的低温回火。这种处理方法叫时效处理或尺寸稳定化处理。

2. 中温回火

工件在 250～500℃ 之间进行回火。中温回火可显著减小淬火应力，提高淬火件的弹性和强度，主要用于处理各种弹簧、发条及锻模等。

3. 高温回火

工件在 500℃ 以上进行回火。高温回火可消除淬火应力，使零件获得优良综合力学性能。通常把淬火后再进行高温回火的热处理方法称为调质。调质广泛用于处理各种重要的、受力复杂的中碳钢零件，如曲轴、丝杠、齿轮、轴等，也可作为某些精密零件，如量具、模具等的预备热处理。

六、化学热处理

化学热处理是将钢件放在适当的活性介质中加热、保温，使一种或几种元素渗入它的表层，以改变其化学成分、组织和性能的热处理工艺。

化学热处理的种类很多，一般都以渗入元素来命名。表面渗层的性能取决于渗入元素与基体金属所形成合金的性质及渗层的组织结构。常见的化学热处理有渗碳、氮化、氰化（碳氮共渗）、渗金属（如渗铬、渗铝等）和多元共渗等。渗碳、氮化、碳氮共渗用来提高工件表层的硬度与耐磨性；渗铬、渗铝能使工件表层获得某些特殊的物理化学性能，如抗氧化性、耐高温性、耐腐蚀性等。

七、热处理表示方法

1. 相关规定

热处理表示方法推荐采用"金属热处理工艺分类及代号"的规定,并标出应达到的力学性能指标及其他要求。

热处理工艺代号标记规定如图 2-4 所示。

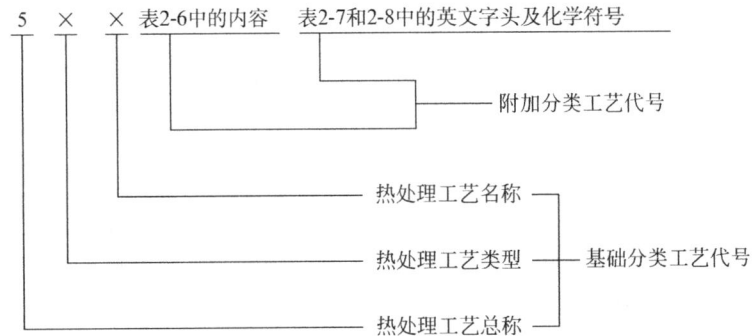

图 2-4 热处理工艺代号标记规定

表 2-6 加热方法及代号

加热方式	可控气氛(气体)	真空	盐浴(液体)	感应	火焰	激光	电子束	等离子体	固体装箱	流态床	电接触
代号	01	02	03	04	05	06	07	08	09	10	11

表 2-7 退火工艺及代号

退火工艺	去应力退火	均匀化退火	再结晶退火	石墨化退火	脱氢处理	球化退火	等温退火	完全退火	不完全退火
代号	St	H	R	G	D	Sp	I	F	P

表 2-8 淬火冷却介质和冷却方法及代号

冷却介质和方法	空气	油	水	盐水	有机聚合物水溶液	热浴	加压淬火	双介质淬火	分级淬火	等温淬火	形变淬火	气冷淬火	冷处理
代号	A	O	W	B	Po	H	Pr	I	M	At	Af	G	C

热处理工艺代号由基础分类代号及附加分类代号组成。在基础分类代号中按照工艺类型、工艺名称和实现工艺的加热方法三个层次进行分类,均有相应代号对应。热处理工艺分类及代号见表 2-9,其中工艺类型代号分为整体热处理、表面热处理及化学热处理三种;工艺名称按获得组织状态或渗入元素进行分类。附加分类是对基础分类中某些工艺的具体条件再进一步细化分类,其中包括各种热处理的加热介质、退火工艺方法、淬火冷却介质或冷却方式、渗碳和碳氮共渗的后续冷却工艺等。

如标注为"5151,235HBS",表示整体调质,热处理后硬度应达到 220～250HBS。又如标注为"5213,45HRC",表示表面火焰淬火和回火,硬度应为 42～48HRC。

表 2-9　热处理工艺分类及代号

工艺总称	代号	工艺类型	代号	工艺名称	代号
热处理	5	整体热处理	1	退火	1
				正火	2
				淬火	3
				淬火和回火	4
				调质	5
				稳定化处理	6
				固溶处理；水韧处理	7
				固溶处理＋时效	8
		表面热处理	2	表面淬火和回火	1
				物理气相沉积	2
				化学气相沉积	3
				等离子体增强化学气相沉积	4
				离子注入	5
		化学热处理	3	渗碳	1
				碳氮共渗	2
				渗氮	3
				氮碳共渗	4
				渗其他非金属	5
				渗金属	6
				多元共渗	7

表 2-10 列出常用热处理工艺名称及代号。

表 2-10　常用热处理工艺名称及代号

工艺名称	代号	工艺名称	代号
热处理	500	再结晶退火	511-R
整体热处理	510	石墨化退火	511-G
可控气氛热处理	500-01	脱氢处理	511-D
真空热处理	500-02	球化退火	511-Sp
盐浴热处理	500-03	等温退火	511-I
感应热处理	500-04	完全退火	511-F
火焰热处理	500-05	不完全退火	511-P
激光热处理	500-06	正火	512
电子束热处理	500-07	淬火	513
离子轰击热处理	500-08	空冷淬火	513-A
流态床热处理	500-10	油冷淬火	513-O
退火	511	水冷淬火	513-W
去应力退火	511-St	盐水淬火	513-B
均匀化退火	511-H	有机水溶液淬火	513-Po

续表

工艺名称	代号	工艺名称	代号
盐浴淬火	513-H	盐浴渗碳	531-03
加压淬火	513-Pr	固体渗碳	531-09
双介质淬火	513-I	流态床渗碳	531-10
分级淬火	513-M	离子渗碳	531-08
等温淬火	513-At	碳氮共渗	532
形变淬火	513-Af	渗氮	533
气冷淬火	513-G	气体渗氮	533-01
淬火及冷处理	513-C	液体渗氮	533-03
可控气氛加热淬火	513-01	离子渗氮	533-08
真空加热淬火	513-02	流态床渗氮	533-10
盐浴加热淬火	513-03	氮碳共渗	534
感应加热淬火	513-04	渗其他非金属	535
流态床加热淬火	513-10	渗硼	535(B)
盐浴加热分级淬火	513-10M	气体渗硼	535-01(B)
盐浴加热盐浴分级淬火	513-10H+M	液体渗硼	535-03(B)
淬火和回火	514	离子渗硼	535-08(B)
调质	515	固体渗硼	535-09(B)
稳定化处理	516	渗硅	535(Si)
固溶处理,水韧化处理	517	渗硫	535(S)
固溶处理+时效	518	渗金属	536
表面热处理	520	渗铝	536(Al)
表面淬火和回火	521	渗铬	536(Cr)
感应淬火和回火	521-04	渗锌	536(Zn)
火焰淬火和回火	521-05	渗钒	536(V)
激光淬火和回火	521-06	多元共渗	537
电子束淬火和回火	521-07	硫氮共渗	537(S-N)
电接触淬火和回火	521-11	氧氮共渗	537(O-N)
物理气相沉积	522	铬硼共渗	537(Cr-B)
化学气相沉积	523	钒硼共渗	537(V-B)
等离子体增强化学气相沉积	524	铬硅共渗	537(Cr-Si)
离子注入	525	铬铝共渗	537(Cr-Al)
化学热处理	530	硫氮碳共渗	537(S-N-C)
渗碳	531	氧氮碳共渗	537(O-N-C)
可控气氛渗碳	531-01	铬铝硅共渗	537(Cr-Al-Si)
真空渗碳	531-02		

常见的热处理缩略语表示如下。
CHD　表面硬化深度；
CD　　渗碳深度；
SHD　淬火硬化深度；
HTO　热处理顺序；
HTS　热处理规范。

2．图样中热处理标注方法

如果要在图样中标记测试点，测试点符号如图 2-5 所示。

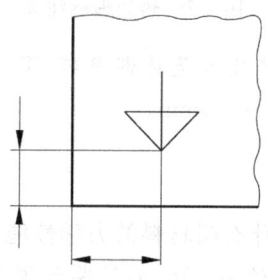

图 2-5　测试点符号

例 2-1　指出如图 2-6 所示的热处理标注的含义。

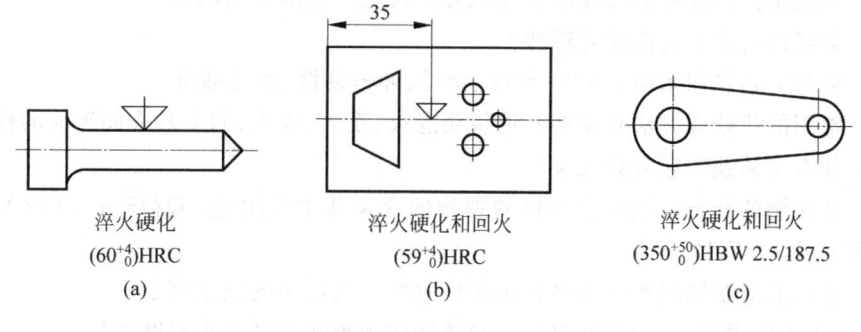

淬火硬化　　　　　　淬火硬化和回火　　　　　　淬火硬化和回火
$(60^{+4}_{\ 0})$HRC　　　　$(59^{+4}_{\ 0})$HRC　　　　$(350^{+50}_{\ \ 0})$HBW 2.5/187.5
　(a)　　　　　　　　　　(b)　　　　　　　　　　(c)

图 2-6　热处理标注 1

解：图 2-6(a)中表示测试点处的热处理是淬火硬化，其硬度数值是 60HRC，偏差范围是 0~4HRC，用洛氏硬度表示。

图 2-6(b)中表示测试点处的热处理是淬火硬化和回火，其硬度数值是 59HRC，偏差范围是 0~4HRC，用洛氏硬度表示。

图 2-6(c)中表示测试点处的热处理是淬火硬化和回火，其硬度数值是 350HBW，偏差范围是 0~50HBW，用布氏硬度表示。

以上表示法都是整体热处理。

例 2-2　指出如图 2-7 所示的热处理标注的含义。

解：图 2-7(a)中表示测试点处的热处理是表面淬火硬化和回火，其硬度数值是 60HRC，偏差范围是 0~4HRC，用洛氏硬度表示。表面硬化深度是 0.8mm，偏差范围是 0~0.4mm。

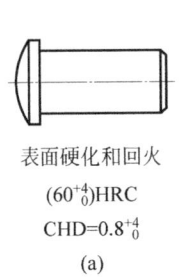
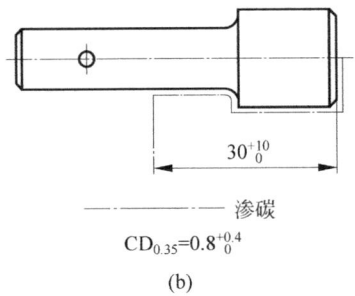

表面硬化和回火
(60^{+4}_0)HRC
CHD=0.8^{+4}_0

(a)

30^{+10}_0

———渗碳

$CD_{0.35}=0.8^{+0.4}_0$

(b)

图 2-7　热处理标注 2

图 2-7(b)中表示测试点处的热处理是局部渗碳,渗碳范围是点画线标注的范围,表面渗碳深度是 0.8mm,偏差范围是 0～0.4mm。

习题

2-1　材料性能通常分几类？什么叫材料的力学性能？用哪些指标来衡量？

2-2　一根标准拉伸试样的直径为 10mm,标距长度为 50mm,拉伸试验时测出试样在 26000N 时屈服,出现的最大载荷为 45000N。拉断后的标距长度为 58mm,断口处直径为 7.75mm,试计算 σ_s、σ_b、δ_5 和 ψ。

2-3　试述布氏硬度和洛氏硬度在测试方法及应用范围上的区别。

2-4　金属材料的工艺性能有哪些？

2-5　解释下列名词术语：强度、硬度、塑性、冲击韧性、疲劳强度。

2-6　常用的热处理方法有哪些？请说明退火、正火、淬火、回火及表面淬火的作用。

2-7　什么是铸铁？它分哪几类？

2-8　试述钢的分类。说明下列钢的牌号的含义及主要用途：Q235、45、T12A、1Cr13、W18Cr4V、GCr15、Cr12、65Mn。

2-9　常用的非金属材料有哪些？试举出它们在机器中的应用例子。

2-10　零件渗碳后,一般需经过(　　)才能达到表面硬度高且耐磨的目的。

A. 淬火＋低温回火　　B. 正火　　C. 调质　　D. 淬火＋高温回火

2-11　黄铜是以(　　)为主加元素的铜合金。

A. 铅　　B. 铁　　C. 锡　　D. 锌

2-12　(　　)铸铁的断口呈灰黑色。

A. 马口铁　　B. 白口铸铁　　C. 麻口铸铁　　D. 灰铸铁

2-13　材料抵抗局部变形、压痕及划痕的能力称为(　　)。

A. 强度　　B. 韧性　　C. 硬度

2-14　常用于制造焊接结构件的材料是(　　)。

A. Q235-A　　B. 45 钢　　C. 65Mn　　D. T10A

2-15　常用于制造轴类和盘套类零件,且要能进行调质处理的材料是(　　)。

A. Q235-A　　B. 45 钢　　C. GCr13　　D. T10A

2-16 以下材料塑性最差是的(　　)。
A. 灰铸铁　　　　B. 金　　　　C. 45钢　　　　D. 紫铜

2-17 制造刀具、刃具和量具一般采用的热处理方法是(　　)。
A. 淬火＋低温回火　　　　　B. 淬火＋中温回火
C. 淬火＋高温回火　　　　　D. 淬火

2-18 以下材料中铸造性能最好的是(　　)。
A. 45钢　　　　　　　　　　B. GCr13
C. 青铜　　　　　　　　　　D. 以上材料铸造性能都不好

2-19 以下材料中焊接性能最好的是(　　)。
A. 20钢　　　　B. GCr13　　　　C. 灰铸铁　　　　D. 纯铝

2-20 钢中常见的有害和有益元素有哪些？分别说明其有害和有益的原因。

单元 3　互换性技术

学习目标

通过本单元学习掌握互换性的基本概念,极限与配合的基本术语与定义,极限与配合国家标准的构成,极限与配合的选择;掌握形位公差和形位误差的基本概念,熟悉形位公差国家标准的基本内容,掌握公差原则、形位公差项目及公差值的评定准则,为合理选择形位公差打下基础;了解表面结构的评定,掌握表面结构在图样上的标注和表面结构的选择。

3.1　互换性概述

一、互换性的基本概念

在工厂的装配车间经常看到这样的情况,装配工人任意从一批相同规格的零件中取出一个装配到机器上,装配后机器就能正常工作了。在日常生活中也有不少这样的例子,如汽车、自行车、手表的某个零件损坏后,购买一个相同规格的零件,装好后就能照常使用,十分方便快捷。这些都是零件互换性的具体体现。互换性是指机器零部件相互之间可以替换,而且保证使用要求的一种特性。

互换性在现代化大规模生产中有着十分重要的意义。在设计方面,按互换性进行设计,可以最大限度地采用标准件和通用件,从而减少设计绘图的工作量,也有利于计算机辅助设计;在制造方面,有利于组织大规模专业化生产;在使用方面,便于维修和售后服务。

互换性可以分为广义互换性和狭义互换性。广义互换性是指机器的零件在各种性能方面都具有互换性,如零件的几何参数、力学性能、抗腐蚀性、热变形、电导性等。狭义互换性是指机器的零部件只满足几何参数方面的要求,如尺寸、形状、位置和表面粗糙度的要求。

按互换性的程度又可把互换性分为完全互换和有限互换。对于同一规格的零件,若不加挑选和修配就能装配到机器上去,并且能满足使用要求,这种互换就称为完全互换。有时虽然是同一规格的零件,但在装配时需要进行挑选或修配才能满足使用要求,这种互换称为有限互换。完全互换一般用于大批量生产的标准零部件,如普通紧固螺纹制件、滚动轴承等。这种生产方式效率高,同时也有利于各生产单位和部门之间的协作。

有限互换多用于生产批量小和装配精度要求高的情况。当装配精度要求很高时,每个零件的精度也势必要求很高,这样会给零件的制造带来一定的困难。为了解决这一矛盾,在生产中经常采用分组装配法和修配法。分组装配法的具体方法是,将零件的制造公差适当扩大到方便加工的程度,完工后按实际尺寸的大小把被装配的零件分成若干组,按对应组进行装配。分组越细,装配精度就越高,但应以满足装配精度为依据。分组太细将会降低装配效率、提高制造成本;分组太粗将不能保证装配精度要求。

对于单件小批量生产的高精度产品,在装配时往往采用修配法或调整法。这种生产方式效率低,但能获得高精度的产品,因此在精密仪器和精密机床的生产中被广泛采用。只有同一规格的零件才能够实现互换性,但规格相同的零件其实际尺寸或形状并不完全一致,在生产实际中不可避免地会产生加工误差。为了达到预定的互换性要求,必须将零部件的几何参数控制在一定的变动范围内,这个允许零件几何参数的变动范围称为公差。因此,为了使零部件具有互换性,首先必须对几何要素提出公差要求,只有在公差要求范围内的合格零件才能实现互换性。为了实现互换性生产,对各种各样的公差要求还必须具有统一的术语、协调的数据及合适的标注方式,使从事机械设计或加工的人员具有共同的技术术语和技术依据,并且设计生产过程较为方便、合理和经济,故必须制定公差标准。公差标准是对零件的公差和相互配合所制定的技术标准。

公差标准是实现互换性的基础,但仅有公差标准而无相应的检测措施还不足以保证实现互换性。只有通过技术测量,才能知道零件的几何参数误差是否在公差要求的范围内,零件是否合格,是否满足互换性要求。检测的目的不仅在于判断零件是否合格,而且还要根据检测的结果,分析产生废品的原因,以便采取改进措施。

二、标准化概念

标准化是社会生产的产物,反过来它又能推动社会生产的发展。标准是指对重复性事物和概念所做的同一规定。标准化包含了标准制定、贯彻和标准修订的全部过程。在机械制造中,标准化是实现互换性的必要前提。技术标准(简称标准)即技术法规,是从事生产、建设工作以及商品流通等的一种共同技术依据,它以生产实践、科学试验及可靠经验为基础,由有关方面协调制定,由主管部门批准,以特定形式发布,作为共同遵守的准则和依据。

标准可以按不同级别颁布。我国技术标准分为国家标准、行业标准、地方标准和企业标准4级。此外,从世界范围看,还有国际标准和区域性标准。标准化是组织现代化大生产的重要手段,是实现专业化协作生产的必要前提,是科学管理的重要组成部分,是使整个社会经济合理化的技术基础,也是发展贸易、提高产品在国际市场竞争能力的技术保证。标准化对于快速发展国民经济、提高产品和工程建设质量、提高劳动生产率及改善人民生活等都有着重要的作用。

3.2 光滑圆柱结合的公差与配合

一、概述

圆柱结合通常指孔和轴的结合,是机器中最广泛采用的一种结合形式。为使加工后的孔与轴能满足互换性要求,必须在设计中采用公差与配合标准。圆柱结合的公差与配合是最早建立的,也是最基本的标准,是机械制造中的基础标准。

公差与配合的标准化不仅可以防止任意规定公差与配合数值的混乱现象,保证了零部件的互换性和质量,而且还有利于刀具、量具的标准化,有利于广泛组织专业化协作生产和国际间的技术交流。

二、公差与配合的基本术语和定义

1. 有关孔和轴的定义

轴与孔结合在机械制造中得到了广泛的应用，除圆柱形内外表面的轴和孔，还有其他形式的表面也定义为轴和孔，如图 3-1 所示。

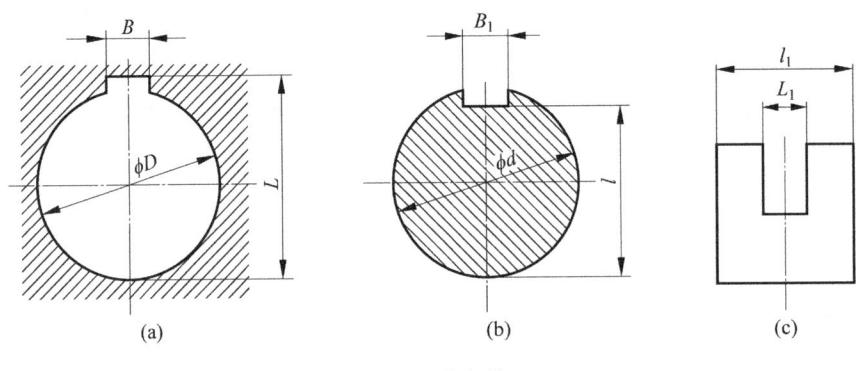

图 3-1 孔和轴

（1）孔

孔通常是指工件的圆柱形内表面，也包括非圆柱形内表面（由两个平行平面或切面形成的包容面）。孔径用大写字母 D 表示，如图 3-1(a)所示。

（2）轴

轴通常是指工件的圆柱形外表面，也包括非圆柱形外表面（由两个平行平面或切面形成的被包容面）。孔径用小写字母 d 表示，如图 3-1(b)所示。

从装配关系讲，孔为包容面，在它之内无材料；轴为被包容面，在它之外无材料。

2. 有关尺寸的术语及定义

尺寸是指用特定单位表示长度值的数字。长度包括直径、半径、宽度、深度、高度和中心距等。在机械制造中常用毫米（mm）为单位，在标注时常将单位省略，仅标注数值。

（1）尺寸

尺寸指的是长度的值，由数字和特定单位两部分组成，包括长度、宽度和中心距等。

（2）基本尺寸

基本尺寸是指设计给定的尺寸。它是根据零件的强度、刚度、结构和工艺性等要求确定的。设计时应尽量采用标准尺寸，以减少加工所用刀具、量具的规格。基本尺寸的代号：孔用 D 表示，轴用 d 表示。

（3）实际尺寸

实际尺寸是指通过测量所得的尺寸。由于存在测量误差，所以实际尺寸并非尺寸的真值。同时由于形状误差等影响，零件同一表面不同部位的实际尺寸往往是不等的。实际尺寸的代号：孔用 D_a 表示，轴用 d_a 表示。

（4）极限尺寸

极限尺寸是指允许尺寸变化的两个界限值。两个极限尺寸中较大的一个称上极限尺寸，较小的一个称下极限尺寸。

极限尺寸可大于、小于或等于基本尺寸。合格零件的实际尺寸应在两极限尺寸之间。极限尺寸的代号：孔用 D_{max}、D_{min} 表示，轴用 d_{max}、d_{min} 表示。

(5) 最大实体极限和最大实体尺寸

最大实体极限是指对应于孔或轴最大实体尺寸的那个极限尺寸，即孔的最小极限尺寸 (D_{min}) 和轴的最大极限尺寸 (d_{max})。最大实体尺寸是孔或轴具有允许的材料量为最多状态下的极限尺寸。

(6) 最小实体极限和最小实体尺寸

最小实体极限是指对应于孔或轴最小实体尺寸的那个极限尺寸，即孔的最大极限尺寸 (D_{max}) 和轴的最小极限尺寸 (d_{min})。最小实体尺寸是孔或轴具有允许的材料量为最少状态下的极限尺寸。

最大实体极限和最小实体极限统称为实体极限。

3. 有关尺寸偏差和公差的术语及定义

(1) 尺寸偏差 (简称偏差)

偏差为某一尺寸减其基本尺寸所得的代数差，孔用 E 表示，轴用 e 表示。偏差可能为正或负，亦可为零。

(2) 实际偏差与极限偏差

实际尺寸减其基本尺寸所得的代数差称为实际偏差，极限尺寸减其基本尺寸所得的代数差称为极限偏差。

上极限偏差：上极限尺寸减其基本尺寸所得的代数差称为上极限偏差，孔用 ES 表示，轴用 es 表示。

$$ES = D_{max} - D \tag{3-1}$$
$$es = d_{max} - d \tag{3-2}$$

式中，D_{max}、D——孔的上极限尺寸和基本尺寸；

d_{max}、d——轴的上极限尺寸和基本尺寸。

下极限偏差：下极限尺寸减其基本尺寸所得的代数差称为下极限偏差，孔用 EI 表示，轴用 ei 表示。

$$EI = D_{min} - D \tag{3-3}$$
$$ei = d_{min} - d \tag{3-4}$$

式中，D_{min}——孔的下极限尺寸；

d_{min}——轴的下极限尺寸。

(3) 尺寸公差

尺寸公差是指允许的尺寸变动量，简称公差。公差等于上极限尺寸与下极限尺寸代数差的绝对值，如图 3-2 所示，也等于上极限偏差与下极限偏差之代数差的绝对值。公差取绝对值，不存在负公差，也不允许为零。

孔公差 $$T_h = |D_{max} - D_{min}| = |ES - EI| \tag{3-5}$$
轴公差 $$T_s = |d_{max} - d_{min}| = |es - ei| \tag{3-6}$$

(4) 零线

在极限与配合示意图中，表示基本尺寸的一条直线即为零线，以其为基准确定偏差和公差。通常,零线沿水平方向绘制,正偏差位于其上,负偏差位于其下,如图3-2所示。

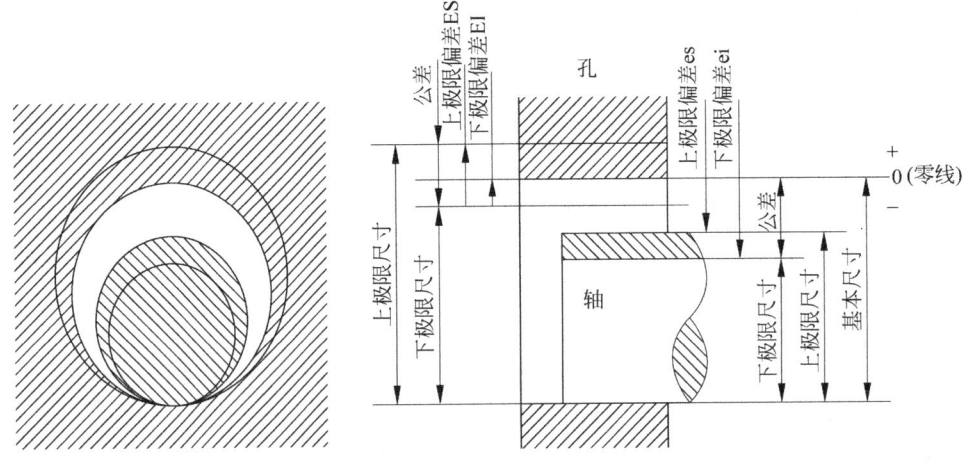

图3-2 极限与配合示意图

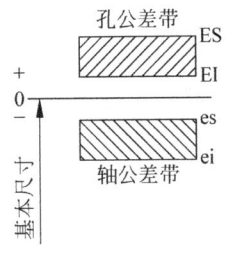

图3-3 公差带图

(5) 尺寸公差带

尺寸公差带是表示零件的尺寸相对于其基本尺寸所允许变动的范围,简称公差。用图表示的公差带,称为公差带图,如图3-3所示。

由于基本尺寸与公差值的大小悬殊,不便于用同一比例在图上表示,为了分析问题方便,以零线表示基本尺寸,相对于零线画出上、下极限偏差,以表示孔或轴的公差带。

在公差带图中,零线是确定偏差的一条基准线,偏差位于零线上方,表示偏差为正,位于零线下方,表示偏差为负,当与零线重合时,表示偏差为零。

上、下极限偏差之间的宽度表示公差带的大小,即公差值,此值由标准公差确定。公差带相对于零线的位置由基本偏差确定。所谓基本偏差,一般为公差带靠近零线的那个偏差(公差带在零线以上时,以下极限偏差为基本偏差;公差带在零线以下时,以上极限偏差为基本偏差)。

例 3-1 计算孔 $\phi 50_{-0.042}^{-0.017}$ mm 和轴 $\phi 100_{-0.054}^{0}$ mm 的公差,并指出其基本偏差。

解:孔公差 $T_h = |ES - EI| = |-0.017 - (-0.042)| = 0.025$ mm

轴公差 $T_s = |es - ei| = |0 - (-0.054)| = 0.054$ mm

孔的基本偏差:ES = -0.017 mm

轴的基本偏差:es = 0

4. 有关配合的术语及定义

配合是指基本尺寸相同的相互结合的孔、轴公差带之间的关系。这种关系决定着配合的松紧程度,而这松紧程度是用间隙和过盈来描述的。

(1) 间隙或过盈

孔的尺寸减去相配合的轴的尺寸所得的代数差,此差值为正时其配合为间隙,为负时其配合为过盈。配合可分为间隙配合、过盈配合和过渡配合三种。

(2) 间隙配合

间隙配合是指具有间隙(包括最小间隙等于零)的配合。此时,孔的公差带在轴的公差带之上,如图3-4所示。由于孔和轴的实际尺寸在各自的公差带内变动,因此装配后每对孔、轴间的间隙也是变动的。当孔具有最大极限尺寸、轴具有最小极限尺寸时,装配后得到最大间隙;反之得到最小间隙。以 X 代表间隙,则

最大间隙 $\qquad X_{\max} = D_{\max} - d_{\min} = \text{ES} - \text{ei}$

最小间隙 $\qquad X_{\min} = D_{\min} - d_{\max} = \text{EI} - \text{es}$

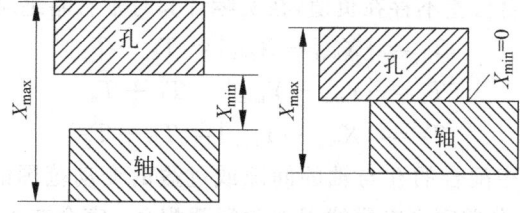

图 3-4　间隙配合

(3) 过盈配合

过盈配合是指具有过盈(包括最小过盈等于零)的配合。此时,孔的公差带在轴的公差带之下,如图3-5所示。实际过盈的大小也随着孔和轴的实际尺寸而变化。孔的最大极限尺寸减轴的最小极限尺寸所得差值为最小过盈,也等于孔的上极限偏差减轴的下极限偏差。以 Y 代表过盈,则

最大过盈 $\qquad Y_{\max} = D_{\min} - d_{\max} = \text{EI} - \text{es}$

最小过盈 $\qquad Y_{\min} = D_{\max} - d_{\min} = \text{ES} - \text{ei}$

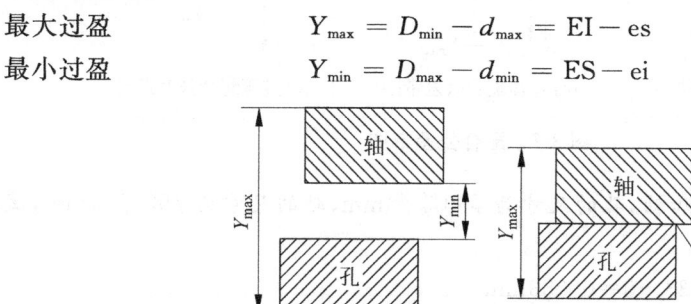

图 3-5　过盈配合

(4) 过渡配合

可能具有间隙或过盈的配合,称为过渡配合。此时,孔的公差带与轴的公差带相互交叠,如图3-6所示。过渡配合中,每对孔、轴间的间隙或过盈也是变化的。孔的最大极限尺寸减轴的最小极限尺寸所得差值为最大间隙。孔的最小极限尺寸减轴的最大极限尺寸所得差值为最大过盈。

最大间隙 $\qquad X_{\max} = D_{\max} - d_{\min} = \text{ES} - \text{ei}$

最大过盈 $\qquad Y_{\max} = D_{\min} - d_{\max} = \text{EI} - \text{es}$

(5) 配合公差

允许间隙或过盈的变动量,称为配合公差。它表明配合松紧程度的变化范围。配合公

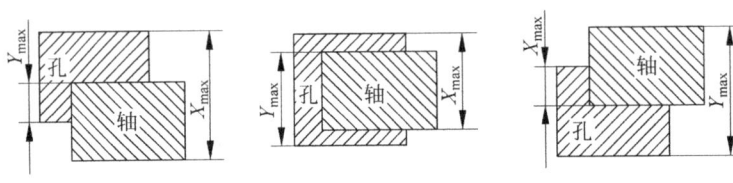

图 3-6 过渡配合

差越大,配合精度越低;配合公差越小,配合精度越高。

配合公差的大小为两个界限值的代数差的绝对值,也等于相配合孔的公差和轴的公差之和。取绝对值表示配合公差不存在负值,在实际计算时常省略绝对值符号。

间隙配合: $T_f = |X_{max} - X_{min}| = T_D + T_d$

过盈配合: $T_f = |Y_{min} - Y_{max}| = T_D + T_d$

过渡配合: $T_f = |X_{max} - Y_{max}| = T_D + T_d$

用直角坐标表示出相配合的孔与轴的间隙或过盈的变动范围的图形叫作配合公差带图,如图 3-7 所示。配合公差完全在零线以上为间隙配合;完全在零线以下为过盈配合;跨在零线上、下两侧为过渡配合。配合公差带两端的坐标值代表极限间隙或极限过盈,上下两端之间距离为配合公差值。

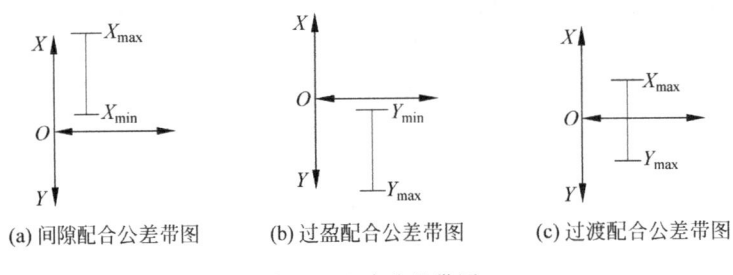

(a) 间隙配合公差带图　　(b) 过盈配合公差带图　　(c) 过渡配合公差带图

图 3-7 配合公差带图

例 3-2 一对配合的孔和轴,孔的尺寸为 $\phi 60^{+0.033}_{0}$ mm,轴的尺寸为 $\phi 60^{+0.095}_{-0.095}$ mm,试求极限间隙或极限过盈。

解: $T_h = ES - EI = 0.033 - 0 = 0.033$ mm

$T_s = es - ei = 0.0095 - (-0.0095) = 0.019$ mm

因为 ES>ei 且 EI<es,所以此配合为过渡配合。

$X_{max} = ES - ei = 0.033 - (-0.0095) = +0.0425$ mm

$Y_{max} = EI - es = 0 - 0.0095 = -0.0095$ mm

三、公差与配合国家标准的组成与特点

1. 基准制

从前述三类配合的公差带图可知,变更孔、轴公差带的相对位置,可以组成不同性质、不同松紧程度的配合,但为简化起见,无须将孔、轴公差带同时变动,只要固定一个,变更另一个,便可获得满足不同使用性能要求的配合,且获得良好的技术经济效益。因此,公差与配合标准对孔、轴公差带之间的相互位置关系,规定了两种基准制,即基孔制与基轴制。

(1) 基孔制

基孔制是指基本偏差为一定的孔的公差带,与不同基本偏差的轴的公差带所形成的各种配合的一种制度,如图 3-8(a)所示。

基孔制中的孔称为基准孔,用 H 表示,基准孔以下极限偏差为基本偏差,且数值为零,其公差带偏置在零线上侧。

基孔制配合中的轴由于有不同的基本偏差,使它们的公差带和基准孔公差带形成不同的相对位置。根据不同的相对位置可以判断其配合类别。

(2) 基轴制

基轴制是指基本偏差为一定的轴的公差带,与不同基本偏差的孔的公差带形成的各种配合的一种制度,如图 3-8(b)所示。

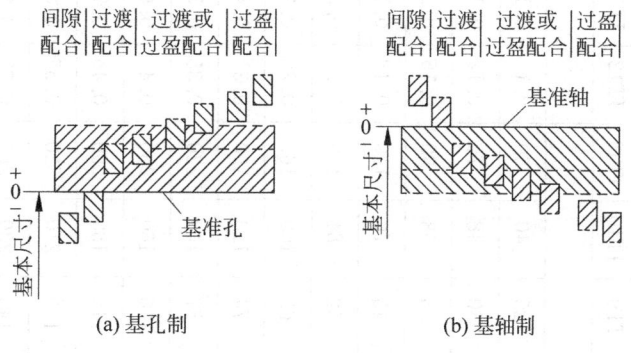

图 3-8 基准制

基轴制中的轴称为基准轴,用 h 表示,基准轴的上极限偏差为基本偏差且等于零。不同基本偏差的孔和基准轴可以形成不同类别的配合。

2. 标准公差系列

为实现互换性和满足各种使用要求,公差值必须标准化,标准公差值是由国家标准统一规定的。

(1) 标准公差等级

为实现互换性和满足各种使用要求,公差与配合国家标准对形成各种配合的公差带进行了标准化,形成标准公差和基本偏差两个系列,即公差带大小由标准公差确定,公差相对于零线的位置由基本偏差确定。公差带大小和位置二者结合构成了不同的孔、轴公差带,而孔、轴公差带之间不同的相互关系则形成了不同的配合。为了满足机械制造中各零件尺寸不同精度的要求,国家标准在基本尺寸至 500mm 范围内规定了 20 个标准公差等级,用符号 IT 和数值表示,IT 表示国际公差,数字表示公差(精度)等级(IT01、IT0、IT1、IT2～IT18)。其中,IT01 精度等级最高,其余依次降低,IT18 等级最低。在基本尺寸相同的条件下,标准公差数值随公差等级的降低而依次增大。同一公差等级、同一尺寸分段内各基本尺寸的标准公差数值是相同的。同一公差等级对所有基本尺寸的一组公差也被认为具有同等精确程度。

表 3-1 列出了国家标准(GB/T 1800.3—1998)规定的机械制造行业常用尺寸(尺寸至 500mm)的标准公差数值。

表 3-1 常用尺寸的标准公差数值表

基本尺寸 /mm		标准公差等级																	
大于	至	IT1	IT2	IT3	IT4	IT5	IT6	IT7	IT8	IT9	IT10	IT11	IT12	IT13	IT14	IT15	IT16	IT17	IT18
							μm									mm			
—	3	0.8	1.2	2	3	4	6	10	14	25	40	60	0.1	0.14	0.25	0.4	0.6	1	1.4
3	6	1	1.5	2.5	4	5	8	12	18	30	48	75	0.12	0.18	0.3	0.48	0.75	1.2	1.8
6	10	1	1.5	2.5	4	6	9	15	22	36	58	90	0.15	0.22	0.36	0.58	0.9	1.5	2.2
10	18	1.2	2	3	5	8	11	18	27	43	70	110	0.18	0.27	0.43	0.7	1.1	1.8	2.7
18	30	1.5	2.5	4	6	9	13	21	33	52	84	130	0.21	0.33	0.52	0.84	1.3	2.1	3.3
30	50	1.5	2.5	4	7	11	16	25	39	62	100	160	0.25	0.39	0.62	1	1.6	2.5	3.9
50	80	2	3	5	8	13	19	30	46	74	120	190	0.3	0.46	0.74	1.2	1.9	3	4.6
80	120	2.5	4	6	10	15	22	35	54	87	140	220	0.35	0.54	0.87	1.4	2.2	3.5	5.4
120	180	3.5	5	8	12	18	25	40	63	100	160	250	0.4	0.63	1	1.6	2.5	4	6.3
180	250	4.5	7	10	14	20	29	46	72	115	185	290	0.46	0.72	1.15	1.85	2.9	4.6	7.2
250	315	6	8	12	16	23	32	52	81	130	210	320	0.52	0.81	1.3	2.1	3.2	5.2	8.1
315	400	7	9	13	18	25	36	57	89	140	230	360	0.57	0.89	1.4	2.3	3.6	5.7	8.9
400	500	8	10	15	20	27	40	63	97	155	250	400	0.63	0.97	1.55	2.5	4	6.3	9.7

(2) 标准公差值

公差值的大小与公差等级和基本尺寸有关,计算公差值分三段:

IT5~IT18　考虑加工误差和测量误差,并采用了 R5 优先数系;

IT01~IT1　因公差值较小主要考虑测量误差;

IT2~IT4　在 IT1~IT5 之间按等比级数插入的等级,即 $IT2 = IT1 \times q$。

标准公差的大小,即公差等级的高低,决定了孔、轴的尺寸精度和配合精度。在确定孔、轴公差时,应按标准公差等级取值,以满足标准化和互换性的要求。

属于同一公差等级的标准公差,对所有基本尺寸段,虽然数值不同,但被认为具有相同的精确程度。对基本尺寸相同的零件,可以按照公差的大小来评定它们精度的高低,但对于基本尺寸不同的零件,就不能仅仅以公差的大小来决定它们的精度高低。

(3) 基本尺寸分段

在机械产品中,基本尺寸小于或等于 500mm 的零件应用最广,因此这一尺寸段称为常用尺寸段。

为简化公差数值表,便于使用,标准把≤500mm 的基本尺寸分成 13 段,一个尺寸段只有一个公差值,见表 3-2。

表 3-2　基本尺寸分段

主 段 落		中间段落		主 段 落		中间段落		主 段 落		中间段落	
大于	至	大于	至	大于	至	大于	至	大于	至	大于	至
—	3			30	50	30	40	180	250	180	200
3	6					40	50			200	225
										225	250
6	10			50	80	50	65	250	315	250	280
						65	80			280	315
10	18	10	14	80	120	80	100	315	400	315	355
		14	18			100	120			355	400
18	30	18	24	120	180	120	140	400	500	400	450
		24	30			140	160			450	500
						160	180				

3. 基本偏差系列

如前文所述,基本偏差是确定公差带的位置参数。为满足机器中各种不同性质的和不同松紧程度的零部件配合,需要有一系列不同的公差带位置以组成各种不同的配合。

(1) 基本偏差代号

国家标准(简称国标)中已将基本偏差标准化,规定了孔、轴各 28 种公差带位置,分别用拉丁字母表示,在 26 个拉丁字母中去掉易与其他含义混淆的五个字母 I,L,O,Q,W(i,l,o,q,w),同时增加 CD,EF,FG,JS,ZA,ZB,ZC(cd,ef,fg,js,za,zb,zc)七个双字母,共有 28 种基本偏差系列。

(2) 基本偏差系列图及其特征

图 3-9 是基本偏差系列图,它表示基本尺寸相同的 28 种轴、孔基本偏差相对零线的位

置。图中画的基本偏差是"开口"公差带,这是因为基本偏差只表示公差带的位置,而不表示公差带的大小。图中只画出公差带基本偏差的一端,另一端开口则表示将由公差等级来决定。由图 3-9 可看出,轴、孔的各基本偏差图形是基本对称的。

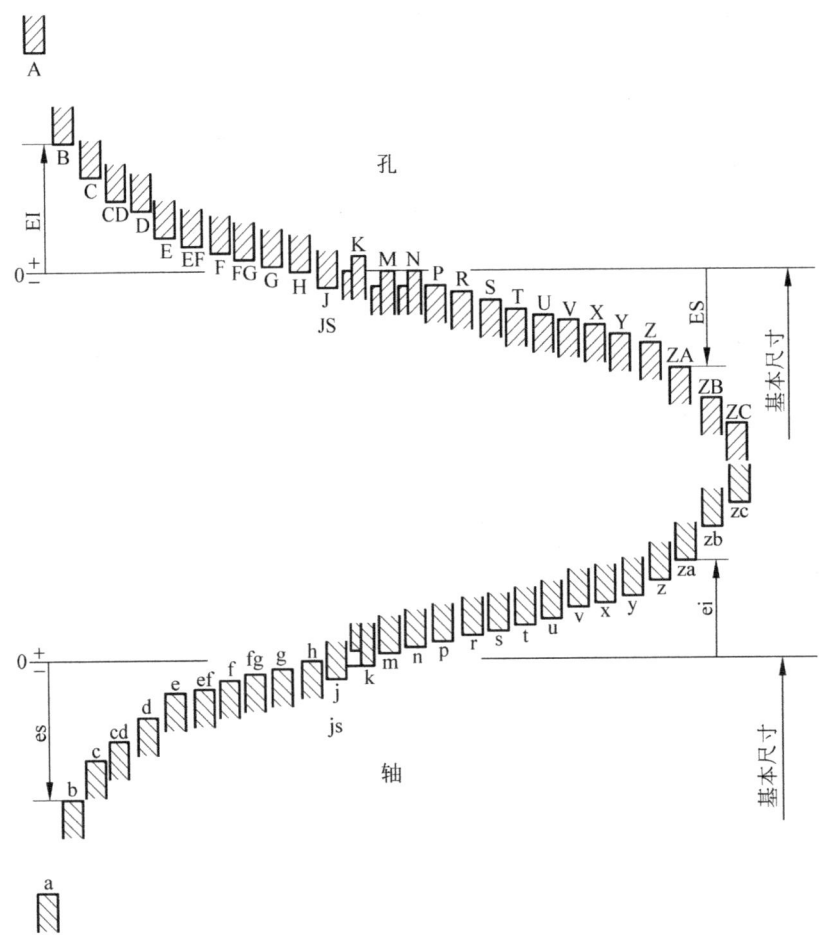

图 3-9 基本偏差系列

在孔(轴)的基本偏差中,A～H(a～h)的基本偏差为下极限偏差 EI(上极限偏差 es),其绝对值依次逐渐减小;J～ZC(j～zc)的基本偏差为上极限偏差 ES(下极限偏差 ei),其绝对值依次逐渐增大;H(h)为基准孔(轴),基本偏差为零。

JS 和 js 在各个公差等级中完全对称,因此,基本偏差可以为上极限偏差+IT/2,也可以为下极限偏差-IT/2,其数值与公差等级有关。

在基本偏差系列中,仅绘出了公差带一端(基本偏差)的界限,而公差带另一端的界限未绘出,用以说明公差带的大小在同一基本尺寸上还取决于公差等级的高低。因此,一般公差带可以用基本偏差代号和公差等级数字表示。

(3) 轴的基本偏差确定

轴的基本偏差数值是以基孔制为基础,根据各种配合要求,经过理论计算、试验或统计分析得到的,见表 3-3。

表 3-3　基本尺寸≤500mm 轴的基本偏差数值表

单位：μm

基本尺寸 /mm		基本偏差数值																										
		上偏差 es												下偏差 ei														
		所有标准公差等级											js	IT5 和 IT6	IT7	IT8	IT4 至 IT7	IT≤IT3	所有标准公差等级									
大于	至	a	b	c	cd	d	e	ef	f	fg	g	h		j	j	j	k	k	m	n	p	r	s	t	u	v	x	y	z	za	zb	zc
—	3	−270	−140	−60	−34	−20	−14	−10	−6	−4	−2	0	偏差等于±ITn/2，为 ITn 为 IT 等级	−2	−4	−6	0	0	+2	+4	+6	+10	+14		+18		+20		+26	+32	+40	+60
3	6	−270	−140	−70	−46	−30	−20	−14	−10	−6	−4	0		−2	−4		+1		+4	+8	+12	+15	+19		+23		+28		+35	+42	+50	+80
6	10	−280	−150	−80	−56	−40	−25	−18	−13	−8	−5	0		−2	−5		+1		+6	+10	+15	+19	+23		+28		+34		+42	+52	+67	+97
10	14	−290	−150	−95		−50	−32		−16		−6	0		−3	−6		+1		+7	+12	+18	+23	+28		+33		+40		+50	+64	+90	+130
14	18	−290	−150	−95		−50	−32		−16		−6	0		−3	−6		+1		+7	+12	+18	+23	+28		+33		+45		+60	+77	+108	+150
18	24	−300	−160	−110		−65	−40		−20		−7	0		−4	−8		+2		+8	+15	+22	+28	+35		+41		+54	+63	+73	+98	+136	+188
24	30	−300	−160	−110		−65	−40		−20		−7	0		−4	−8		+2		+8	+15	+22	+28	+35	+41	+48	+39	+55	+75	+88	+118	+160	+218
30	40	−310	−170	−120		−80	−50		−25		−9	0		−5	−10		+2		+9	+17	+26	+34	+43	+48	+60	+47	+64	+94	+112	+148	+200	+274
40	50	−320	−180	−130		−80	−50		−25		−9	0		−5	−10		+2		+9	+17	+26	+34	+43	+54	+70	+55	+68	+114	+136	+180	+242	+325
50	65	−340	−190	−140		−100	−60		−30		−10	0		−7	−12		+2		+11	+20	+32	+41	+53	+66	+87	+68	+81	+122	+144	+172	+226	+300	+405
65	80	−360	−200	−150		−100	−60		−30		−10	0		−7	−12		+2		+11	+20	+32	+43	+59	+75	+102	+80	+102	+146	+174	+210	+274	+360	+480
80	100	−380	−220	−170		−120	−72		−36		−12	0		−9	−15		+3		+13	+23	+37	+51	+71	+91	+124	+97	+120	+178	+214	+258	+335	+445	+585
100	120	−410	−240	−180		−120	−72		−36		−12	0		−9	−15		+3		+13	+23	+37	+54	+79	+104	+144	+114	+146	+210	+254	+310	+400	+525	+690
120	140	−460	−260	−200		−145	−85		−43		−14	0		−11	−18		+3		+15	+27	+43	+63	+92	+122	+170	+134	+172	+248	+300	+365	+470	+620	+800
140	160	−520	−280	−210		−145	−85		−43		−14	0		−11	−18		+3		+15	+27	+43	+65	+100	+134	+190	+146	+202	+280	+340	+415	+535	+700	+900
160	180	−580	−310	−230		−145	−85		−43		−14	0		−11	−18		+3		+15	+27	+43	+68	+108	+146	+210	+166	+228	+310	+380	+465	+600	+780	+1000
180	200	−660	−340	−240		−170	−100		−50		−15	0		−13	−21		+4		+17	+31	+50	+77	+122	+166	+236	+180	+252	+340	+425	+520	+670	+880	+1150
200	225	−740	−380	−260		−170	−100		−50		−15	0		−13	−21		+4		+17	+31	+50	+80	+130	+180	+258	+196	+284	+385	+470	+575	+740	+960	+1250
225	250	−820	−420	−280		−170	−100		−50		−15	0		−13	−21		+4		+17	+31	+50	+84	+140	+196	+284	+218	+310	+425	+520	+640	+820	+1050	+1350
250	280	−920	−480	−300		−190	−110		−56		−17	0		−16	−26		+4		+20	+34	+56	+94	+158	+218	+315	+240	+340	+475	+580	+710	+920	+1200	+1550
280	315	−1050	−540	−330		−190	−110		−56		−17	0		−16	−26		+4		+20	+34	+56	+98	+170	+240	+350	+268	+385	+525	+650	+790	+1000	+1300	+1700
315	355	−1200	−600	−360		−210	−125		−62		−18	0		−18	−28		+4		+21	+37	+62	+108	+190	+268	+390	+294	+425	+590	+730	+900	+1150	+1500	+1900
355	400	−1350	−680	−400		−210	−125		−62		−18	0		−18	−28		+4		+21	+37	+62	+114	+208	+294	+435	+330	+475	+660	+820	+1000	+1300	+1650	+2100
400	450	−1500	−760	−440		−230	−135		−68		−20	0		−20	−32		+5		+23	+40	+68	+126	+232	+330	+490	+360	+530	+740	+920	+1100	+1450	+1850	+2400
450	500	−1650	−840	−480		−230	−135		−68		−20	0		−20	−32		+5		+23	+40	+68	+132	+252	+360	+540	+400	+595	+820	+1000	+1250	+1600	+2100	+2600

注：① 基本尺寸小于或等于 1mm 时，基本偏差 a 和 b 均不采用。

② 公差带 js7 至 js11，若 IT_n 数值是奇数，则偏差=±$\dfrac{IT_n-1}{2}$。

极限偏差可按照下式计算：

$$ei = es - IT \quad 或 \quad es = ei + IT$$

a～h 用于间隙配合，其基本偏差的绝对值等于与基本孔制配合的最小间隙；j～n 主要用于过渡配合，其基本偏差是按一定等级的孔相配合的最大间隙不超出一定值来确定的；p～zc 主要用于过盈配合，从保证配合的主要特性——最小过盈来考虑，而且大多数按它们与最常用的基准孔 H7 相配合为基础来考虑。

（4）孔的基本偏差确定

同一字母的孔的基本偏差与轴的基本偏差相对零线完全对称，即孔与轴的基本偏差绝对值相等，而符号相反，见表 3-4。

$$EI = -es, \quad ES = -ei$$

当基本尺寸大于 3mm～500mm，标准公差等级≤IT8 的 K、M、N 和标准公差等级≤IT7 的 P～ZC，孔或轴的基本偏差的符号相反，而绝对值相差一个 Δ 值。

（5）圆柱孔、轴公差配合在图样上的标注

孔和轴的公差带在零件图上的标注如图 3-10 所示，主要标注上下极限偏差数值，也可附注基本偏差代号及公差等级。

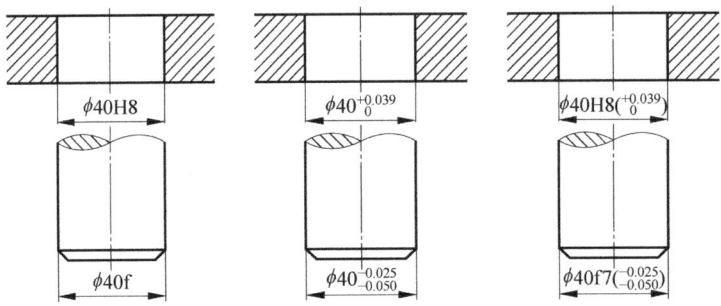

图 3-10　圆柱孔、轴的公差在零件图上的标注

孔和轴的公差带在装配图上的标注如图 3-11 所示，主要标注配合代号，即标注孔、轴的基本偏差代号及公差等级，也可附注上下极限偏差数值。

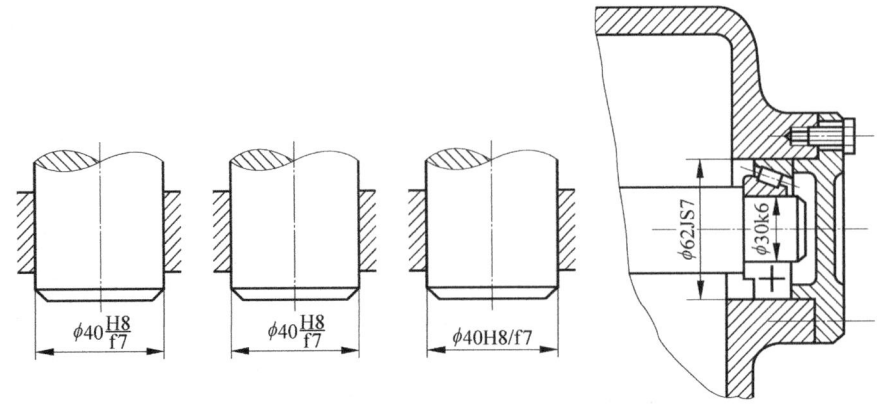

图 3-11　孔和轴的公差带在装配图上的标注

表 3-4 基本尺寸≤500mm 孔的基本偏差数值表

单位：μm

基本尺寸 /mm		基本偏差数值																											Δ值					
		下偏差EI									上偏差ES																		标准公差等级					
		所有标准公差等级									IT6	IT7	IT8	IT8		IT8		IT8		≤IT8	>IT8	≤IT7	>IT7						IT3	IT4	IT5	IT6	IT7	IT8
		A	B	C	D	F	G	H			J			K		M		N																
大于	至																																	
—	3	270	140	60	34	20	10	6		S	2	4	6	1+Δ		2		4		4		在大于IT7的相应数值上增加一个Δ值		32	40	60				.5			2
3	6	270	140	70	46	30	14	10			5	6	10	1+Δ		4		4+Δ		8+Δ				42	50	80	26			.5	.5	1	4
6	10	280	150	80	56	40	20	14			5	8	12	1+Δ		6		6+Δ		10+Δ				52	67	97	35					1	6
10	14	290	150	95	—	50	25	18			6	10	15	2+Δ		7		7+Δ		12+Δ				64	90	130	42					3	9
14	18																																	
18	24	300	160	110	65	—	32	20			8	12	20	2+Δ		8		8+Δ		15+Δ				77	108	150	50					1.5	3
24	30																																	
30	40	310	170	120	80	—	40	25			10	14	24	2+Δ		9		9+Δ		17+Δ				98	136	188	60					1.5	4
40	50	320	180	130																				118	160	218	73						
50	65	340	190	140	100	60	30				13	18	28	2+Δ		11		11+Δ		20+Δ				148	200	274	88						5
65	80	360	200	150																				180	242	325	112						
80	100	380	220	170	120	72	43				16	22	34	3+Δ		13		13+Δ		23+Δ				226	300	405	136						6
100	120	410	240	180																				274	360	480	172					3	7
120	140	460	260	200	145	85					18	26	41	3+Δ		15		15+Δ		27+Δ				335	445	585	210						
140	160	520	280	210																				400	525	690	258						
160	180	580	310	230																				470	620	800	310						
180	200	660	340	240	170	100					22	30	47	4+Δ		17		17+Δ		31+Δ				535	700	900	365						
200	225	740	380	260																				600	780	1000	415						
225	250	820	420	280																				670	880	1150	465						
250	280	920	480	300	190	110					25	36	55	4+Δ		20		20+Δ		34+Δ				740	960	1250	520						
280	315	1050	540	330																				820	1050	1350	575						7
315	355	1200	600	360	210	125					29	39	60	4+Δ		21		21+Δ		37+Δ				920	1200	1550	640						
355	400	1350	680	400																				1000	1300	1700	710						9
400	450	1500	760	440	230	135					33	43	66	5+Δ		23		23+Δ		40+Δ				1150	1500	1900	790					1	2
450	500	1650	840	480																				1300	1650	2100	900					3	4

注：1mm 以下各级 A 和 B 均不采用。

例 3-3 利用常用尺寸的标准公差数值表和基本尺寸≤500mm 轴的基本偏差数值表,确定 ϕ50f6 轴的极限偏差数值。

解:查表 3-1 得,IT6 = 16μm。

查表 3-3 得,基本偏差 es = -25μm。

所以 ei = es - IT6 = (-25) - 16 = -41μm。

在图样上可标注为 $\phi 50_{-0.041}^{-0.025}$。

例 3-4 利用常用尺寸的标准公差数值表和基本尺寸≤500mm 孔的基本偏差数值表,确定 ϕ35U7 孔的极限偏差数值。

解:查表 3-1 得,IT7 = 25μm。

查表 3-4,基本尺寸处于 >(30~40) 尺寸分段内,公差等级 >7 时,应按照表的说明,在该表的右端查找出 Δ = 9μm。

所以 ES = -60 + Δ = -60 + 9 = -51μm。

而 EI = ES - IT7 = -51 - 25 = -76μm。

在图样上可标注为 $\phi 35_{-0.076}^{-0.051}$。

4. 国标中规定的公差带与配合

(1) 公差带代号

对于基本尺寸一定的孔和轴,若给定了基本偏差代号和公差等级,则其公差带的位置和大小即已完全确定。标准规定:在基本偏差代号之后加注公差等级的代号(数字),就称为公差带代号。如 H8、F8、D9 等为孔的公差带代号,h7、f7、k6 等为轴的公差带代号。ϕ35js6 中的 js6 即为轴的公差带代号,其极限偏差可查有关标准得出为 ±0.008。

(2) 配合代号

将相配合的孔、轴的公差带代号写成分数形式,分子为孔的公差带代号,分母为轴的公差带代号,就称为配合代号,$\phi 46 \dfrac{H7}{js6}$ 的 H7/js6 即为配合代号。

(3) 公差带与配合的优化

① 优先、常用和一般用途公差带。

图 3-12 所示的轴的一般公差带为 116 种,常用公差带(方框内的)为 59 种,优先公差带(圆圈中)为 13 种。

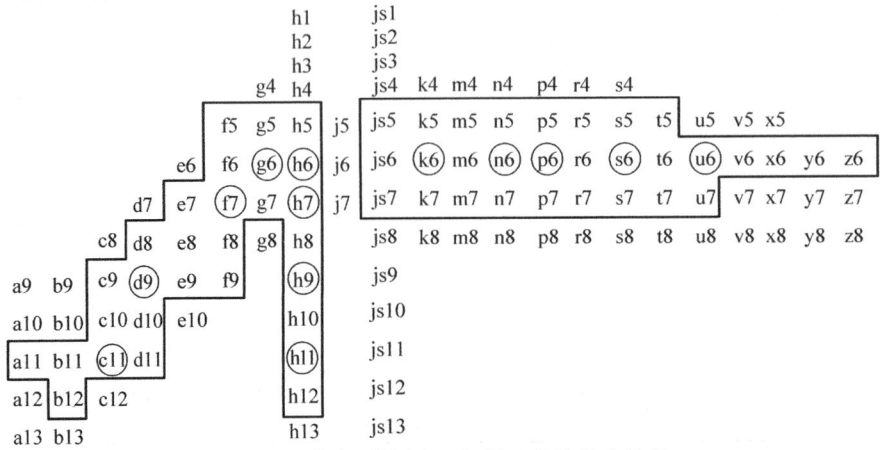

图 3-12 优先、常用和一般用途的轴的公差带

图 3-13 所示的孔的一般公差带为 105 种,常用公差带(方框内的)为 44 种,优先公差带(圆圈中)为 13 种。

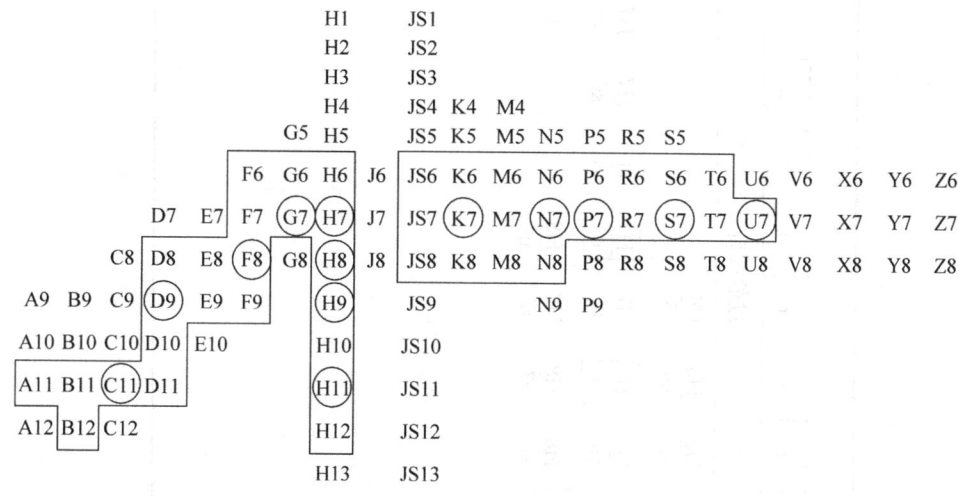

图 3-13 优先、常用和一般用途的孔的公差带

② 优先和常用配合。

表 3-5 所列的基孔制的常用配合为 59 种,优先配合(方框内)为 13 种。

表 3-6 所列的基轴制的常用配合为 47 种,优先配合(方框内的)为 13 种。

5. 一般公差线性尺寸的未注公差

一般公差是指在车间一般加工条件下可保证的公差,是机床设备在正常维护和操作情况下,能达到的经济加工精度。采用一般公差时,在该尺寸后不标注极限偏差或其他代号,所以也称未注公差。

一般公差主要用于较低精度的非配合尺寸。当功能上允许的公差等于或大于一般公差时,均应采用一般公差;当要素的功能允许比一般公差大的公差,且注出更为经济时,如装配所钻盲孔的深度,则相应的极限偏差值要在尺寸后注出。在正常情况下,一般可不必检验。一般公差适用于金属切削加工的尺寸、一般冲压加工的尺寸。对非金属材料和其他工艺方法加工的尺寸亦可参照采用。

在 GB/T 1804—2000 中,规定了四个公差等级,其线性尺寸一般公差的公差等级及其极限偏差的数值见表 3-7。

采用一般公差时,在图样上不标注公差,但应在技术要求中做相应注明,例如选用中等级 m 时,表示为 GB/T 1804-m。

四、公差与配合的选择

公差与配合(极限与配合)国家标准的应用,实际上就是如何根据使用要求正确、合理地选择符合标准规定的孔、轴的公差带大小和公差带位置。在基本尺寸确定以后,就是配合制、公差等级和配合种类的选择问题。

表 3-5 基孔制常用、优先配合

基准孔	轴																			
	a	b	c	d	e	f	g	h	js	k	m	n	p	r	s	t	u	v	x	y	z
	间隙配合								过渡配合				过盈配合								
H6						$\dfrac{H6}{f5}$	$\dfrac{H6}{g5}$	$\dfrac{H6}{h5}$	$\dfrac{H6}{js5}$	$\dfrac{H6}{k5}$	$\dfrac{H6}{m5}$	$\dfrac{H6}{n5}$	$\dfrac{H6}{p5}$	$\dfrac{H6}{r5}$	$\dfrac{H6}{a5}$	$\dfrac{H6}{t5}$					
H7						$\dfrac{H7}{f6}$	$\boxed{\dfrac{H7}{g6}}$	$\boxed{\dfrac{H7}{h6}}$	$\dfrac{H7}{js6}$	$\boxed{\dfrac{H7}{k6}}$	$\dfrac{H7}{m6}$	$\boxed{\dfrac{H7}{n6}}$	$\boxed{\dfrac{H7}{p6}}$	$\dfrac{H7}{r6}$	$\boxed{\dfrac{H7}{s6}}$	$\dfrac{H7}{t6}$	$\boxed{\dfrac{H7}{u6}}$	$\dfrac{H7}{v6}$	$\dfrac{H7}{x6}$	$\dfrac{H7}{y6}$	$\dfrac{H7}{z6}$
H8					$\dfrac{H8}{e7}$	$\boxed{\dfrac{H8}{f7}}$	$\dfrac{H8}{g7}$	$\dfrac{H8}{h7}$	$\dfrac{H8}{js7}$	$\dfrac{H8}{k7}$	$\dfrac{H8}{m7}$	$\dfrac{H8}{n7}$	$\dfrac{H8}{p7}$	$\dfrac{H8}{r7}$	$\dfrac{H8}{s7}$	$\dfrac{H8}{t7}$	$\dfrac{H8}{u7}$				
H8				$\dfrac{H8}{d8}$	$\dfrac{H8}{e8}$	$\dfrac{H8}{f8}$															
H9			$\dfrac{H9}{c9}$	$\boxed{\dfrac{H9}{d9}}$	$\dfrac{H9}{e9}$	$\dfrac{H9}{f9}$		$\boxed{\dfrac{H9}{h9}}$													
H10			$\dfrac{H10}{c10}$	$\dfrac{H10}{d10}$				$\dfrac{H10}{h10}$													
H11	$\dfrac{H11}{a11}$	$\dfrac{H11}{b11}$	$\boxed{\dfrac{H11}{c11}}$	$\dfrac{H11}{d11}$				$\boxed{\dfrac{H11}{h11}}$													
H12		$\dfrac{H12}{b12}$						$\dfrac{H12}{h12}$													

注：带方框者为优先配合。

表 3-6 基轴制常用、优先配合

基准轴	孔																				
	A	B	C	D	E	F	G	H	JS	K	M	N	P	R	S	T	U				
	间隙配合								过渡配合				过盈配合								
h5						$\dfrac{F6}{h5}$	$\dfrac{G6}{h5}$	$\dfrac{H6}{h5}$	$\dfrac{JS6}{h5}$	$\dfrac{K6}{h5}$	$\dfrac{M6}{h5}$	$\dfrac{N6}{h5}$	$\dfrac{P6}{h5}$	$\dfrac{R6}{h5}$	$\dfrac{S6}{h5}$	$\dfrac{T6}{h5}$					
h6						$\dfrac{F7}{h6}$	$\boxed{\dfrac{G7}{h6}}$	$\boxed{\dfrac{H7}{h6}}$	$\dfrac{JS7}{h6}$	$\boxed{\dfrac{K7}{h6}}$	$\dfrac{M7}{h6}$	$\boxed{\dfrac{N7}{h6}}$	$\boxed{\dfrac{P7}{h6}}$	$\dfrac{R7}{h6}$	$\boxed{\dfrac{S7}{h6}}$	$\dfrac{T7}{h6}$	$\boxed{\dfrac{U7}{h6}}$				
h7					$\dfrac{E8}{h7}$	$\boxed{\dfrac{F8}{h7}}$		$\dfrac{H8}{h7}$	$\dfrac{JS8}{h7}$	$\dfrac{K8}{h7}$	$\dfrac{M8}{h7}$	$\dfrac{N8}{h7}$									
h8				$\dfrac{D8}{h8}$	$\dfrac{E8}{h8}$	$\dfrac{F8}{h8}$		$\dfrac{H8}{h8}$													
h9				$\dfrac{D9}{h9}$	$\dfrac{E9}{h9}$	$\dfrac{F9}{h9}$		$\boxed{\dfrac{H9}{h9}}$													
h10				$\dfrac{D10}{h10}$				$\dfrac{H10}{h10}$													
h11	$\dfrac{A11}{h11}$	$\dfrac{B11}{h11}$	$\boxed{\dfrac{C11}{h11}}$	$\dfrac{D11}{h11}$				$\boxed{\dfrac{H11}{h11}}$													
h12		$\dfrac{B12}{h12}$						$\dfrac{H12}{h12}$													

注：带方框者为优先配合。

表 3-7 线性尺寸一般公差的公差等级及极限偏差的数值　　　　单位：mm

公差等级	尺寸分段							
	0.5～3	>(3～6)	>(6～30)	>(30～120)	>(120～400)	>(400～1000)	>(1000～2000)	>(2000～4000)
f(精密级)	±0.5	±0.05	±0.1	±0.15	±0.2	±0.3	±0.5	—
m(中等级)	±0.1	±0.1	±0.2	±0.3	±0.5	±0.8	±1.2	±2
c(粗糙级)	±0.2	±0.3	±0.5	±0.8	±1.2	±2	±3	±4
v(最粗级)	—	±0.5	±1	±1.5	±2.5	±4	±6	±8

1. 基准制选择设计原则

(1) 优先采用基孔制

一般情况下，优先采用基孔制配合。

(2) 有些情况下选择基轴制

① 用冷拉钢圆柱型材制作光轴作为基准轴。这一类圆柱型材的规格已标准化，尺寸公差等级一般为IT7～IT9。它作为基准轴，轴径可以免去外圆的切削加工，只要按照不同的配合性质来加工孔，可实现技术与经济的最佳效果。

② 与标准件或标准部件配合（如键、销、轴承等），应以标准件为基准件来确定用基孔制还是基轴制。

例如，滚动轴承外圈与箱体孔的配合应采用基轴制，滚动轴承内圈与轴的配合应采用基孔制，如图3-14所示。

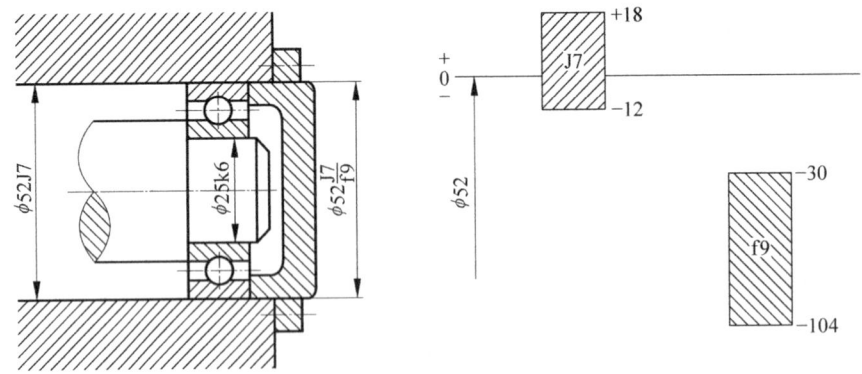

图 3-14 基准制选择示例（一）

③ "一轴多孔"，而且构成的多处配合的松紧程度要求不同的场合。

所谓"一轴多孔"指一轴与两个或两个以上的孔进行配合。如图3-15(a)所示内燃机中活塞销与活塞孔及连杆套孔的配合，它们组成三处两种性质的配合。如图3-15(b)所示采用基孔制配合，轴为阶梯轴，且两头大中间小，既不便加工，也不便装配。

(3) 特殊情况可以采用非基准制

国家标准规定：为了满足配合的特殊需要，允许采用非基准制配合，即采用任一孔、轴公差带（基本偏差代号非H的孔或h的轴）组成的配合。

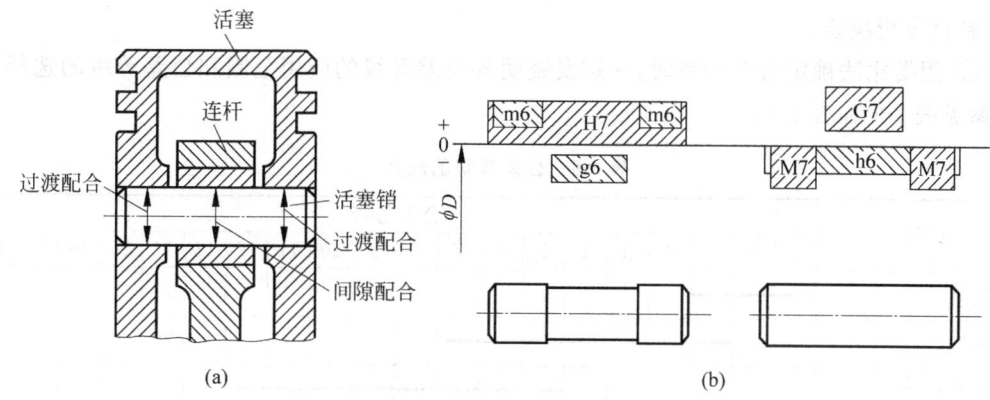

图 3-15 基准制选择示例(二)

2．尺寸公差等级的选择

(1) 公差等级的选择原则

选择公差等级就是解决制造精度与制造成本之间的矛盾。在满足使用性能的前提下，尽量选取较低的公差等级。

所谓"较低的公差等级"是指，假如 IT7 级以上（含 IT7）的公差等级均能满足使用性能要求，那么，选择 IT7 为宜。它既保证使用性能，又可获得最佳的经济效益。

(2) 公差等级的选择方法

类比法(经验法)：就是参考经过实践证明合理的类似产品的公差等级，将所设计的机械(机构、产品)的使用性能、工作条件、加工工艺装备等情况与之进行比较，从而确定合理的公差等级。对初学者来说，多采用类比法，此法主要是通过查阅有关参考资料、手册，并进行分析比较后确定公差等级。类比法多用于一般要求的配合。

计算法：是指根据一定的理论和计算公式计算后，再根据尺寸公差与配合的标准确定合理的公差等级。即根据工作条件和使用性能要求确定配合部位的间隙或过盈允许的界限，然后通过计算法确定相配合的孔、轴的公差等级。计算法多用于重要的配合。

(3) 确定公差等级应考虑的几个问题

① 一般的非配合尺寸要比配合尺寸的公差等级低。

② 遵守工艺等价原则。孔、轴的加工难易程度相当，在基本尺寸等于或小于 500mm 时，孔的公差等级比轴要低一级；在基本尺寸大于 500mm 时，孔、轴的公差等级相同。这一原则主要用于中高精度(公差等级≤IT8)的配合。

③ 在满足配合要求的前提下，孔、轴的公差等级可以任意组合，不受工艺等价原则的限制。如轴承盖与轴承孔的配合要求很宽松，它的连接可靠性主要是靠螺钉连接来保证。对配合精度要求很低，相配合的孔件和轴件既没有相对运动，又不承受外界负荷，所以轴承盖的配合外径采用 IT9 是经济合理的。孔的公差等级是由轴承的外径精度所决定的，如果轴承盖的配合外径按工艺等价原则采用 IT6，反而是不合理的。这样做势必要提高制造成本，同时对提高产品质量又起不到任何作用。

④ 与标准件配合的零件，其公差等级由标准件的精度要求所决定。如与轴承配合的孔和轴，其公差等级由轴承的精度等级决定。与齿轮孔相配的轴，其配合部位的公差等级由齿

轮的精度等级决定。

⑤ 用类比法确定公差等级时,一定要查明各公差等级的应用范围和公差等级的选择实例,参见表3-8和表3-9。

表3-8 公差等级的应用

应用	公差等级																		
	01	0	1	2	3	4	5	6	7	8	9	10	11	12	13	14	15	16	17	18
块规	━━━━━━━																		
量规			━━━━━━━━━																
配合尺寸					━━━━━━━━━━━━━━━━														
特别精密零件			━━━━━━━━━━━																
非配合尺寸												━━━━━━━━━							
原材料									━━━━━━━━━										

表3-9 公差等级的应用范围

公差等级	应 用
5	主要用在配合公差、形状公差要求很小的地方,它的配合性质稳定,一般在机床、发动机、仪表等重要部位应用。如:与D级滚动轴承配合的箱体孔;与E级滚动轴承配合的机床主轴;机床尾架与套筒,精密机械及高速机械中轴径,精密丝杠轴径等
6	配合性质达到较高的均匀性。如:与E级滚动轴承相配合的孔、轴径;与齿轮、蜗轮、联轴器、带轮、凸轮等连接的轴径;摇臂钻立柱;机床夹具中导向件外径尺寸;6级精度齿轮的基准孔,7、8级精度齿轮基准轴径
7	7级精度比6级稍低,应用条件与6级基本相似,在一般机械制造中应用较为普遍。如:联轴器、带轮、凸轮等孔径;机床夹盘座孔,夹具中固定钻套,可换钻套;7、8级齿轮基准孔,9、10级齿轮基准轴
8	在机械制造中属于中等精度。如:轴承座衬套沿宽度方向尺寸,9、10级齿轮基准孔,11、12级齿轮基准轴
9,10	主要用于机械制造的中轴套外径与孔,操纵件与轴,空轴带轮与轴,单键与花键
11,12	配合精度很低,装配后可能产生很大间隙,适用于基本上没有什么配合要求的场合。如:机床上法兰盘与止口;滑块与滑移齿轮,冲压加工的配合件,机床制造中的扳手孔与扳手座的连接

⑥ 在满足设计要求的前提下,应尽量考虑工艺的可能性和经济性。

3. 配合的选择

(1) 配合选择的任务

当基准配合制和孔、轴公差等级确定之后,配合选择的任务是:确定非基准件(基孔制配合中的轴或基轴配合制中的孔)的基本偏差代号。

(2) 配合选择的方法

配合的选择方法有类比法、计算法和试验法三种。

① 类比法：同公差等级的选择相似，大多通过查表将所设计的配合部位的工作条件和功能要求与相同或相似的工作条件或功能要求的配合部位进行分析比较，对于已成功的配合做适当的调整，从而确定配合代号。此选择方法主要应用在一般、常见的配合中。

② 计算法：主要用于两种情况，一是用于保证与滑动轴承的间隙配合，当要求保证液体摩擦时，可以根据滑动摩擦理论计算允许的最小间隙，从而选定适当的配合；二是完全依靠装配过盈传递负荷的过盈配合，可以根据要求传递负荷的大小计算允许的最小过盈，再根据孔、轴材料的弹性极限计算允许的最大过盈，从而选定适当的配合。

③ 试验法：主要用于新产品和特别重要配合的选择。这些配合的选择，需要进行专门的模拟试验，以确定工作条件要求的最佳间隙或过盈及其允许变动的范围，然后确定配合性质。这种方法只要试验设计合理、数据可靠，选用的结果一般比较理想，但成本较高。

(3) 配合选择的步骤

采用类比法选择配合时，可以按照下列步骤进行。

① 确定配合的类型。

根据配合部位的功能要求，确定配合的类型。

间隙配合：间隙配合有 A～H(a～h)共 11 种，其特点是利用间隙贮存润滑油及补偿温度变形、安装误差、弹性变形等所引起的误差。生产中应用广泛，不仅用于运动配合，加紧固件后也可用于传递力矩。不同基本偏差代号与基准孔（或基准轴）分别形成不同间隙的配合。间隙配合主要依据变形、误差需要补偿间隙的大小、相对运动速度、是否要求定心或拆卸来选择配合的类型。

过渡配合：过渡配合有 JS～N(js～n) 4 种基本偏差，其主要特点是定心精度高且可拆卸，也可加键、销紧固件后用于传递力矩，主要根据机构受力情况、定心精度和要求装拆次数来考虑基本偏差的选择。定心要求高、受冲击负荷、不常拆卸的零部件，可选较紧的配合，如 N(n)；反之应选较松的配合，如 K(k)或 JS(js)。

过盈配合：过盈配合有 P～ZC(p～zc)13 种基本偏差，其特点是由于有过盈，装配后孔的尺寸被胀大而轴的尺寸被压小，产生弹性变形，在结合面上产生一定的正压力和摩擦力，用以传递力矩和紧固零件。选择过盈配合时，如不加键、销等紧固件，则最小过盈应能保证传递所需的力矩，最大过盈应不使材料破坏，故配合公差不能太大，所以公差等级一般为 IT5～IT7。基本偏差根据最小过盈量及结合件的标准来选取。

② 确定非基准件的基本偏差代号。

根据配合部位具体的功能要求，通过查表，比照配合的应用实例，参考各种配合的性能特征，选择较合适的配合，即确定非基准件的基本偏差代号。基轴制配合的基本偏差选用、特性及应用可参考表 3-10，尺寸≤500mm 基孔制常用和优先配合的特征及应用可参见表 3-11。

③ 配合选择的注意事项。

大批量生产时，加工后所得的尺寸通常呈正态分布；而单件小批量生产时，加工所得的孔的尺寸多偏向最小极限尺寸，轴的尺寸多偏向最大极限尺寸，即呈偏态分布。所以，对于同一使用要求，单件小批量生产时采用的配合应比大批量生产时要松一些。如对于大批量生产时 $\phi50H7/js6$ 的要求，在单件小批量生产时应选择 $\phi50H7/h6$。

表 3-10 基轴制配合的基本偏差的选用、特性及应用

配合	基本偏差	特性及应用
间隙配合	a,b	可得到特别大的间隙,应用很少。例如,起重机吊钩的铰链、带榫槽的法兰盘推荐配合为 H12/b12
	c	可得到很大的间隙,一般适用于缓慢、松弛的动配合。用于工作条件较差(如农业机械)、受力变形,或为了便于装配,而必须保证有较大的间隙时,推荐配合为 H11/c11。对于较高等级的配合,如 H8/c7 适用于高温工作轴的紧密配合,例如内燃机排气阀和导管
	d	一般用于 IT7~IT11 级,适用于松的转动配合,如密封盖、滑轮、空带轮等与轴的配合;也适用于大直径滑动轴承的配合,如球磨机、轧钢机等重型机械的滑动轴承
	e	多用于 IT7~IT9 级,通常用于要求有明显间隙,易于转动的支撑配合,如大跨距支撑、多支点支撑等配合。高等级的 e 轴也适用于大的、高速、重载的支撑,如蜗轮发电机、大型电动机及内燃机的主要轴承、凸轮轴轴承等配合
	f	多用于 IT6~IT8 级的一般转动配合,当温度影响不太大时,被广泛用于普通润滑油(或润滑脂)润滑的支撑,如齿轮箱、小电动机、泵等的转轴与滑动轴承的配合
	g	配合间隙很小,制造成本很高,除了很轻负荷的精密机构外,一般不用作转动配合。多用于 IT5~IT7 级,最适合不回转的精密滑动轴承,也用于插销等定位配合,如精密连杆轴承、活塞及滑阀、连杆销,以及钻套与衬套、精密机床的主轴与轴承、分度头轴颈与轴的配合等。例如,钻套与衬套的配合为 H7/g6
	h	配合的最小间隙为零,用于 IT4~IT11 级。广泛用于无相对转动的零件,作为一般定位配合。若无温度、变形影响,也用于精密滑动配合。例如,车床尾座体孔与顶尖套筒的配合为 H6/h5
过渡配合	js	平均起来为稍有间隙的配合,多用于 IT4~IT7 级,且允许有过盈的定位配合,如联轴器,可用手或木槌装配
	k	平均起来没有间隙的配合,适用于 IT4~IT7 级,推荐用于稍有过盈的定位配合,如为了消除振动用的定位配合,一般用木槌装配
	m	平均起来具有不大过盈的过渡配合,适用于 IT4~IT7 级,用于精密定位的配合,如蜗轮的青铜轮缘与轮毂的配合为 H7/m6。一般可用木槌装配,但在最大过盈时,要求有相当大的压入力
	n	平均过盈比 m 轴稍大,很少得到间隙,适用于 IT4~IT7 级,用锤或压力机装配,拆卸较困难
过盈配合	p	与 H6 或 H7 孔配合时是过盈配合,与 H8 孔配合时为过渡配合。对非铁制零件,为较轻的压入配合,当需要时易于拆卸。对钢、铸铁或铜、钢组件装配是标准压入配合。它主要用于定心精度很高、零件有足够的刚性、受冲击负荷的定位配合
	r	对铁制零件,为中等打入配合;对非铁制零件,为轻打入的配合,当需要时可以拆卸。与 H8 孔配合,直径在 100mm 以上时为过盈配合,直径小时为过渡配合
	s	用于钢铁件的永久或半永久结合,可产生相当大的结合力。当用弹性材料,如轻合金时,配合性质与铁制零件的 p 轴相当。例如,套环压装在轴上、阀座等的配合。尺寸较大时,为了避免损伤配合表面,需用热胀或冷缩法装配
	t,u,v,x,y,z	过盈量依次增大,一般不推荐。例如,联轴器与轴的配合 H7/t6

表 3-11　尺寸≤500mm 基孔制常用和优先配合的特征及应用

配合类别	配合代号	应用
间隙配合	H11/c11	间隙非常大,用于很松的、转动很慢的动配合,要求大公差与大间隙的外露组件,要求装配方便的很松的配合
	H9/d9	间隙很大的自由转动配合,用于精度非主要要求时,或有大的温度变化、高转速或大的轴颈压力时的配合
	H8/f7	间隙不大的转动配合,用于中等转速与中等轴颈压力的精确转动,也用于装配容易的中等定位配合
	H7/g6	间隙很小的滑动配合,用于不希望自由转动,但可自由移动或滑动并精密定位的配合,也可用于要求明确的定位配合
	H7/h6、H8/h7、H9/h9	均为间隙定位配合,零件可自由装拆,而工作时一般相对静止不动。在最大实体条件下的间隙为零,在最小实体条件下的间隙由公差等级决定
过渡配合	H7/k6	用于精密定位配合
	H7/n6	允许有较大过盈的更精密定位配合
过盈配合	H7/p6	过盈定位配合,即小过盈配合,用于定位精度特别重要时,能以最好的定位精度达到部件的刚性及对中性要求,而对内孔承受压力无特殊要求,不依靠配合的紧固性传递摩擦负荷的配合
	H7/s6	中等压入配合,适用于一般钢件,或用于薄壁件的冷缩配合,用于铸铁件可得到最紧的配合
	H7/u6	压入配合,适用于可以承受高压入力的零件,或不易承受大压入力的冷缩配合

3.3　形状和位置公差

一、形位公差的研究对象——几何要素

零件在机械加工中,由于机床、夹具、刀具和被加工零件构成的工艺系统存在种种误差,以及加工中出现受力变形、热变形和磨损等影响,使被加工零件的几何要素不可避免地产生误差。这些误差包括尺寸偏差、形状误差(包括宏观几何形状误差、波度和表面粗糙度)及位置误差。

形状和位置误差(简称形位误差)对零件的使用功能有较大的影响。例如,孔与轴的结合,由于存在形状误差,在间隙配合时,会使间隙分布不均匀,加快局部磨损,从而降低零件的工作寿命;在过盈配合时,则使过盈量各处不一致,影响连接强度。总之,零件的形位误差对机器或仪器的工作精度、寿命等性能均有较大影响,对精密、高速、重载、高温、高压下工作的机器或仪器的影响更为突出。因此,为了满足零件装配后的功能要求,保证零件的互换性和经济性,必须对零件的形位误差予以限制,即对零件的几何要素规定必要形状和位置公差(简称形位公差)。

形位公差的研究对象是构成零件几何特征的点、线、面,统称为几何要素,简称要素,如图 3-16 所示。

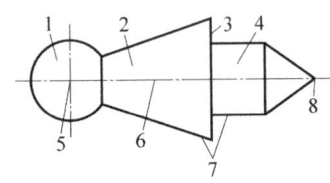

1—球面；2—圆锥面；3—端平面；
4—圆柱面；5—球心；6—轴线；
7—素线；8—锥顶

图 3-16 零件的几何要素

1. 几何要素分类

(1) 按结构特征分

① 轮廓要素 构成零件外形的点、线、面各要素，如图 3-16 中的球面、端平面、圆柱面等。

② 中心要素 构成轮廓要素对称中心的点、线、面各要素，如图 3-16 中的球心、轴线、锥顶等。

(2) 按存在的状态分

① 理想要素 具有几何学意义的要素，即几何的点、线、面，它们不存在任何误差。

② 实际要素 零件上实际存在的由加工形成的要素，通常用测得要素代替。由于测量误差的存在，测得要素并非该实际要素的真实情况。

(3) 按所处地位分

① 被测要素 图样上给出了形状或(和)位置公差要求的要素，也就是需要研究和测量的要素。

② 基准要素 图样上用来确定被测要素方向或(和)位置的要素。理想基准要素简称基准。

(4) 按功能关系分

① 单一要素 仅对被测要素本身提出形状公差要求的要素。

② 关联要素 相对基准要素有方向或(和)位置功能要求而给出位置公差要求的被测要素。

2. 形位公差的特征项目及符号

形位公差的特征项目及符号见表 3-12。

表 3-12 形位公差的特征项目及符号

公差		特征项目	符号	有或无基准要求
形状	形状	直线度	—	无
		平面度	▱	无
		圆度	○	无
		圆柱度	⌭	无
形状或位置	轮廓	线轮廓度	⌒	有或无
		面轮廓度	⌓	有或无
位置	定向	平行度	∥	有
		垂直度	⊥	有
		倾斜度	∠	有
	定位	位置度	⌖	有
		同轴(同心)度	◎	有
		对称度	≡	有
	跳动	圆跳动	↗	有
		全跳动	↗↗	有

国家标准 GB/T 1182—1996 规定,形状和位置两大类公差共计 14 个项目,其中形状公差 4 个,因它是对单一要素提出的要求,因此无基准要求;位置公差 8 个,因它是对关联要素提出的要求,因此在大多数情况下有基准要求;形状或位置(轮廓)公差有 2 个,若无基准要求,则为形状公差;若有基准要求,则为位置公差。

3. 形位公差的标注

按形位公差国家标准的规定,在图样上标注形位公差时,应采用代号标注。只有在无法采用代号标注,或者采用代号标注过于复杂时,才允许用文字说明形位公差要求。形位公差代号包括:形位公差有关项目的符号、形位公差框格和指引线、形位公差数值和其他有关符号、基准符号及基准代号。

形位公差框格有两格或多格,它可以水平放置,也可以垂直放置,自左至右依次填写公差符号、公差数值(单位为 mm)、基准代号字母,如图 3-17 所示。两个要素组成的公共基准,用由横线隔开的两个大写字母写在一个框格内,如图 3-17(c)所示。

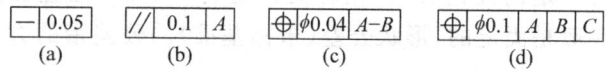

图 3-17　形位公差框格填写示例

公差框格中填写的公差值必须以 mm 为单位,当公差带形状为圆(圆柱)和球形时,应分别在公差值前面加注"ϕ"和"S"。

标注指引线时,指引线可从框格的任一端引出,引出端垂直于框格;引向被测要素时允许弯折,但不得多于两次;当被测要素是轮廓要素时,指引线箭头应指向轮廓线或其引出线,且明显地与尺寸线错开;当被测要素为中心要素时,指引线箭头要与该要素的尺寸线对齐;指引线箭头所指应是公差带的宽度或直径方向,如图 3-18 所示。

基准要素需用基准符号表示出。基准符号由粗的短横线、圆圈、连线和基准字母组成,基准字母采用大写的英文字母,如图 3-19 所示。当基准要素为轮廓要素时,基准符号应靠近该要素的轮廓线或其引出线标注,并明显地与尺寸错开;当基准要素为中心要素时,基准符号与该要素的轮廓要素尺寸线对齐,如图 3-20 所示。

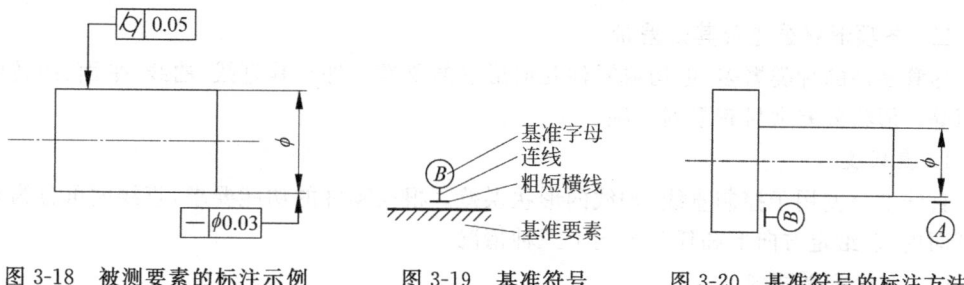

图 3-18　被测要素的标注示例　　图 3-19　基准符号　　图 3-20　基准符号的标注方法

为了减少图样上公差框格的数量、简化绘图,在保证读图方便和不引起误解的前提下可以简化标注方法。例如,同一要素有多项形位公差要求,可将公差框格重叠绘出,只用一条指引线引向被测要素;不同要素有相同形位公差要求时,可用一个公差框格,在由框格的一端引出的指引线上绘制多个箭头分别与各被测要素相连；结构相同的几个要素有相同形位公差要求时,可以只对其中一个要素标注出公差框格,而在该公差框格中放说明要素的个数。

4. 形位公差带

形位公差带是用来限制被测实际要素变动的区域。只要被测要素完全落在给定的公差带区域内,就表示被测要素的形状和位置符合设计要求。

形位公差带由形状、大小、方向和位置四个因素确定。形位公差带的形状由被测要素的理想形状和给定的公差特征所决定。如图 3-21 所示,形位公差带的大小体现形位精度要求的高低,是由图样上给出的形位公差值 t（当公差带形状为圆（圆柱）和球形时,应分别在公差值前面加注"ϕ"和"S"）确定,一般指的是公差带的宽度或直径等。形位公差带的方向和位置有两种情况：公差带的方向或位置可以随实际被测要素的变动而变动,没有对其他要素保持一定几何关系的要求,这时公差带的方向或位置是浮动的；若形位公差带的方向或位置必须和基准保持一定的几何关系,则称为固定的。所以,位置公差（标有基准）的公差带的方向和位置一般是固定的,形状公差（未标基准）的公差带的方向和位置一般是浮动的。

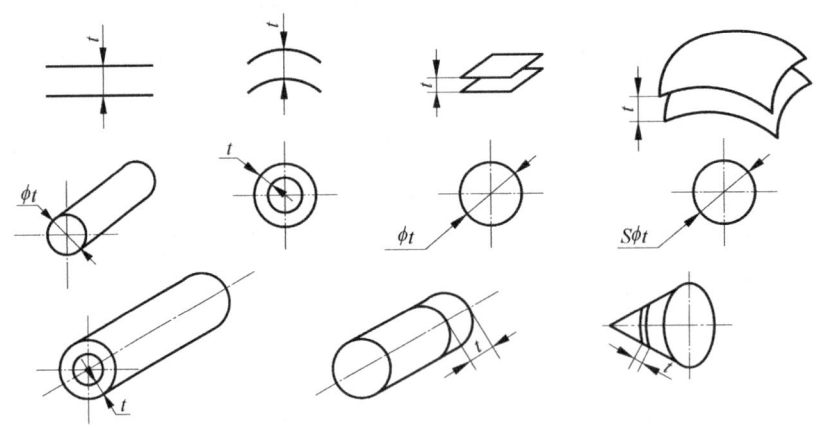

图 3-21　形位公差带

二、各项形状公差及其公差带

尽管零件的种类繁多,但构成零件几何形状的要素不外乎是直线、曲线、平面、回转面和曲面等。形状公差项目有下列 6 项。

1. 直线度

直线度公差用于控制直线、轴线的形状误差。根据零件的功能要求,直线度可分为在给定平面内、在给定方向上和任意方向上三种情况。

（1）在给定平面内

在给定平面内的直线度公差带,是距离为公差值 t 的两平行直线之间的区域,如图 3-22(b)所示。当零件的表面为平面时,其被测素线在给定平面内有直线度要求,如图 3-22(a),则被测表面的素线必须位于平行于图样所示投影面且距离为公差值 0.1mm 的两平行直线内。

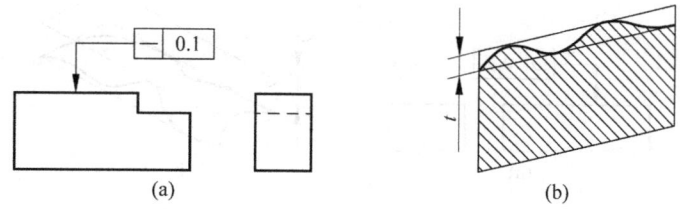

图 3-22 给定平面内的直线度

（2）在给定方向上

在给定方向上的直线度公差带，是距离为公差值 t 的两平行平面之间的区域，如图 3-23(b) 所示。当被测实际圆柱表面的素线有直线度要求，如图 3-23(a) 所示，则被测圆柱面的任一素线必须位于距离为公差值 0.02mm 的两平行平面内。

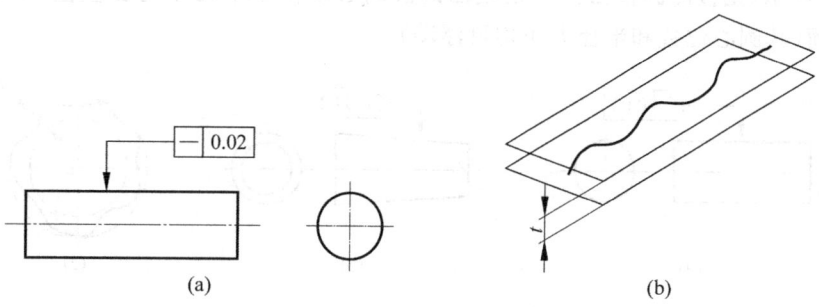

图 3-23 给定方向上的直线度

（3）在任意方向上

在任意方向上的直线度公差带，是直径为公差值 t 的圆柱面内的区域，如图 3-24(b) 所示。当圆柱面轴线有直线度要求，如图 3-24(a) 所示，根据直线度公差要求，圆柱体的轴线必须位于直径为公差值 0.04mm 的圆柱内。公差值前面加"ϕ"，表示公差值是圆柱形公差带的直径。

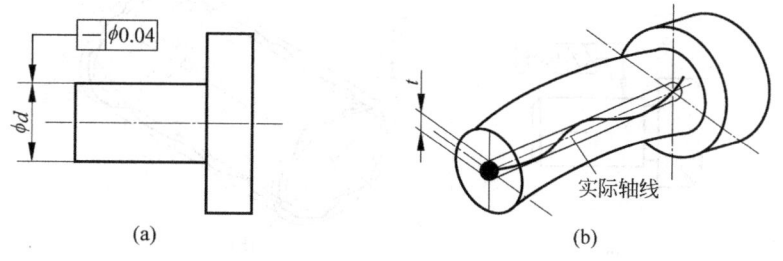

图 3-24 任意方向上的直线度

2．平面度

平面度公差带是距离为公差值 t 的两平行平面之间的区域，如图 3-25(b) 所示。当零件的上表面有平面度要求，如图 3-25(a) 所示，则被测表面必须位于距离位公差值 0.1mm 的两平行平面之内。

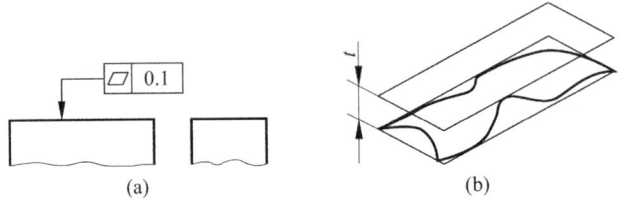

图 3-25 平面度

3. 圆度

圆度公差带是垂直于轴线的任一正截面上半径为公差值 t 的两同心圆之间的区域,如图 3-26(c)所示。当被测圆柱面有圆度要求,如图 3-26(a)所示,则被测圆柱面任一正截面的圆周必须位于半径差为公差值 0.02mm 的两同心圆之间。当被测圆锥面有圆度要求,如图 3-26(b)所示,则被测圆锥面任一正截面的圆周必须位于半径差为公差值 0.02mm 的两同心圆之间(其圆心位置和半径大小均可浮动)。

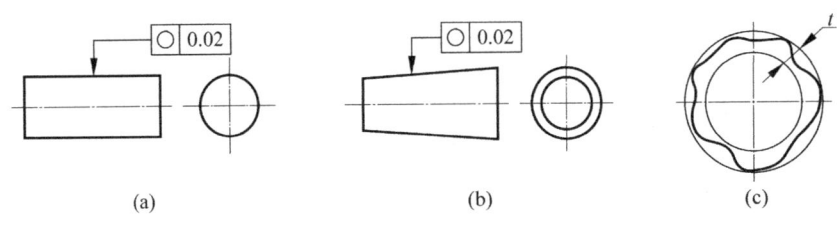

图 3-26 圆度

圆度公差用于控制回转表面(如圆柱面、圆锥面、球面等)的径向截面轮廓。

4. 圆柱度

圆柱度公差带是半径差为公差值 t 的两同轴圆柱面之间的区域,如图 3-27(b)所示。

当圆柱面有圆柱度要求,如图 3-27(a)所示,则被测圆柱面必须位于半径差为公差值 0.05mm 的两同轴圆柱面之间。

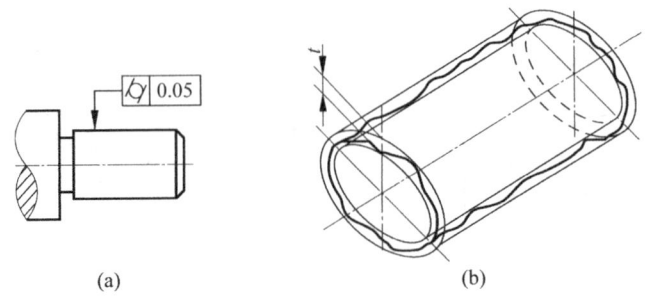

图 3-27 圆柱度

圆度公差是控制圆柱形、圆锥形等回转体横截面的形状误差的,圆柱度公差则综合控制圆柱面纵横截面的各种形状误差。

5. 线轮廓度

线轮廓度的公差带是包络一系列直径为公差值 t 的圆的两包络线之间的区域,如图 3-28(c)

所示。

在图样上,理想轮廓线、面必须用带□框的理论正确尺寸(确定要素的理论正确位置、轮廓或角度的尺寸)表示出来。如图 3-28(a)所示,在平行于图样所示的投影面的任一截面上,被测轮廓线必须位于包络一系列直径的公差值为 0.02mm,且圆心位于具有理论正确几何形状的线上的圆的两包络线之间。

无基准要求时,理想轮廓的形状由理论正确尺寸确定,其位置是不定的,如图 3-28(a)所示;有基准要求时,理想轮廓线的形状和位置由理论正确尺寸和基准确定,如图 3-28(b)所示。

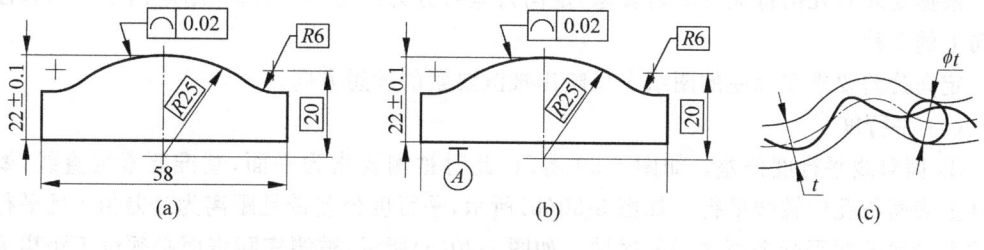

图 3-28 线轮廓度

线轮廓度公差用以控制平面曲线(或曲面的截面轮廓)的形状或位置误差。

6. 面轮廓度

面轮廓度公差带是包络一系列直径为公差值 t 的球的两包络面之间的区域,如图 3-29(c)所示。

如图 3-29(a)所示,被测实际轮廓面必须位于包络一系列球的两包络面之间,各球的直径公差值为 0.02mm,且球心位于具有理论正确几何形状的曲面上。图 3-29(a)和图 3-29(b)分别为无基准要求和有基准要求的面轮廓度公差标注示例。

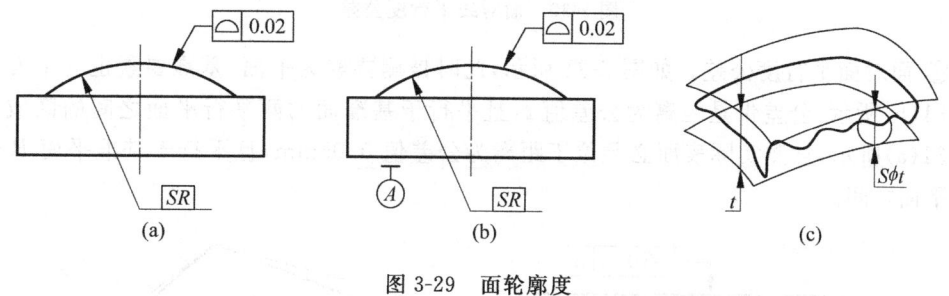

图 3-29 面轮廓度

面轮廓度是一项综合的形状误差,它既控制面轮廓度误差,又控制曲面上任一截面轮廓的线轮廓度误差。

三、位置公差

在构成零件的几何要素中,有的要素对其他要素(基准)有方位要求,如机床主轴后轴颈对前轴颈有同轴要求。为了限制关联要素对基准的方位误差,应按零件的功能要求规定必要的位置公差。

位置公差是指关联实际要素的位置对基准所允许的变动全量。位置公差带是限制关联实际要素变动的区域,被测实际要素位于此区域内为合格。

根据关联要素对基准功能要求的不同,位置公差又分为定向公差、定位公差和跳动公差3类。

1. 定向公差

根据零件的工作条件,其上某些要素对基准在方向上(如平行、垂直等)常会有精度要求,此时用定向公差对关联要素的方向误差加以控制。

定向公差是指关联实际要素对基准在方向上允许的变动全量。这类公差包括平行度、垂直度和倾斜度3种。

根据要素的几何特征及功能要求,定向公差可分为给定一个方向、给定两个方向和任意方向上的3种。

定向公差要求在标注的图纸上反映出被测要素的理想方向。

(1) 平行度

① 面对线平行度公差。如图3-30所示,此时被测要素为平面,基准要素为直线,要求零件上表面与孔的轴线平行。如图3-30(b)所示,平行度公差带是距离为公差值t且平行于基准孔轴线的两平行平面之间的区域。如图3-30(a)所示,被测实际表面必须位于距离为公差值0.2mm,且平行于基准线A的两平行平面之间。

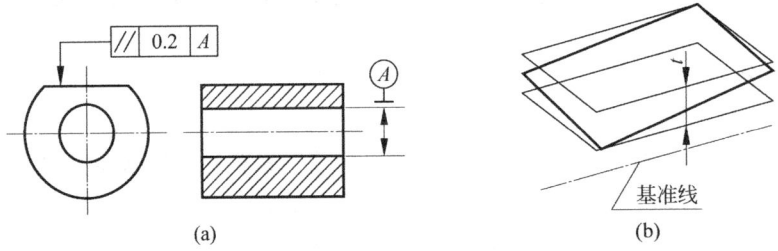

图3-30 面对线平行度公差

② 面对面平行度公差。如图3-31所示,此时被测要素为平面,基准要素也为平面。如图3-31(b)所示,公差带是距离为公差值t,且平行于基准面的两平行平面之间的区域。如图3-31(a)所示,被测实际表面必须位于距离为公差值0.05mm,且平行于基准平面B的两平行平面之间。

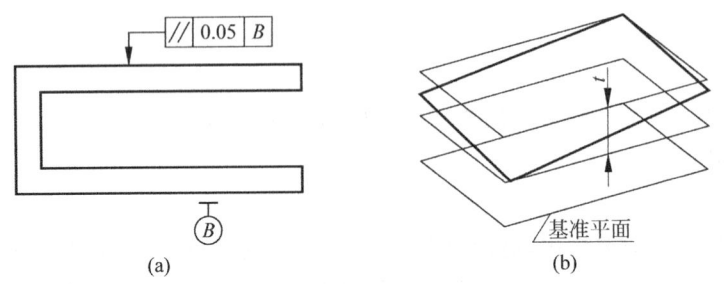

图3-31 面对面平行度公差

当两要素互相平行时,用平行度公差控制被测要素对基准的方向误差。

(2) 垂直度

① 线对线垂直度公差。如图 3-32 所示,此时被测要素和基准要素均为直线。如图 3-32(b)所示,公差带是距离为公差值 t 且垂直于基准轴线的两平行平面之间的区域。如图 3-32(a)所示,被测实际轴线必须位于距离为公差值 0.05mm,且垂直于基准轴线 A 的两平行平面之间。

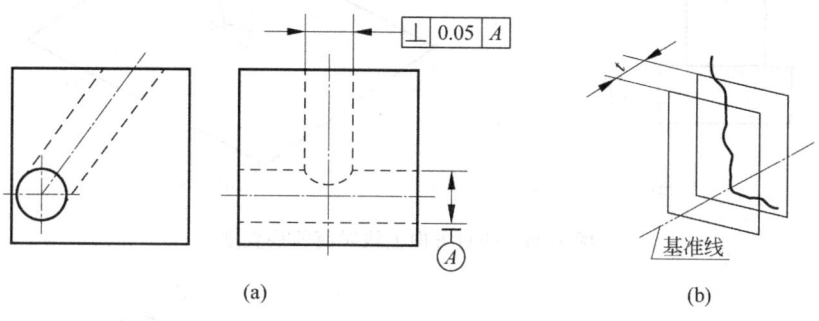

图 3-32 线对线垂直度公差

② 面对线垂直度公差。如图 3-33 所示,此时被测要素为平面,基准要素为直线。如图 3-33(b)所示,在给定方向上,公差带是距离为公差值 t 且垂直于基准轴线的两平行平面之间的区域。如图 3-33(a)所示,给定方向上被测实际轴线必须位于距离为公差值 0.05mm,且垂直于基准轴线 A 的两平行平面之间。

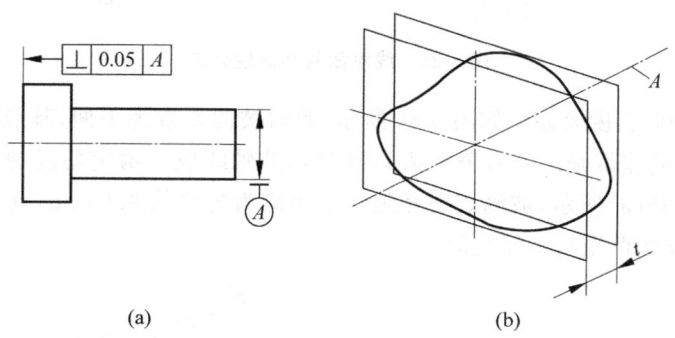

图 3-33 面对线垂直度公差

③ 在公差值前加注"ϕ"。如图 3-34 所示,则表示在任意方向上垂直度公差要求。如图 3-34(b)所示,公差带是直径为公差值 t 且垂直于基准面的圆柱面内的区域。如图 3-34(a)所示,被测实际轴线必须位于直径为公差值 ϕ0.05mm 且垂直于基准平面 A 的圆柱面内。

当两要素互相垂直时,用垂直度公差控制被测要素对基准的方向误差。

(3) 倾斜度

① 线对面的倾斜度公差。如图 3-35 所示,此时被测要素为直线,基准要素为平面。如图 3-35(b)所示,公差带是距离为公差值 t 且与基准面成一给定角度的两平行平面的区域。如图 3-35(a)所示,被测轴线必须位于距离为公差值 0.05mm 且与基准平面 A 成理论正确角度 60°的两平行平面之间。

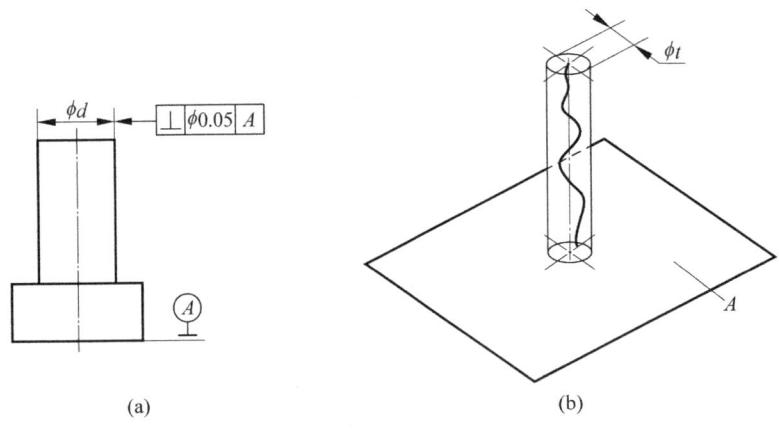

图 3-34 任意方向上线对面的垂直度

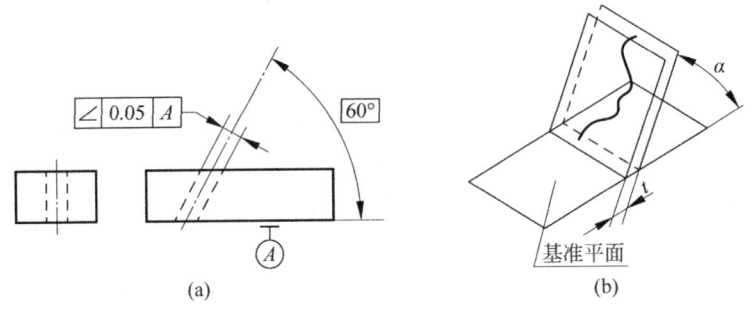

图 3-35 线对面的倾斜度公差

② 面对线的倾斜度公差。如图 3-36 所示,此时被测要素为平面,基准要素为直线。如图 3-36(b)所示,公差带是距离为公差值 t,且与基准轴线成一给定角度的两平行平面之间的区域。如图 3-36(a)所示,被测表面必须位于距离为公差值 0.05mm 且与基准轴线 A 成理论正确角度 60°的两平行平面之间。

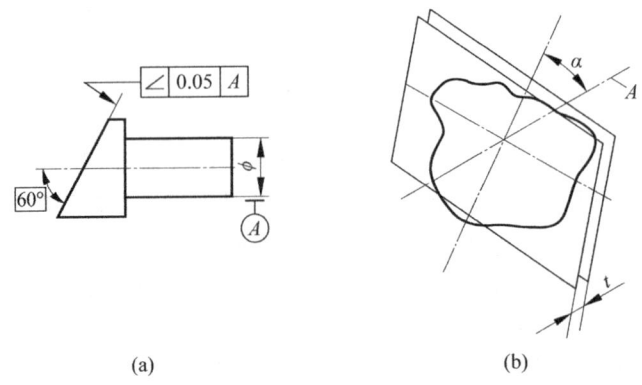

图 3-36 面对线的倾斜度公差

当两要素在 0°~90°之间的某一角度时,用倾斜度公差控制被测要素对基准的方向误差。

2. 定位公差

根据零件的工作条件,零件上某些要素常会有位置精度要求,如轴上键槽有对称度要求等,此时用定位公差控制关联要素的位置误差。定位公差是关联实际要素对基准在位置上允许的变动全量。这类公差包括同轴度、对称度和位置度 3 种。

(1) 同轴度

同轴度用于控制轴类零件的被测轴线对基准轴线的同轴度误差。

如图 3-37(a)所示,此时被测要素和基准要素均为轴线。如图 3-37(b)所示,公差带是直径为公差值 t 的圆柱面内的区域,该圆柱面的轴线与基准轴线同轴。图 3-37(a)中标注的意义是:大圆柱面的轴线必须位于直径为公差值 $\phi 0.02$mm 的圆柱面内,该圆柱面的轴线与公共基准轴线为 $A—B$(两个小圆柱面的公共轴线)同轴的圆柱面内。

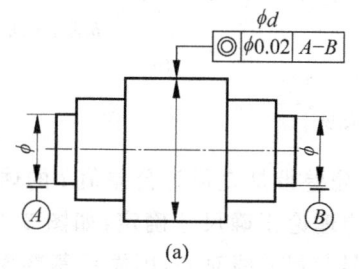 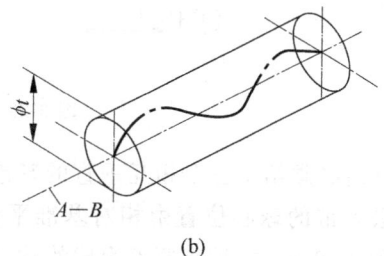

图 3-37 同轴度公差

(2) 对称度

对称度用于控制被测要素中心平面(或轴线)的共面(或共线)性误差。

如图 3-38(a)所示,被测要素为槽的两个侧面的中心平面,基准要素为零件上、下面的中心平面。如图 3-38(b)所示,公差带是距离为公差值 t 且相对于基准中心平面对称配置的两平行平面之间的区域。图 3-38(a)中标注的意义是:被测中心平面必须位于距离为公差值 0.1mm 且相对基准中心平面 A 对称配置的两平行平面之间。

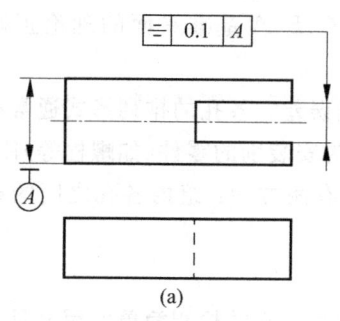 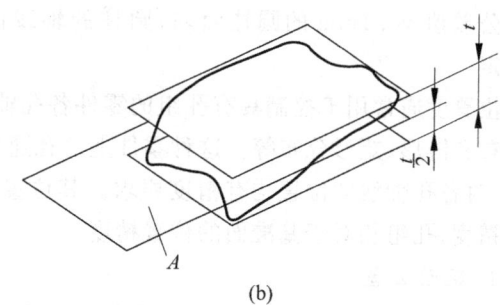

图 3-38 对称度公差

(3) 位置度

位置度用于控制被测要素(点、线、面)对基准的位置误差。根据零件的功能要求,位置度公差可分为给定一个方向、给定两个方向和任意方向 3 种,后者用的最多。

点的位置度是用以限制被测球心或圆心的位置误差,分为平面上点的位置度和空间点的位置度。如图 3-39(a)所示,如在标注的公差值前面加上 $S\phi$,则表示是空间点的位置度。

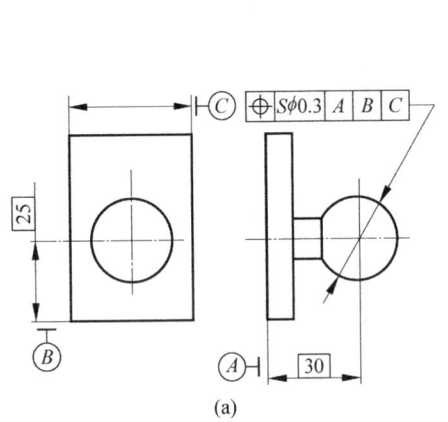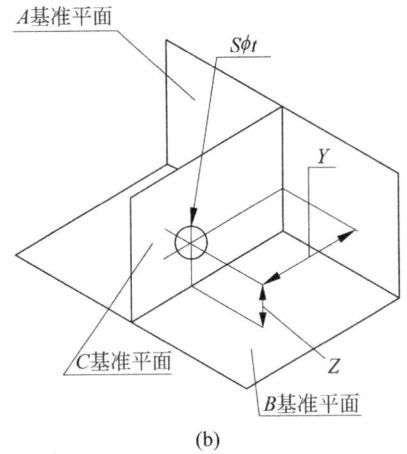

图 3-39 空间点的位置度

标注时必须给出三个相互垂直的基准平面,此时公差带是直径为公差值 t 的球内的区域。球公差带的球心位置由相对基准平面 A、B、C 的理论正确尺寸确定,如图 3-39(b)所示。在图 3-39(a)中,被测要素为球的球心,C 基准符号与尺寸线对齐,因而 C 基准为零件的左、右端面的对称中心平面,其相应的理论正确尺寸为零。即被测球的球心必须位于直径为公差值 $\phi0.3mm$ 的球内,该球的球心位于由相对基准 A、B、C 的理论正确尺寸所确定的点的理想位置上。由于相对于 C 基准的理论正确尺寸为零,因而球心在 C 基准的平面上。如图 3-40(a)所示,在公差值前面加上 ϕ,则为任意方向上线的位置度公差。如图 3-40(c)所示,公差带是直径为 t 的圆柱面内的区域。图 3-40(a)中的意义是:被测轴线必须位于直径为公差值 $\phi0.06mm$ 的圆柱面内。公差带的轴线位置由相对于三基准面体系的理论正确尺寸确定。如图 3-40(b)所示,被测要素为 8 个孔的轴线,即每条被测轴线必须位于直径为公差值 $\phi0.1mm$ 的圆柱面内,圆柱的轴线由相对于 C、B、A 基准平面的理论正确尺寸确定。

位置度通常用于控制具有孔组的零件各孔轴线的位置误差。各孔的排列形式通常有圆周分布和链形、矩形分布等。这种零件上的孔通常都是作为安装别的零件(如螺栓等)用的。因此,对各孔轴线的位置均有精度要求。其位置精度要求有两方面:组内各孔之间的相互位置精度,孔组相对于基准面的位置精度。

3. 跳动公差

跳动公差是以特定的检测方式为依据而给定的公差项目。它的检测简单实用又具有一定的综合控制功能,能将某些形位误差综合反映在检测结果中,因而在生产中得到广泛的应用。跳动公差分为圆跳动与全跳动。

(1) 圆跳动

圆跳动又可分为径向圆跳动、端面圆跳动与斜向圆跳动 3 种。斜向圆跳动应用较少,这里不做介绍。

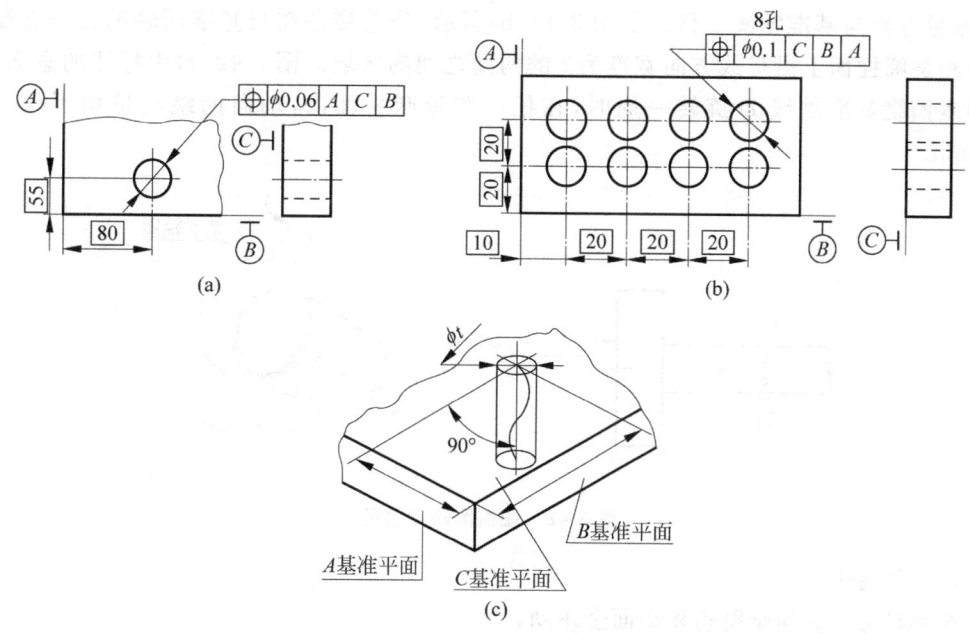

图 3-40 任意方向上线的位置度公差

① 径向圆跳动。

径向圆跳动公差带是在垂直于基准轴线的任一测量平面内,半径为公差值 t,且圆心在基准轴线上的两个同心圆之间的区域。

如图 3-41(a)所示,被测要素为大圆柱面,基准要素为两个小圆柱面的公共轴线。如图 3-41(b)所示,其公差带是在垂直于基准轴线的任一测量平面内半径差为公差值 t,且圆心在基准线上的两同心圆之间的区域。图 3-41(a)中标注的意义是:即当被测要素绕公共基准轴线 A—B 旋转一周时,在任一测量平面内径向圆跳动量均不得大于 0.1mm。

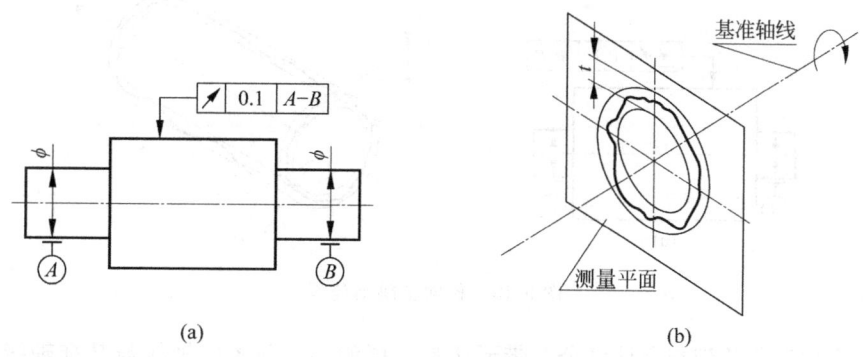

图 3-41 径向圆跳动公差

② 端面圆跳动。

端面圆跳动的公差带是在与基准轴线同轴的任一直径位置上的测量圆柱面上,沿母线方向宽度为公差值 t 的圆柱面区域。

如图 3-42(a)所示,被测要素一般为回转体类零件的端面或台阶面,且与基准轴线垂直,测量方向与基准轴线平行。如图 3-42(b)所示,公差带是在与基准同轴的任一直径位置的测量圆柱面上沿母线方向宽度为 t 的两圆之间的区域。图 3-42(a)中标注的意义是:被测表面绕基准轴线 D 旋转一周时,在任一测量圆柱面内,轴向的跳动量均不得大于 0.1mm。

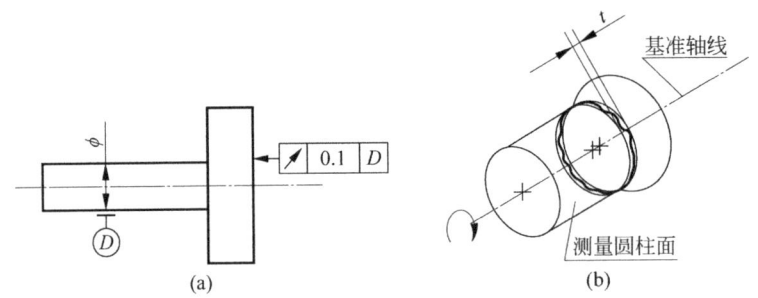

图 3-42 端面圆跳动公差

(2) 全跳动

全跳动分为径向全跳动和端面全跳动。

① 径向全跳动。

径向全跳动的公差带是半径差为公差值 t,且与基准轴线同轴的两圆柱面之间的区域。

如图 3-43(a)所示,被测要素和测量方向与径向圆跳动相同,不同的是被测要素做若干次旋转,同时仪器和零件间沿轴向有相对移动。如图 3-43(b)所示,其公差带是半径差为公差值 t 且与基准同轴的两圆柱面之间的区域。图 3-43(a)中标注的意义是:被测要素绕公共基准轴线 $A-B$ 做若干次旋转,并使测量仪器与零件沿基准轴线方向在整个被测表面上做相对移动时,被测要素上面各点间的示值差不得大于 0.1mm。

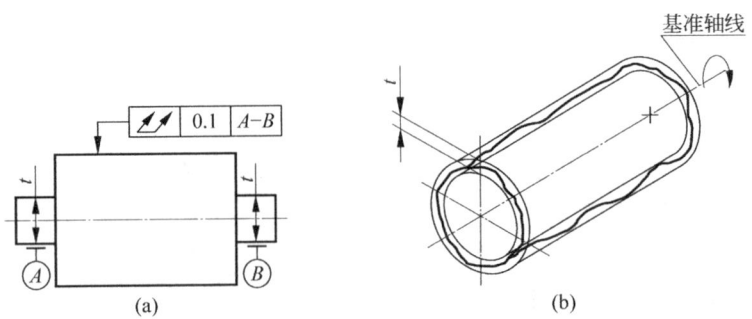

图 3-43 径向全跳动公差

径向全跳动公差带与圆柱度公差带形状是相同的。但前者的轴线与基准轴线同轴,后者的轴线是浮动的,随圆柱度误差的形状而定。径向全跳动是被测圆柱面的圆柱度误差和同轴度误差的综合反映。

② 端面全跳动。

端面全跳动的公差带是距离为公差值 t,且与基准轴线垂直的两平行平面之间的区域。

如图 3-44(a)所示,被测要素和测量方向与端面相同,不同的是被测要素要做若干次旋转,同时测量仪器与零件间有径向相对移动。如图3-44(b)所示,其公差带是半径差为公差值t且与基准轴线垂直的两平行平面之间的区域。图3-44(a)中标注的意义是:被测要素绕基准轴线D做若干次旋转,并使测量仪器与零件沿着与基准轴线垂直的方向在整个被测表面上做径向相对移动时,被测要素上面各点间的示值差均不得大于0.1mm。

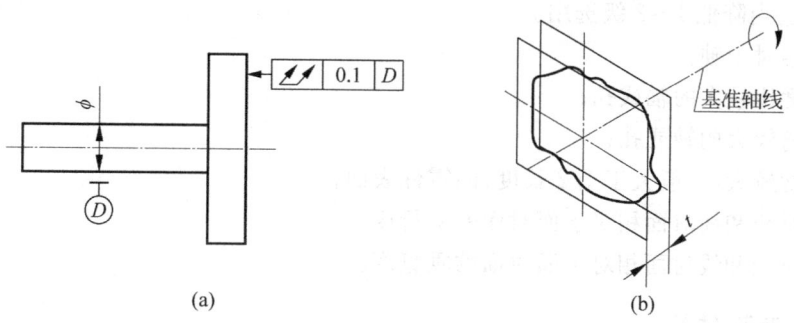

图 3-44 端面全跳动公差

端面全跳动的公差带与端面对轴线的垂直度公差带是相同的,因而两者控制位置误差的效果也是一样的。

四、形位公差的选择

零部件的行位误差对机器或仪器的正常工作有很大的影响,因此,合理、正确地确定形位公差值,对保证机器与仪器的功能要求、提高经济效益是十分重要的。

确定形位公差值的方法有类比法和计算法。通常多按类比法确定其公差值。所谓类比法就是参考现有手册和资料,参照经过验证的类似产品的零部件,通过对比分析,确定其公差值。总的原则是:在满足零件功能要求的前提下选取最经济的公差值。此外还应考虑下列因素。

1. 形状公差带与位置公差的关系

同一要素上给定的形状公差值应小于位置公差值。如同一平面,平面度公差值应小于该平面对基准的平行度公差值。即应满足下列关系:

$$形状公差 < 定向公差 < 定位公差$$

2. 形状公差与尺寸公差的关系

圆柱形零件的形状公差(轴线直线度除外)应小于其尺寸公差值,平行度公差值应小于其相应的距离尺寸的公差值。

按《形位公差》标准的规定,零件所要求的形位公差值若用一般机床加工就能保证时,则不必在图纸上注出,而按 GB/T 1184—1996《形状和位置公差未注公差值》中的规定确定其公差值,且生产中一般也不需要检查。若零件所要求的形位公差值小于未注公差值时,应在图纸上注出。其值应根据零件的功能要求,并考虑加工经济性和零件结构特点按相应的公差表选取。

各种形位公差值分为1~12级,其中圆度、圆柱度公差值,为了适应精密零件的需要,增加了一个0级。

按类比法确定形位公差值时,应考虑下列因素:

① 在同一要素上给定的形状公差值应小于位置公差值。如同一平面上,平面度公差值

应小于该平面对基准的平行度公差值。

② 圆柱形零件的形状公差值(轴线直线度除外)一般情况下应小于其尺寸公差值。

③ 平行度公差值应小于其相应的距离公差值。

④ 对于下列情况,考虑到加工难易程度和除主参数外其他参数的影响,在满足零件功能要求下,适当降低1~2级选用。

- 孔相对于轴;
- 长度比较大的轴或孔;
- 距离较大的轴或孔;
- 宽度较大(一般大于1/2长度)的零件表面;
- 线对线和线对面相对于面对面的平行度;
- 线对线和线对面相对于面对面的垂直度。

3.4 表面结构

机械图样上的技术要求是零件在设计、加工和使用中应达到的技术性能指标,主要包括表面结构、极限与配合、形状与位置公差、热处理及其他有关制造的要求等。

为了保证零件装配后的使用要求,要根据功能需要对零件的表面结构给出质量要求。表面结构是表面粗糙度、表面波纹度、表面缺陷、表面纹理和表面几何形状的总称。表面结构的图样表示法在GB/T 131—2006中均有具体规定。本节主要介绍表面粗糙度表示法。

一、零件表面结构的基本概念

零件表面经过加工后,看起来很光滑,经放大观察却凹凸不平,如图3-45所示。实际表面的轮廓是由粗糙度参数(R轮廓)、波纹度参数(W轮廓)和原始轮廓参数(P轮廓)构成的。各种轮廓所具有的特性都与零件的表面功能密切相关。

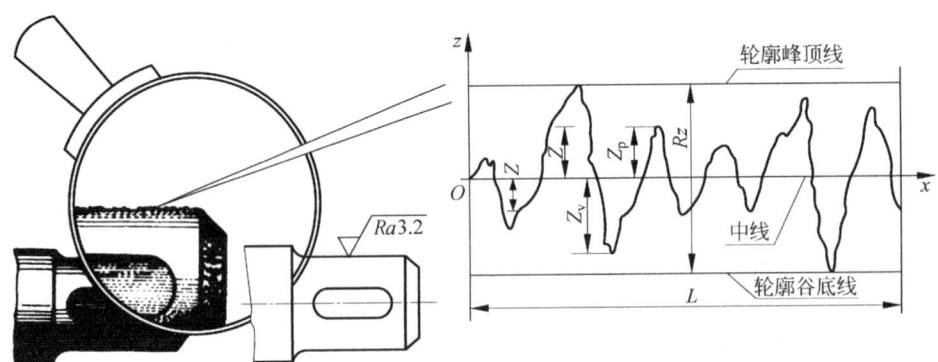

图3-45 零件的实际表面结构

加工零件时,由于刀具在零件表面上留下刀痕和切削分裂时表面金属的塑性变形等影响,使零件表面存在着间距较小的轮廓峰谷。这种表面上具有较小间距的峰谷所组成的微观几何形状特性,称为表面粗糙度。机器设备对零件各个表面的要求不一样,如配合性质、耐磨性、抗腐蚀性、密封性、外观要求等,因此对零件表面粗糙度的要求也各有不同。一般来说,凡零件上有配合要求或有相对运动的表面,表面粗糙度值小。因此,应在满足零件表面功能的前提下,合理选用表面粗糙度值。

1. 粗糙度轮廓

粗糙度轮廓是指加工后的零件表面轮廓中具有较小间距和谷峰的那部分,它所具有的微观几何特性称为表面粗糙度,一般是由所采取的加工方法和(或)其他因素造成的。

2. 波纹度轮廓

波纹度轮廓是表面轮廓中不平度的间距比粗糙度轮廓大得多的那部分。它具有间距较大的、随机的或接近周期形式的成分构成的表面不平度,一般是工件表面加工时由意外因素引起的。

3. 原始轮廓

原始轮廓是忽略了粗糙度轮廓和波纹度轮廓之后的总的轮廓。它具有宏观几何形状特征,一般是由机床、夹具等本身所具有的形状误差引起的。

零件的表面结构特征是粗糙度轮廓、波纹度轮廓和原始轮廓特征的统称。它是通过不同的测量与计算方法得出的一系列参数进行表征的,是评定零件表面质量和保证其表面功能的重要技术指标。

以下主要介绍常用的评定粗糙度轮廓(R 轮廓)的主要参数:轮廓的算数平均偏差(Ra)和轮廓的最大高度(Rz)。

4. 评定表面结构常用的轮廓参数

对于零件表面结构的状况,可由三大类参数加以评定:轮廓参数(由 GB/T 3505—2000 定义)、图形参数(由 GB/T 18618—2002 定义)、支撑率曲线参数(由 GB/T 18778.2—2003 和 GB/T 18778.3—2006 定义)。其中,轮廓参数是我国机械图样中最常用的评定参数。本节仅介绍评定粗糙度轮廓(R 轮廓)中的两个参数 Ra 和 Rz。表 3-13 中列出了优先采用的第一系列 Ra 的数值及相应的加工方法。

表 3-13 Ra 的数值及相应的加工方法

加工方法	Ra 的数值(第一系列)(μm)													
	0.012	0.025	0.05	0.10	0.20	0.40	0.80	1.60	3.2	6.3	12.5	25	50	100
砂模铸造														
压力铸造														
热轧														
刨削														
钻孔														
镗孔														
铰孔														
铰铣														
端铣														
车外圆														
车端面														
磨外圆														
磨端面														
研磨抛光														

① 算术平均偏差 Ra 是指在一个取样长度内纵坐标值 $Z(x)$ 绝对值的算术平均值,如图 3-46 所示。

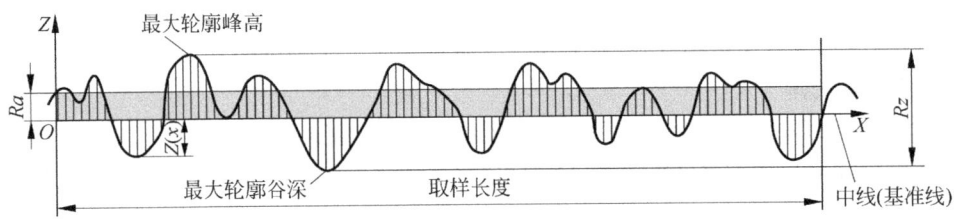

图 3-46 评定表面结构常用的轮廓参数

② 轮廓的最大高度 Rz 是指在同一取样长度内,最大轮廓峰高和最大轮廓谷深之和的高度,如图 3-46 所示。

5. 有关检验规范的基本术语

检验与评定表面结构参数值必须在特定条件下进行。国家标准规定,图样中注写参数代号及其数值的同时,还应明确其检验规范。有关检验规范方面的基本术语有取样长度、评定长度、滤波器和传输带及极限值判断规则。这里仅介绍取样长度与评定长度和极限值判断规则。

(1) 取样长度和评定长度

以粗糙度高度参数的测量为例,由于表面轮廓的不规则性,测量结果与测量段的长度密切相关,当测量段过短,各处的测量结果会产生很大差异,但当测量段过长,则测得的高度值中将不可避免地包含了波纹度的幅值。因此,在 X 轴上选取一段适当长度进行测量,这段长度称为取样长度。但是,在每一取样长度内的测得值通常是不等的,为取得表面粗糙度最可靠的值,一般取几个连续的取样长度进行测量,并以各取样长度内测量值的平均值作为测得的参数值。这段在 X 轴方向上用于评定轮廓的并包含着一个或几个取样长度的测量段称为评定长度。当参数代号后未注明评定长度时,评定长度默认为 5 个取样长度,否则应注明个数。例如,$Rz0.4$、$Ra30.8$、$Rz13.2$ 分别表示评定长度为 5 个(默认)、3 个、1 个取样长度。

(2) 极限值判断规则

完工零件的表面按检验规范测得轮廓参数值后,需与图样上给定的极限比较,以判定其是否合格。极限值判断规则有两种:

① 16%规则 运用本规则时,当被检表面测得的全部参数值中,超过极限值的个数不多于总个数的 16%时,该表面是合格的。

② 最大规则 运用本规则时,被检整个表面上测得的参数值一个也不应超过给定的极限值。16%规则是所有表面结构要求标注的默认规则。即当参数代号后未注写"max"字样时,均默认为应用 16%规则(例如 $Ra0.8$);反之,则应用最大规则(例如 $Ra_{max}0.8$)。

二、表面结构的图样表示法

1. 表面结构完整图形符号的组成

为了明确表面结构的要求,除了标注表面结构参数和数值外,必要时应标注补充要求,补充要求包括传输带、取样长度、加工工艺、表面纹理及方向、加工余量等。在完整符号中,对表面结构的单一要求和补充要求应注写在图 3-47 所示的指定位置。表面结构参数代号及其后的参数值应写在图形符号长边的横线下面,为了避免误解,在参数代号和极限值间应插入空格。图3-47中符号长边上的水平线的长度取决于其上下所标注内容的长度,图中在"a""b""d""e"区域中的所有字母高应该一致,区域"c"中的内容可以是大写字母、小写字母或汉字,这个区域的高度可以大于"a"等区域中字母的高度,以便可以写出小写字母的尾部。

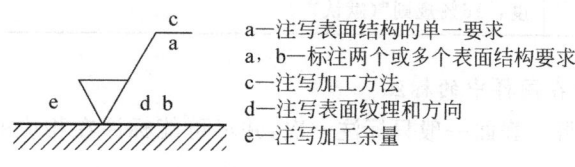

a—注写表面结构的单一要求
a,b—标注两个或多个表面结构要求
c—注写加工方法
d—注写表面纹理和方向
e—注写加工余量

图3-47 表面结构各项规定符号及位置

2. 标注表面结构的图形符号

标注表面结构要求时的图形符号的书写示例如图3-48所示,表3-14中列出了符号的种类、名称及其含义。

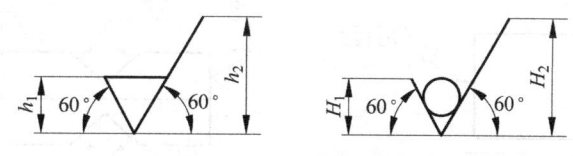

图3-48 表面结构的图形符号

表3-14 表面结构符号的种类、名称及其含义

符号	名称及含义
✓	基本图形符号。仅用于简化代号标注,没有补充说明时,不能单独使用
✓	扩展图形符号。用去除材料方法获得的表面,如通过车、铣、刨、磨、钻、抛光、腐蚀、电火花等机械加工方法获得的表面
✓	扩展图形符号。用不去除材料方法获得的表面,如通过铸、锻、冲压变形、热轧、冷轧、粉末冶金等方法获得的表面。也可以用于表示保持上道工序形成的表面,不管这种状况是通过去除材料还是不去除材料形成的

3. 表面结构代号

图样上标注的表面结构代号,是表示该表面完工后的要求。表面结构代号的具体标注示例见表3-15。

表3-15 表面结构代号的标注示例

符号	含义/解释
$\sqrt{Rz0.4}$	表示不允许去除材料,单向上限值,默认传输带,R轮廓,粗糙度的最大高度0.4μm,评定长度为5个取样长度(默认),"16%规则"(默认)
$\sqrt{Rz_{max}\ 0.2}$	表示去除材料,单向上限值,默认传输带,R轮廓,粗糙度最大高度的最大值0.2μm,评定长度为5个取样长度(默认),"最大规则"
$\sqrt{0.008\sim0.8/Ra\ 3.2}$	表示去除材料,单向上限值,传输带0.008~0.8mm,R轮廓,算术平均偏差3.2μm,评定长度为5个取样长度(默认),"16%规则"(默认)

续表

符　　号	含义/解释
∇ -0.8/Ra3 3.2	表示去除材料,单向上限值,传输带:根据 GB/T 6062,取样长度 0.8μm(λ$_s$ 默认 0.0025mm,R 轮廓,算术平均偏差 3.2μm,评定长度包含 3 个取样长度,"16%规则"(默认)

4. 表面结构代号在图样中的标注

表面结构要求对每一表面一般只标注一次,并尽可能标注在相应的尺寸及其公差的同一视图上。

① 表面结构要求的书写和读取方向与尺寸的注写和读取方向一致,如图 3-49 所示。

② 表面结构要求可标注在轮廓线上,其符号应从材料外指向并接触表面,如图 3-50 所示。必要时,表面结构符号也可用带箭头或黑点的指引线引出标注,如图 3-51 所示。

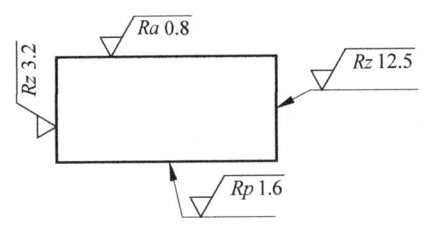

图 3-49 表面结构要求的注写方向　　图 3-50 表面结构要求在轮廓线上的标注

③ 在不致引起误解时,表面结构要求可以标注在给定的尺寸线上,如图 3-52 所示。

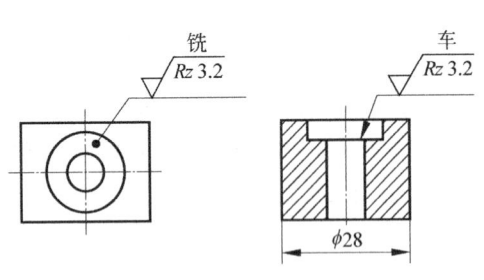
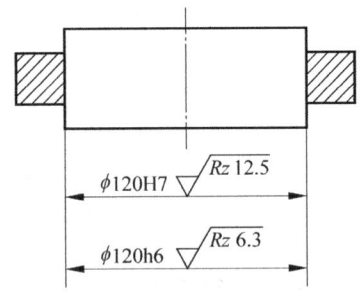

图 3-51 表面结构符号用带箭头或黑点的指引线引出标注　　图 3-52 表面结构要求标注在尺寸线上

④ 表面结构要求可标注在形位公差框格的上方,如图 3-53 所示。

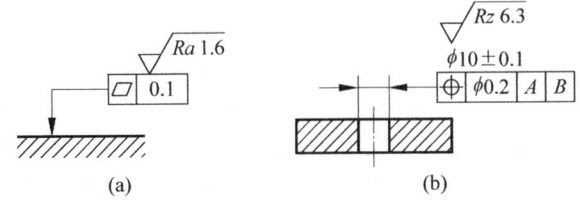

(a)　　(b)

图 3-53 表面结构要求标注在形位公差框格的上方

⑤ 圆柱和棱柱表面的表面结构要求只标注一次,如图 3-54 所示。如果每个棱柱表面有不同的表面结构要求,则应分别单独标注,如图 3-55 所示。

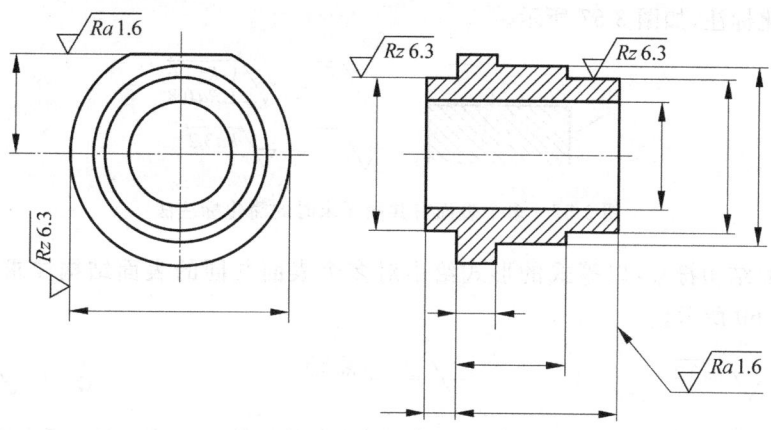

图 3-54　表面结构要求标注在圆柱特征的延长线上

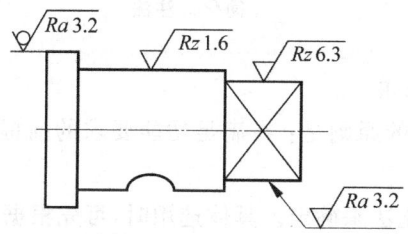

图 3-55　圆柱和棱柱的表面结构要求的标注法

5. 表面结构要求在图样中的简化标注法

（1）有相同表面结构要求的简化标注法

如果在工件的多数(包括全部)表面有相同的表面结构要求时,则其表面结构要求可全部标注在图样的标题栏附近(不同的表面结构要求应直接标注在图形中),这种简化标注法如图 3-56 所示。此时,表面结构要求的符号后面应在圆括号内给出无任何其他标注的基本符号(见图 3-56(a))。在圆括号内给出不同的表面结构要求(见图 3-56(b))。

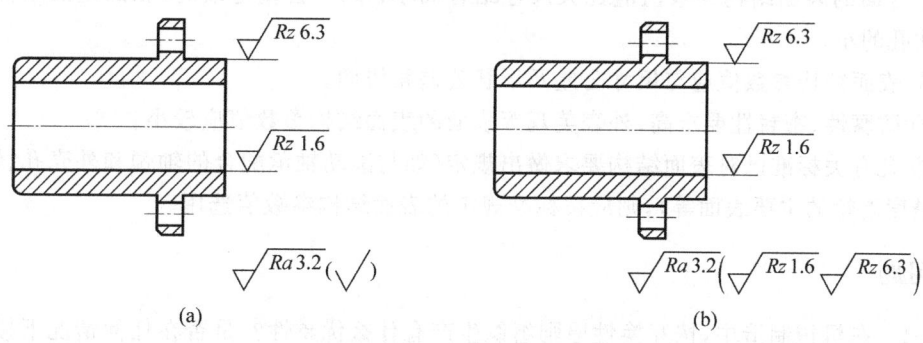

(a)　　　　　　　　　　　　　(b)

图 3-56　大多数表面有相同表面结构要求的简化标注法

(2) 多个表面有共同要求的标注法

可用带字母的完整符号,以等式的形式在图形或标题栏附近,对有相同表面结构要求的表面进行简化标注,如图 3-57 所示。

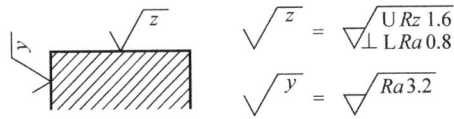

图 3-57 多个表面有共同要求时的简化标注法

可用表面结构符号,以等式的形式给出对多个表面共同的表面结构要求,如图 3-58、图 3-59、图 3-60 所示。

图 3-58 未指定工艺方法的多个表面结构要求的简化标注法

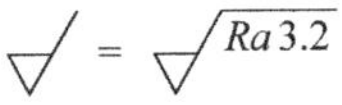

图 3-59 要求去除材料的多个表面结构要求的简化标注法

图 3-60 不允许去除材料的多个表面结构要求的简化标注法

6. 表面结构参数值的选用

选用表面结构参数值总的原则是:在满足功能要求的前提下顾及经济性,使参数的允许值尽可能大。

在实际应用中,常用类比法来确定。具体选用时,可先根据经验或统计资料初步选定表面结构参数值,然后再对比工作条件做适当调整。调整时应考虑以下几点:

① 同一零件上,工作表面的表面结构参数值应比非工作表面小。

② 摩擦表面的表面结构参数值应比非摩擦表面小;滚动摩擦表面的表面结构参数值应比滑动摩擦表面小。

③ 运动速度高、单位面积压力大的表面,受交变应力作用的重要零件的圆角、沟槽表面的表面结构参数值都应该小。

④ 配合性质要求越稳定,其配合表面的表面结构参数值应越小;配合性质相同时,小尺寸结合面的表面结构参数值应比大尺寸结合面小;同一公差等级时,轴的表面结构参数值应比孔的小。

⑤ 表面结构参数值应与尺寸公差及形状公差相协调。

⑥ 防腐性、密封性要求高,外表美观等表面的表面结构参数值应较小。

⑦ 凡有关标准已对表面结构要求做出规定(如与滚动轴承配合的轴颈和外壳孔、键槽、各级精度齿轮的主要表面等),则应按标准规定的表面结构参数值选用。

习题

3-1 在机械制造中,按互换性原则组织生产有什么优越性?是否在任何情况下按互换性原则组织生产都有利?

3-2 举例说明在日常生活中具有互换性的零部件给人们带来的方便。

3-3 完全互换与不完全互换的区别是什么?各应用于何种场合?

3-4 加工误差、公差、互换性三者的关系是什么?

3-5 利用标准公差和基本偏差数值表,查出公差带的上、下偏差。

(1) $\phi28K7$ (2) $\phi40M8$ (3) $\phi25Z6$ (4) $\phi30js6$ (5) $\phi60J6$

3-6 查出下列配合中孔和轴的上、下偏差,说明配合性质,画出公差带图和配合公差带图,标明其公差,求出最大、最小极限尺寸,求出最大、最小间隙(或过盈)。

(1) $\phi40H8/f7$ (2) $\phi40H8/js7$ (3) $\phi40H8/t7$

3-7 设三个配合的基本尺寸和允许的极限间隙或极限过盈如下,若均选用基孔制,试确定各孔、轴的公差等级及配合种类,并画出公差带图、配合公差带图。

(1) $D(d)=\phi40\text{mm}$, $X_{\max}=+70\mu m$, $X_{\min}=+20\mu m$

(2) $D(d)=\phi95\text{mm}$, $Y_{\max}=+130\mu m$, $Y_{\min}=+20\mu m$

(3) $D(d)=\phi10\text{mm}$, $Y_{\max}=+10\mu m$, $Y_{\min}=+20\mu m$

3-8 试根据题 3-8 表中的已知数据,填写表中的空格,并按适当比例绘制各孔和轴的公差带图。

题 3-8 表

尺寸标注	基本尺寸	极限尺寸		极限偏差		公差
		最大	最小	上极限偏差	下极限偏差	
孔 $\phi30^{+0.025}_{0}$	$\phi30$			+0.025		0.025
孔 $\phi50^{-0.025}_{-0.041}$	$\phi50$			−0.025	−0.041	
孔 $\phi40$		$\phi40.007$			−0.018	0.025
轴 $\phi40$			$\phi40.009$	+0.025		0.016

3-9 根据题 3-9 表中三对配合的已知数据,填写表中的空格,并按适当比例绘制各对配合的尺寸公差带图和配合公差带图。

题 3-9 表

基本尺寸	孔			轴			$X_{\max}$ 或 $Y_{\min}$	$X_{\min}$ 或 $Y_{\max}$	X_{av} 或 Y_{av}	T_f	配合种类
	ES	EI	Th	es	ei	Ts					
$\phi30$	+0.033		0.033	−0.02		0.021	+0.074		+0.047	0.054	
$\phi50$		−0.050	0.025		+0.017	0.016		−0.083	−0.0625	0.041	
$\phi60$	+0.009		0.030	0		0.019	+0.028		−0.0035	0.049	

3-10 设基本尺寸为 $\phi40\text{mm}$ 的孔、轴配合,要求装配后的间隙或过盈值在 +0.025~ 0.020mm 范围内,试确定孔、轴的配合代号(采用基孔制配合),并绘制尺寸公差带图与配合公差带图。

3-11 某基轴制配合,孔的下偏差为 $-11\mu m$,轴公差为 $16\mu m$,最大间隙为 $30\mu m$,试确定配合公差。

3-12 基本尺寸为 30mm 的 N7 孔和 m6 轴相配合,已知 N 和 m 的基本偏差分别为 $-7\mu m$ 和 $+8\mu m$,$IT7=21\mu m$,$IT6=13\mu m$。试计算极限间隙(或过盈)、平均间隙(或过盈)及配合公差,并绘制孔、轴配合的公差带图(说明何种配合类型)。

3-13 设有一孔、轴配合,基本尺寸为 25mm,要求配合的最大过盈为 -0.028mm,最大间隙为 0.006mm,试确定公差等级,选择适当的配合并绘制公差带图。

3-14 一对基轴制的同级配合,基本尺寸为 25mm,按设计要求配合的间隙应在 $0\sim 66\mu m$ 范围内变动,试确定孔、轴公差,写出配合代号并绘制公差带图。

3-15 一对基孔制配合基本尺寸为 25mm,要求配合过盈为 $-0.014\sim -0.048$mm,试确定孔轴公差等级、配合代号并绘制公差带图。

3-16 设计基本尺寸为 50mm 的孔、轴配合,要求装配后的间隙在 $8\sim 51\mu m$ 范围内,确定合适的配合代号,并绘出公差带图。

3-17 判断下列各对配合的配合性质是否相等,并说明理由。

(1) $\phi 25H7/g6$ 与 $\phi 25G7/h6$ (2) $\phi 60H8/f8$ 与 $\phi 60F8/h8$
(3) $\phi 40K7/h6$ 与 $\phi 40H7/k6$ (4) $\phi 50K6/h6$ 与 $\phi 50H/6k6$
(5) $\phi 40H7/s7$ 与 $\phi 40S7/h7$ (6) $\phi 60H7/s6$ 与 $\phi 60S7/h6$

3-18 有一孔、轴配合,要求镀铬后应满足 $\phi 50H8/f7$ 的配合要求,镀铬层厚度为 $0.068\sim 0.012$mm。试确定镀铬前孔、轴加工的公差带代号。

3-19 圆度和径向圆跳动公差带,有何相同点和不同点?

3-20 圆柱度和径向全跳动公差带,有何相同点和不同点?

3-21 平面度公差带与平面对基准平行度公差带,有何相同点及不同点?

3-22 形状公差的公差带与方向公差的公差带,主要区别是什么?

3-23 端面对轴线的轴向全跳动公差带与端面对轴线的垂直度公差带,有何相同点及不同点?

3-24 某被测平面的平面度误差为 0.04mm,则它对基准平面的平行度的误差是否小于 0.04mm?

3-25 试将下列各项几何公差要求标注在题 3-25 图上。

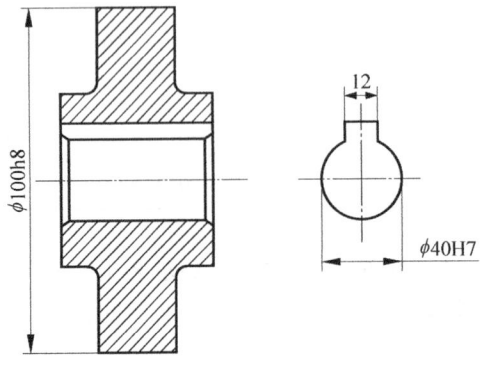

题 3-25 图

(1) ϕ100h8 圆柱面对 ϕ40H7 孔轴线的径向圆跳动公差为 0.025mm。

(2) ϕ40H7 孔圆柱度公差为 0.007mm。

(3) 左右两凸台端面对 ϕ40H7 孔轴线的圆跳动公差为 0.012mm。

(4) 轮毂键槽（中心面）对 ϕ40H7 孔轴线的对称度公差为 0.02mm。

3-26 试将下列各项几何公差要求标注在题 3-26 图上。

(1) ϕD 中心线对 $2\times\phi D_1$ 公共轴线的垂直度公差为 0.01/100mm。

(2) ϕD 中心线对 $2\times\phi D_1$ 公共轴线的对称度公差为 0.01/100mm。

(3) ϕD 中心线的直线度公差为 0.006mm。

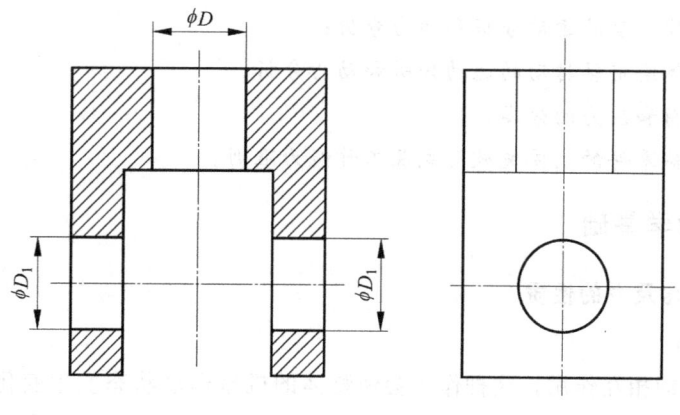

题 3-26 图

3-27 试将下列各项几何公差要求标注在题 3-27 图上。

(1) 圆锥面 A 的圆度公差为 0.008mm、圆锥面素线的直线度公差为 0.005mm，圆锥面 A 的中心线对 ϕd 轴线的同轴度公差为 ϕ0.015mm。

(2) ϕd 圆柱面的圆柱度公差为 0.009mm，ϕd 中心线的直线度公差为 ϕ0.012mm。

(3) 右端面 B 对 ϕd 轴线的圆跳动公差为 0.01mm。

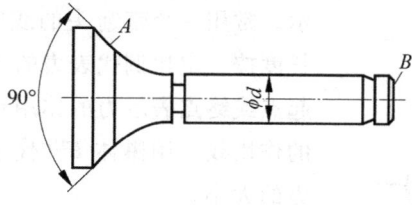

题 3-27 图

单元 4　工程力学基础

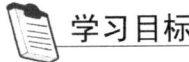

(1) 掌握力的基本概念、力的分解和合成；
(2) 掌握力偶的基本概念、力偶矩的计算；
(3) 了解刚体平动的运动分析和动力分析；
(4) 了解刚体绕定轴转动的运动分析和动力分析；
(5) 了解载荷和应力的分类；
(6) 了解机械零件的主要失效形式及工作能力准则。

4.1　静力学基础

一、力的概念及力的性质

1. 力的概念

力是物体间的相互作用。这种作用会使物体的机械运动状态发生变化，或使物体产生变形。即物体受力后将产生两种效应：一是使物体的机械运动状态发生变化，称为力的外效应；另一是使物体产生变形，称为力的内效应。

在外力作用下不发生变形的物体称为刚体。实际上物体在受力后都将发生变形，但当物体受力后的变形量相对物体的几何尺寸极微小，而仅在研究整个物体平衡或运动状况时，物体产生的微小变形可忽略不计，即可把物体作为刚体，从而简化研究方法。

由于静力学是以刚体为研究对象，故本节只讨论力的外效应。

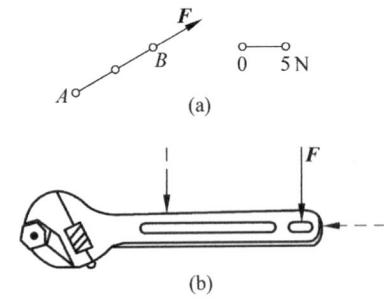

图 4-1　力的概念

力是一个具有大小和方向的矢量，如图 4-1(a) 所示。常用一个带箭头的线段表示力，如 $\overrightarrow{AB}$ 线段 AB 的长度按一定比例代表力的大小，箭头表示力的方向，其起点或终点表示力的作用点。此线段的延长线称为力的作用线。用黑体 $\boldsymbol{F}$[①] 代表力矢量，用白体字 F 代表力的大小。

实践证明，力对物体的作用效应，由力的大小、方向和作用点的位置所决定，这三个要素称为力作用三要素。例如，用扳手拧紧螺母时，作用在扳手上的力，

---

① 在工程实践中侧重于物理量大小的计算，因此只在 4.1 小节中用黑、白体字母区分矢量与非矢量，其他单元及小节皆用白体字母表示物理量。

因大小、方向或作用点位置不同,产生的效果也就不同,如图 4-1(b)所示。

但当力沿着其作用线方向移动,只要不移出作用线之外,其对刚体的作用效应是不变的。这称为力的可传递性原理。

力的单位采用国际法定单位,N 或 kN。

2. 力的平衡公理

(1) 二力平衡公理

若一物体仅受两个力作用而处于平衡状态,其充要条件为此二力必等值、反向、共线。这一原理称为二力平衡公理,如图 4-2(a)所示。

物体的平衡是指物体相对于地球处于静止或匀速直线运动状态。

凡只受二力作用而处于平衡状态的物体称为二力杆,其特征是:物体所受的力必在两力作用点的连线上,且等值、反向。如图 4-2 中起重机的撑杆 AB 和图 4-3 中曲柄滑块机构的连杆 BC,若不计自重、惯性力和摩擦力,都是二力杆的实例。

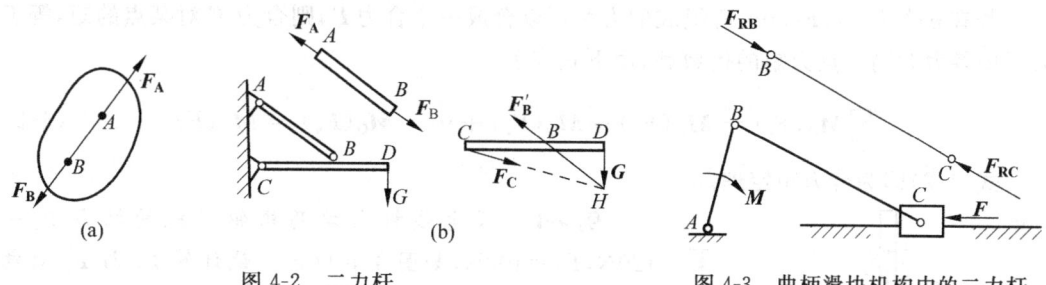

图 4-2 二力杆   图 4-3 曲柄滑块机构中的二力杆

(2) 三力平衡定理

若物体在三个共面而又互不平行的力的作用下处于平衡状态,则此三力必交汇于一点。如图 4-2 所示起重机的 CD 杆,受三力处于平衡状态,则三力必交汇于 H 点。

3. 作用与反作用公理

若将两物体间相互作用之一称为作用力,则另一个称为反作用力,两物体间的作用力与反作用力必等值、反向、共线,分别同时作用于两个相互作用的物体上。

应该注意二力平衡公理与作用与反作用公理之间的区别,前者叙述了作用在同一物体上两个力的平衡条件,后者却是描述两物体间相互作用的关系。

4. 力的平行四边形法则

如图 4-4(a)所示,在物体 A 处作用两个力 F_1、F_2,若以 F_1、F_2 为两邻边作一平行四边形 ABCD,其对角线 AC 代表的矢量 F,称为 F_1、F_2 的合力。F_1、F_2 也称为合力 F 的分力。

求合力时,也可不画出整个平行四边形,而从 A 点作一个与力 F_1 大小相等方向相同的矢量 $\overrightarrow{AB}$,过 B 点作一个与 F_2 大小相等方向相同的矢量 $\overrightarrow{BC}$,则 $\overrightarrow{AC}$ 就是 F_1、F_2 的合力 F,如图 4-4(b)所示,这个三角形称为力三角形。

5. 力对点的矩和合力矩定理

如图 4-5 所示,当用扳手拧紧螺母时,力 F 对螺母的拧紧效果不仅与力的大小有关,还与转动中心 O 至力 F 作用线的垂直距离 d 有关。因此,一般以物理量 F·d 及其转动方向

来度量力使物体绕 O 点的转动效应,这个物理量称为力 F 对 O 点的矩,简称力矩,记作

$$M_O(F) = \pm F \cdot d \tag{4-1}$$

式中,点 O 称为力矩中心,简称矩心;距离 d 称为力臂;正负号表示力矩在平面内的转向,一般规定逆时针转向为正,顺时针转向为负。力矩的单位为 N·m。

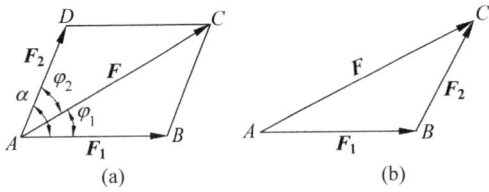

图 4-4 力的平行四边形和力的三角形

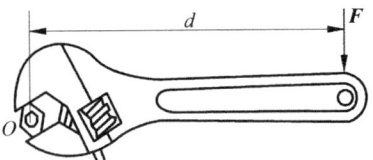

图 4-5 扳手拧紧螺母

由式(4-1)及力矩定义可知:当力的作用线通过矩心时,由于力臂值为零,力矩的值也为零;力沿其作用线滑移时,由于没有改变力、力臂大小及力矩的转向,因此力矩不变。

若有 n 个力 F_1、F_2、…、F_n 组成的力系可以合成一个合力 F,则合力 F 对某点的矩,等于力系中各力对同一点力矩的代数和,用下式表示:

$$\sum_{i=1}^{n} M_O(F_i) = M_O(F_1) + M_O(F_2) + \cdots + M_O(F_n) = M_O(F) \tag{4-2}$$

式(4-2)即为合力矩定理。

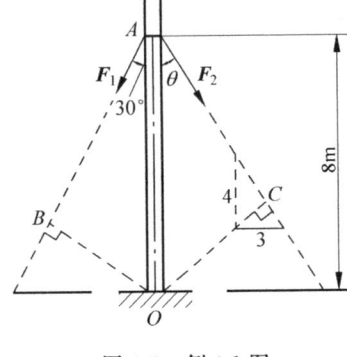

图 4-6 例 4-1 图

例 4-1 设电线杆上端两根钢丝绳的拉力 $F_1 = 120\text{N}$,$F_2 = 100\text{N}$,如图 4-6 所示。试计算 F_1 与 F_2 对电线杆下端 O 点的力矩。

解:从矩心 O 点向力 F_1、F_2 的作用线分别作垂线,得 F_1 的力臂 OB、F_2 的力臂 OC,由式(4-1)得

$$M_O(F_1) = F_1 \cdot OB = F_1 \cdot OA\sin 30°$$
$$= 120 \times 8 \times 1/2 \text{N} \cdot \text{m} = 480 \text{N} \cdot \text{m}$$
$$M_O(F_2) = -(F_2 \cdot OC) = -(F_2 \cdot OA\sin\theta)$$
$$= -(100 \times 8 \times 3/5) \text{N} \cdot \text{m} = -480 \text{N} \cdot \text{m}$$

二、力偶和力偶矩

一对等值、反向(方向相反)且不共线(作用线不在同一直线上)的平行力组成的力系称为力偶。

在日常生活及生产实践中,物体受力偶作用的实例很多,如图 4-7(a)所示开门锁时钥匙的受力,图 4-7(b)所示司机转动方向盘的用力等。

力偶的两个力所在的平面称为力偶的作用平面。在力偶作用平面内,力偶使物体产生转动,转动的效果取决于力偶的转向及力偶两个反向平行力的大小和它们之间的距离(力偶臂)。把力偶中的力 F 和力偶臂 d 的乘积加上正负号作为力偶对物体转动效应的量度,这个量称为力偶矩,用符号 $M(F, F')$ 或 M 来表示。

$$M(F, F') = M = \pm F \cdot d = \pm F' \cdot d \tag{4-3}$$

式中,$M(F, F')$ 或 M——力偶矩,N·m;

F 或 F'——构成力偶的两平行力，N；

d——力偶臂，m。

力偶矩为一代数量，其正负号是区别物体的转动方向的，通常规定逆时针方向为正，顺时针方向为负，如图 4-8 所示。

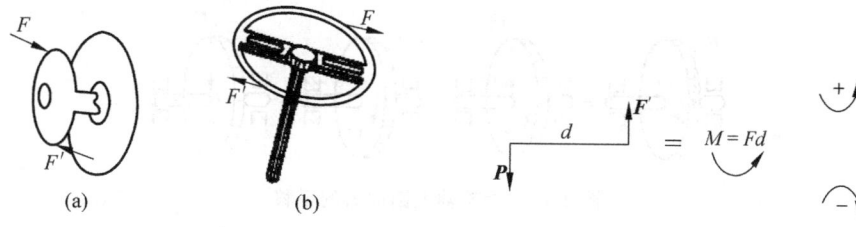

图 4-7 力偶实例　　　　　图 4-8 力偶矩的表达

力偶对物体的转动效应由以下三要素决定：力偶矩的大小、力偶的转向和力偶作用平面，称为力偶作用三要素。其中任一要素发生改变，力偶对物体的转动效应也随之发生改变。若两力偶的三要素相同，则两力偶等效。

对力偶进一步分析，还能得出如下特性：力偶无合力。因此力偶不能用一个力来替代，也不能与一个力相平衡，力偶只能由力偶平衡；力偶对其作用平面内任一点的矩，恒等于力偶矩，而与矩心位置无关。因此，力偶可以在其平面内任意移动和转动，而不改变其对物体的转动效应。

如果在物体的同一方向平面内作用着若干力偶 M_1、M_2、$\cdots$、M_n，称为平面力偶系。平面力偶系可以合成一个合力偶，合力偶 $\sum M$ 等于力偶系中各力偶的代数和，即

$$\sum M = M_1 + M_2 + \cdots + M_n \tag{4-4}$$

要使一个平面力偶系平衡，其充要条件是合力偶等于零，即

$$\sum M = 0 \tag{4-5}$$

三、力的平移定理

若将原作用在物体上 A 点的力平移至物体上任一点 O 时，必须附加一力偶，才能与原力的作用等效，附加力偶的力偶矩等于原力对平移点 O 的力矩，上述即为力的平移定理。

如图 4-9(a)所示，作用于物体上 A 点的力 F 平移至物体上任意点 O 时，必须附加一个力偶 M_f，如图 4-9(b)所示，$M_f = M_O(F) = F \cdot d$。

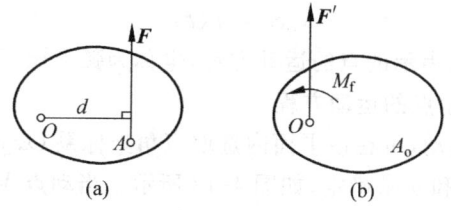

图 4-9 力的平移

力的平移定理表明了力对绕力作用线外的中心转动的物体有两种作用，一是平移力的

作用,二是附加力偶对物体产生的旋转作用。如图 4-10 所示,在齿轮上作用着圆周力 F_1,为观察 F_1 的作用效应,将力 F_1 平移至齿轮轴心 O 点,根据力的平移定理,则有平移力 F_1' 作用在轴上,同时有附加力偶 $M=F_1 \cdot r$ 使轴转动。力的平移定理在机构受力分析上很有实用价值。

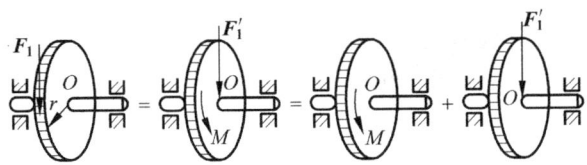

图 4-10 齿轮轴上圆周力的平移

4.2 刚体的运动力学

一、刚体的平动运动分析

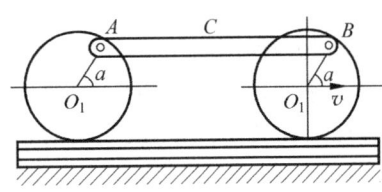

图 4-11 机车车轮连杆

在运动过程中刚体上的任何一条直线始终与其初始位置保持平行,则这种运动称为刚体的平行移动,简称平动。例如,如图 4-11 所示的沿平直轨道行驶的机车车轮连杆的运动。刚体作平动时,刚体上各点在任一瞬时的轨迹、位移、速度和加速度完全相同。因此,分析刚体平动时只要分析刚体上任一点(通常取质心)的运动情况即可。下面即以刚体的质心(即质点)的运动进行分析。

1. 运动方程

点在空间所经过的路线称为该点的运动轨迹。如点的运动轨迹为直线,称为直线运动;若点的运动轨迹为曲线,称为曲线运动。这里只分析点的直线运动和平面曲线运动。为了描述点的运动,需要用点的运动方程来确定点在空间的位置。表示点的运动方程常用有自然法和直角坐标法。

(1) 用自然法表示点的运动方程

自然法是以动点的运动轨迹作为自然坐标轴来确定点位置的方法。如图 4-12 所示,设动点 M 在平面内沿轨迹 AB 运动。沿轨迹 AB 作为自然坐标轴,在轴上任取一点 O 作为原点,在原点 O 两侧定出正负方向,则动点 M 的弧长称为动点 M 的弧坐标 S,S 是一代数量。当动点 M 沿轨迹运动时,弧坐标 S 是时间 t 的连续函数,表示为

$$S = f(t) \tag{4-6}$$

式(4-6)即为用自然法表示的点的运动方程,也称为弧坐标形式的运动方程。

(2) 用直角坐标法表示点的运动方程

设动点 M 在平面内运动,可在该平面内选取直角坐标系 Oxy,则动点 M 相对该坐标系的位置可用其两坐标轴 x 和 y 来确定,如图 4-13 所示。当动点 M 运动时,其坐标 x 和 y 将是时间 t 的连续函数,表示为

$$\left. \begin{array}{l} x = f_1(t) \\ y = f_2(t) \end{array} \right\} \tag{4-7}$$

式(4-7)即为用直角坐标法表示的点的运动方程,也是以 t 为参数的轨迹参数方程。从方程式(4-7)中消去时间参数 t,便可得到直角坐标法表示的动点 M 的轨迹方程。

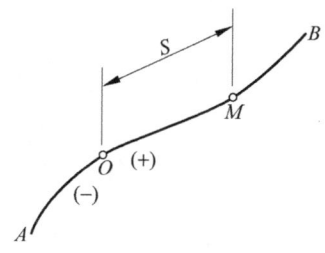

图 4-12　自然法

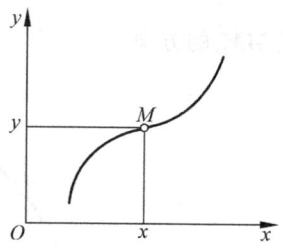

图 4-13　直角坐标法

例 4-2　如图 4-14 所示小环 M,同时套在与地面固连、半径为 R 的大环与转动的摇杆 OA 上,摇杆 OA 绕 O 点转动的方程为 $\phi = \omega t$,ω 为常数。已知运动开始时摇杆在水平位置,求小环 M 的运动方程和运动轨迹。

解：(1)用自然法求小环的运动方程(只有运动轨迹已知时才能用自然法)

① 运动分析　由于小环 M 套在大环上,因此它的运动轨迹是以 O_1 为圆心、R 为半径的圆。由题意知,当 $t=0$ 时,点 M 位于 M_0,取 M_0 为自然坐标轴的原点,并规定沿轨迹逆时针方向为弧坐标的正向,如图 4-14 所示。

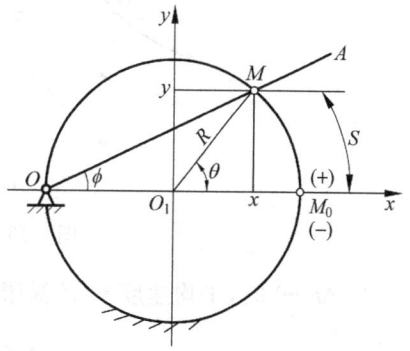

图 4-14　例 4-2 图

② 建立运动方程　由几何关系可得小环 M 在任意位置时的弧坐标为

$$S = \overset{\frown}{M_0M} = R\theta = R \cdot 2\phi \quad 又 \quad \phi = \omega t$$

故小环 M 沿轨迹的运动方程为

$$S = 2R\omega t$$

(2)用直角坐标法求小环的运动方程(运动轨迹已知与否均可采用此法)

① 选直角坐标系 xO_1y,小环在任意位置时的坐标为 x 和 y。
② 建立运动方程

$$x = R\cos\theta = R\cos2\phi = R\cos2\omega t$$
$$y = R\sin\theta = R\sin2\phi = R\sin2\omega t$$

(3)消去方程中的参数 t,即得小环的轨迹方程为

$$x^2 + y^2 = R^2 \quad (以 O_1 为圆心,以 R 为半径的圆)$$

由此可知,自然法和直角坐标法是描述动点运动的两种不同的方法,它们都能确定点的运动规律。

2. 速度和加速度

(1)用自然法求点的速度和加速度

如图 4-15(a)所示,设动点 M 沿平面曲线 AB 运动,在瞬时 t,动点的弧坐标为 S,经过 Δt 后,动点位于 M_1,位移矢量为 $\overrightarrow{MM_1}$。位移 $\overrightarrow{MM_1}$ 与时间 Δt 之比,称为动点在 Δt 时间内的

平均速度,以 v^* 表示,即

$$v^* = \frac{\overrightarrow{MM_1}}{\Delta t}$$

v^* 的方向即为 $\overrightarrow{MM_1}$ 的方向。

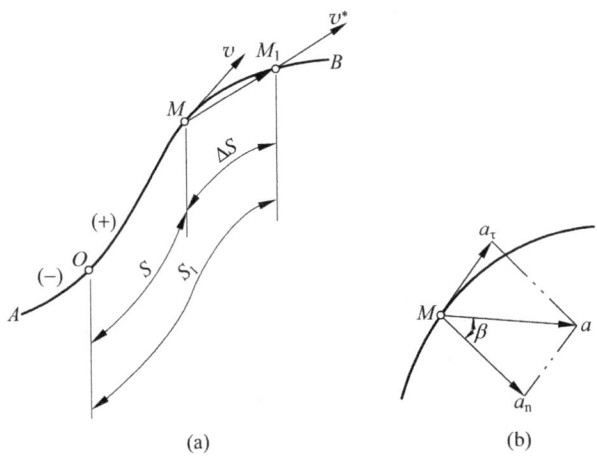

图 4-15 动点运动的速度和加速度

当 $\Delta t \to 0$ 时,平均速度 v^* 的极限值就是动点在瞬时 t 的瞬时速度,以 v 来表示,即

$$v = \lim_{\Delta t \to 0} v^* = \lim \frac{\overrightarrow{MM_1}}{\Delta t}$$

当 $\Delta t \to 0$ 时,$M_1 \to M$,$|\overrightarrow{MM_1}| = \Delta S$,因此瞬时速度的大小为

$$v = \lim_{\Delta t \to 0} \frac{|\overrightarrow{MM_1}|}{\Delta t} = \lim_{\Delta t \to 0} \frac{\Delta S}{\Delta t} = \frac{dS}{dt} \tag{4-8}$$

瞬时速度的方向为沿轨迹上该点切线方向。

由式(4-8)可知,在曲线运动中,瞬时速度的大小等于动点的弧坐标对时间的一阶导数,方向沿轨迹的切线方向。$\frac{dS}{dt} > 0$ 表示动点沿轨迹的正向运动;$\frac{dS}{dt} < 0$ 表示动点沿轨迹的反向运动。

速度的单位一般采用米/秒(m/s),或用千米/小时(km/h)。

动点作平面曲线运动时,其速度的大小和方向会发生变化。表示动点速度大小和方向变化的物理量称为加速度。

由于速度大小变化引起的加速度称为切向加速度,其方向沿轨迹的切线方向,用 a_τ 表示。又因 $v = \frac{dS}{dt}$,所以

$$a_\tau = \frac{dv}{dt} = \frac{d^2 S}{dt^2} \tag{4-9}$$

由于速度方向的变化引起的加速度称为法向加速度,方向沿轨迹的法线方向,并指向曲率中心,用 a_n 来表示。若轨迹上某点的曲率半径为 ρ,则

$$a_n = \frac{v^2}{\rho} \tag{4-10}$$

切向加速度 a_τ 和法向加速度 a_n 的矢量和称为全加速度。全加速度的大小为

$$a = \sqrt{a_\tau^2 + a_n^2} = \sqrt{\left(\frac{dv}{dt}\right)^2 + \left(\frac{v^2}{\rho}\right)^2} \qquad (4-11)$$

全加速度的方向可由与法线方向所夹的锐角 β 来确定,即

$$\beta = \arctan \frac{|a_\tau|}{a_n} \qquad (4-12)$$

当点作匀变速运动时,设运动初始条件为 $t=0$,点的弧坐标为 S_0,速度为 v_0,其弧坐标 S 和速度 v 与时间 t 的关系如下

$$\left.\begin{array}{l} v = v_0 + a_\tau t \\ S = S_0 + v_0 t + \dfrac{1}{2} a_\tau t^2 \end{array}\right\} \qquad (4-13)$$

两式联立并消去 t,可得

$$v^2 = v_0^2 + 2a_\tau(S - S_0) \qquad (4-14)$$

如动点作匀变速直线运动,则以上两式可写为

$$\left.\begin{array}{l} v = v_0 + at \\ S = S_0 + v_0 t + \dfrac{1}{2} at^2 \\ v^2 = v_0^2 + 2a(S - S_0) \end{array}\right\} \qquad (4-15)$$

(2) 用直角坐标法求速度和加速度

用直角坐标法求速度和加速度,先求出速度和加速度在 x 和 y 轴上的分矢量,再进行矢量合成。

如图 4-16(a) 所示,设动点在直角坐标系内作平面曲线运动,已知其运动方程为

$$\left.\begin{array}{l} x = f(t) \\ y = f(t) \end{array}\right\}$$

在瞬时 t,动点位于 M,经过 Δt 时间后,动点位于 M_1,其位移 $\overrightarrow{MM_1}$ 在两坐标轴上的投影分别为 Δx 和 Δy,其速度在两坐标轴上投影如图 4-13(b) 所示,分别为

$$\left.\begin{array}{l} v_x = \lim\limits_{\Delta t \to 0} \dfrac{\Delta x}{\Delta t} = \dfrac{dx}{dt} \\ v_y = \lim\limits_{\Delta t \to 0} \dfrac{\Delta y}{\Delta t} = \dfrac{dy}{dt} \end{array}\right\} \qquad (4-16)$$

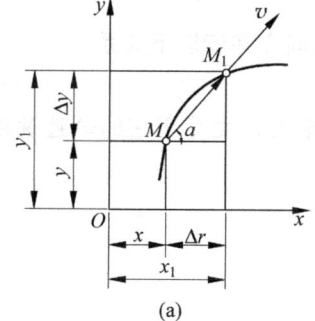
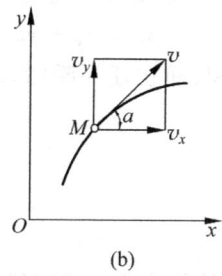
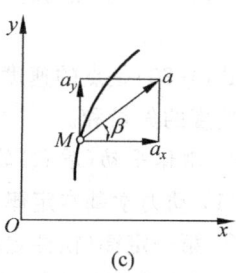

(a) (b) (c)

图 4-16 直角坐标法求速度和加速度

于是,动点速度的大小和方向为

$$\left.\begin{array}{l} v = \sqrt{v_x^2 + v_y^2} = \sqrt{\left(\dfrac{\mathrm{d}x}{\mathrm{d}t}\right)^2 + \left(\dfrac{\mathrm{d}y}{\mathrm{d}t}\right)^2} \\ \alpha = \arctan\left|\dfrac{v_y}{v_x}\right| \end{array}\right\} \quad (4\text{-}17)$$

式中,α 为速度 v 与 x 轴所夹的锐角,v 沿轨迹的切线方向。

如图 4-16(c)所示,其加速度在两坐标轴上的投影分别为

$$\left.\begin{array}{l} a_x = \dfrac{\mathrm{d}v_x}{\mathrm{d}t} = \dfrac{\mathrm{d}^2 x}{\mathrm{d}t^2} \\ a_y = \dfrac{\mathrm{d}v_y}{\mathrm{d}t} = \dfrac{\mathrm{d}^2 y}{\mathrm{d}t^2} \end{array}\right\} \quad (4\text{-}18)$$

因此,其加速度的大小和方向为

$$\left.\begin{array}{l} a = \sqrt{a_x^2 + a_y^2} = \sqrt{\left(\dfrac{d^2 x}{dt^2}\right)^2 + \left(\dfrac{d^2 y}{dt^2}\right)^2} \\ \beta = \arctan\left|\dfrac{a_y}{a_x}\right| \end{array}\right\} \quad (4\text{-}19)$$

式中,β 为加速度与 x 轴所夹的锐角。

3. 速度合成定理

在工程中,经常会遇到同时在两个不同的参考系中分析同一动点的运动问题。如图 4-17 所示的桥式起重机起吊重物时,小车沿横梁作直线平动,并同时将重物 M 铅垂地向上提升。对于地面上的观察人员,重物将作平面曲线运动;而对于小车上的人员,重物将作向上的直线运动。

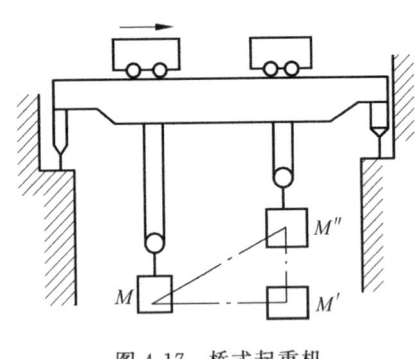

图 4-17 桥式起重机

为了便于分析,取分析的点为动点,将与地面所固连的参考系称为静参考系,简称静系,并以 xOy 表示。将固结于相对静参考系运动着的动点上的参考系称为动参考系,简称动系,并以 $x'O'y'$ 表示。为了区别动点相对不同参考系的运动,动点相对于静系的运动称为绝对运动,其速度称为绝对速度,用 v_a 表示;将动点相对动于动系的运动称为相对运动,其速度称为相对速度,用 v_r 表示;动系相对于静系的运动称为牵连运动,其速度称为牵连速度,用 v_e 表示。

可以证明,动点的绝对速度、相对速度和牵连速度三者之间存在着以下关系

$$v_a = v_e + v_r \quad (4\text{-}20)$$

式(4-20)是点的速度合成定理,即在任一瞬时,动点的绝对速度等于它的牵连速度和相对速度的矢量和。

4. 刚体平动(质点)的动力学

(1) 动力学基本定律

① 第一定律(惯性定律)。

不受力作用的物体,将永远保持静止或匀速直线运动状态不变。

这一定律说明,如果要改变物体的运动状态,必须对其施加力。所以力是改变物体运动状态的原因。

② 第二定律(力与加速度关系定律)。

物体受力时将产生加速度。加速度的方向与力的方向相同,加速度的大小与力的大小成正比,与物体的质量成反比。

若以 m 表示质点的质量,F 表示物体所受的力,a 表示物体在力作用下产生的加速度,第二定律可表示为

$$a = \frac{F}{m}$$

或

$$F = ma \tag{4-21}$$

我国力的法定计量单位采用国际单位制。由式(4-21)可导出力的单位为千克·米/秒² (kg·m/s²),称为牛顿,其代号为 N,并规定使质量为 1 千克的物体产生 1 米/秒² 的加速度,所需的作用力为 1 牛顿,即 $1\text{N}=1\text{kg} \cdot \text{m/s}^2$。

特别应注意,物体的质量和重量是两个完全不同的概念。物体的质量是物体的固有属性,而重量是地球对物体的引力大小的度量。物体的重量随着物体在地球上不同的位置而不同,这是因为地球上各处的重力加速度 g 不同,在我国一般取 $g=9.80\text{m/s}^2$。由此可知,1 千克质量的物体,它的重量为 $W=mg=1\text{kg} \cdot 9.8\text{m/s}^2=9.8\text{N}$。

(2) 运动微分方程

① 自然法的运动微分方程。

设质量为 m 的物体,受到的切向合力为 $\sum F_\tau$、法向合力为 $\sum F_n$,则其运动微分方程为

$$\begin{cases} m \dfrac{\mathrm{d}^2 S}{\mathrm{d}t^2} = \sum F_\tau \\ \dfrac{m}{\rho} \left(\dfrac{\mathrm{d}S}{\mathrm{d}t} \right)^2 = \sum F_n \end{cases} \tag{4-22}$$

式中,ρ——运动轨迹上点 M 的曲率半径。

② 直角坐标法的运动微分方程。

设质量为 m 的物体,受到的 x 轴上合力为 $\sum F_x$、y 轴上的合力为 $\sum F_y$,则其运动微分方程式为

$$\begin{cases} m \dfrac{\mathrm{d}^2 x}{\mathrm{d}t^2} = \sum F_x \\ m \dfrac{\mathrm{d}^2 y}{\mathrm{d}t^2} = \sum F_y \end{cases} \tag{4-23}$$

运用上述的运动微分方程式可解动力学的两类问题:已知物体的运动,求作用于物体上的力;②已知物体所受的力,求物体的运动。

二、刚体的定轴转动

刚体运动时,体内有一条直线始终保持不动,则这种运动称为刚体绕定轴转动,简称刚体

的转动。始终保持不动的直线称为刚体的转轴或轴线。如机床的主轴变速箱中的齿轮等。

1. 刚体的定轴转动方程

如图 4-18 所示,刚体绕定轴 z 转动,Ⅰ是通过定轴的固定平面,Ⅱ是过定轴并随刚体一起转动的平面。在任一瞬时,刚体的位置可由平面Ⅱ与固定平面Ⅰ所成的角 ϕ 来确定。角 ϕ 称为转角,又称为角位移。当刚体转动时角位移 ϕ 随时间而变化,是时间的单值连续函数,即

$$\phi = f(t) \tag{4-24}$$

上式即为刚体的定轴转动方程。

角位移 ϕ 的单位是弧度(rad)。角位移 ϕ 正负的规定如下:自 z 轴的正向看去,逆时针转动时,ϕ 为正值;反之为负值。

2. 角速度

角速度是表征刚体转动快慢和转动方向的物理量。如图 4-19 所示,设刚体绕 O 点转动,在瞬时 t 的转角为 ϕ,瞬时 $t+\Delta t$ 的转角为 ϕ',则在时间 Δt 内刚体角位移的增量为

$$\Delta \phi = \phi' - \phi$$

比值 $\dfrac{\Delta \phi}{\Delta t}$ 的极限称为刚体在 t 瞬时的瞬时角速度,用 ω 表示。即

$$\omega = \lim_{\Delta t \to 0} \frac{\Delta \phi}{\Delta t} = \frac{\mathrm{d}\phi}{\mathrm{d}t} = f'(t) \tag{4-25}$$

上式表明,刚体绕定轴转动的角速度等于转角对时间的一阶导数。

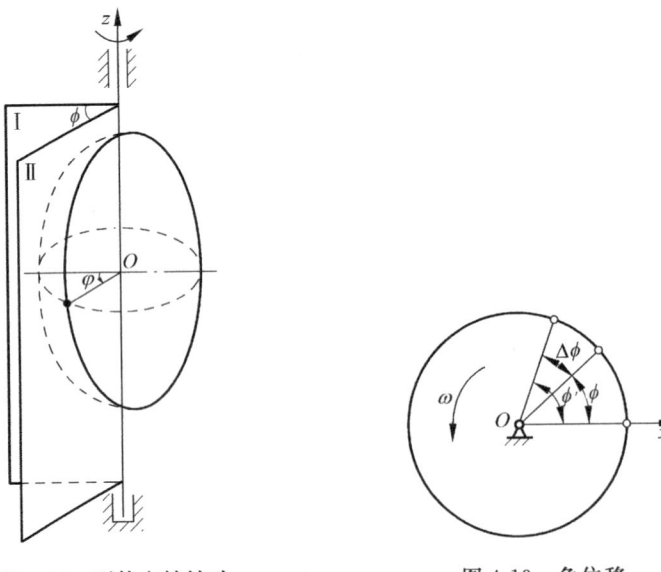

图 4-18 刚体定轴转动　　图 4-19 角位移

角速度是代数量,其正负号表示刚体的转动方向。若 ω 为正值,刚体按逆时针方向转动(从转轴正向端看去);如为负值,则按顺时针方向转动。

角速度的单位是弧度/秒(rad/s),或简写为 1/秒(1/s)。

工程上常用转速 n 转/分(r/min)表示刚体的转动快慢。转速 n 与角速度 ω 之间的关系是

$$\omega = \frac{2\pi n}{60} = \frac{\pi n}{30} \text{rad/s} \tag{4-26}$$

3. 角加速度

角加速度是反映角速度变化快慢的物理量。设刚体在瞬时 t 的角速度为 ω，瞬时 $t+\Delta t$ 的角速度为 ω'，则在时间 Δt 内角速度的增量为

$$\Delta\omega = \omega' - \omega$$

比值 $\dfrac{\Delta\omega}{\Delta t}$ 的极限称为刚体在瞬时 t 的瞬时角加速度，简称角加速度，用 a 来表示，则

$$a = \lim_{\Delta t \to 0} \frac{\Delta\omega}{\Delta t} = \frac{\mathrm{d}\omega}{\mathrm{d}t} = \frac{\mathrm{d}^2\phi}{\mathrm{d}t^2} = f''(t) \tag{4-27}$$

角加速度的单位为弧度/秒²（rad/s^2）。

在工程实际中，常见的刚体定轴转动是匀速转动和匀变速转动。如当刚体的初转角为 ϕ_0，初角速度为 ω_0，则刚体的转角 ϕ、角速度 ω、角加速度 a 和瞬时 t 之间的关系如下：

当刚体为匀速转动时

$$\phi = \phi_0 + \omega t \tag{4-28}$$

当刚体为匀变速转动时

$$\begin{cases} \omega = \omega_0 + at \\ \phi = \phi_0 + \omega_0 t + \dfrac{1}{2}at^2 \\ \omega^2 = \omega_0^2 + 2a(\phi - \phi_0) \end{cases} \tag{4-29}$$

例 4-3 半径 $R=0.2\text{m}$ 的圆轮绕定轴 O 逆时针转动，如图 4-20 所示。圆轮的转动方程为 $\phi = 4t - t^2$，轮上绕有不可伸缩的绳索，绳端挂一重物 A。试求当 $t=1\text{s}$ 时，轮缘上任一点 M 和重物 A 的速度和加速度。

解：（1）求轮缘上 M 点的速度和加速度

圆轮的转动方程 $\phi = 4t - t^2$

圆轮的角速度 $\omega = \dfrac{\mathrm{d}\phi}{\mathrm{d}t} = 4 - 2t = 2\text{rad/s}$

圆轮的角加速度 $a = \dfrac{\mathrm{d}\omega}{\mathrm{d}t} = -2\text{rad/s}$

M 点的速度 $v_M = R\omega = (0.2 \times 2)\text{m/s} = 0.4\text{m/s}$

M 点的切向加速度 $a_{\tau M} = Ra = 0.2 \times (-2)\text{m/s}^2 = -0.4\text{m/s}^2$

M 点的法向加速度 $a_{nM} = R\omega^2 = 0.2 \times 2^2 \text{m/s}^2 = 0.8\text{m/s}^2$

M 点的全加速度大小 $a_M = \sqrt{(a_{\tau M})^2 + (A_{NM})^2} = 0.89\text{m/s}^2$

M 点全加速度方向 $\tan\theta = \dfrac{|a_{\tau M}|}{a_{nM}} = \dfrac{|a|}{\omega^2} = 0.5$ $\theta = 26°34'$

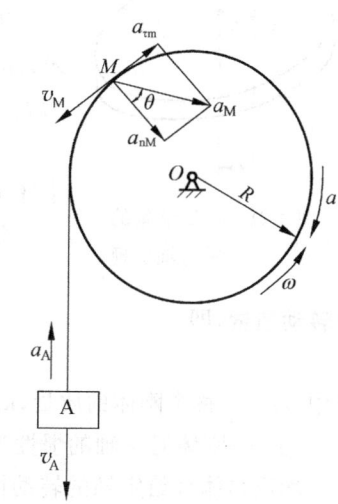

图 4-20 例 4-3 图

(2) 重物 A 的速度和加速度

因绳索不能伸长,重物 A 下落的距离 S_A 等于轮缘上 M 点在同一时间内转过的弧长 S_M,即 $S_A = S_M = R\phi$,故

$$v_A = R\omega = (0.2 \times 2) \text{m/s} = 0.4 \text{m/s}$$

$$a_A = Ra = [0.2 \times (-2)] \text{m/s}^2 = -0.4 \text{m/s}^2$$

4. 刚体绕定轴转动的动力学

(1) 刚体绕定轴转动的微分方程

刚体转动状态的改变与刚体受的力偶矩 M(外力矩)有关,其关系为

$$M = I_z a \tag{4-30}$$

式中,M——作用在刚体上的力偶矩(外力矩)的代数和,N·m;

I_z——刚体对转轴 z 的转动惯量,kg·m^2;

a——刚体绕转轴 z 转动的角加速度,rad/s^2。

由于,$a = \dfrac{d\omega}{dt} = \dfrac{d^2\phi}{dt^2}$,代入式(4-30)得

$$M = I_z \frac{d^2\phi}{dt^2} \tag{4-31}$$

上式即为刚体绕定轴转动的微分方程式。

(2) 转动惯量

设 Δm 为刚体内任一质点的质量,r 为质点的转动半径(即该点到转轴的距离),则转动刚体对转轴 z 的转动惯量定义为

$$I_z = \sum \Delta m \cdot r^2 \tag{4-32}$$

如果刚体的质量是连续分布的,转动惯量可用积分的形式表示

$$I_z = \int_M r^2 dm \tag{4-33}$$

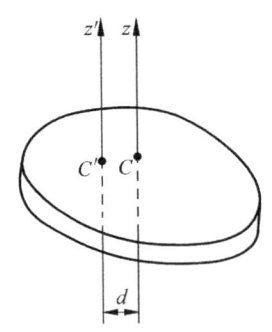

图 4-21 转动惯量的平行轴定理

设刚体的质量为 m,对质心轴的转动惯量为 I_{zC},如图 4-21 所示,而对另一与质心轴相距为 d 且与 z 轴平行的轴 z' 的转动惯量为 I'_z,可以得出如下结论

$$I'_z = I_{zC} + md^2 \tag{4-34}$$

上述关系称为转动惯量的平行轴定理。

(3) 惯性半径(回转半径)

工程上常用刚体的质量与某个长度平方的乘积来表示刚体的转动惯量,即

$$I_z = m\rho^2 \tag{4-35}$$

式中,m——整个刚体的质量,kg;

ρ——刚体对 z 轴的惯性半径,m。

均质物体绕给定轴的转动惯量见表 4-1。

表 4-1 均质物体绕给定轴的转动惯量

物体种类	简图	I_p	回转半径
细直杆	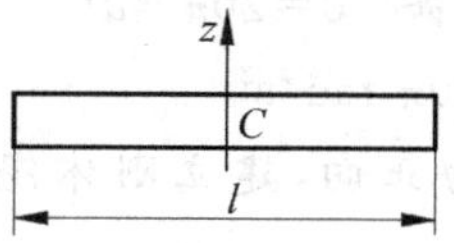	$\dfrac{1}{12}ml^2$	$\dfrac{1}{2\sqrt{3}}l$
矩形六面体	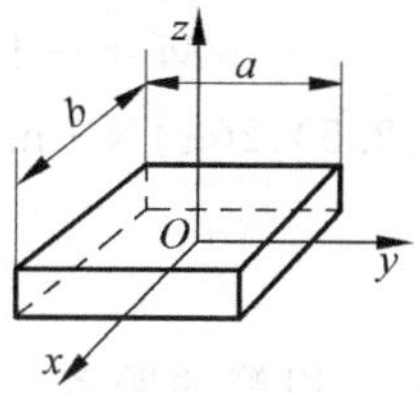	$\dfrac{1}{12}m(a^2+b^2)$	$\dfrac{\sqrt{a^2+b^2}}{2\sqrt{3}}$
圆柱或圆盘	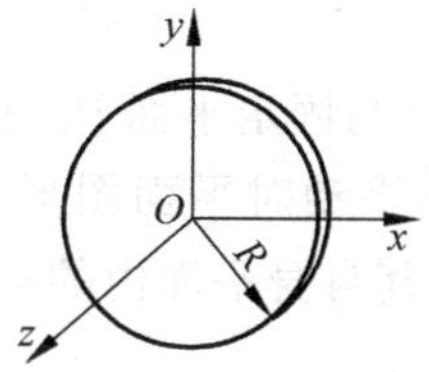	$\dfrac{1}{12}mR^2$	$\dfrac{1}{\sqrt{2}}R$
空心圆柱	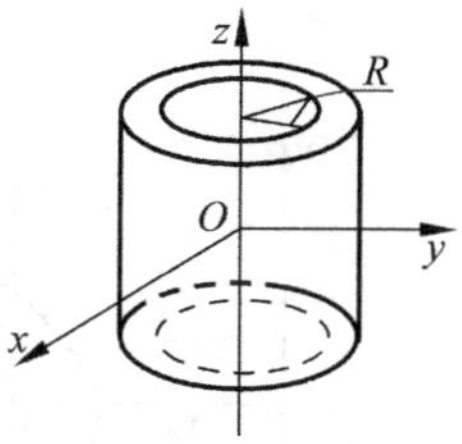	$\dfrac{1}{12}m(R^2+r^2)$	$\dfrac{\sqrt{R^2+r^2}}{2}$
球	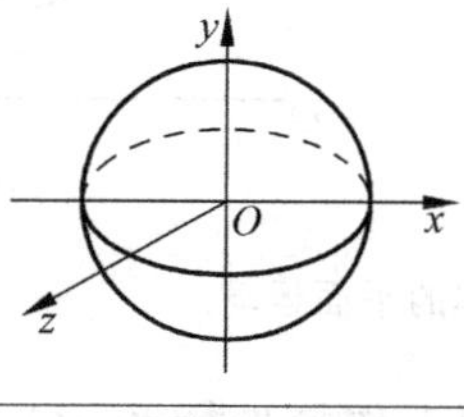	$\dfrac{2}{5}mR^2$	$\sqrt{\dfrac{2}{5}}R$
圆环	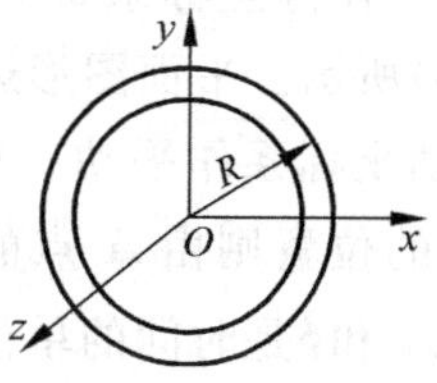	mR^2	R

例 4-4 如图 4-22 所示,已知飞轮以 $n=600\text{r/min}$ 的转速转动,转动惯量 $I_0=2.5\text{kg}\cdot\text{m}^2$,制动时需要在 1s 内停止转动,设制动力矩为常数,求此力矩 M 的大小。

解: 飞轮的初速度为 $\omega_0=\dfrac{2\pi n}{60}=20\pi\text{ rad/s}$

飞轮的末速度 $\omega=0$

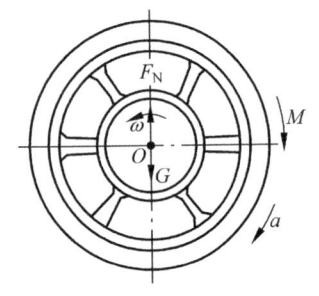

图 4-22 例 4-4 图

制动时间 $t=1\text{s}$

由定轴转动公式 $\omega=\omega_0+at$

代入以上数据 $0=20\pi-at$

解得 $a=20\pi \text{ rad/s}^2$

以 ω 方向为正向,建立刚体绕定轴转动的动力学基本方程

$$-M=-I_0 a$$

解得 $M=I_o a=(2.5\times 20\pi)\text{N}\cdot\text{m}=157\text{N}\cdot\text{m}$

三、刚体的平面运动

1. 刚体平面运动的运动方程

刚体上的任意一点与某一固定平面始终保持相等的距离,这种运动称为刚体的平面运动。

根据刚体平面运动的特点,可以作一平面 P 与固定平面 P_0 平行,通过平面 P 从刚体上截得一个平面图形 S,如图 4-23(a)所示。刚体平动时平面图形 S 始终在平面 P 内运动。因此刚体的平面运动可以简化为平面图形 S 在其自身平面内的运动。

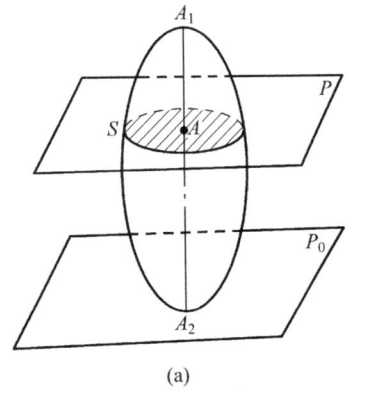
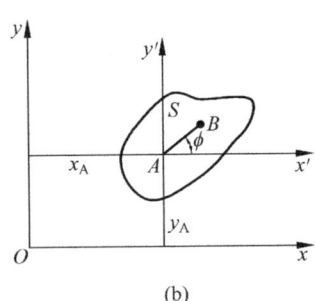

(a)   (b)

图 4-23 刚体的平面运动

设平面图形 S 在固定平面 P 内运动,平面上作静坐标系 xOy,在平面图形上任意点 A 作动坐标系 $x'Ay'$,A 点称为基点,如图 4-23(b)所示。平面图形运动时,令动坐标系的两坐标轴始终与静坐标系的两坐标轴分别平行,即动坐标系作平动。平行图形 S 的位置可用其上任一条线段 AB 的位置来确定,而线段 AB 的位置则由 A 点的坐标 x_A, y_A 和 AB 对于 $x(x')$ 轴的转角 ϕ 来确定。图形 S 运动时,x_A, y_A 和 ϕ 是时间的单值函数,即

$$\begin{cases} x_A = f_1(t) \\ y_A = f_2(t) \\ \phi = \phi(t) \end{cases} \tag{4-36}$$

式(4-36)称为刚体平面运动的运动方程式。

平面图形的绝对运动可以看成随基点 A 的平动和绕基点 A 的转动。前者是牵连运动,后者是相对运动。基点的选择是任意的,但平面图形 S 绕不同基点转动的角速度和角加速

度都相同,与基点选择无关。

2. 平面运动刚体上各点的速度

设已知平面图形 S 上某点 O 的速度 v_O 和刚体的角速度 ω,求图形上任一点 M 的速度。可采用基点法,取 O 点为基点,将动坐标系固结在 O 点上,图形上任一点 M 的绝对速度 v_M 可以看成动坐标系(O 点)相对静坐标系的牵连速度 v_e (v_O)与图形上 M 点绕基点 O 的相对速度 v_{MO} 矢量和,如图 4-24 所示,即

$$v_M = v_O + v_{MO} \tag{4-37}$$

上式即为用基点法求平面运动刚体上各点速度的方法。

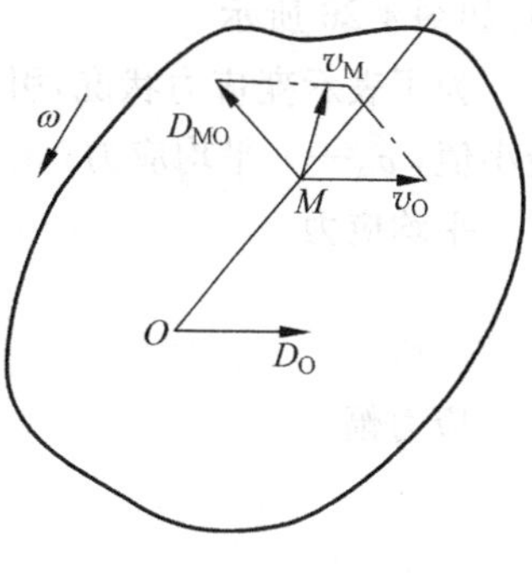

图 4-24 基点法

4.3 载荷和应力的分类

一、载荷分类

作用在机械零件上的载荷可分为静载荷和变载荷两类。不随时间变化或变化缓慢的载荷称静载荷,如锅炉所受的压力。随时间变化的载荷称变载荷,如发动机中的曲轴或汽车、摩托车等机动车中齿轮所受的载荷。

在设计计算中,通常可把载荷分为名义载荷和计算载荷。名义载荷是根据额定功率用力学公式计算出作用在零件上的载荷,它是机器在理想平稳的工作条件下作用在零件上的载荷。计算载荷是考虑实际载荷随时间作用的不均匀性、载荷在零件上分布的不均匀性及其他因素的影响而得的载荷。计算载荷等于名义载荷乘以载荷系数 $K(K>1)$。

二、应力分类

按应力随时间变化的特性不同,可分为静应力和变应力。

不随时间变化或变化缓慢的应力称为静应力,如图 4-25(a)所示。随时间变化的应力称为变应力,如图 4-25(b)、(c)、(d)所示,绝大多数机械零件都是在变应力状态下工作的。

变应力可分为稳定循环变应力,如图 4-25(b)所示;不稳定循环变应力,如图 4-25(c)所示;随机变应力,如图 4-25(d)所示。

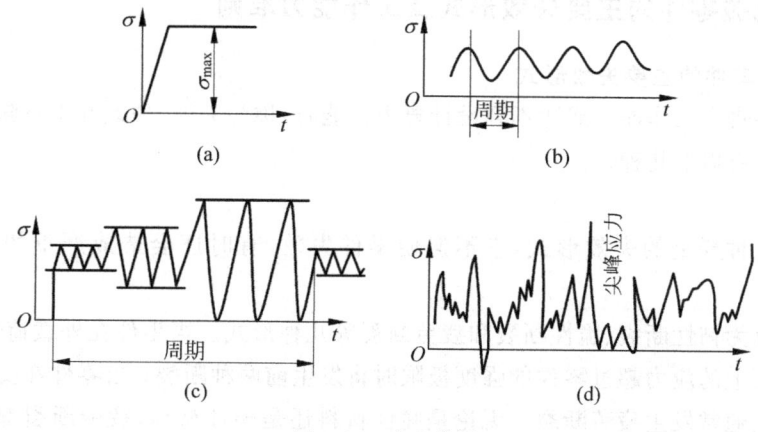

图 4-25 应力分类

稳定循环变应力有非对称循环变应力、脉动循环变应力和对称循环变应力三种基本类型,如图 4-26 所示。

为了表示变应力状况,引入下列的变应力参数:σ_{max}——变应力最大值;σ_{min}——变应力最小值;σ_m——平均应力;σ_a——应力幅;γ——循环特性。

平均应力
$$\sigma_m = \frac{\sigma_{max} + \sigma_{min}}{2}$$

应力幅
$$\sigma_m = \frac{\sigma_{max} - \sigma_{min}}{2}$$

循环特性
$$\gamma = \frac{\sigma_{min}}{\sigma_{max}}$$

当 $\sigma_{max} = -\sigma_{min}$ 时,$\gamma = -1$,称对称循环变应力,如图 4-26(a)所示,其 $\sigma_a = \sigma_{max} = -\sigma_{min}$,$\sigma_m = 0$;

当 $\sigma_{min} = 0$ 时,$\gamma = 0$,称脉动循环变应力,如图 4-26(b)所示,其 $\sigma_a = \sigma_m = \sigma_{max}/2$;

当 $\sigma_{max} = \sigma_{min}$ 时,$\gamma = +1$,即为静应力,静应力可看作变应力的特例,如图 4-26(c)所示;

当 γ 为任意值($\gamma \neq -1, 0, +1$)时,这类应力统称为非对称循环变应力,如图 4-26(d)所示。

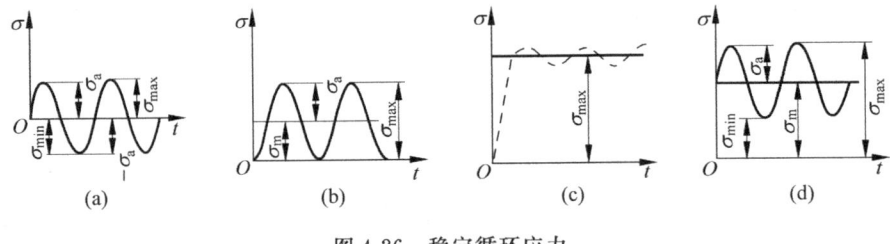

图 4-26 稳定循环应力

4.4 机械零件的主要失效形式及工作能力准则

一、机械零件的主要失效形式

机械零件丧失工作能力或达不到设计要求性能时,称为失效,失效并不意味着破坏。常见的失效形式有以下几种。

1. 断裂

断裂是一种严重的失效形式,它不但使零件失效,有时还会造成严重的人身及设备事故。

断裂可分为韧性断裂、脆性断裂和疲劳断裂等几种形式。当零件在外载荷作用下,由于某一危险截面上的应力超过零件的强度极限时将发生前两种断裂;当零件在交变应力作用时危险截面上通常发生疲劳断裂。无论是脆性材料还是塑性材料,疲劳断裂都是突然发生的,因此具有很大的危险性。

2. 过量变形

机械零件受载时,必然会发生弹性变形。在允许范围内的微小弹性变形,对机器工作影响不大,但过量的弹性变形会使零件或机器不能正常工作,或者会造成较大的振动,致使零件损坏。

当零件过载时,塑性材料还会发生塑性变形。这会造成零件尺寸和形状的较大改变,破坏零件或部件的相互位置或配合关系,使零件或机器不能正常工作。

3. 表面失效

机器的运转质量很大程度上取决于零件的表面质量,零件的损坏如磨损、疲劳点蚀、腐蚀、胶合等多出现于零件的表面,表面失效包括:

① 零件受力表面无相对运动的失效,如压溃;
② 零件受力表面有相对运动的失效,如磨损、疲劳点蚀、胶合或表面塑性变形等;
③ 零件不受力表面的失效,如腐蚀。

零件的使用寿命在很大程度上受到表面失效的限制。

4. 破坏正常工作条件引起的失效

有些零件只有在一定的工作条件下才能正常工作,如果破坏了正常工作条件就会失效。如靠表面摩擦力保持工作能力的带传动,当传递的实际工作圆周力超过临界摩擦力时就将发生打滑失效;液体摩擦滑动轴承,当润滑油膜破裂时将发生过热、胶合、磨损等形式的失效。

二、机械零件的工作能力准则

为了保证机器的正常运行,零件应有良好的工作能力。零件抵抗失效的安全工作限度称为零件的工作能力。

同一种零件可能有好几种不同的失效形式,对应各种失效形式就有不同的工作能力。例如,轴的失效可能是疲劳断裂,也可能是由于过量的弹性变形。前者取决于轴的疲劳强度,而后者取决于轴的刚度(刚度就是抵抗变形的能力)。

机械零件工作能力的判定条件称为零件的工作能力计算准则。对于一般的机械零件,衡量工作能力的准则有以下几个。

1. 强度准则

强度是衡量机械零件工作能力最基本的计算准则。为了保证零件具有足够的强度应使其在载荷作用下危险截面或工作表面的工作应力 σ 不超过零件的许用应力 $[\sigma]$,其表达式为

$$\sigma \leqslant [\sigma] = \frac{\sigma_{\lim}}{s_{\min}}$$

式中,$S_{\min}$ 称为最小安全系数(或称许用安全系数),含义就是给予材料一定的强度裕量。

许用应力 $[\sigma]$ 是零件设计的条件应力,主要由材料的极限应力 $\sigma_{\lim}$ 和最小安全系数(许用安全系数)$S_{\min}$ 决定。对塑性材料,$\sigma_{\lim} = \sigma_s$;对脆性材料,$\sigma_{\lim} = \sigma_b$。

2. 刚度准则

刚度是零件受载荷后抵抗弹性变形的能力。某些零件如机床主轴、电动机轴等,刚度不足将会产生过大的弹性变形,影响机器的正常工作。设计时应满足刚度条件:

$$y \leqslant [y]$$
$$\phi \leqslant [\phi]$$

式中，y——零件工作时的变形量（伸长量、挠度等）；

$[y]$——零件的许用变形量；

ϕ——零件工作时的变形角（偏转角、扭转角等）；

$[\phi]$——零件的许用变形角。

y 和 ϕ 可按变形理论计算或用试验方法确定；而 $[y]$ 和 $[\phi]$ 则应根据不同的场合，按理论或经验确定其合理的数值。

3．耐磨性准则

耐磨性是指零件在载荷作用下抵抗磨损的能力。据统计约有 80% 的机器是因为零件的磨损而失效的。一般常采用适当降低零件表面粗糙度、采用合理的润滑剂和润滑方式等方法来提高零件的耐磨性，延长机器的工作寿命。

4．振动稳定性准则

机器在运转中的振动会使零件承受额外的变应力，使零件和机器的运动精度降低，并产生噪声。在高速机械中，当某一零件本身的固有频率与激振源的频率接近时，就会发生共振，使零件的振幅急剧增大，将在短期内导致零件甚至整个系统的毁坏。因此，对易于失稳的高速机械应进行振动分析和计算，以确保零件及系统的振动稳定性。

习题

4-1 "分力一定小于合力"这种说法对不对？为什么？试举例说明。

4-2 如题 4-2 图所示，试将作用于 A 点的力 F 依据下述条件分解为两个力：(1) 沿 AB、AC 方向（见题 4-2 图(a)）；(2) 已知分力 F_1（见题 4-2 图(b)）；(3) 一分力沿已知方向 MN，另一分力为数值最小（见题 4-2 图(c)）。

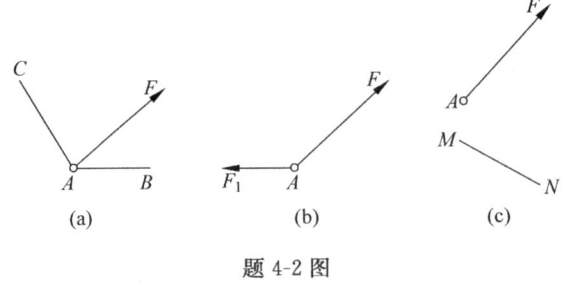

题 4-2 图

4-3 如题 4-3 图，试解释当杆 AB 与转轴 O 共线时最不好转动。

4-4 为什么力偶不能与一力平衡，如何解释题 4-4 图所示转轮的平衡现象？

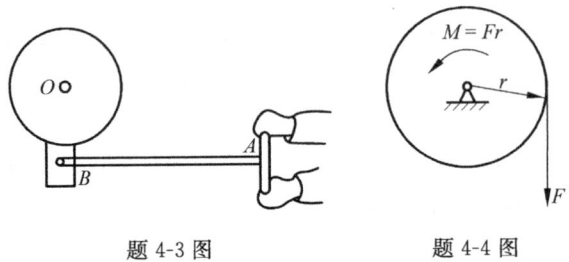

题 4-3 图　　　　题 4-4 图

4-5 F_1、F_2、F_3 三力共拉一碾子,已知 $F_1=1$kN、$F_2=1$kN、$F_3=1.734$kN,各力的方向如题 4-5 图所示。试求此三力的合力的大小和方向。

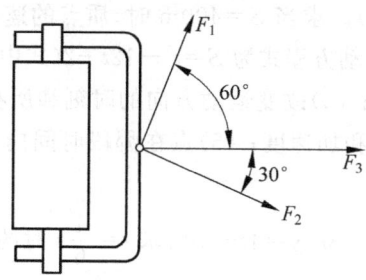

题 4-5 图

4-6 试求如题 4-6 图中,F 对 O 点的力矩。$F=1000$N,$l=300$mm,$a=80$mm,$\alpha=\beta=45°$,$\theta=15°$。

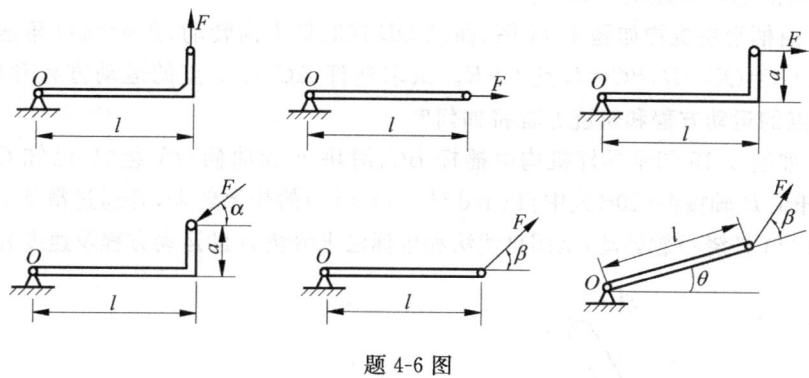

题 4-6 图

4-7 题 4-7 图示摆锤重 G,其重心 A 到悬挂点 O 的距离为 L。试求在图示 3 位置时,力 G 对点 O 的力矩。

4-8 题 4-8 图示之齿轮齿条压力机在工作时,齿条 BC 作用于齿轮 O 上的力 $F_n=2$kN,方向如图所示,压力角 $\alpha_0=20°$,齿轮节圆直径 $D=80$mm。求 F_n 对轮心点 O 的力矩。

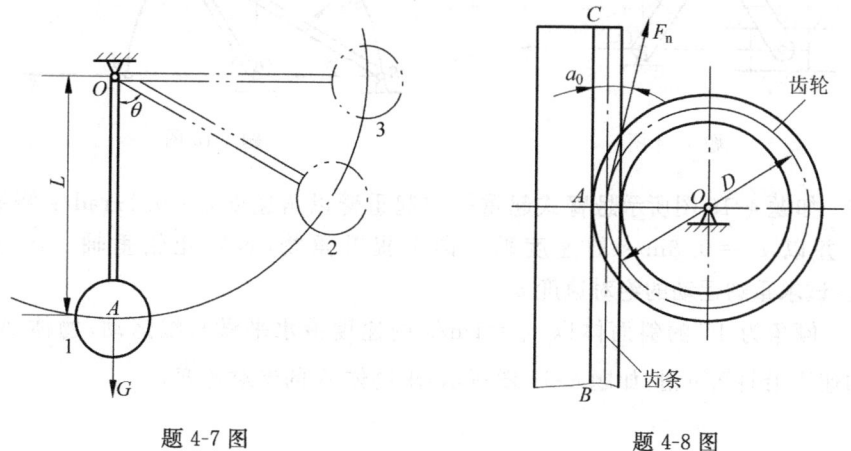

题 4-7 图   题 4-8 图

4-9　点的速度大小是常量，点的加速度一定等于零，这种说法对吗？应该怎样认识？

4-10　质点（刚体的质心）沿半径 $R=1000$m 的圆弧运动，其运动方程为 $S=40t-t^2$（式中 S 的单位为 m，t 的单位为 s）。求当 $S=400$m 时，质点的速度和加速度。

4-11　点作直线运动，其运动方程式为 $S=t^3-12t+2$（式中 S 的单位为 m，t 的单位为 s）。求：(1)点在最初 3s 内的位移；(2)改变运动方向的时刻和所在的位置；(3)最初 3s 内经过的路程；(4)$t=3$s 时点的速度和加速度；(5)点在哪段时间内作加速运动，哪段时间内作减速运动？

4-12　点的运动方程为 $x=3t$，$y=4t-3t^2$，求 $t=\dfrac{1}{6}$s 时的速度和加速度之间的夹角 α。

4-13　动点 M 的运动由下列方程给定：
$$\begin{cases} x=t \\ y=t^3 \end{cases}$$（式中 x，y 以 cm 计，t 的以 s 计）。

求 $t=1$s 时动点的切向速度与加速度。

4-14　曲柄滑块机构如题 4-14 图，曲柄 OB 逆时针方向转动，角 $\phi=\omega t$（角速度 ω 为常量）。已知 $AB=OB=R$，$BC=l$，且 $l>R$。试求连杆 AC 上 C 点的运动方程和轨迹方程。如 $l=R$，C 点的运动方程和轨迹方程将如何？

4-15　如题 4-15 图示导杆机构由摇杆 BC、滑块 A 和曲柄 OA 组成，已知 $OA=OB=10$cm，BC 杆绕 B 轴按 $\phi=10t$（式中 ϕ 以 rad 计，t 以 s 计）的规律转动，并通过滑块 A 在 BC 上滑动而带动 OA 杆绕 O 轴转动，试用自然法和坐标法求滑块 A 的运动方程及速度和加速度。

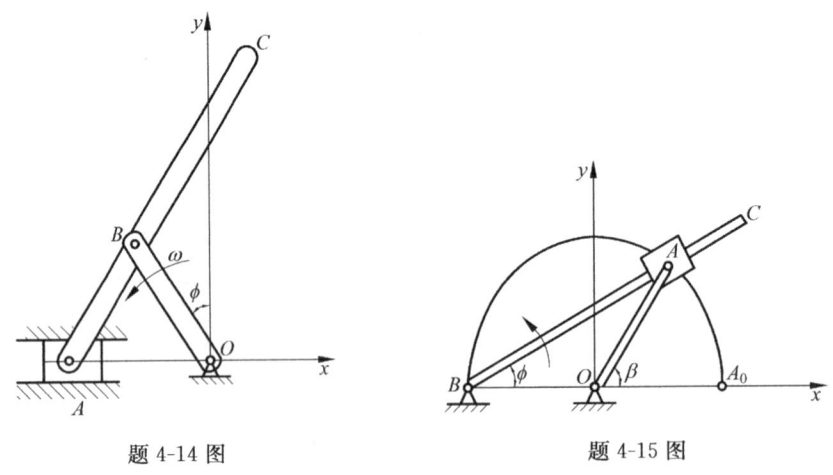

题 4-14 图　　　　　　题 4-15 图

4-16　如题 4-16 图所示悬臂式起重机的起重臂以角速度 $\omega=0.1\pi$rad/s 绕铅垂轴线 AB 转动，并以 $v_1=0.3$m/s 的速度垂直向上提升重物，重物距铅垂轴 AB 的距离为 6000mm。试求重物运动的绝对速度 v。

4-17　倾角为 45° 的斜面体以 $v_1=1$m/s 的速度沿水平做直线运动，物体 A 以 $v_2=\sqrt{2}$m/s 的速度沿斜面下滑，如题 4-17 图所示，求物体 A 的绝对速度。

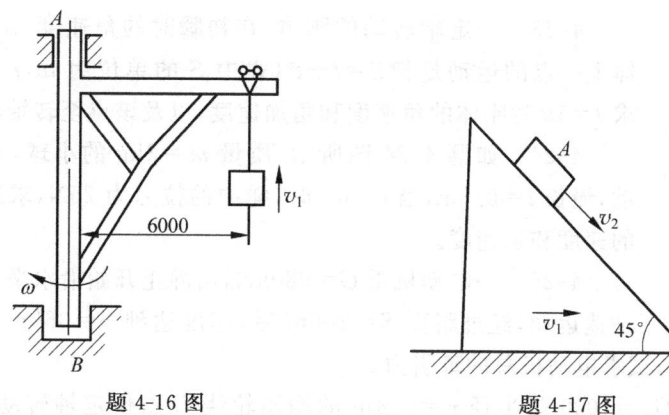

题 4-16 图　　　　　　　　　题 4-17 图

4-18　在直径 $d=40$mm 的工件上,需铣削与轴线成 $\alpha=20°$ 的槽,如题 4-18 图所示。已知铣刀相对工件的速度 $v=50$mm/min。求铣床的纵向进给速度和工件的圆周速度。

4-19　如题 4-19 图所示,车床主轴的转速 $n=30$r/min,工件的直径 $D=40$mm,车刀的纵向进给速度为 10mm/s。试求车刀相对于工件的速度。

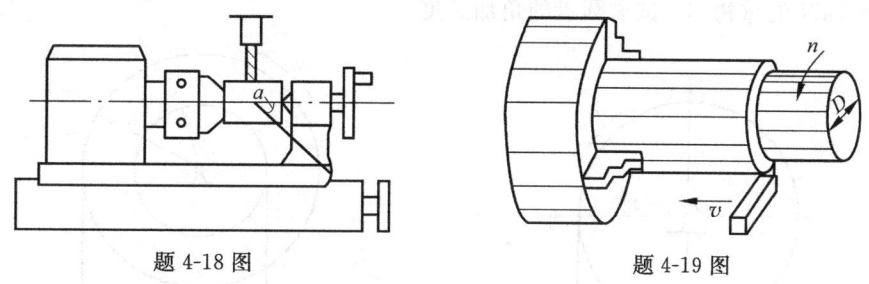

题 4-18 图　　　　　　　　　题 4-19 图

4-20　题 4-20 图所示内圆磨床的砂轮直径 $d=60$mm,转速 $n_1=10000$r/min,工件的孔径 $D=80$mm,转速 $n_2=500$r/min,n_1 与 n_2 转向相反。求磨削时砂轮与工件接触点之间的相对速度。

4-21　如题 4-21 图所示,曲柄 CB 以等角速度 ω_0 绕 C 轴转动,其转动方程为 $\phi=\omega_0 t$,通过滑块带动摇杆 OA 绕轴 O 转动。设 $OC=h$,$CB=r$。求摇杆的转动方程。

4-22　一飞轮绕固定轴转动如题 4-22 所示,其轮缘上一点的全加速度与轮半径的交角恒为 60°。当运动开始时,其转角 $\phi_0=0$,角速度为 ω_0。求飞轮的转动方程、角速度和角加速度。

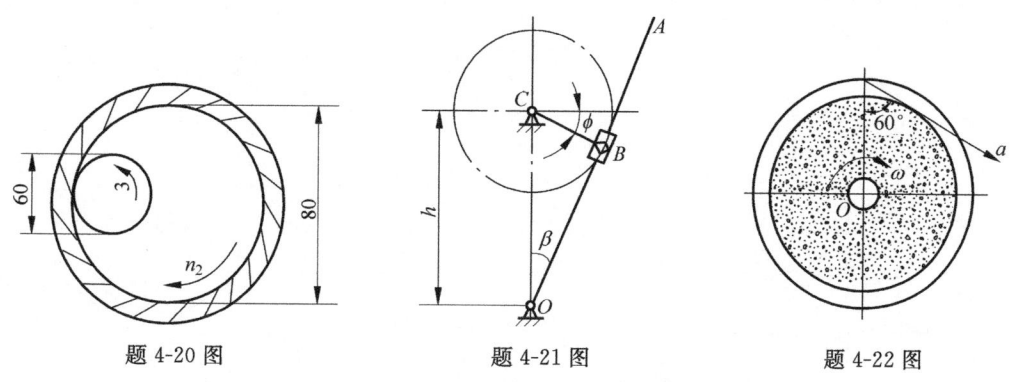

题 4-20 图　　　　　题 4-21 图　　　　　题 4-22 图

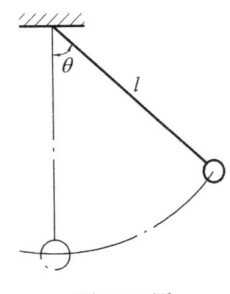

题 4-24 图

4-23 一定轴转动的刚体,在初瞬时的角速度 $\omega_0=20\text{rad/s}$,刚体上一点的运动规律 $S=t+t^3$(式中 S 的单位为 m,t 的单位为 s)。求 $t=1$s 时刚体的角速度和角加速度,以及该点至转轴的距离。

4-24 如题 4-24 图所示,质量 $m=3$kg 的小球,在铅垂面内摆动,绳长 $l=0.8$m,当 $\theta=60°$时,绳中的拉力为 25N,求这一瞬时小球的速度和加速度。

4-25 一电动机重 $G=980$kN,由静止开始沿水平直线轨道作匀加速运动,经过路程 $S=100$m 后,速度达到 $v=36$km/h。若行车阻力是车重的 0.01 倍,试求电动机总的牵引力。

4-26 一个重 $G_0=1000$N,半径 $r=0.4$m 的均质轮绕 O 点作定轴转动,其转动惯量 $I=8$kg·m³,轮上绕有绳索,下端挂有 $G=10^3$N 的物块 A,如题 4-26 图所示。试求圆轮的角加速度。

4-27 如题 4-26 图所示,圆盘重 0.6kN,半径 $R=0.8$m,转动惯量 $I_0=100$kg·m²,在半径为 R 处绕有 z 绳索,其上挂 $G_A=2$kN 的重物 A,在离转轴 $r=0.5R$ 处绕有绳索,其上挂有 $G_B=1$kN 的重物 B。试求圆盘的角加速度。

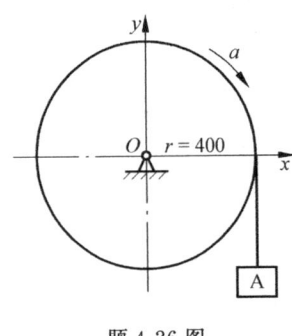

题 4-26 图

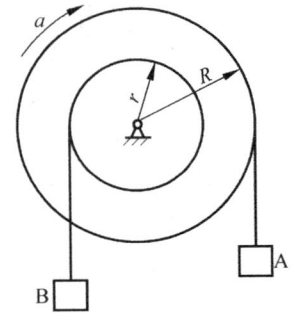

题 4-27 图

4-28 应力的种类有哪几种?

4-29 机械零件的主要失效形式有哪几种?

4-30 什么叫安全系数?什么叫许用应力?

单元 5　平面连杆机构

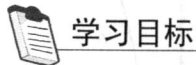学习目标

(1) 了解机器和机构的概念；
(2) 掌握平面机构运动简图的画法；
(3) 掌握平面机构自由度计算的基本方法和平面四杆机构的运动特性；
(4) 了解平面四杆机构的应用场合；
(5) 掌握平面机构支反力和构件的受力分析；
(6) 掌握构件的拉(压)强度和变形计算。

5.1　机器和机构

一、机器及其特性

1. 机器的含义

任何机器都是为实现某种功能而设计制作的，它是人类在长期生产实践中创造出来的重要工具，利用机器可以减轻人类的劳动，大大提高生产率和产品质量，创造出更多的物质财富。

随着科学技术的发展，"机器"一词的含义已有所改变。对于现代机器，则可定义为："机器是执行机械运动的装置，用来变换或传递能量、物料与信息，以代替或减轻人的体力和脑力劳动"。

根据用途的不同，现代机器可分为动力机器(电动机、内燃机、水轮机等)、加工机器(金属切削机床、轧钢机)、信息机器(机械积分仪、打印机、记账机等)等。

2. 机器的组成

机器的种类繁多，其结构和用途各不相同，然而一部完整的机器可归纳为由以下四大部分组成。

(1) 原动机部分

它是驱动整台机器完成预定功能的动力部分，其作用是把其他形式的能量转换为机械能，以驱动机器各部件。如图 5-1 所示颚式破碎机中的电动机，图 5-2 所示五自由度关节型工业机器人中的电动机。常见的动力源还有内燃机、蒸汽机和其他形式的各种原动机。

(2) 执行部分

它是机器中直接完成工作任务的组成部分。如图 5-1 中的颚头(定颚板、动颚板)。常见的执行部分还有数控机床的刀架、工业机器人的手臂等。其运动形式依据用途的要求，可能是直线运动，也可能是回转运动或间歇运动等。

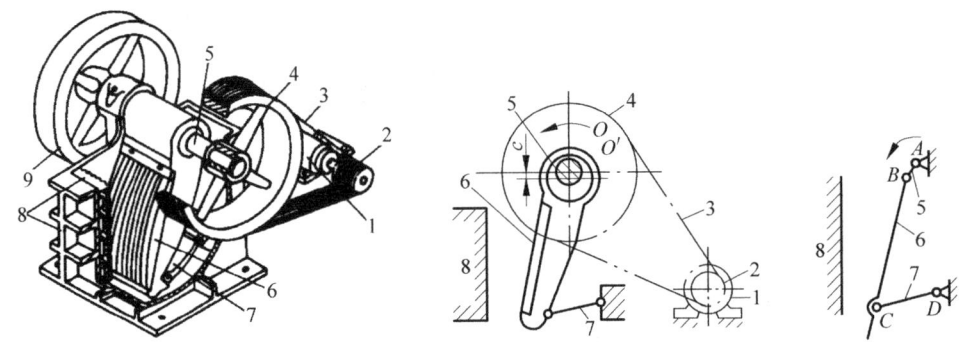

1—电动机；2—带轮；3—V 带；4—带轮；5—偏心轴；6—动颚板；7—肘板；8—定颚板；9—飞轮

图 5-1 颚式破碎机

(3) 传动部分

它是将原动机的运动和动力传递给执行部分的中间环节,利用它可以减速、增速、调速、改变转矩及改变运动形式等,从而满足执行部分的各种要求。图 5-1 中 V 带传动(带轮、V 带),图 5-2 中的谐波减速器、滚珠丝杠副等,都是机器中典型的传动部分。

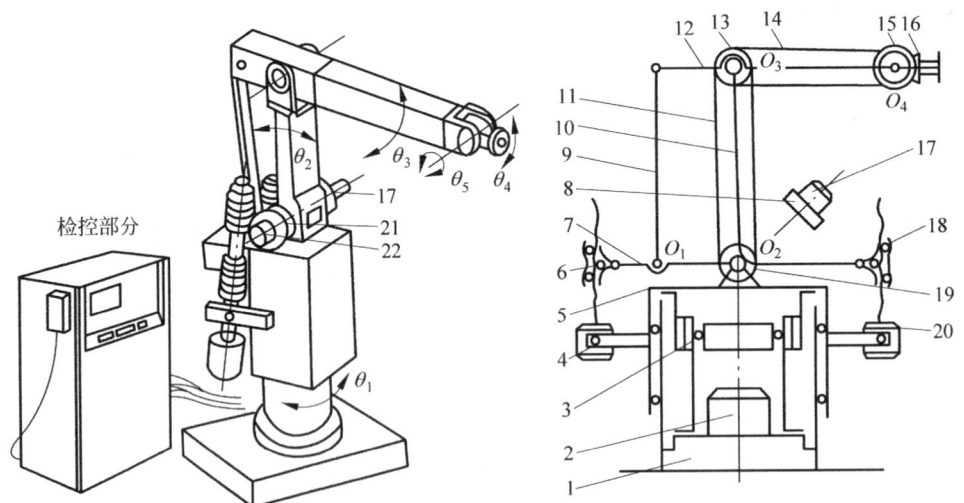

1—机座；2,4,17,20,22—电动机；3,8,21—谐波减速器；5—机体；6,18—滚珠丝杠副；7—连杆；
9,10,12—手臂连杆；11,14—链条(共 4 条)；13,15,19—链轮(共 8 个)；16—锥齿轮传动

图 5-2 五自由度关节型工业机器人

(4) 检控部分

它包括检测部分和控制部分,其作用是显示和反映机器的运行位置和状态,控制机器正常运行和工作。如图 5-2 所示的工业机器人,检控部分的作用是检测工业机器人执行机构的运动位置和状态,并将信息反馈给控制部分;而控制部分是工业机器人的指挥系统,它控制机器人按规定的程序运动,完成预定的动作。随着机电工业的高速发展,检控部分在机电一体化产品(加工中心、数控机床、工业机器人)中的地位越来越重要。

但对于简单的机器往往只有前三个组成部分,有时甚至只有原动机部分和执行部分,如

水泵、排风扇等。

3. 机器的特征

从机器的组成、运动和功能角度来看,各种机器具有以下共同的特征:

① 它们是人为的组合体;

② 各实体之间具有确定的相对运动;

③ 能代替或减轻人类的劳动来完成功能转换,或进行物料变换或信息传递等。

凡是同时具有以上三种特征的,如搅面机、单缸内燃机、颚式破碎机、工业机器人、数控机床等均称为机器。

二、机构及其特征

如果仅有上述三个特征中前两个特征的组合体,则称为机构。因此,机构只是完成传递运动、力或改变运动形式的实体组合。机构是机器的主要组成要素。一台机器可以只有一种机构(如颚式破碎机只有一个曲柄摇杆机构),也可以由数种机构组成,如工业机器人等。

对于机构,其含义也随着科学技术的发展而有所变化。以前认为机构只能由刚体组成,现在这一观点已由液体和气体可参与运动的变换而改变。如果机构中除刚体外,液体或气体也参与运动的变换,则该机构相应称为液压机构或气动机构。

在工程上,通常以"机械"作为机器和机构的总称。

三、构件和零件

组成机械的各个相对运动的实体称为构件。构件可以是单一的零件,如图5-3所示偏心轴;也可由多个零件刚性连接而成,如图5-4所示颚式破碎机的动颚就是由动体、动颚板、压板和螺钉等零件固定在一起的具有同一运动的刚性实体。因此,构件和零件的区别:构件是运动的单元,而零件是制造的单元。

机械零件又可分为通用零件和专用零件两大类。通用零件是指各种机器常用到的零件,如螺钉、螺母、齿轮、弹簧等;专用零件是指某种机器才用到的零件,如电动机中的转子,内燃机中的曲轴、活塞等。

此外,机械中把为完成同一使命、彼此协同工作的一组零件的组合体称为部件,如发动机、减速器、联轴器等。

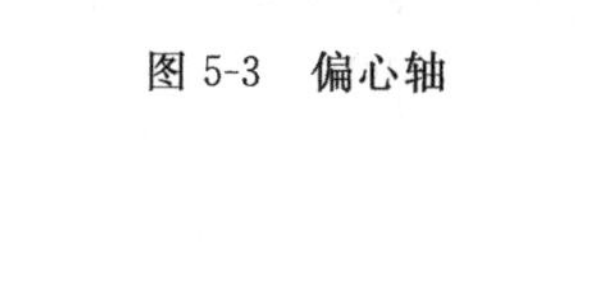

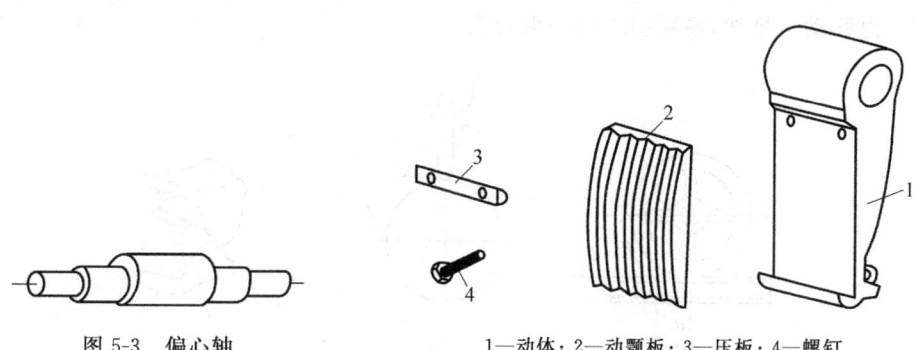

图5-3 偏心轴

1—动体;2—动颚板;3—压板;4—螺钉

图5-4 颚式破碎机的动颚

5.2 平面机构运动简图

机构是由构件组成的系统,机构按其运动空间分为平面机构和空间机构。各构件都在同一平面或平行平面内运动的机构称为平面机构,否则称为空间机构。图 5-1 所示颚式破碎机就是平面机构。这里只讨论平面机构。

无论是对已有机构进行分析,还是设计新的机构,都要从分析机构图形着手。撇开实际机构中与运动无关的因素(例如,构件的形状、组成构件的零部件数目和运动副的具体结构等),用简单的线条和符号表示构件和运动副,并按一定的比例表示出机构各构件间相对运动关系的图,称为机构运动简图。

机构运动简图应与原机构具有完全相同的运动特征。它不仅可以表达机构的运动情况,而且还可根据该图进一步进行机构的运动分析和受力分析。

一、运动副及其分类

1. 构件自由度和运动副

① 构件自由度　因为构件是组成机构的独立运动单元,如图 5-5 所示,AB 为一个构件,在其运动平面内可以产生三个独立的运动,即随基点 A 沿 x 方向、y 方向的移动及绕基点 A 的转动。构件具有独立运动的数目称为构件的自由度。显然,作平面运动的构件具有三个自由度,可用 x,y,α 这三个独立运动的位置参数来表示。

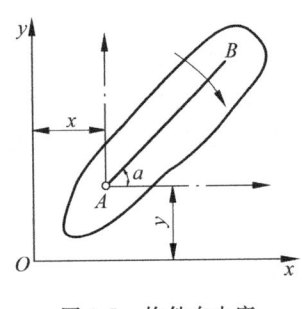

图 5-5　构件自由度

② 运动副及约束　两个构件既直接接触又能保持一定相对运动的连接,称为运动副。构件与构件由运动副连接后,某些自由度就消失了,则称构件受到了约束。显然,构件消失的自由度数等于它所受到的约束数。

2. 运动副的分类

运动副按两构件接触的几何特征分为高副和低副。

(1) 高副

两构件通过点或线接触的运动副称为高副。如图 5-6 所示,构件 1 与构件 2 为线或点接触,构件 1 相对于构件 2 既可沿接触点处的公切线 $t-t$ 方向自由移动,又可绕接触点转动,仅沿接触点的公法线 $n-n$ 方向不能自由移动。显然,高副引入的约束数为 1。

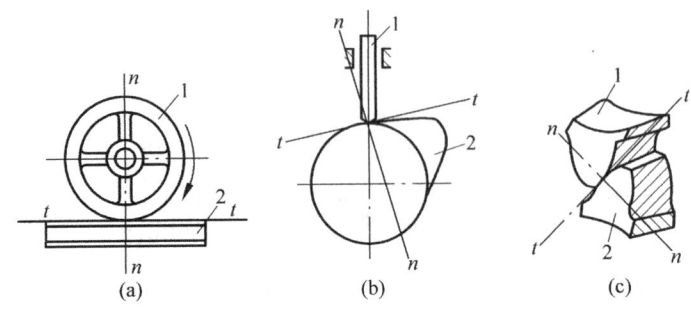

图 5-6　高副

高副因其为点或线接触，接触压强较大，但比较灵活，易于实现设计的运动规律。

(2) 低副

两个构件通过面接触的运动副称为低副。低副按两构件间相对运动特征分为转动副和移动副。

① 转动副　如图 5-7(a)所示，构件 1 与构件 2 以圆柱面方式接触，这种运动副称为转动副，或称为铰链。图 5-7(b)所示为转动副的简图符号，小圆中心表示转动副的轴线位置。构件 1 相对于构件 2 只保留了绕 A 轴转动的自由度，限制了沿 x 和 y 方向的移动的自由度。显然，转动副引入的约束数为 2。

② 移动副　如图 5-8(a)所示，构件 1 与构件 2 以棱柱面相接触，这种运动副称为移动副。图 5-8(b)所示为移动副的简图符号，直线表示移动导路中心线位

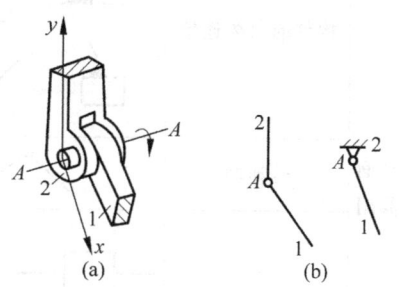

图 5-7　转动副

置。构件 1 相对于构件 2 只保留了沿 x 方向的移动自由度，限制了沿 y 方向移动和绕 z 轴转动的自由度。显然，移动副引入的约束数为 2。

低副因其为面接触，接触压强小，故较耐用，传力性能好。

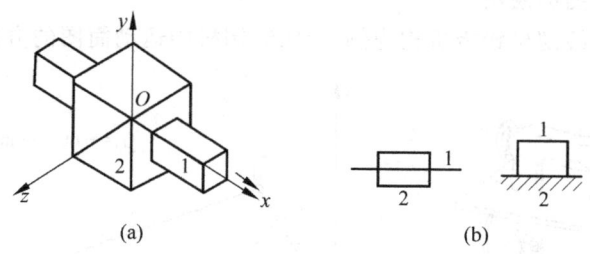

图 5-8　移动副

3. 构件及运动副的规定符号

构件及运动副的规定符号见表 5-1。

表 5-1　构件及运动副的规定符号

名　称		简图符号	名　称		简图符号
构件	轴杆		机架	基本符号	
	三副元素构件			机架是转动副的一部分	
				机架是移动副的一部分	

续表

名　　称		简图符号	名　　称	简图符号
平面低副	构件的永久连接		平面高副 齿轮副外啮合、内啮合	
	转动副			
	移动副		凸轮副	

二、机构运动简图的绘制

以图 5-9 所示的缝纫机踏板机构为例,说明绘制机构运动简图的方法和步骤。

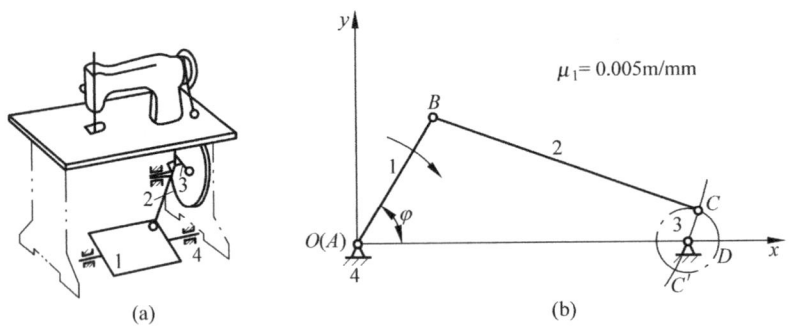

1—主动件踏板；2—从动件连杆；3—曲柄；4—机架

图 5-9　缝纫机踏板机构

1. 找出各构件

拨动主动件踏板 1,按运动传递顺序找出从动件连杆 2、曲柄 3 等可动件和机架 4,如图 5-9(a)所示。

2. 找出连接构件的各运动副

由机架的一端开始,按构件连接的顺序,找出机架与踏板、踏板与连杆、连杆与曲轴、曲轴与机架的另一端相连的各个运动副,它们分别是转动副 A,B,C,D,如图 5-9(b)所示。

3. 确定各运动副间的相对位置

逐一测量出各运动副(转动副)中心 A 与 B、B 与 C、C 与 D、A 与 D 之间的实际长度：$l_{AB}=0.12\text{m}$,$l_{BC}=0.24\text{m}$,$l_{CD}=0.025\text{m}$,$l_{AD}=0.255\text{m}$。

4. 绘制机构运动简图

① 过机架 AD 作坐标系 xOy。

② 选取长度比例尺 μ_l。本例选取 $\mu_l=5$。

③ 按几何关系作图。

先作与机架相关联的转动副 A,D。在 Ox 轴上取线段 AD，$AD=l_{AD}/\mu_l=(0.255/0.005)\text{mm}=51\text{mm}$。

再作主动件，$AB=l_{AB}/\mu_l=(0.12/0.005)\text{mm}=24\text{mm}$，与 Ox 轴成任意角 φ。

最后作从动件，$BC=l_{BC}/\mu_l=(0.24/0.005)\text{mm}=48\text{mm}$；$CD=l_{CD}/\mu_l=(0.025/0.005)\text{mm}=5\text{mm}$。以 B 为圆心，以 BC 为半径作弧；再以 D 为圆心，以 CD 为半径，两弧相交得 C 和 C' 点，根据机构实际情况取 C 点，连 BC 和 DC。

④ 在 A,B,C,D 处分别画出运动副符号，并按数字顺序标注构件。在主动件上画出表示运动方向的箭头，便得机构运动简图，如图 5-9(b)所示。

若已给出主动件某个位置值，如 $\varphi=60°$，便可按上述方法，画出机构在主动件位于 60°时的机构位置图。

未按一定比例表示出各运动副间准确的相对位置，只是表示机构组合方式的机构图，称为机构示意图。

三、平面机构具有确定相对运动的条件

1. 平面机构自由度

机构自由度是指机构所具有的独立运动的数目。显然，机构的自由度应为所有活动构件自由度的总数与运动副引入的约束总数之差。

假设，除机架外有 n 个可以相对于机架作平面运动的可动构件。在未用运动副将它们连接时，构件共有 $3n$ 个自由度。当用 P_L 个低副和 P_H 个高副将各构件连接后，该组合就引入了 $(2P_L+P_H)$ 个约束，从而可得到平面机构自由度 F 的计算公式

$$F=3n-2P_L-P_H \tag{5-1}$$

2. 机构具有确定相对运动的条件

绝大多数只有一个自由度的机构，只要使某一构件按给定的规律运动，机构的运动便完全确定了，即只需一个主动件。而对于具有两个自由度的机构，要使其具有完全确定的运动，就必须同时给定两个独立运动规律的条件，即需要两个主动件，依此类推。因此，机构具有确定相对运动的条件是：输入给定运动规律的主动件数 W 应等于机构的自由度 F。即

$$W=F \tag{5-2}$$

式(5-2)可用于判断、检验或确定机构所需的主动件数。

例 5-1 试判断图 5-9(b)所示的缝纫机踏板机构是否具有确定的相对运动。

解：缝纫机踏板机构有三个活动构件，$n=3$；有四个转动副，$P_L=4$；没有高副，$P_H=0$。由式(5-1)得

$$F=3n-2P_L-P_H=3\times3-2\times4-1\times0=1$$

该机构有一个主动件(踏板)，$W=1$。由式(5-2)

$$W=F$$

故该机构具有确定的相对运动。

3. 几种特殊情况的处理

机构中有三种特殊情况,须经处理后才能用式(5-2)计算机构自由度。

(1) 复合铰链

图5-10(a)中,A处所示的转动副符号是由三个构件(两个以上的构件)在一处相连而成的,称为复合铰链。它实际上含有两个转动副,如图5-10(b)所示,不能按一个转动副计算。由 m 个构件组成的复合铰链,它应含有 $(m-1)$ 个转动副。

(2) 局部自由度

如图5-11(a)所示凸轮机构,为了减少高副接触处的磨损,在凸轮和从动件间安装了圆柱形滚子。可以看出,滚子绕其自身轴线的自由转动丝毫不影响其他构件的运动。这种对整个机构运动不发生影响的自由度称为局部自由度。在计算机构自由度时,应去除局部自由度。

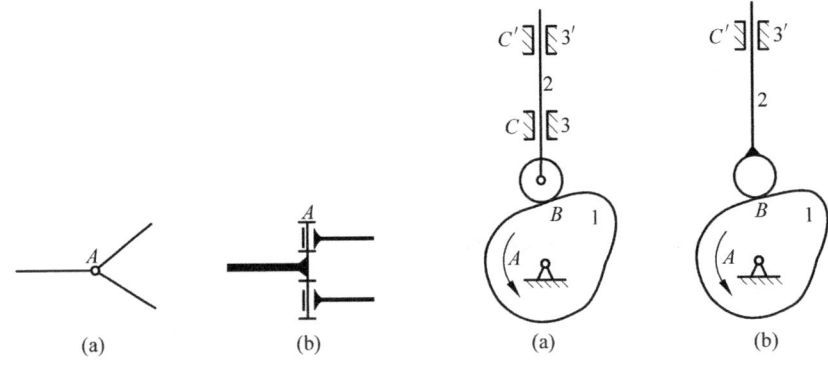

图5-10 复合铰链　　图5-11 局部自由度

(3) 虚约束

在机构中,有些运动副带入的约束与另外一些运动副带入的约束是重复的,这种不起独立约束作用的约束称为虚约束。在计算机构自由度时,应去除虚约束。

如图5-11(a)所示,构件2和机架3之间存在两个移动副 C 和 C',实际上只有一个是有效的。图5-12(a)所示的机构中,因四个构件由转动副相连组成平行四边形机构,所以连杆2作平动,其上任一点的运动轨迹形状相同。如果在中间加一构件和两个转动副 M 和 N,且 MN 与 AO_1 平行且相等,如图5-11(b)所示,对机构的运动不发生影响。故计算图5-11(b)所示机构自由度时,应将产生虚约束的构件及运动副 M 和 N 去除。

平面机构的虚约束有如下几种常见情形:

① 被连接件上的点的轨迹与机构上连接点的轨迹重合时,产生虚约束,如图5-12(a)所示。

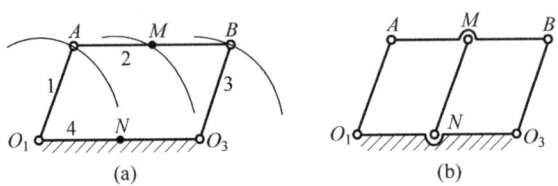

图5-12 虚约束

② 两构件构成多个移动副,且其导路相互平行时,只有一个移动副有效,其余为虚约束,如图 5-11(a)所示。

③ 两构件组成多个同轴线转动副,只有一个转动副有效,其余为虚约束。

④ 机构中存在对运动不起作用的对称部分。如图 5-13 所示的行星轮系,为了受力均衡采用了三个行星轮。就运动关系而言,一个行星轮就足够了,其余的都为虚约束,计算机构自由度时应去除。

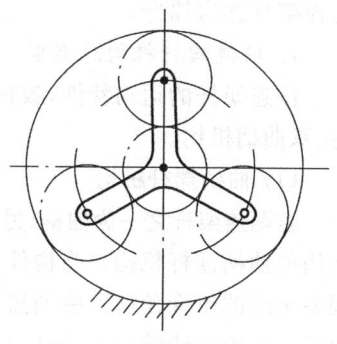

图 5-13 行星轮系中的虚约束

虚约束虽不影响输出构件的运动,但可以增加构件刚性,改善其受力情况,因而在结构布置时被广泛采用。但虚约束有严格的几何精度要求。如受加工误差或装配精度等影响,使两构件组成的移动副导路中线不平行或两构件组成的各转动副轴线不同轴,都会影响机构的正常运行,甚至损坏机构。

例 5-2 试计算图 5-14(a)所示机构的自由度。

解：图中滚子为局部自由度。E 和 E' 为两构件组成的导路平行的移动副,其中之一为虚约束。C 处有一复合铰链。弹簧不起限制自由度作用,可略去。去除局部自由度和虚约束及弹簧后得到的简图如图 5-14(b)所示。

显然该机构,$n=7$,$P_L=9$,$P_H=1$,由式(5-1)得

$$F = 3 \times 7 - 2 \times 9 - 1 = 2$$

由式(5-2)得

$$W = F = 2$$

因此该机构有确定的相对运动。

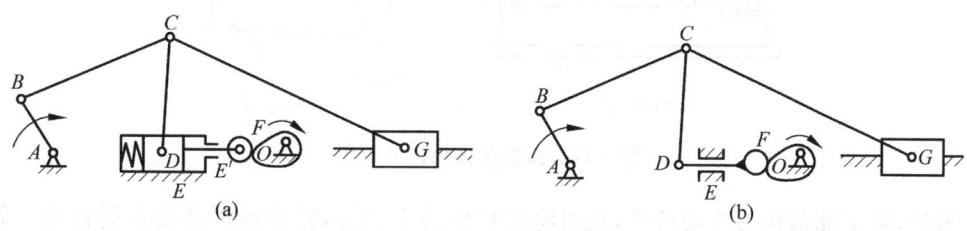

图 5-14 例 5-2 图

5.3 平面四杆机构及其应用

平面连杆机构是由若干刚性构件用低副连接而成的平面机构,故常又称为平面低副机构。平面连杆机构中最基本的是由四个构件组成的机构,称为平面四杆机构。平面四杆机构可分为铰链四杆机构和带移动副的四杆机构两种类型。

一、铰链四杆机构

铰链四杆机构是将四个构件用四个转动副组成的机构,如图 5-15 所示。机构中固定不动的构件 4 称为机架,与机架不直接相连的构件 2 称为连杆,用转动副与机架相连的构件 1 和 3 称为连架杆。其中,能绕机架作连续整周回转的连架杆称为曲柄,只能作一定范围摆动

的连架杆称为摇杆。

1. 铰链四杆机构的类型

按连架杆的运动特性,铰链四杆机构可分为三种基本类型:曲柄摇杆机构、双摇杆机构、双曲柄机构。

(1) 曲柄摇杆机构

若两连架杆之一为曲柄、另一为摇杆,则称为曲柄摇杆机构。如图 5-16 所示为雷达天线采用的曲柄摇杆机构。当构件 1 作缓慢转动,通过连杆 2 使摇杆 3 作一定角度的摆动,从而调整天线的俯仰角度。曲柄摇杆机构在生产中应用很广泛,图 5-17 所示均为应用实例,在曲柄 AB 的连续转动下,摇杆 CD 作往复摆动。

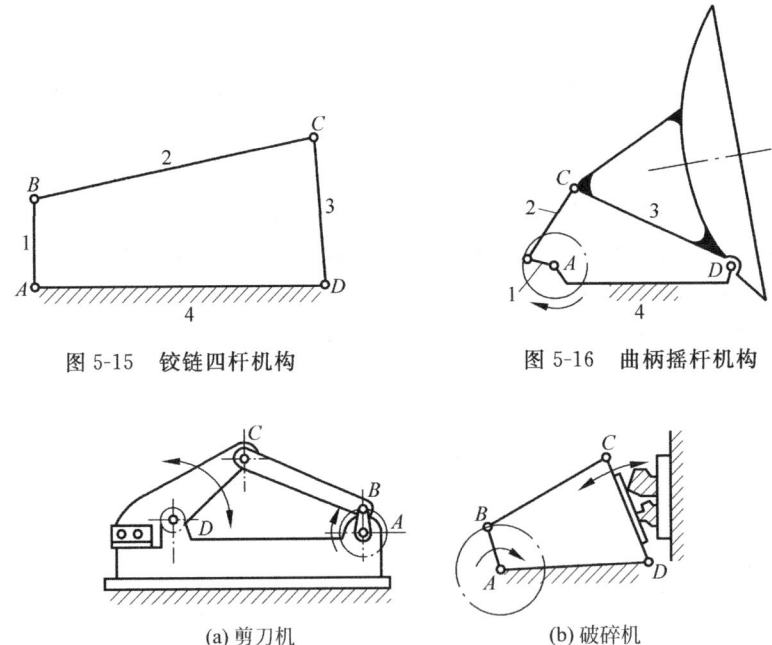

图 5-15　铰链四杆机构　　　　图 5-16　曲柄摇杆机构

(a) 剪刀机　　　　(b) 破碎机

图 5-17　曲柄摇杆机构的应用

另外,除了曲柄作为主动件外,也可将摇杆作为主动件,将摆动转换成整周转动。如缝纫机踏板机构(见图 5-9)即是将摆动转换成整周转动的实例。

(2) 双摇杆机构

若两连架杆均为摇杆,则称双摇杆机构。如图 5-18(a)所示为鹤式起重机的起吊机构。当 AB 杆摆动时,CD 杆也摆动,连杆 BC 上外伸的 E 点作近似于水平的直线运动,使其在起吊重物时,可避免由于不必要的升降而增加能量的损耗。图 5-18(b)所示为其运动简图。

(3) 双曲柄机构

若两连架杆均为曲柄,则称为双曲柄机构,如图 5-19 所示惯性筛机构。当曲柄 1 作等角速转动时,曲柄 3 作变角速转动,通过构件 5 和筛体 6 产生变速直线运动。筛体内的物料由于惯性而来回抖动,从而达到筛选物料的目的。图 5-19(b)为惯性筛机构的运动简图,其中构件 1,2,3,4 为双曲柄机构部分。

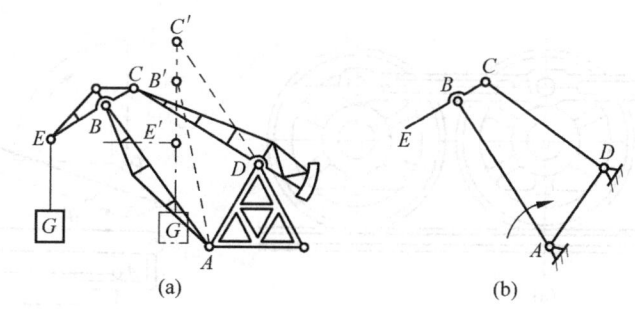

图 5-18　鹤式起重机的起吊机构

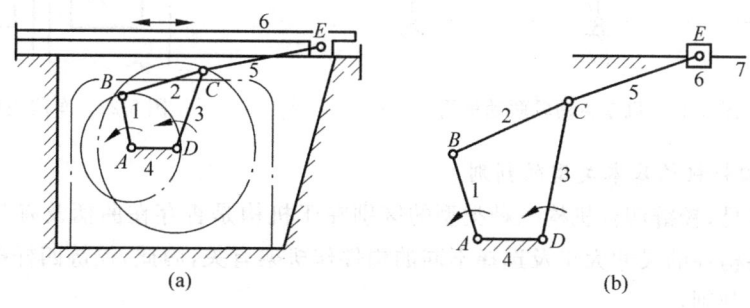

图 5-19　惯性筛机构

在双曲柄机构中常见的还有正平行四边形机构和反平行四边形机构。

图 5-20(a)所示为正平行四边机构,其结构特点是四杆中对边杆两两相等,运动特点是两曲柄角速度相等且转向相同,连杆作平动。

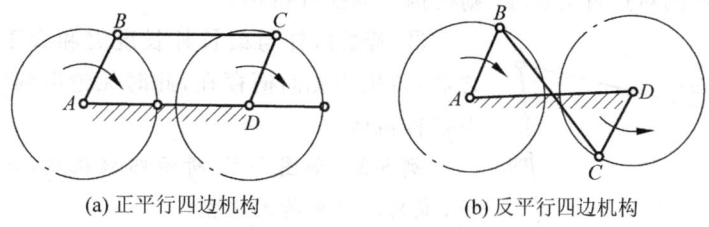

(a) 正平行四边机构　　　　(b) 反平行四边机构

图 5-20　平行四边机构

图 5-20(b)所示为反平行四边形机构,其对边杆长相等,但杆 AD 与杆 BC 不平行,因此两曲柄转向相反、角速度不等。

图 5-21 所示为机车主动轮联动机构。它增设了一个曲柄 EF 为辅助机构,以防止正平行四边形 ABCD 机构变为反平行四边形机构。

图 5-22 所示为车门启闭机构,这是反平行四边形机构的一个应用实例。当主动曲柄 AB 转动时,通过连杆 BC 使从动曲柄 CD 朝反向转动,从而保证两扇车门能同时开启或关闭到预定工作位置。

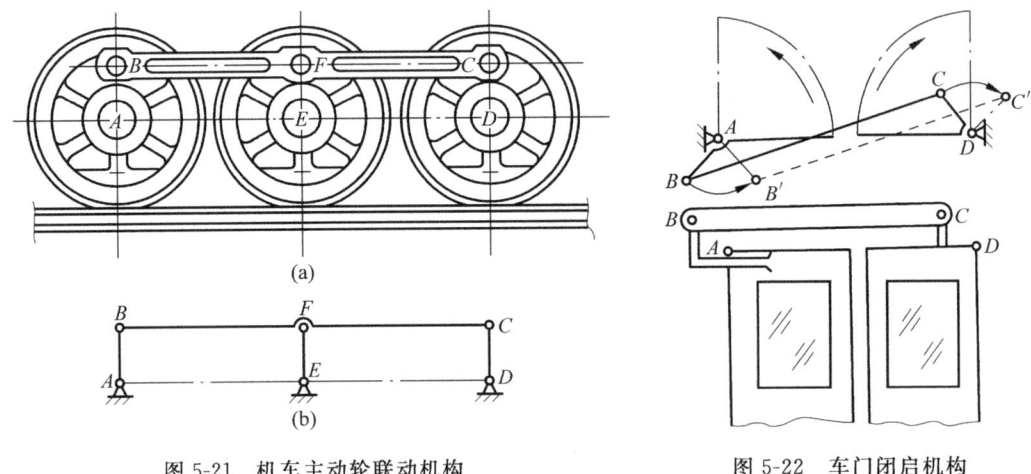

图 5-21 机车主动轮联动机构　　图 5-22 车门闭启机构

2. 铰链四杆机构基本类型的判别

由上述可见,铰链四杆机构三种类型的区别在于机构是否存在曲柄及有几个曲柄。这又与机构中各构件的尺寸大小及选择不同的构件作机架有关,因此,铰链四杆机构基本类型可用如下方法判别:

① 机构中如最长杆与最短杆长度之和小于或等于其他两杆长度之和,该机构中可能存在曲柄,此即为机构曲柄存在的条件。此时可根据机架不同的取法,得到如下机构:

- 取最短杆的相邻杆为机架,则机构为曲柄摇杆机构;
- 取最短杆为机架,则机构为双曲柄机构;
- 取最短杆的对边杆为机架,则机构为双摇杆机构。

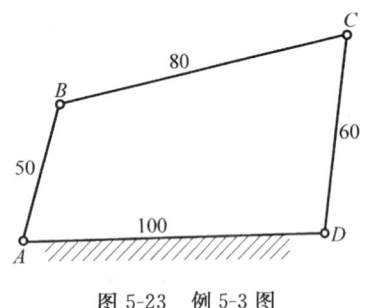

图 5-23 例 5-3 图

② 若最短杆与最长杆长度之和大于其他两杆长度之和,该机构无曲柄存在,此时无论取何杆为机架,均为双摇杆机构。

例 5-3 如图 5-23 所示四杆机构,各杆尺寸如图所示,试判别此机构的类型。

解: 求机构中最长杆和最短杆长度之和,并与其他两杆长度之和相比较,即

$$50+100 > 80+60$$

则该机构无曲柄存在,该机构为双摇杆机构。

二、带移动副的四杆机构

带移动副的四杆机构是将四个构件以转动副和移动副连接成的平面机构。带移动副的四杆机构按移动副的数目分为单移动副四杆机构和双移动副四杆机构。

1. 曲柄滑块机构

如图 5-24 所示曲柄滑块机构运动简图,曲柄 1 作连续整周转动,滑块 3 作往复直线移动。

如图 5-24(a)所示,滑块移动导路中线通过曲柄转动中心,称为对心曲柄滑块机构。

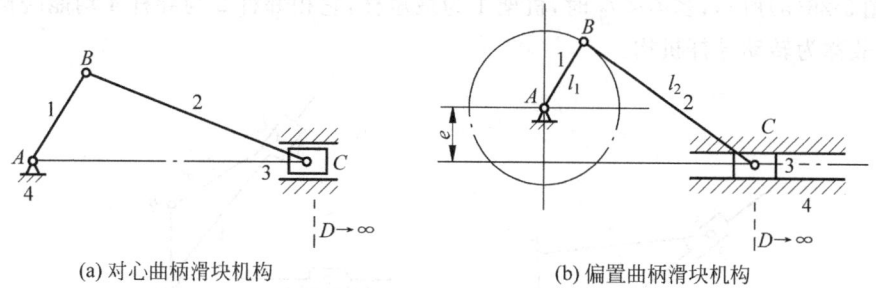

(a) 对心曲柄滑块机构

(b) 偏置曲柄滑块机构

图 5-24 曲柄滑块机构

如图 5-24(b)所示,滑块移动导路中线不通过曲柄转动中心,称为偏置曲柄滑块机构。对于偏置曲柄滑块机构,要保证构件 1 为曲柄,必须满足

$$l_1 + e \leqslant l_2 \tag{5-3}$$

曲柄滑块机构的运动特点是将转动转换为往复移动,或将往复移动转换为转动。图 5-25 为常见的一些应用实例。图 5-25(a)所示为压力机中应用的曲柄滑块机构;图 5-25(b)所示为在内燃机中,应用滑块(活塞)的往复移动转换成曲柄(曲轴)的旋转运动;图 5-25(c)所示为搓丝机中应用的曲柄滑块机构;图 5-25(d)所示为自动送料装置,曲柄转动一周滑块就从料槽中推出一个工件。

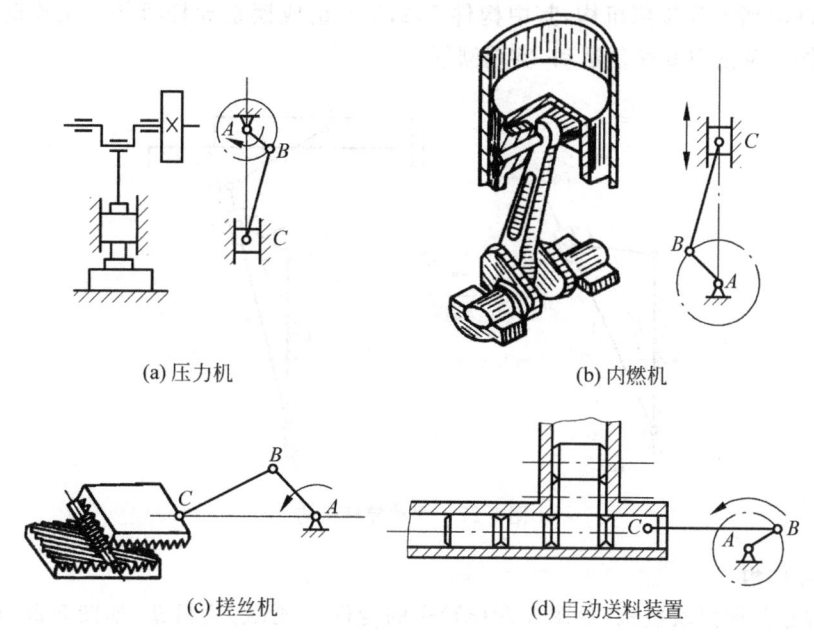

(a) 压力机

(b) 内燃机

(c) 搓丝机

(d) 自动送料装置

图 5-25 曲柄滑块机构应用实例

2. 导杆机构

若将对心曲柄滑块机构(见图 5-24(a))中的构件 1 作为机架,就形成导杆机构。导杆机构可分为转动导杆机构和摆动导杆机构两种。

(1) 转动导杆机构

如图 5-26(a)所示,当 $l_1<l_2$ 时,机架 1 为最短杆,它相邻杆 2 与导杆 4 均能绕机架作连续转动,故称为转动导杆机构。

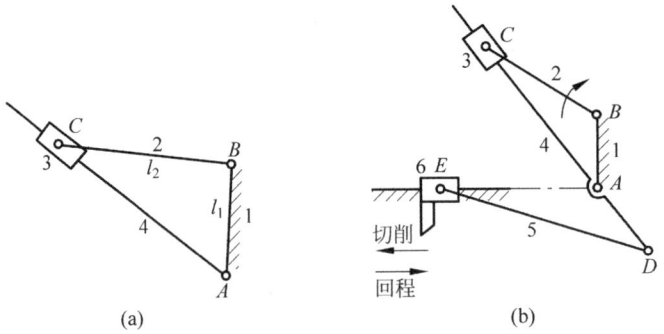

图 5-26 转动导杆机构

图 5-26(b)所示为插床机构,其中构件 1,2,3,4 组成转动导杆机构。工作时,导杆 4 绕 A 点回转,带动构件 5 及插刀 6 往复运动,进行切削。

(2) 摆动导杆机构

当 $l_1>l_2$ 时,如图 5-27(a)所示,机架 1 不是最短杆,它的相邻构件导杆 4 只能绕机架摆动,故称为摆动导杆机构。

图 5-27(b)所示为刨床机构,其中构件 1,2,3,4 组成摆动导杆机构。工作时导杆 4 摆动,带动构件 5 及刨刀 6 往复运动,实现刨削。

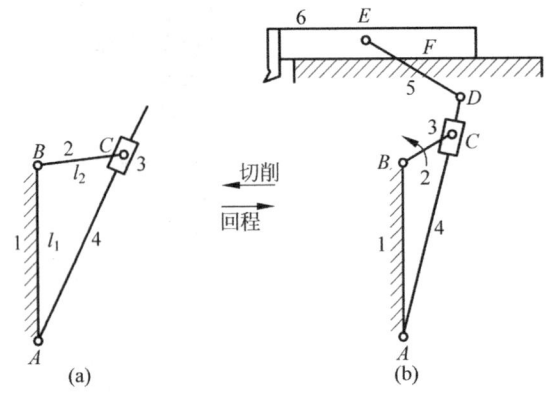

图 5-27 摆动导杆机构

3. 定块机构

若取对心曲柄滑块机构(见图 5-24(a))中的构件 3(滑块)为机架,如图 5-28(a)所示,则滑块固定不动,故称为固定滑块机构,简称定块机构。

图 5-28(b)所示的手动泵是定块机构的应用实例。扳动手柄 1,使导杆 4 连同活塞 3 上下移动,便可抽水或抽油。

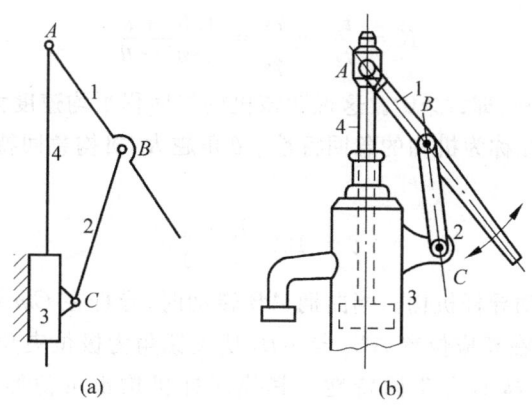

图 5-28 定块机构

4. 摇块机构

若取对心曲柄滑块机构(见图 5-24(a))中的构件 2 为机架,如图 5-29(a)所示,因滑块 3 只能相对机架摇动,故称为摇动滑块机构,简称摇块机构。

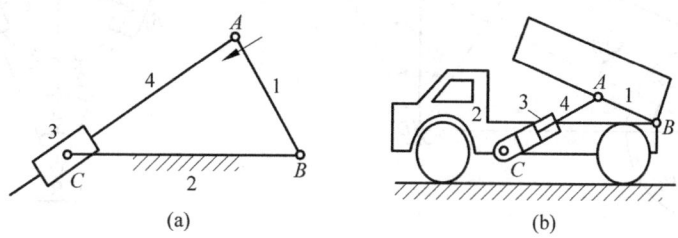

图 5-29 摇块机构

这种机构多用于摆缸式内燃机或液压驱动装置。如图 5-29(b)所示为卡车车厢的自动翻转卸料机构。利用油缸中油压推动活塞杆 4 运动,迫使车厢 1 绕 B 点翻转,物料便自动卸下。

三、平面四杆机构的急回特性和行程速比系数

1. **极位夹角 θ**

如图 5-30 所示的曲柄摇杆机构,主动件曲柄 AB 在转动一周的过程中,有两次与连杆 BC 共线,共线位置为 AC_1 与 AC_2。此时 C_1D 和 C_2D 分别是从动摇杆摆动的两个极限位置,$\angle C_1DC_2$ 称为从动件的摆角 ψ。而主动件 AB 在 AB_1 和 AB_2 两位置之间所夹的锐角 θ,称为极位夹角。

2. **急回特性与行程速比系数 K**

设曲柄 AB 以等角速顺时针转动,摇杆从 C_1D 到 C_2D 的行程为工作行程,从 C_2D 到 C_1D 为返回行程。C 点工作行程的平均速度为 $\overline{v_1}$,返回行程的平均速度为 $\overline{v_2}$,则 $\overline{v_2}$ 和 $\overline{v_1}$ 的比值称为行程速比系数 K,即

$$K = \frac{\overline{v_2}}{\overline{v_1}} = \frac{C_2C_1/t_2}{C_1C_2/t_1} = \frac{t_1}{t_2} \tag{5-4}$$

由于曲柄作等角速转动,即 $t_1 : t_2 = \varphi_1 : \varphi_2$,故

$$K = \frac{t_1}{t_2} = \frac{\varphi_1}{\varphi_2} = \frac{180° + \theta}{180° - \theta} \tag{5-5}$$

显然,只要 $\theta>0$,则 $K>1$,即 $\overline{v_2}>\overline{v_1}$。这说明该机构的回程平均速度大于工作行程的平均速度,机构的这一运动特性称为机构的急回特性。θ 角越大,机构急回特性越显著,θ 可由下式计算

$$\theta = 180° \frac{K-1}{K+1} \tag{5-6}$$

图 5-31 所示为摆动导杆机构。当曲柄 AB 转动时,导杆在 Cm 和 Cn 两极限位置之间摆动,其摆角为 ψ,曲柄在相应位置 AB_1 与 AB_2 所夹锐角为极位夹角 θ。由图可知,该导杆机构中 $\theta = \psi$,因此该机构必有急回特性。其他四杆机构也可仿照上述方法分析其急回特性。

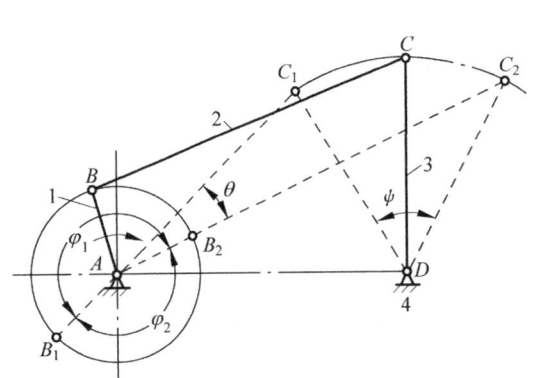

图 5-30 曲柄摇杆机构

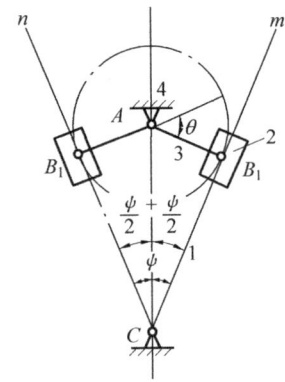

图 5-31 摆动导杆机构的急回特性

5.4 平面机构支反力和构件受力分析

一、机构运动副的约束力及构件受力图

1. 约束力的概念

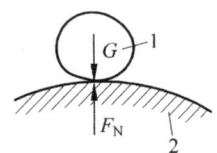

图 5-32 约束力

约束限制了物体本来可能产生的某种运动,即限制了某种自由度。约束限制物体运动的力,称为约束力。如图 5-32 所示,物体 1 受到物体 2 的约束,则物体 2 限制了物体 1 在接触点沿接触面公法线方向的运动,而不能限制沿接触面切线方向的运动。因此物体 2 有约束力作用于物体 1。若忽略接触处的摩擦,此约束力的作用点在两物体的接触点,其方向必沿接触面公法线并指向被约束物体 1。据此可以确定约束力的作用点和约束力的方向。但约束力的大小,要根据作用在物体上的已知力和物体运动状态来确定。约束力用 F_N 或 F_R 表示。

忽略接触面摩擦的约束,称为光滑面约束。上述确定约束力作用点和作用方向的方法适用于光滑约束。图 5-33(a)所示的直杆与方槽在 A,B,C 三处接触,忽略接触面处的摩擦,直杆在该三处受到的约束力方向沿接触面的公法线方向,如图 5-33(b)所示。

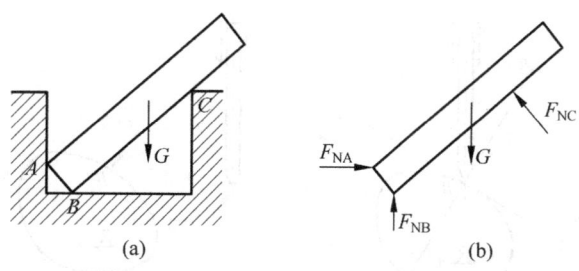

图 5-33　约束力的作用点及方向

在机构中,由于运动副具有约束作用,因此,机构的运动副中存在着约束力。下面将对机构运动副的约束力进行讨论。

2. 运动副中的约束力

(1) 高副中的约束力

如图 5-34(a)所示,若忽略接触处的摩擦,构成高副的两构件之间为光滑面约束,相互只能限制其在接触点公法线 $n—n$ 方向的相对运动,而不能限制其沿接触点公切线 $t—t$ 方向的运动及绕接触点的转动。故它们受到的约束力必过接触点而沿公法线 $n—n$ 并指向被约束构件,如图 5-34(b)和(c)所示。

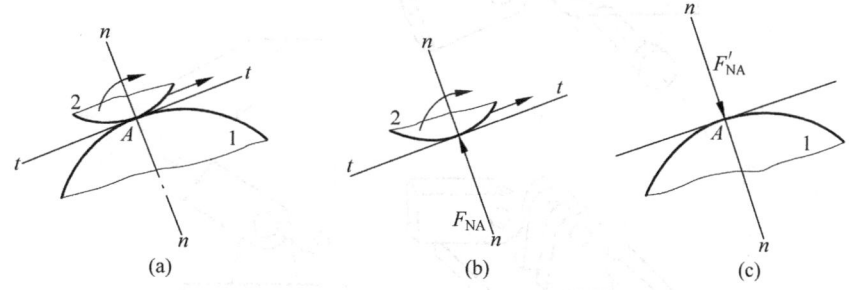

图 5-34　高副中的约束力

图 5-35(a)所示为齿轮副中的受力情况。轮齿在 A 点接触,相互作用的两约束力 F_{NA}、F'_{NA} 分别沿它们的公法线 $n—n$ 而指向两轮齿,如图 5-35(b)所示。

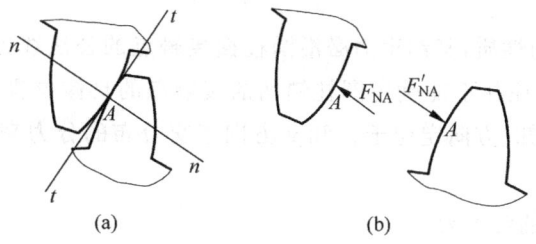

图 5-35　齿轮副中的约束力

图 5-36(a)所示为凸轮副中的受力情况,凸轮与从动件在 B 点处接触,相互作用的约束力 F_{NB}、F'_{NB} 分别沿它们接触点 B 处的公法线 $n—n$ 而指向从动件和凸轮,如图 5-36(b)所示。

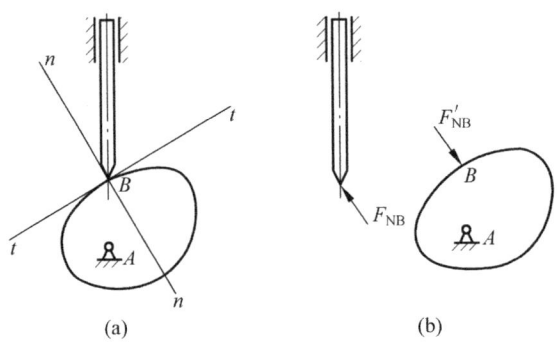

图 5-36 凸轮副中的约束力

(2) 低副中的约束力

① 固定铰链副中的约束力　若构成转动副的两构件之一固定,则称为固定铰链副;若无固定构件,则称为中间铰链。

一般地,铰链结构为圆柱销插入两构件的孔中,如图 5-37 所示。

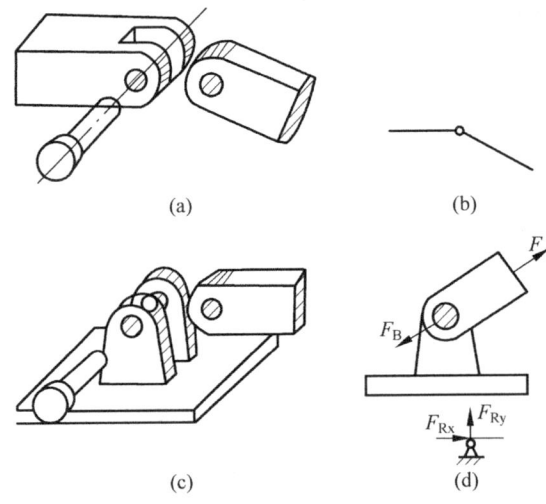

图 5-37 固定铰链副中的约束力

根据光滑面约束的性质,其约束力必沿圆柱面接触点的公法线方向通过销中心。由于构件在受外力作用后,往往不能确定圆柱销面的接触点的具体位置,因此固定铰链的约束力,通常用两个大小未知、方向定位于 x 和 y 方向正交分布的分力来表示,如图 5-37(d)中 F_{Rx}、F_{Ry} 所示。

② 移动铰链副中的约束力。

在铰链支座下面装上几个辊轴,使它能在支撑面上移动,称为移动铰链副,又称活动铰链支座,如图 5-38(a)所示。这类支撑常见于屋架、桥梁及某些转轴的支撑结构中,它只能限制构件沿支撑面法向的运动,故其约束力必通过铰链中心并与支撑面垂直,如图 5-38(b)所示。

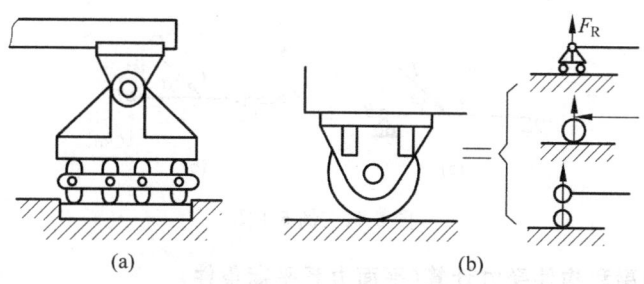

图 5-38 移动铰链副中的约束力

③ 移动副中的约束力。

由移动副连接构件而形成的相互约束,总是约束构件在垂直于接触平面法向的自由度。因此,其约束力必与接触平面垂直且指向被约束构件。

图 5-39 所示偏置曲柄滑块机构中,滑块 3 与机架 4 由移动副连接。忽略摩擦,则滑块 3 受到了来自机架 4 而垂直于移动副平面的约束,其约束力 F_{R34} 必与接触平面垂直并指向滑块 3。

图 5-40 所示为摆动导杆机构,滑块 2 与导杆 3 由移动副连接。它们相互作用的约束力必垂直于它们的接触平面且各自指向对方(图中,F_{R32} 为滑块 2 作用在导杆 3 上的约束力)。

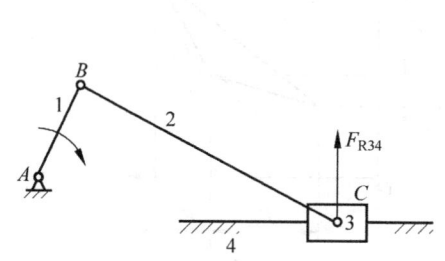

图 5-39 移动副中的约束力

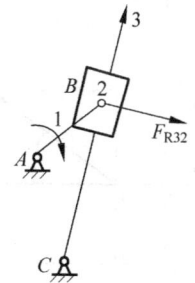

图 5-40 摆动导杆机构中移动副的约束力

3. 构件的受力图

解除构件上的约束,使构件成为自由体,解除约束后的自由体称为分离体。在分离体上画出它所受的全部主动力和约束力,就称为该构件的受力图。画受力图的一般步骤如下:画出分析对象的分离体简图;在简图上标出所有主动力;在简图上解除约束处画出约束力。

例 5-4 如图 5-41(a)所示,构件 AB 的 A 端为固定铰链支座,B 端为活动铰链支座,构件中点 C 受主动力 F 作用,构件自重不计。试分析两端支座的约束力,并画出构件 AB 的受力图。

解:以构件 AB 为分离体,解除两端约束,添上代表约束作用的约束力,并标上全部主动力。

此题中,因 A 端为固定铰链支座,故可用两个大小未知、沿 x 方向和 y 方向的正交分量 F_{RAx}、F_{RAy} 表示;而 B 处为移动铰链副,其约束力 F_{RB} 总是通过铰链中心且垂直向上,如图 5-41(b)所示。

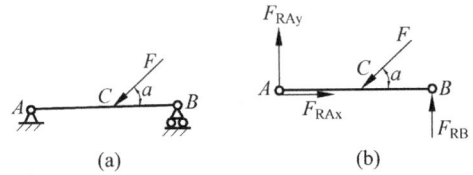

图 5-41 例 5-4 图

二、机构运动副和构件受力计算（平面力系平衡条件）

前文对机构运动副的约束力做了定性分析，为了确定机构中各构件的截面尺寸，应对构件进行强度计算，为此必须定量地计算出机构在外力作用下各构件所受力的大小及支座反力的大小。这必须运用力系平衡概念及其力系平衡方程式。

1. 力在轴上的投影

如图 5-42(a)所示，在物体上的 A 点作用一力 F，在力作用线所在平面内建立直角坐标系 xOy。从力 F 的两端 AB 分别向 x 轴和 y 轴作垂线，得垂足 a、b 和 a'、b'，则线段 ab 称为力 F 在 x 轴上的投影，用 F_x 表示，线段 $a'b'$ 称为力 F 在 y 轴上的投影，用 F_y 表示。

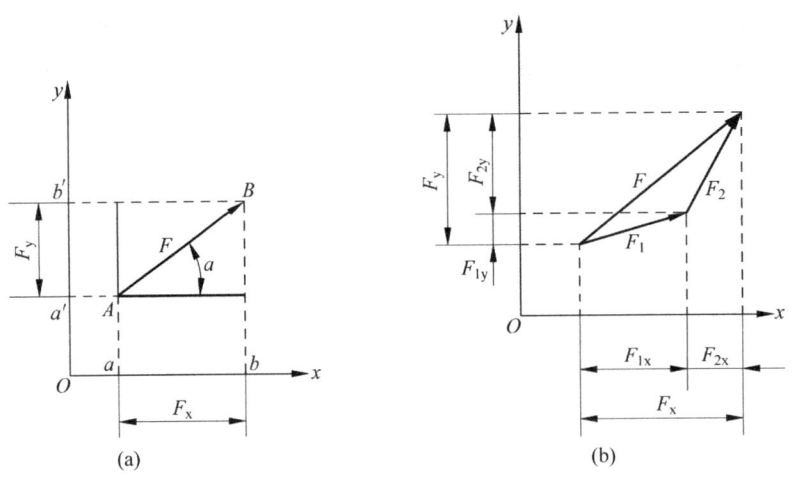

图 5-42 力在轴上的投影

力的投影为代数量，其正负如下：若由 a 到 b（或 a' 到 b'）的趋向与 x 轴（或 y 轴）的正向一致时，则力 F 的投影 F_x（或 F_y）取正值，反之取负值。若已知力的大小为 F（恒为正值），它和 x 轴夹角 α（取锐角）。可以证明，合力 F 在任意轴上的投影，等于两分力 F_1、F_2 在任意轴上投影的代数和，如图 2-42(b)所示，即

$$\left.\begin{array}{l} F_x = F_{1x} + F_{2x} \\ F_y = F_{1y} + F_{2y} \end{array}\right\} \tag{5-7}$$

上述关系可推广到由 n 个力 F_1、F_2、$\cdots$、F_n 组成的力系，从而得出合力 F 在 x 轴和 y 轴上的投影为

$$\left.\begin{array}{l} \sum F_{ix} = F_{1x} + F_{2x} + \cdots + F_{nx} = F_x \\ \sum F_{iy} = F_{1y} + F_{2y} + \cdots + F_{ny} = F_y \end{array}\right\} \tag{5-8}$$

式(5-8)为合力投影定理,即合力在任意轴上的投影等于各分力在同一轴上投影的代数和。

例 5-5 如图 5-43 所示,在物体上的 O、A、B、C、D 点,分别作用着力 F_1、F_2、F_3、F_4、F_5,各力的大小 $F_1=F_2=F_3=F_4=F_5=10\text{N}$,各力方向如图所示,求各力在 x 轴和 y 轴上的投影。

解:由式(5-7)得各力在 x 轴上的投影为

$$F_{1x} = F_1\cos45° = 10 \times 0.707\text{N} = 7.07\text{N}$$
$$F_{2x} = -F_2\cos0° = -10 \times 1\text{N} = -10\text{N}$$
$$F_{3x} = -F_3\cos60° = -10 \times 0.5\text{N} = -5\text{N}$$
$$F_{4x} = F_4\cos90° = 10 \times 0 = 0$$
$$F_{5x} = F_5\cos30° = 10 \times 0.866\text{N} = 8.66\text{N}$$

各力在 y 轴上的投影为

$$F_{1y} = F_1\sin45° = 10 \times 0.707 = 7.07\text{N}$$
$$F_{2y} = F_2\sin0° = 10 \times 0 = 0$$
$$F_{3y} = -F_3\sin60° = -10 \times 0.866\text{N} = -8.66\text{N}$$
$$F_{4y} = F_4\sin90° = 10 \times 1 = 10\text{N}$$
$$F_{5y} = -F_5\sin30° = -10 \times 0.866\text{N} = -8.66\text{N}$$

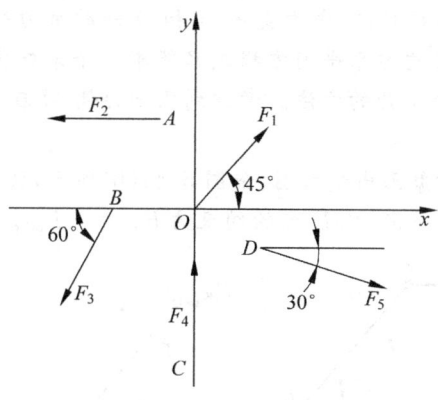

图 5-43 例 5-5 图

2. 平面任意力系的平衡方程式

若力系中各力的作用线都处在同一平面内,它们既不汇交一点,也不相互平行,此力系称为平面任意力系;若力系中各力作用线汇交一点,称为平面汇交力系;若力系中各力作用线相互平行,称为平面平行力系。平面汇交力系和平面平行力系是平面任意力系的特例。

物体在平面任意力系作用下,若保持平衡,则必须使力和力偶都达到平衡,由此可得出平面任意力系的平衡方程式为

$$\left.\begin{array}{l} \sum F_x = 0 \\ \sum F_y = 0 \\ \sum M_0(F) = 0 \end{array}\right\} \tag{5-9}$$

上述的平衡方程式可表述为:力系中各力在该力系的平面内任取的直角坐标轴上投影的代数和等于零,以及各力对任一点的力矩的代数和等于零。式(5-9)中的 3 个方程式是完

全独立的,因此用它求解平面任意力系的平衡问题,能够且最多能够求出 3 个未知量。

3. 机构支座反力及构件受力计算

利用上述平面任意力系的平衡方程式求机构中构件的受力及支座反力,一般常用以下两种方法。

(1) 先整体后拆开

先取整个机构的可动部分为研究对象,列出 3 个平衡方程式,解出部分或全部支座反力。再假想把构件拆开,分别选取构件为研究对象,画出受力图,列出相应的平衡方程式,求出所需的全部未知量。

(2) 逐个拆开

当选取整个机构为研究对象无法求解时,则将机构的构件假想拆开。选取某个构件作为研究对象,画出构件受力图,列出平衡方程式,求出该构件的未知力,再逐个分析其余构件,用同样的分析方法,逐步求出所需的全部未知量。

下面举例说明机构平衡问题的解法。

例 5-6 $ABCD$ 为一铰链四杆机构,在如图 5-44(a)所示位置处于平衡状态。已知在 CD 杆作用一力偶 $M=4\text{N}\cdot\text{m}$,$CD=0.4\sqrt{2}\text{m}$。求当机构平衡时作用在 AB 杆中点的力 F 的大小及支座 A 和 D 处的约束力。

解:若以整个机构为研究对象,由于支座 A 和 D 处约束力的大小和方向为未知,因此有 4 个未知量。而由平面任意力系平衡方程式只能求 3 个未知量,若以机构整体为研究对象,则不能求解,应采用逐个拆开的方法。考虑到已知力偶 M 在 CD 杆,所以先以 CD 杆为研究对象。

(1) 以 CD 杆为研究对象画出受力图,如图 5-44(b)所示,因 BC 为二力杆,故 C 点受力为 F_{BC}。因力偶必须由力偶平衡,故 D 处的约束力 $F_{RD}=-F_{BC}$。

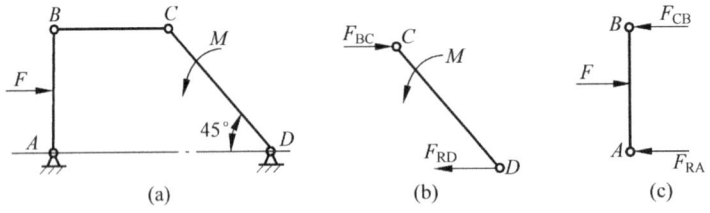

图 5-44 例 5-6 图

由平衡方程式
$$\sum M_D(F) = 0 \qquad M - F_{BC} \cdot \overline{CD}\sin 45° = 0$$

得
$$F_{BC} = \frac{M}{\overline{CD}\sin 45°} = \frac{4}{0.4\sqrt{2}\sin 45°}\text{N} = 10\text{N}$$

得
$$F_{RD} = 10\text{N}$$

(2) 以 AB 杆为研究对象画出受力图,如图 5-46(c)所示。

由平衡方程式
$$\sum M_A(F) = 0 \qquad F_{CB} \cdot \overline{AB} - F \cdot \frac{1}{2}\overline{AB} = 0$$

得
$$F = 2F_{CB} = 2F_{BC} = 2 \times 10\text{N} = 20\text{N}$$

$$\sum F_x = 0 \quad F - F_{CB} - F_{RA} = 0$$
$$F_{RA} = F - F_{CB} = (20-10)\text{N} = 10\text{N}$$

此题根据平衡方程式，用逐个拆开法，求得 $F=20\text{N}$，$F_{RA}=10\text{N}$，$F_{RD}=10\text{N}$。

4. 静定与静不定

当整个物体系统处于平衡状态时，如能列出的独立平衡方程数与未知量相等，即全部未知量均能求出，这类问题称为静定问题。上面列举的例题的平衡问题为静定问题。若能列出的独立平衡方程数少于全部未知量，此时无法用静力平衡方程求出全部未知量，这类问题称为静不定问题或称为超静定问题。图 5-45(a) 所示的厂房顶拱两端以固定铰支座支撑且立柱均固定于地面，因有 4 个约束反力为未知量，超出独立方程数，这是一个静不定问题。再如图 5-45(b) 所示为机床主轴，有 3 个轴承支撑，因有 4 个约束力为未知量，也是一个静不定问题。

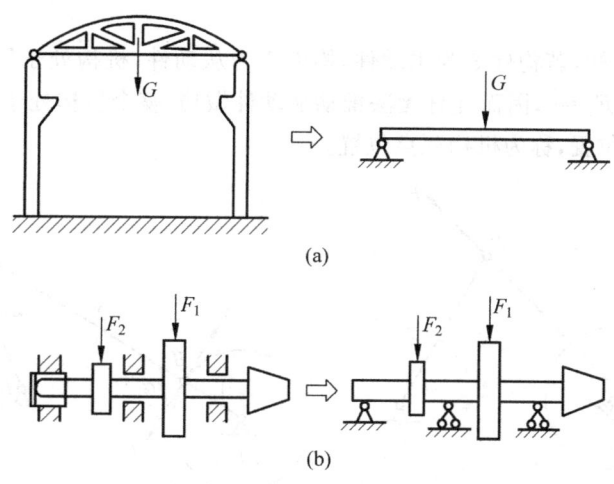

图 5-45 静不定问题示例

对于静不定问题，不能用上述方法求出全部未知量，还要应用其他方面的知识，本书不做讨论，请参考有关资料。

5. 机构压力角 α、死点位置、机械效率及机构自锁

(1) 机构压力角 α

在图 5-46 所示的机构中，构件 1 作为主动件，通过连杆 2 推动从动件 3。若连杆为二力杆，则主动件通过连杆作用于从动件上的力 F 沿 BC 方向。作用于从动件上的力 F 的方向与速度 v_C 方向之间所夹的锐角 α，称为机构在该位置时的压力角。F 沿速度 v_C 方向的分力 $F_t = F\cos\alpha$ 能做功，是推动从动件的有效分力；力 F 沿从动件轴线方向的分力 $F_n = F\sin\alpha$ 不能做功，反而增大摩擦阻力，是有害分力。可见，机构压力角 α 是直接影响机构传力性能的重要参数。

为了保证机构具有良好传力性能，压力角不能太大，应根据工件特点规定 $\alpha_{\max} \leqslant [\alpha]$，$[\alpha]$ 为许用压力角。对于一般机构，$[\alpha] \leqslant 50°$；传递功率大的机构，$[\alpha]$ 取 $40°$ 左右。

图 5-47 所示为对心曲柄滑块机构压力角达到最大值时的位置状态。

由于机械在工作行程中输出动力，故通常在确定机构尺寸后，还需检验工作行程的压力角是否满足规定要求。

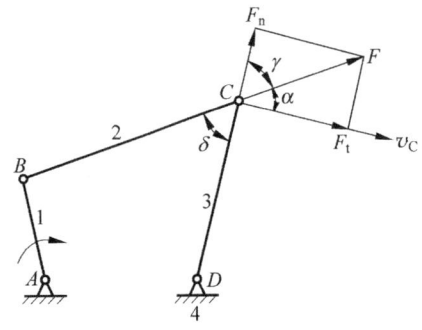
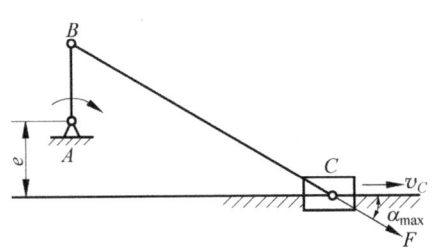

图 5-46 机构压力角   图 5-47 对心曲柄滑块机构的最大压力角

（2）死点位置

图 5-48 所示机构，若构件 3 为主动件，构件 1 为从动件，机构处于压力角 $\alpha=90°$ 位置。这时 F 的有效分力 $F_t=0$，因而连杆无法推动从动件做功，整个机构处于停顿状态。机构处于压力角 $\alpha=90°$ 的位置，称为机构死点位置。

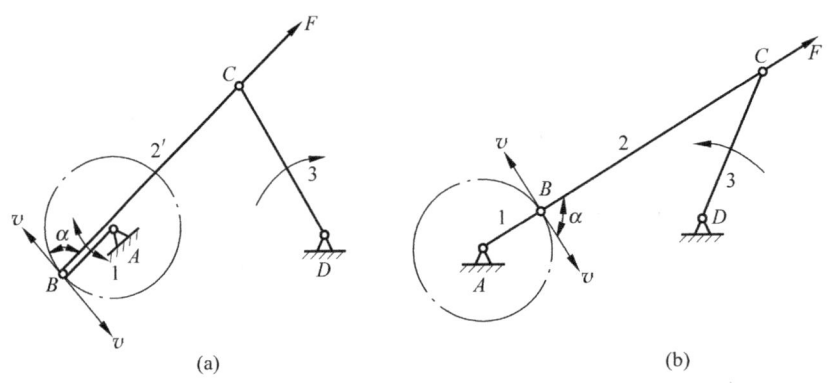

图 5-48 机构的死点位置

图 5-48 所示机构在两个死点位置时，从动件转向不确定。例如，使用缝纫机时，踩踏板（即摇杆）通过连杆使从动曲柄转动。不熟练的人出现踩不动或倒转现象的原因，就是踏板机构处于死点位置的缘故。

机构有无死点位置还与机构主动件的选择有关。如图 5-48 所示机构，若选择曲柄 1 作为主动件，则此机构无死点位置。对于传动用的机构，应消除死点位置时的停顿或运动不确定现象。为此可在曲柄上安装飞轮，利用其惯性作用使机构顺利通过死点位置。有时，对于夹具或某些夹紧机构，则要利用死点位置来实现工作目的。

（3）机械效率和机械自锁

一个机械在某一位置的机械效率，等于该位置时机械的输出功率 $P_出$ 和输入功率 $P_入$ 之比，记为 η，通常用百分数来表示，即

$$\eta = \frac{P_出}{P_入} \times 100\% \tag{5-10}$$

某一位置时，在机械的输入功率中，一部分输出对外做功，另一部分则消耗于自身运动

的摩擦中,这部分功是无用的。机械效率越低,摩擦产生的热量越大,机械传力性能越差。机械处于自锁状态时,可以认为 $\eta \leqslant 0$。

平面连杆机构的压力角往往随位置的变化而变化,因而其机械效率往往是位置的函数。

对机械效率是位置函数的这类机械,常用平均机械效率,即用一个工作循环中各位置的机械效率的平均值来表示其输出有用功的能力。

5.5 平面机构中拉(压)构件的强度和变形计算

当已知构件受力的大小,即可对构件进行强度计算以确定构件的截面尺寸或外形尺寸。平面连杆机构中,有许多构件在不计自重的假设下,均可作为二力构件,它们或受拉力或受压力。下面将分析构件在拉伸或压缩状态下的强度和变形。

一、轴向拉伸和轴向压缩概述

这里讨论的平面连杆机构中作为二力构件的连杆,若不计自重和惯性力且为直杆时,其必受到轴向拉伸或压缩作用。图5-49(a)所示内燃机的连杆(即曲柄滑块机构中的连杆),在燃气爆发冲程中受压,即是一个典型的实例。此外,如液压传动中的活塞杆,在油压和工作阻力下受拉,如图5-49(b)所示。

这些受拉伸或压缩的构件的结构形状虽各有差异,加载方式也并不相同,但若把构件形状和受力情况进行抽象化,均可画成图5-50所示的受力简图。其共同特点是:作用于构件上的外力的合力作用线与构件的轴线重合,构件的变形是沿轴线方向的伸长或缩短。图5-50中用实线表示构件受力前的外形,虚线表示受力变形后的外形。这种变形形式称为轴向拉伸(见图5-50(a))和轴向压缩(见图5-50(b))。

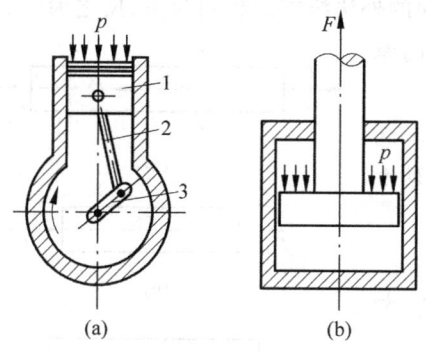

图5-49 拉伸、压缩实例

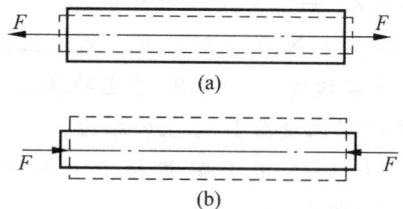

图5-50 轴向拉伸和轴向压缩受力简图

二、内力、截面法和轴力(轴力图)

如上所述,构件在外力(拉力或压力)的作用下,沿轴线方向伸长或缩短,即构件发生了变形。由于构件的变形,构件内各部分之间相互作用的力也将随之改变,这种由外力作用而引起构件内部相互作用的力称为附加内力,简称内力。这种内力是随外力的增大而增大,当内力达到某一限度时就会引起构件破坏。因此,要对构件进行强度计算,必须先计算外力作用下构件的内力。

构件内力的计算,可用截面法。截面法一般分为"切、去、代、平"四个步骤:

① 切　欲求某一截面的内力时,就沿该截面假想地把构件切为两部分;
② 去　舍去其中一部分,以留下部分为研究对象;
③ 代　用作用于截面上的内力代替舍去部分对留下部分的作用;
④ 平　对留下的部分,建立力系平衡方程式,求出未知内力。

例 5-7　如图 5-51 所示为一等截面直杆,两端受拉力 $F=1000\text{N}$ 而平衡,求截面 $m-m$ 上的内力。

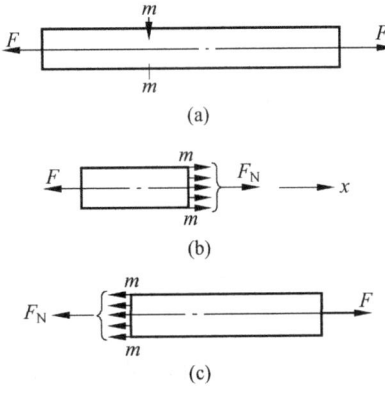

图 5-51　例 5-7 图

解:(1) 沿 $m-m$ 截面假想把直杆切为两部分,如图 5-51(a)所示;

(2) 舍去右端,取左端为研究对象,如图 5-51(b)所示;

(3) 因为原直杆处于平衡状态,为使留下的部分仍处于平衡,应在 $m-m$ 截面加一附加内力 F_N,如图 5-51(b)所示;

(4) 由 $\sum F_x = 0$

$$F_N - F = 0$$
$$F_N = F = 1000\text{N}$$

如果舍去左端,取右端为研究对象,同样能得出 $m-m$ 截面上的内力 $F_N=F=1000\text{N}$ 的结论。

一般把轴向拉(压)时截面上的内力称为轴力。为了使左、右两部分计算出的轴力不仅数值相等且符号相同,一般规定轴力的方向与截面的外法线方向相同为正,反之为负。也可根据构件受拉时轴力为正、构件受压时轴力为负的原则来判别。

例 5-8　如图 5-52 所示为等截面杆,A、B、C 三点分别由 $F_1=10\text{N}$,$F_2=30\text{N}$,$F_3=20\text{N}$ 三力作用而处于平衡。试求横截面 1—1,2—2 上的轴力。

解:(1) 求截面 1—1 上的轴力。

① 沿 1—1 截面假想把直杆切为两部分,如图 5-52(a)所示;
② 舍去左端,取右端为研究对象(也可舍去右端,取左端),如图 5-52(b)所示;
③ 在截面上以轴力 F_{N1} 代替舍去部分对研究部分的作用;
④ 对研究对象列出平衡方程式。

$$\sum F_x = 0 \quad F_2 - F_3 - F_{N1} = 0$$
$$F_{N1} = F_2 - F_3 = (30-20)\text{N} = 10\text{N}$$

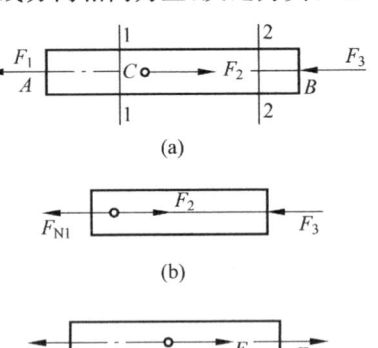

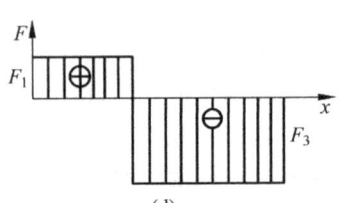

图 5-52　例 5-8 图

(2) 求截面 2—2 上的轴力。

① 沿 2—2 截面假想把直杆切为两部分,如图 5-52(a)所示;
② 舍去右端,取左端为研究对象(也可舍去左端,取右端),如图 5-52(c)所示;
③ 在截面上以轴力 F_{N2} 代替舍去部分对研究部分的作用,如图 5-52(c)所示;
④ 对研究对象列出平衡方程式。

$$\sum F_x = 0 \quad F_{N2} + F_2 - F_1 = 0$$
$$F_{N2} = F_1 - F_2 = (10-30)\text{N} = -20\text{N}$$

为了表明各截面上轴力沿轴线的变化情况,取平行于杆轴线的 x 轴的坐标表示横截面位置,再取垂直于 x 轴的坐标表示横截面的轴力,一般把正的轴力画在 x 轴上方,负的轴力画在 x 轴的下方。这样绘出的线图称为轴力图,如图 5-52(d)所示。

三、轴向拉(压)时横截面上的应力及强度计算

1. 应力分析

上面研究了构件在受拉(压)时轴力的计算,但光凭轴力的大小是不能判定构件强度是否足够的。如用同一材料制成的粗细不同的两根杆件,在相同的拉力下,两杆的轴力相等,但当拉力逐渐增大,细杆必定先拉断。这说明拉杆的强度不仅与轴力大小有关,还与杆件横截面的面积有关。因此,杆件的强度应与横截面单位面积上的内力(应力)有关。

为了确定杆件横截面上的应力,应先了解应力在横截面上的分布规律,而应力的分布又与杆件的变形有关,为此首先观察受拉(压)后杆件的变形。如图 5-53(a)所示,取一等截面直杆,在其表面画两条横截面边界线(ab 和 cd)及与轴线平行的数根纵向线。在两端沿轴线方向施加拉力 F,如图 5-53(b)所示。分析其变形可知:所有纵向线伸长,且伸长量相等;横截面边界线沿轴线发生相对平移,ab、cd 分别移至 a_1b_1、c_1d_1 处,但仍为直线,并与纵向线垂直。说明变形前为平面的横截面,变形后仍为平面,但沿轴向发生了平移,任意两截面间的各纵向纤维的伸长量相同,由材料的均匀性假设(变形固体内无间隙地充满物质,而且各处力学性能相同)可知,各纵向纤维的受力也应相等,内力系在横截面上均匀分布,即横截面上各点处的应力都相同,如图 5-53(c)所示。因此,轴向拉伸或压缩时的应力为

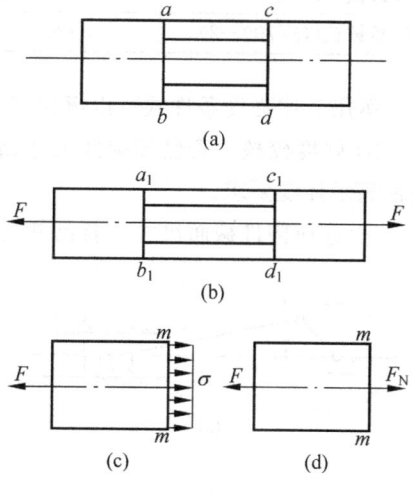

图 5-53 横截面上的应力

$$\sigma = \frac{F_N}{A} \quad \text{MPa} \tag{5-11}$$

式中,F_N——拉压杆件受到的轴力,N;
A——杆件横截面的面积,mm²。

2. 强度计算

为保证受拉(压)杆件的正常工作,必须要求杆件的实际工作应力不超过材料的许用应

力,即

$$\sigma = \frac{F}{A} \leqslant [\sigma] \quad (5-12)$$

许用应力$[\sigma]$按下式计算

$$[\sigma] = \frac{\sigma_{\lim}}{S_{\min}} \quad (5-13)$$

式中,$\sigma_{\lim}$——材料的极限应力,MPa,对塑性材料取 $\sigma_{\lim}=\sigma_s$(材料屈服极限),对脆性材料取 $\sigma_{\lim}=\sigma_b$(材料强度极限);

$S_{\min}$——最小安全系数,一般对塑性材料取 $S_{\min}=1.4\sim1.8$,对脆性材料取 $S_{\min}=2.0\sim3.5$。

表 5-2 为工程中常用材料的力学性能。

表 5-2 工程中常用材料的力学性能

材料名称或牌号	屈服极限 σ_s/MPa	强度极限 σ_a/MPa	伸长率 ψ/%
Q235	205～235	273～500	23～36
Q275	245～275	490～630	17～20
45 钢	355	529	16
16Mn	275～343	471～510	20～22
40Cr	784	981	9
灰铸铁(HT150)		120～175(拉),637(压)	
球墨铸铁(QT700—2)	420	700	2

运用上述强度条件式可以解决下列三种形式的强度计算问题:

① 强度校核 若已知构件尺寸、载荷数值,可计算出工作应力,再用式(5-12)检查构件是否满足强度要求。

② 选择构件截面尺寸 若已知构件所受载荷和许用应力,可按下式确定截面的面积。

$$A \geqslant \frac{F}{[\sigma]}$$

③ 确定许可载荷 已知构件的尺寸和材料的许用应力,可按下式求出构件能承受的最大轴力。

$$F_{\max} \leqslant [\sigma]A$$

然后由最大轴力确定构件的许可载荷。

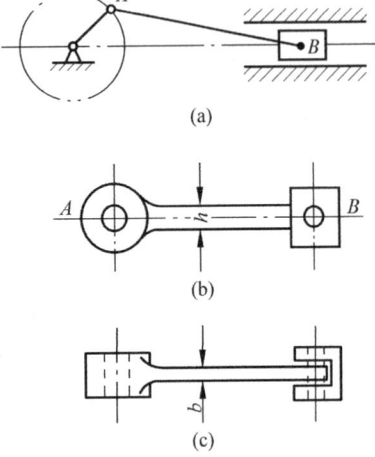

图 5-54 例 5-9 图

例 5-9 如图 5-54(a)所示为冷镦机的曲柄滑块机构,锻压工件时,连杆接近水平位置承受的镦压力 $F=1100$kN,连杆是矩形截面,高度 h 和宽度 b 之比为 1.4,材料为 45 钢,许用应力$[\sigma]=58$MPa,试确定连杆截面尺寸 h 和 b。

解:(1)计算连杆的轴向载荷 F_p。

根据题意,连杆受到的最大轴向载荷 F_p 即为镦压力 F,得

$$F_p = F = 1100 \text{kN}$$

(2) 计算连杆受到的轴力。

因连杆为二力杆件受压,其轴力为负值,轴力与连杆受到的最大轴向载荷 F_p 相等

$$F_N = F_p = 1100 \text{kN}$$

(3) 由强度条件式求连杆截面积 A。

$$A \geqslant \frac{F}{[\sigma]} = \frac{1100 \times 10^3}{58} \text{mm}^2 \approx 18965.5 \text{mm}^2$$

(4) 求连杆的高 h 和宽 b。

$$h = 1.4b$$
$$A = h \cdot b = 1.4b^2$$
$$b = \sqrt{\frac{A}{1.4}} = \sqrt{\frac{18965.5}{1.4}} \text{mm} \approx 116.4 \text{mm}$$
$$h = 1.4b = 1.4 \times 116.4 \text{mm} = 163.0 \text{mm}$$

四、轴向拉伸和压缩时的变形

直杆在轴向拉力作用下,将引起轴向尺寸的伸长和横向尺寸的缩小,反之,在轴向压力作用下,将引起轴向尺寸缩短和横向尺寸的增大。

如图 5-55 所示,设等直杆的长度为 l,横截面积为 A。在轴向拉力 F 作用下,长度由 l 变为 l_1,杆件在轴线方向的绝对伸长为

$$\Delta l = l_1 - l$$

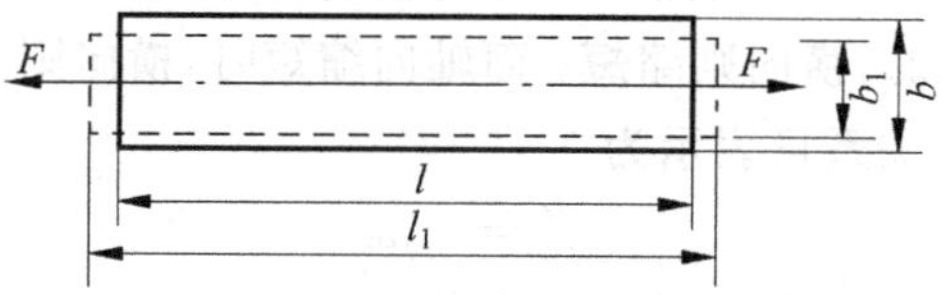

图 5-55 拉压杆的变形

将 Δl 除以 l 得到单位长度上的变形量,称为相对变形或线应变,以 ε 表示,则

$$\varepsilon = \frac{\Delta l}{l}$$

试验表明,在轴向拉伸(或压缩)时,当应力不超过某一限度时杆件的轴向变形与轴向载荷、杆件长度成正比,与杆件横截面积成反比,这一关系称为虎克定律,可表示为

$$\Delta l = \frac{Fl}{EA} \tag{5-14}$$

式中,F——杆件所受的轴向载荷,N;

l——杆件受拉(压)的长度,mm;

A——杆件横截面的面积,mm²;

E——材料弹性模量,MPa,常用材料的弹性模量及泊松比见表 5-3。

由于拉(压)杆件的轴力 F_N 与杆件承受的轴向载荷 F 的关系为 $F_N = F$,因此式(5-14)可写成

$$\Delta l = \frac{F_N l}{EA} \tag{5-15}$$

以上结果也同样适用于受压杆件,只要轴向拉力该为轴向压力,把伸长改为缩短即可。

表 5-3 常用材料的弹性模量及泊松比

材料名称	弹性模量 $E \times 10^3$/MPa	泊松比 μ
灰铸铁	118～126	0.3
球墨铸铁	173	0.3
铸钢	202	0.3
碳钢、镍铬钢、合金钢	206	0.3
铜及其他合金	68～127	0.3～0.42

由式(5-14)或式(5-15)可以看出,对长度相同、受力相等的杆件,EA 值越大,则变形 Δl 越小,因此把 EA 称为杆件的抗拉(或抗压)刚度。

若杆件变形前的横向尺寸为 b,变形后的横向尺寸为 b_1,则横向应变为

$$\varepsilon' = \frac{\Delta b}{b} = \frac{b_1 - b}{b}$$

试验表明,当应力不超过某一限度时,横向应变 ε' 和轴向应变 ε 之比的绝对值是一个常数,即

$$\left| \frac{\varepsilon'}{\varepsilon} \right| = \mu$$

μ 称为横向变形系数或泊松比,是一个没有量纲的量,见表 5-3。

因为当杆件轴向伸长时,横向则缩短;而轴向缩短时,横向则伸长。所以,ε' 和 ε 的符号是相反的。这样,ε' 和 ε 的关系可表示为

$$\varepsilon' = -\mu\varepsilon \tag{5-16}$$

弹性模量 E 和泊松比 μ 都是材料固有的弹性常数。

例 5-10 一阶梯形钢杆,如图 5-56(a)所示,AC 段的截面积为 $A_{AB} = A_{BC} = 500 \text{mm}^2$,$CD$ 段的截面积为 $A_{CD} = 200 \text{mm}^2$,受力情况及各段长度如图,已知材料弹性模量 $E = 200 \text{GPa}$。求杆件的总变形量。

解:(1)求出钢件各截面的轴力,画出轴力图。

用截面法求出截面Ⅰ—Ⅰ处和截面Ⅱ—Ⅱ处的轴力为

$$F_{N\text{I}} = F_1 - F_2 = (30 - 10)\text{kN} = 20\text{kN}$$

$$F_{N\text{Ⅱ}} = -F_2 = -10\text{kN}$$

因为在 AB 段内各截面上的轴力均相等,在 BD 段内各截面上的轴力也相等,由此画出轴力图,如图 5-56(c)所示。

(2)计算钢杆的总变形量。

全杆总变形量为各段变形量之代数和

$$\Delta l_{AB} = \frac{F_{N\text{I}} l_{AB}}{EA_{AB}} = \frac{20 \times 10^3 \times 100}{200 \times 10^3 \times 500} \text{mm} = 0.02 \text{mm}$$

$$\Delta l_{BC} = \frac{F_{N\text{Ⅱ}} l_{BC}}{EA_{BC}} = \frac{-10 \times 10^3 \times 100}{200 \times 10^3 \times 500} \text{mm} = -0.01 \text{mm}$$

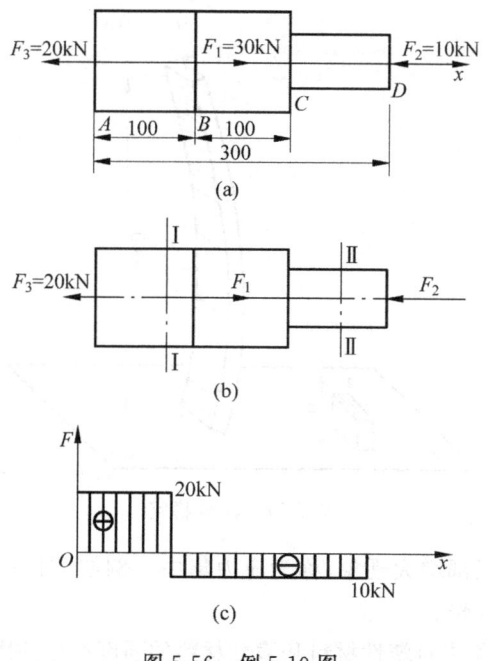

图 5-56 例 5-10 图

$$\Delta l_{CD} = \frac{F_{N\text{II}} l_{CD}}{EA_{CD}} = \frac{-10 \times 10^3 \times 100}{200 \times 10^3 \times 200}\text{mm} = -0.025\text{mm}$$

总变形量 $\Delta l_{AD} = \Delta l_{AB} + \Delta l_{BC} + \Delta l_{CD} = (0.02 - 0.01 - 0.025)\text{mm} = -0.015\text{mm}$。

五、压杆稳定和应力集中简介

1. 压杆稳定

受轴向拉伸的直杆，无论杆的尺寸如何，都可用强度计算公式进行强度计算。但受轴向压缩的直杆，如果是细长杆则可能出现不能保持压杆原有直线平衡状态而突然变弯的现象，称为压杆直线状态的平衡丧失了稳定性，简称压杆失稳。例如，一根宽 30mm，厚 5mm 的矩形截面的杆件，对其施加轴向压力，如图 5-57 所示。设材料的抗压强度极限 $\sigma_b = 40\text{MPa}$，由试验可知，当杆很短时(设高为 30mm)，如图 5-57(a)所示，杆件能承受的压力为

$$F = \sigma_b A = 40 \times 30 \times 5\text{N} = 6000\text{N}$$

但是，如果杆长为 1m，则只需 30N 的压力，杆就会变弯，压力若再增大，杆将产生显著的弯曲变形而失去工作能力，如图 5-57(b)所示。这说明，细长杆受压时，丧失工作能力不是因为强度不够，而是由于其轴线偏离原平衡状态所致。

显然，式(5-12)的强度条件计算式已不适合于细长的受压杆。关于压杆稳定的专门论述，本书不做介绍。

2. 应力集中

等截面构件受轴向拉伸或压缩时，横截面上的应力一般认为是均布的。但实际上，由于结构或工艺方面的要求，构件形状常常比较复杂，如机器中的轴常开有油孔、键槽、退刀槽，或留有凸肩而使轴成为阶梯轴，截面尺寸的突然变化，造成突变处截面上的应力不再均匀分布，在孔、槽附近的局部范围内应力将显著增大，而在较远处又渐趋均匀。这种由于截面的

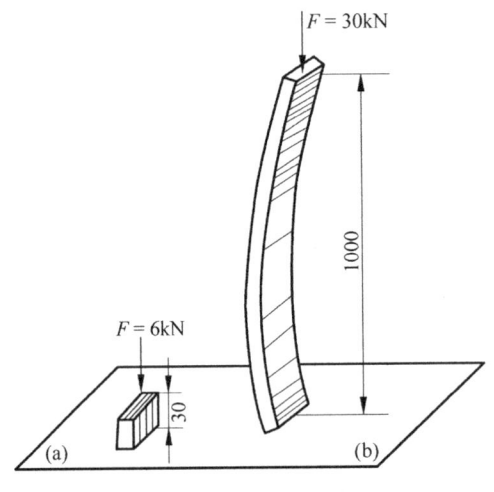

图 5-57 压杆稳定

突然变化而产生的应力局部增大现象,称为应力集中。例如,图 5-58 中,孔边或槽边的应力 σ_{max} 比均匀应力约高 2~3 倍。

在静力作用下,应力集中对塑性材料和脆性材料的强度产生的影响是不同的。图 5-59(a) 表示有小圆孔的杆件在拉伸时孔边产生应力集中。对于塑性材料,当孔边附近的最大应力达到屈服极限时,杆件只在此局部产生塑性变形。如果载荷继续加大,则孔边两点的变形继续增加而应力不再增大。其余各点的应力尚未达到屈服极限 σ_s,仍然随着载荷的增加而增加,如图 5-59(b)所示,直到整个截面上的应力都达到 σ_s,应力分布趋于均匀,如图 5-59(c)所示。这个过程对杆件的应力起了一定的松弛作用。因此,塑性材料在静载荷作用下,应力集中对强度的影响较小。脆性材料则不同,因为它无屈服极限,直到破坏仍无明显的塑性变形。当最大应力达到强度极限时,就开始出现裂缝,很快导致整个构件的破坏。因此,应力集中严重降低了脆性材料构件的强度。

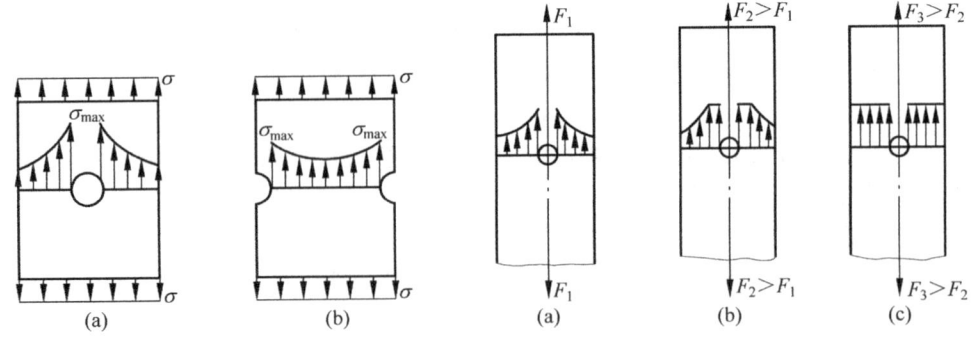

图 5-58 应力集中　　　　图 5-59 塑性材料应力集中现象

应该指出,在具有周期性的外力作用下,不论是塑性材料还是脆性材料,应力集中都会影响构件的强度。

习题

5-1 一个在平面内自由运动的构件有几个自由度？一个空间自由运动的构件有几个自由度？

5-2 什么叫运动副？运动副分几类？具体说明各种运动副能限制的自由度数。

5-3 绘制折叠伞、折叠椅、铝合金平开窗的机构示意图。

5-4 计算题 5-4 图所示各机构的自由度。

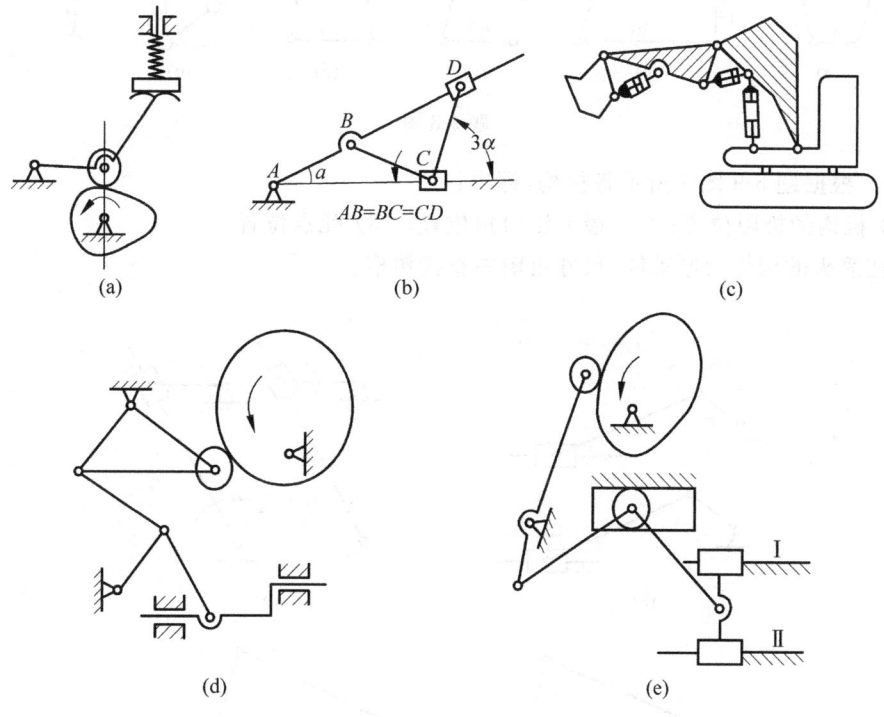

题 5-4 图

5-5 检查如题 5-5 图所示简易冲床的设计方案是否具有确定的相对运动？如不具备，应如何改正？画出改正后的机构示意图。

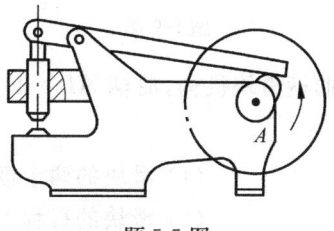

题 5-5 图

5-6 什么是平面连杆机构？它有哪些优缺点？

5-7 平面四杆机构有哪些常见形式？其中最基本的是哪一种类型？

5-8 根据如题 5-8 图中注明的尺寸，判别各四杆机构的类型。

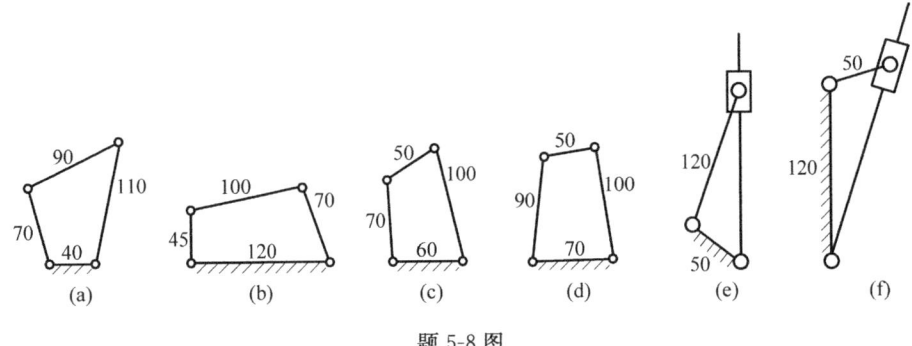

题 5-8 图

5-9 根据题 5-9 图中所示各机构，标出：
（1）机构的极限位置；（2）最大压力角位置；（3）死点位置。
标注箭头的构件为原动件，尺寸由图中直接量取。

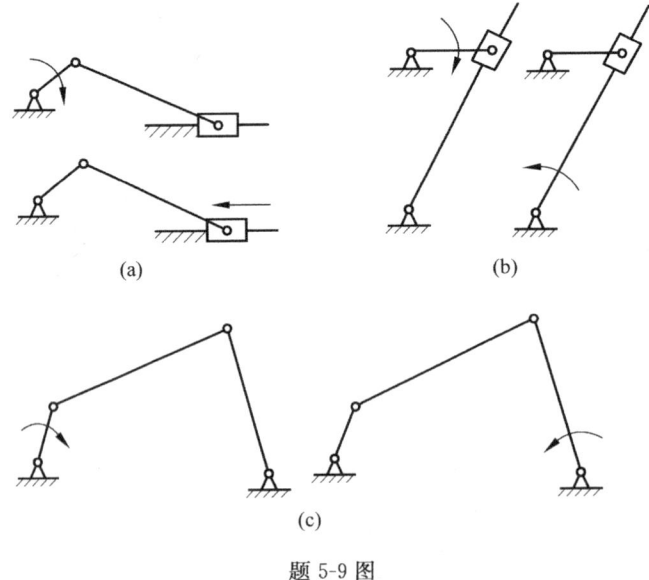

题 5-9 图

5-10 如题 5-10 图所示为曲柄滑块机构，曲柄 $AB=30\text{mm}$，连杆 $BC=120\text{mm}$，偏心距 $e=15\text{mm}$，求：

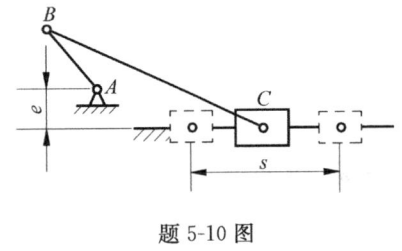

题 5-10 图

（1）滑块的两个极限位置；

（2）滑块的行程 S；

（3）机构的行程速比系数 K。

5-11 指出题 5-11 图中哪些杆是二力杆（设所有接触处均光滑，未画出重力的构件不计自重），并画出各构件的受力图。

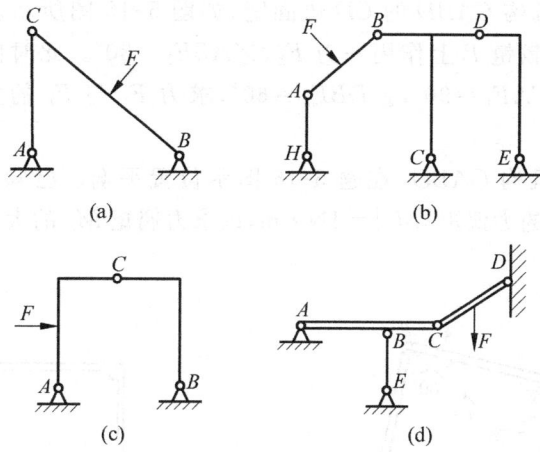

题 5-11 图

5-12 画出题 5-12 图所示物体的受力图。

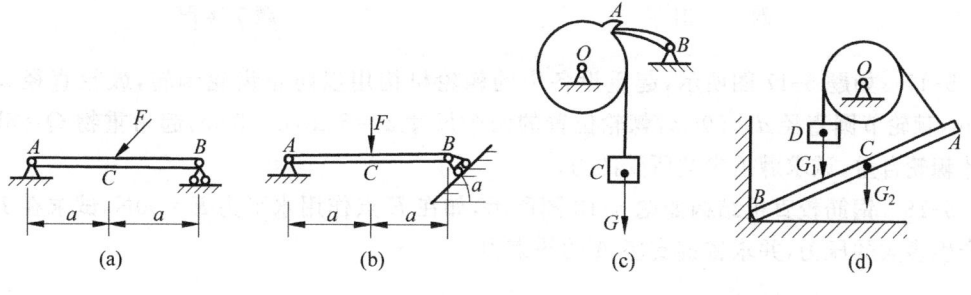

题 5-12 图

5-13 油压夹紧装置如题 5-13 图所示,试分别画出活塞 A、滚子 B 和杠杆 DCE 的受力图。

5-14 如题 5-14 图所示压榨机构 ABC 中,铰链 B 固定不动,作用在铰链 A 处的水平力 F 使压块 C 压紧物体 D,压块 C 与墙壁间是光滑接触。压榨机的尺寸如图,试求物体 D 所受的压力。

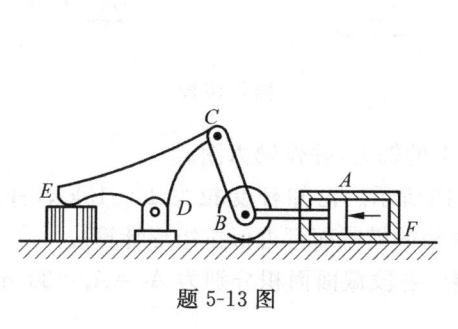

题 5-13 图

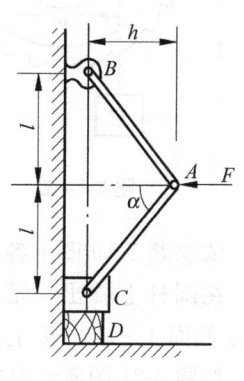

题 5-14 图

5-15　铰链四杆机构 CABD 的 CD 边固定，如题 5-15 图所示。在铰链 A 上作用力 F_1，$\angle BAF_1=45°$。在铰链 B 上作用一力 F_2，$\angle ABF_2=30°$。此时四边形 CABD 处于平衡状态。如果已知 $\angle CAF_1=90°$，$\angle DBF_2=60°$，求力 F_1 与 F_2 的关系。杆自重均忽略不计。

5-16　铰链四杆机构 $OABO_1$ 在题 5-16 图示位置平衡。已知 $OA=400\text{mm}$，$O_1B=600\text{mm}$，作用在 OA 上的力偶矩 $|M_1|=1\text{N·m}$，试求力偶矩 M_2 的大小及 AB 杆所受的力。各杆重量不计。

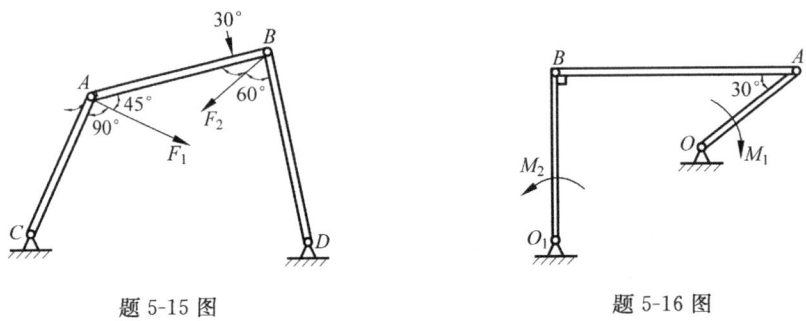

题 5-15 图　　　　　　　　题 5-16 图

5-17　如题 5-17 图所示，起重设备中的棘轮机构用以防止齿轮倒转，鼓轮直径 $d_1=32\text{cm}$，棘轮节圆直径 $d=50\text{cm}$，棘轮位置的两个尺寸 $a=6\text{cm}$，$h=3\text{cm}$，起吊重物 $Q=5\text{kN}$，不计棘轮自重，试求棘爪尖端所受的力。

5-18　钢筋校直机结构如题 5-18 图所示，如在 E 点作用水平力 $F=90\text{N}$，试求在 D 处将产生多大的压力，并求铰链支座 A 的约束力。

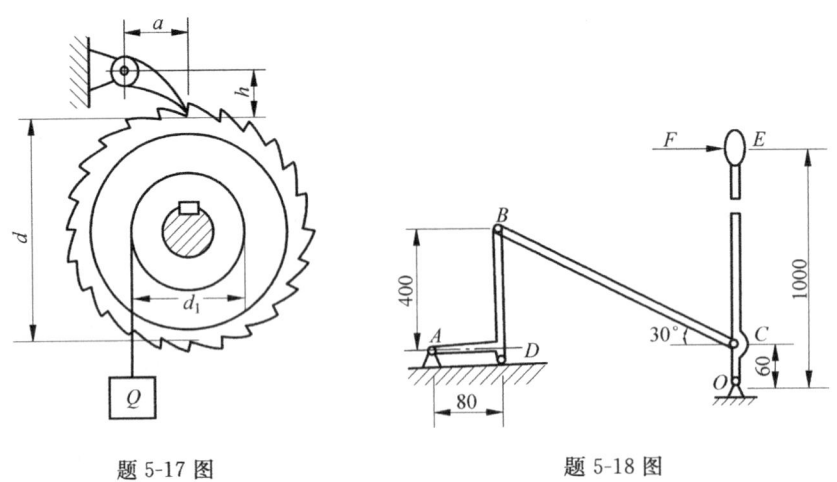

题 5-17 图　　　　　　　　题 5-18 图

5-19　试求题 5-19 图示各杆指定截面上的轴力，并作轴力图。

5-20　在圆杆上铣出一槽，如题 5-20 图所示。已知杆受拉力 $F=15\text{kN}$，杆直径 $d=20\text{mm}$，试求截面 1—1、2—2 上的应力（铣去槽的横截面可近似按矩形计算）。

5-21　如题 5-21 图所示钢制阶梯形直杆，各段截面面积分别为 $A_1=A_3=300\text{mm}^2$，$A_2=200\text{mm}^2$，$E=200\text{GPa}$。

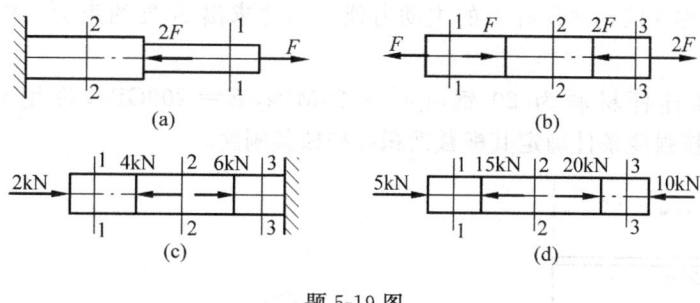

题 5-19 图

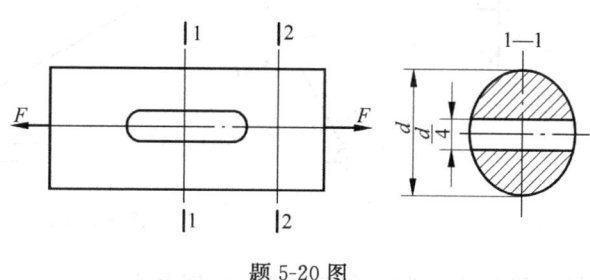

题 5-20 图

(1) 试求出各段的轴力,并画出轴力图;
(2) 计算杆的总变形量。

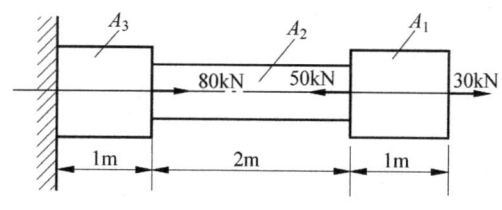

题 5-21 图

5-22 如题 5-22 图所示,某机构中一连杆受拉力 $F_p=40$ kN,若拉杆材料的许用应力 $[\sigma]=100$ MPa,横截面为矩形,且 $b=2a$,试确定 a 和 b 尺寸。

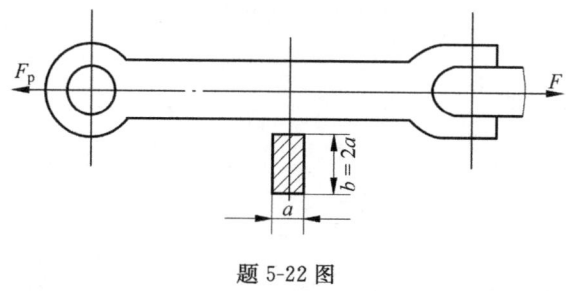

题 5-22 图

5-23 如题 5-23 图所示构架上悬挂的物体重 $G=60$ kN,木质支柱 AB 的截面为正方形,横截面每边长 0.2m,许用应力 $[\sigma]=10$ MPa,问 AB 支柱是否适用。

5-24 如题 5-24 图所示对心曲柄滑块机构 ABC,在图示位置平衡。已知 $l_{AB}=400$mm,$l_{AC}=800$mm,$\phi=60°$,滑块上受工作阻力 $F=20$ kN。试求:

(1) 确定应加在曲柄 AB 杆上的主动力偶 M_1，并求出 A 处约束力及滑块对导轨面的压力；

(2) 若已知连杆材料为 20 钢，$[\sigma] = 80\text{MPa}$，$E = 200\text{GPa}$，许用变形量 $[\Delta l] = \pm 0.35\text{mm}$。试按强度条件确定其横截面积并校核其刚度。

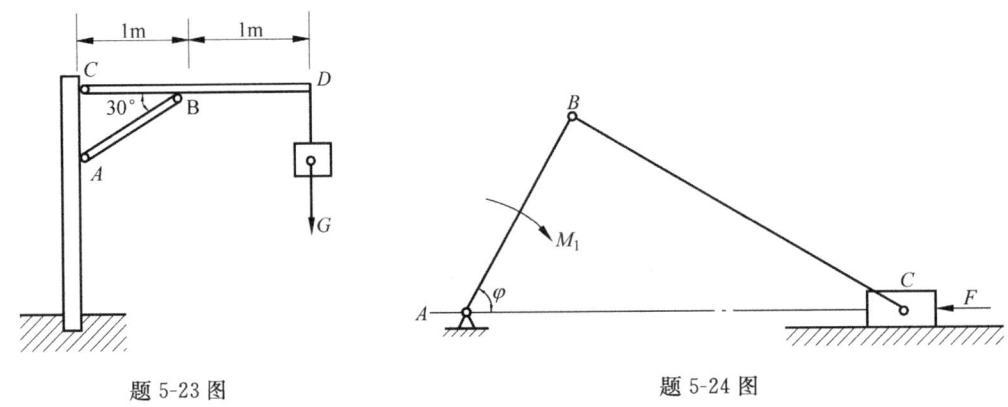

题 5-23 图　　　　　　　　　　题 5-24 图

5-25　什么叫压杆失稳？什么叫应力集中？试举例说明。

单元6 齿轮传动

学习目标

(1) 了解齿轮传动的应用、类型,渐开线齿廓的啮合特点、加工测量方法和材料选择;

(2) 理解渐开线圆柱齿轮的啮合过程、正确啮合和连续传动的条件,当量齿轮、变位齿轮的基本概念与应用;

(3) 掌握渐开线圆柱齿轮的主要参数、几何尺寸计算、参数选择、齿轮传动承载能力的一般分析计算方法;

(4) 具有渐开线圆柱齿轮传动设计计算的初步能力;

(5) 了解直齿锥齿轮传动和蜗杆传动的应用特点、主要参数、材料选择和承载能力的分析计算方法;

(6) 掌握定轴轮系、周转轮系传动比的计算和转向判断;

(7) 具有对齿轮传动系统进行分析和计算的能力。

6.1 齿轮传动的特点和分类

一、齿轮传动的特点

1. 齿轮传动

齿轮是一个有齿的机械元件,齿轮传动是利用一对齿轮的轮齿依次交替啮合,实现机器中两轴线间运动和动力的传递,以及运动形式和速度的改变。

如图 6-1 所示齿轮传动,由一对啮合齿轮和机架组成,主动齿轮的齿数为 z_1,绕轴 O_1 转动,从动齿轮的齿数为 z_2,绕轴 O_2 转动。当主动轮以转速 n_1 或角速度 ω_1 顺时针方向转动时,其轮齿 1、2、3、4…,通过接触点处的法向作用力 F_n,逐个地推动从动轮的轮齿 $1'$、$2'$、$3'$、$4'$…,使从动轮以转速 n_2 或角速度 ω_2 逆时针方向转动,从而实现主从动轴间转速、转矩的传递和改变。

2. 应用特点

齿轮传动是现代机械中应用最广泛的一种机械传动之一。

与其他传动相比,齿轮传动具有如下优点:

① 两轮瞬时传动比(角速度之比 $i_{12}=\omega_1/\omega_2$)恒定不变,运动传递准确可靠;

② 适用的圆周速度范围和功率范围较大;

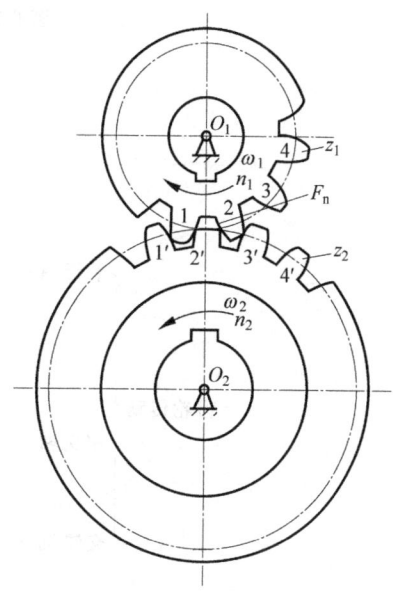

图 6-1 齿轮传动

③ 传动效率较高,一般为 0.94~0.99;
④ 使用寿命长,结构紧凑,维护简单;
⑤ 能实现平行、相交、交错轴间的传动。

与其他传动相比,齿轮传动有如下缺点:
① 齿轮制造和安装精度要求较高,成本较高;
② 不适用于轴间距离较大的传动。

二、齿轮传动的分类

齿轮传动的具体分类如下:

① 齿轮传动是用来传递机器中两轴线间的运动,根据两轴线间的相对位置和轮齿齿向,齿轮传动的主要类型和分类分别如图 6-2 和图 6-3 所示。

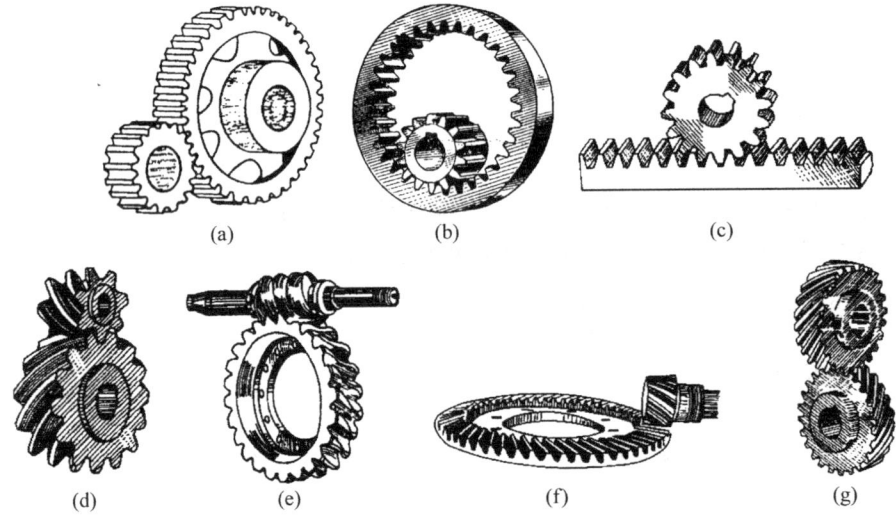

图 6-2 齿轮传动的主要类型

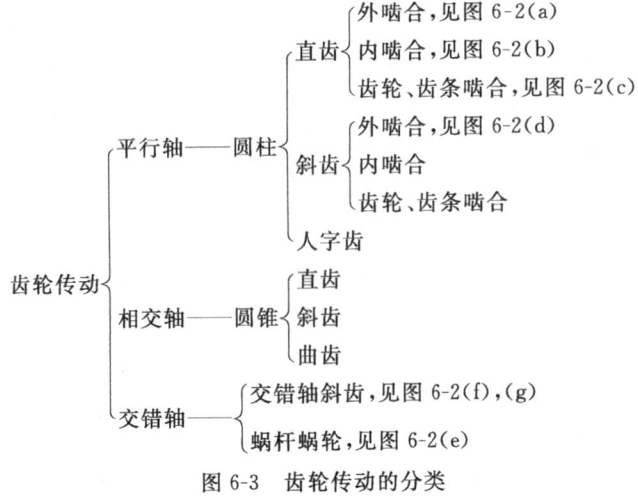

图 6-3 齿轮传动的分类

② 根据工作条件不同,齿轮传动可分为:
- 开式齿轮传动　它没有防护箱体,齿轮是外露的,外界杂质容易侵入啮合处,润滑条件较差。常用于低速与不重要的齿轮传动,如机床的挂轮传动、冲床和搅拌机等。
- 闭式齿轮传动　它将齿轮完全封闭在箱体内,具有良好的润滑条件和防护条件。常用于速度较高或重要的齿轮传动,如机床主轴箱、齿轮减速器等。

③ 根据齿轮齿廓曲线不同,齿轮传动可分为渐开线齿轮传动、摆线齿轮传动和圆弧齿轮传动。由于渐开线齿轮容易制造、便于安装、互换性好,故应用最为广泛。本章只介绍渐开线齿轮传动。

三、齿轮传动的基本要求

从传递运动和动力两方面考虑,齿轮传动应满足下列两个基本要求。

1. 传动准确平稳

要满足传动平稳的要求,应保证齿轮传动的瞬时传动比恒定不变,以避免或减小传动中的冲击、振动和噪声。

2. 承载能力强

要求齿轮有较强的承载能力,具有较长的使用寿命,即应使轮齿有足够的强度,应对齿轮传动进行强度计算和结构设计。

因此,齿轮齿廓曲线、参数、尺寸的确定,材料和热处理方式的选择,加工方法和精度等,基本都是围绕满足上述两个基本要求而进行的。

6.2　渐开线齿廓

满足齿轮传动基本要求的齿廓曲线有渐开线、摆线和圆弧,其中以渐开线齿廓应用最为普遍。

一、渐开线的形成及性质

如图 6-4 所示,当直线 NK 沿半径为 r_b 的圆作纯滚动时,直线上任一点 K 的轨迹 $\overset{\frown}{AK}$,就是该圆的渐开线。该圆称为渐开线的基圆,r_b 为基圆半径,直线 NK 称为渐开线的发生线。渐开线齿轮的可用齿廓就是由同一基圆形成的两条反向渐开线的某段组成的,如图 6-5 所示。

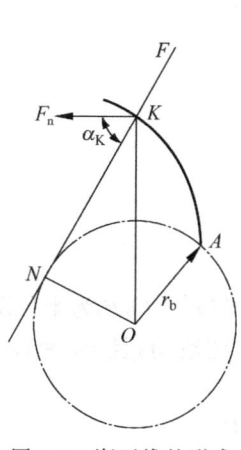

图 6-4　渐开线的形成

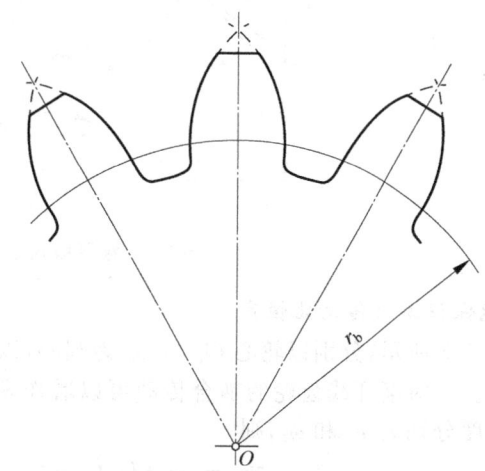

图 6-5　渐开线齿廓的形成

根据渐开线的形成,可知其具有如下性质:

① 发生线在基圆上滚过的长度,等于基圆上被滚过的弧长,即 $\overline{NK} = \overset{\frown}{AK}$;

② 渐开线上任一点的法线必与基圆相切,线段 NK 既是基圆的切线,同时也是渐开线在 K 点的法线和曲率半径;

③ 渐开线上 K 点的速度 v 与作用力 F_n 的夹角 α_K 称为 K 点的压力角。渐开线上各点的压力角不同,离基圆越远,压力角越大。

④ 渐开线的形状取决于基圆的大小,基圆半径越大,渐开线越平直。当基圆趋于无穷大时,渐开线就成为直线,这就是渐开线齿轮的齿廓。

⑤ 基圆内无渐开线。

二、渐开线齿廓的啮合特性

1. 四线合一性

如图 6-6 所示,一对渐开线齿廓在任意点 K 啮合,过 K 点作两齿廓的公法线 N_1N_2,根据渐开线性质,该公法线就是两基圆的公切线。当两齿廓转到 K' 点啮合时,过 K' 点作两齿廓公法线也是两基圆的公切线。由于齿轮基圆的大小和位置均固定,故其公法线 N_1N_2 是唯一的。因此两个齿轮的齿廓啮合点,从开始到终止,总在这条公法线的某一段内移动,该公法线也称为啮合线。由于两个齿轮啮合传动时其正压力是沿着公法线方向的,因此对渐开线齿廓的齿轮传动来说,啮合线、过啮合点的公法线、基圆的内公切线和正压力作用线四线合一。该线与两齿轮轮心连线 O_1O_2 的交点 P 是一固定点,P 点称为节点。

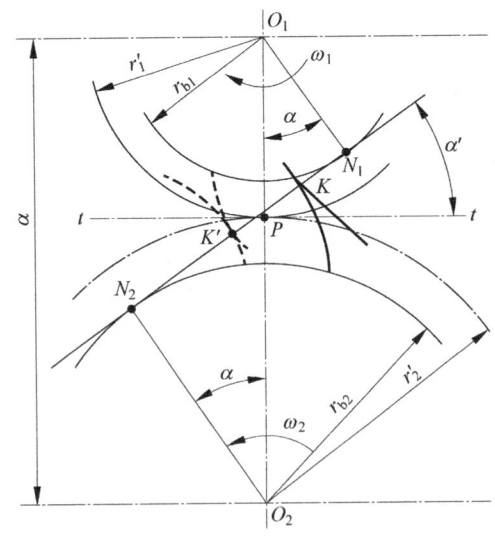

图 6-6 渐开线齿廓的啮合

2. 能保证瞬时传动比恒定

如图 6-6 所示,分别以轮心 O_1 与 O_2 为圆心,以 $r'_1 = O_1P$ 与 $r'_2 = O_2P$ 为半径所作的圆,称为节圆。一对渐开线齿轮的啮合传动可以看作两个节圆的纯滚动,且 $v_{P1} = v_{P2}$。设两齿轮的角速度分别为 ω_1 和 ω_2,则

$$v_{P1} = \omega_1 \cdot O_1P = v_{P2} = \omega_2 \cdot O_2P$$

从图 6-6 中不难看出,两轮的瞬时传动比为

$$i_{12} = \frac{\omega_1}{\omega_2} = \frac{O_2 P}{O_1 P} = \frac{r'_2}{r'_1} = \frac{r_{b2}}{r_{b1}} = 常量 \tag{6-1}$$

渐开线齿轮的传动比等于主从动轮基圆半径之反比。由于基圆半径 r_{b1} 和 r_{b2} 是定值，故渐开线齿轮的传动比能保持恒定不变。

3. 中心距可分性

两齿轮轮心（两轮轴线）$O_1 O_2$ 的距离称为齿轮传动的中心距，其计算公式为

$$a = r'_1 + r'_2$$

由于渐开线齿轮的传动比只与基圆半径有关，而与中心距无关，因此在安装时若中心距略有变化也不会改变传动比的大小，此特性称为中心距可分性。该特性使渐开线齿轮对加工、安装的误差及轴承的磨损不敏感，这一点对齿轮传动十分重要。标准齿轮标准安装时，节圆与分度圆重合。

4. 啮合角不变

啮合线与两节圆公切线所夹的锐角称为啮合角，用 α' 表示，它就是渐开线在节圆上的压力角。显然齿轮传动时啮合角不变，力作用线方向不变，因而传动比较平稳。

6.3 直齿圆柱齿轮的主要参数及几何尺寸

一、齿轮各部分名称及代号

图 6-7 所示为渐开线直齿圆柱齿轮的一部分，各部分名称及代号如下。

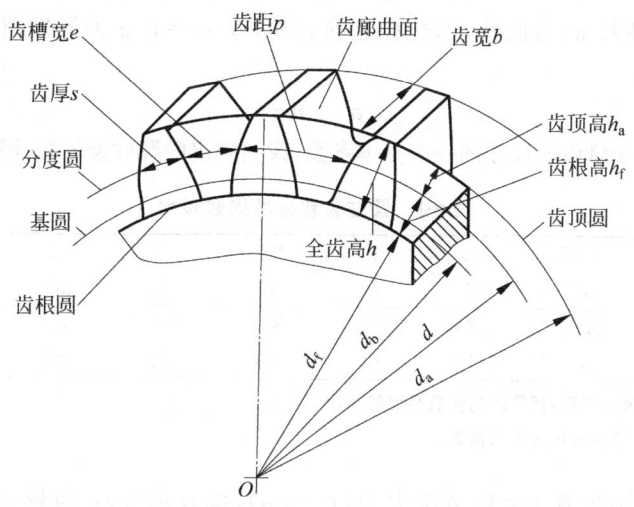

图 6-7 齿轮各部分名称及代号

1. 齿顶圆和齿根圆

齿轮顶部所在的圆称为齿顶圆，其半径与直径分别用 r_a 和 d_a 表示。相邻两齿间的空间部分称为齿槽，齿槽底所在的圆称为齿根圆，其半径与直径分别用 r_f 和 d_f 表示。

2. 分度圆

为方便设计与计算，在齿轮的齿顶圆和齿根圆之间规定一个圆作为度量齿轮尺寸的基准，这个圆称为分度圆，其半径与直径分别用 r 和 d 表示。

3. 齿厚、齿槽宽和齿距

在任意圆周上轮齿两侧齿廓间的弧长称为齿厚,在分度圆周上齿厚用 s 表示;在齿槽两侧齿廓间的弧长称为齿槽宽,在分度圆周上的齿槽宽用 e 表示;相邻两齿同侧齿廓间的弧长称为齿距,在分度圆周上齿距用 p 表示。齿距与齿厚和齿槽宽的关系为

$$p = s + e$$

对于标准齿轮,分度圆上的齿厚与齿槽宽相等,即 $s=e$。

4. 齿顶高、齿根高和齿高

介于分度圆与齿顶圆之间的部分称为齿顶,其径向距离称为齿顶高,用 h_a 表示。介于分度圆与齿根圆之间的部分称为齿根,其径向距离称为齿根高,用 h_f 表示。齿顶圆与齿根圆间的径向距离称为齿高,用 h 表示。显然,$h=h_a+h_f$。

5. 齿宽

轮齿的轴向宽度用 b 表示。

二、直齿圆柱齿轮的主要参数

1. 齿数 z

齿轮圆周上的轮齿总数。

2. 模数 m

齿轮的分度圆直径 d、齿数 z 和轮齿的齿距 p 之间的关系为

$$\pi d = zp \quad \text{或} \quad d = pz/\pi$$

上式中含无理数 π,为设计、制造和互换方便,令 $m=p/\pi$ 为标准值,m 称为齿轮的模数,单位为 mm,故

$$d = mz \tag{6-2}$$

模数是计算和度量齿轮尺寸的一个基本参数,我国规定的圆柱齿轮标准模数系列见表 6-1。

表 6-1 圆柱齿轮标准模数系列

第一系列	1	1.25	1.5	2	2.5	3	4	5	6
	8	10	12	16	20	25	32	40	50
第二系列	1.75	2.25	2.75	(3.25)	3.5	(3.75)	4.5	5.5	(6.5)
	7	9	(11)	14	18	22	28	(30)	36

注:① 优先采用第一系列,括号内的模数尽可能不用。
② 对斜齿轮,该表所示为法面模数。

模数 m 的大小,反映了齿距 p 的大小($p=\pi m$),模数越大,轮齿越大,齿轮的承载能力越强。图 6-8 表示了不同模数齿轮的齿形与尺寸。

3. 压力角 α

由前文可知,渐开线齿廓上各点的压力角不同。通常所说的压力角是指分度圆上的压力角,用 α 表示。我国规定标准压力角 $\alpha=20°$。其他国家的压力角除 20°外,还有 15°、14.5°等。因此,分度圆是齿轮上具有标准模数和标准压力角的圆。在分度圆上齿厚和齿槽宽相等。

4. 齿顶高系数 h_a^* 和顶隙系数 c^*

标准规定:

正常齿制 $h_a^*=1, c^*=0.25$。

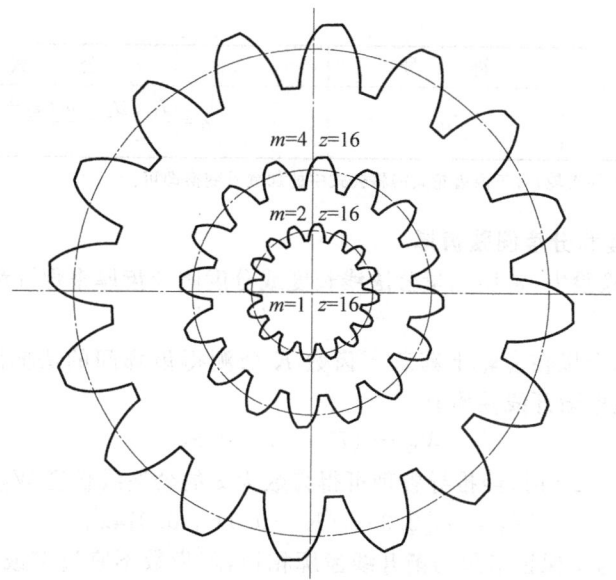

图 6-8 不同模数齿轮的齿形与尺寸

短齿制 $h_a^*=0.8$，$c^*=0.3$。

对标准齿轮 $h_a=h_a^* m$，$h_f=(h_a^*+c^*)m$。

因此，模数、压力角、齿顶高系数 h_a^* 和顶隙系数 c^* 取标准值，且分度圆齿厚与齿槽宽相等的齿轮称为标准齿轮。

三、标准直齿圆柱齿轮的主要几何尺寸

渐开线标准直齿圆柱齿轮外齿轮的主要几何尺寸的计算公式见表 6-2。

表 6-2 渐开线标准直齿圆柱齿轮外齿轮的主要几何尺寸的计算公式

名　　称	符　号	公　　式
齿顶高	h_a	$h_a=h_a^* m$
齿根高	h_f	$h_f=(h_a^*+c^*)m$
全齿高	h	$h=h_a+h_f$
分度圆直径	d	$d=mz$
齿顶圆直径	d_a	$d_a=zm+2h_a$
齿根圆直径	d_f	$d_f=zm-2h_f$
基圆直径	d_b	$d_b=d\cos\alpha$
齿距	p	$p=\pi m$
齿厚	s	$S=\dfrac{1}{2}\pi m$
齿槽宽	e	$e=\dfrac{1}{2}\pi m$
基圆齿距	p_b	$p_b=p\cos\alpha$

续表

名 称	符 号	公 式
标准中心距	a	$a = \dfrac{d_1+d_2}{2} = \dfrac{m(z_1+z_2)}{2}$

注：表中公式适用于外齿轮，对于内齿轮只需将公式中的加减号变换即可。

四、公法线长度和分度圆弦齿厚

齿轮在加工和检验中，常用测量公法线长度或分度圆弦齿厚来保证齿轮的精度。

1. 公法线长度

如图 6-9 所示，卡尺在齿轮上跨若干齿数 K 所测得齿廓间的法向距离称为公法线长度，用 W_K 表示。根据渐开线性质有

$$W_K = (K-1)p_b + S_b \tag{6-3}$$

S_b 为基圆齿厚，当 $\alpha=20°$ 时，经推导整理可得齿数为 z 的公法线长度 W_K 的计算公式

$$W_K = m[2.9521(K-0.5) + 0.014z] \tag{6-4}$$

式中，K 为跨齿数，为了保证卡尺与渐开线齿廓相切，跨齿数不宜过多或过少。对于标准齿轮，可按下式确定跨齿数：

$$K = \frac{z}{9} + 0.5 \tag{6-5}$$

K 应取整数代入式(6-4)计算 W_K 值。工程实际中，W_K 值可由《机械设计手册》查得。

2. 分度圆弦齿厚和分度圆弦齿高

如图 6-10 所示，分度圆弦齿厚就是齿轮分度圆齿厚对应的弦长 $\overline{AB}$，记作 $\overline{S}$。弦齿厚 $\overline{AB}$ 的中点到齿顶圆的径向距离称为分度圆弦齿高，记作 $\overline{h_a}$，其值可查阅《机械设计手册》。

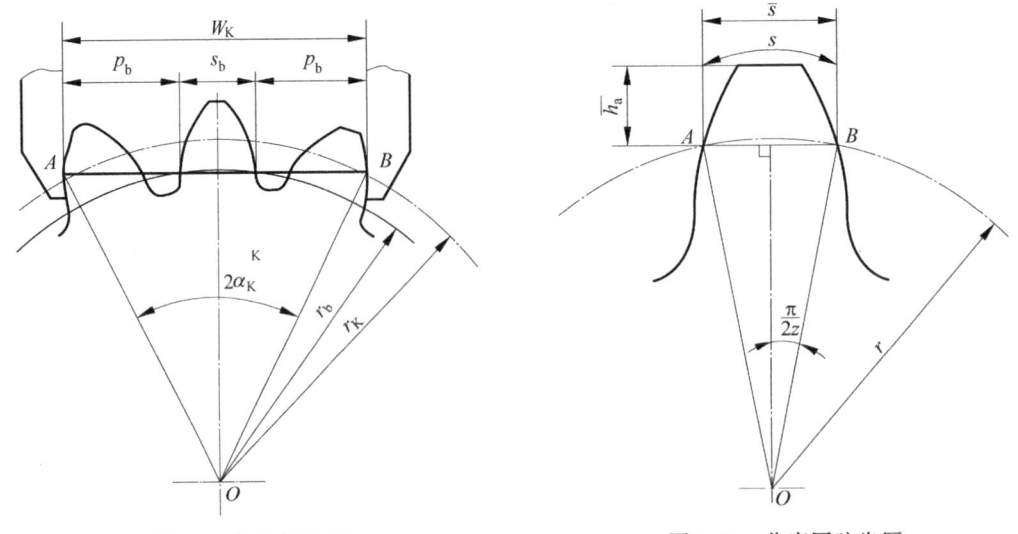

图 6-9 公法线长度　　　　　　图 6-10 分度圆弦齿厚

一般直齿圆柱齿轮检测采用公法线长度，对于 $m>10\text{mm}$ 的直齿圆柱齿轮、斜齿轮、圆锥齿轮、蜗轮等检测采用分度圆弦齿厚。图 6-11(a)所示为公法线长度的测量，图 6-11(b)所示分度圆弦齿厚的测量。

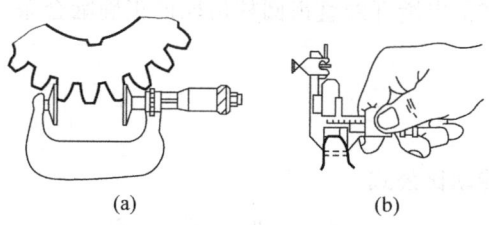

图 6-11 公法线长度和分度圆弦齿厚的测量

6.4 渐开线直齿圆柱齿轮的啮合传动

一、渐开线直齿圆柱齿轮的啮合过程

一对渐开线齿廓啮合能保证瞬时传动比恒定，但齿廓长度是有限的，必然会出现前后齿的交替啮合。图 6-12 所示为渐开线直齿圆柱齿轮的啮合过程，1 为主动轮，2 为从动轮，一对轮齿开始啮合时，由主动轮轮齿的齿根推动从动轮轮齿的齿顶，即从动轮的齿顶圆与啮合线 N_1N_2 的交点 B_2 为开始啮合点。随着轮 1 推动轮 2 转动，啮合点沿啮合线 N_1N_2 移动，当啮合点移动到齿轮 1 的齿顶圆与啮合线的交点 B_1 时，这一对轮齿的啮合终止。线段 B_2B_1 为啮合点的实际轨迹，称为实际啮合线段，N_1N_2 称为理论啮合线段。

二、渐开线直齿圆柱齿轮正确啮合的条件

一对齿轮连续顺利地传动，需要各对轮齿依次正确啮合且互不干涉。如图 6-13 所示，前一对轮齿在啮合线上的 K' 点相啮合时，后一对轮齿在必须正确地在啮合线上的 K 点进入啮合。由渐开线性质可知 $K'K$ 既是轮 1 的法向齿距，又是轮 2 的法向齿距。两轮齿要正确啮合，两者的法向齿距必须相等，即 $p_{b1}=p_{b2}$。

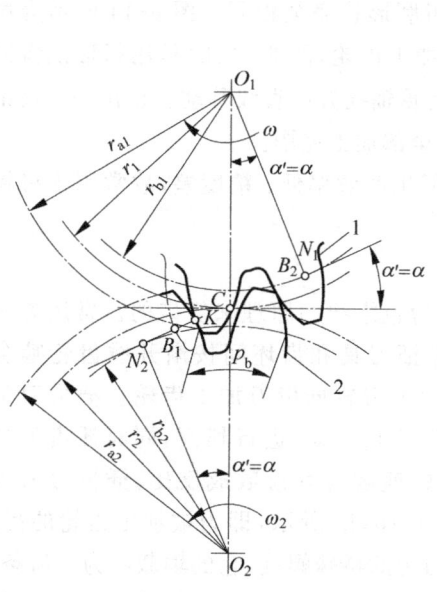
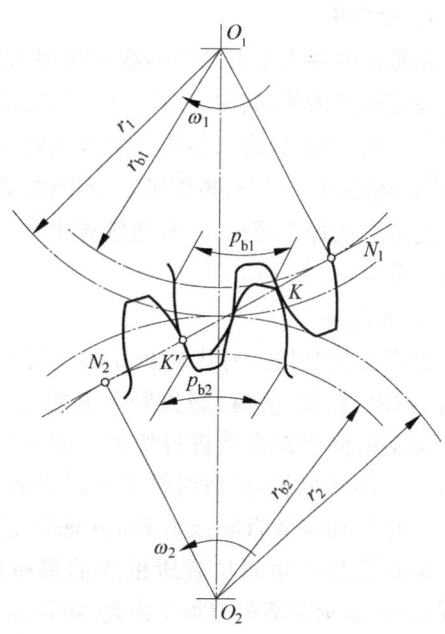

图 6-12 渐开线直齿圆柱齿轮的啮合过程　　图 6-13 渐开线直齿圆柱齿轮正确啮合的条件

由 $p_b = \pi m \cos\alpha$，不难得出渐开线直齿圆柱齿轮的正确啮合条件是：两齿轮的模数和压力角必须分别相等，即

① $m_1 = m_2 = m$；
② $\alpha_1 = \alpha_2 = \alpha$。

由此可进一步推出传动比公式

$$i = \frac{\omega_1}{\omega_2} = \frac{n_1}{n_2} = \frac{d_2}{d_1} = \frac{z_2}{z_1} \tag{6-6}$$

三、渐开线直齿圆柱齿轮连续传动的条件

由图 6-12 可知，要使齿轮能连续传动，至少要求一对轮齿在 B_1 点退出啮合时，后一对轮齿已在 B_2 点进入啮合，传动便能连续进行，这时实际啮合线 B_2B_1 不小于齿轮的法向齿距 KB_2。因此，渐开线齿轮的连续传动条件是：$B_2B_1 \geqslant p_b$。

实际啮合线段与基圆齿距之比称为重合度，用 ε 表示，即

$$\varepsilon = \frac{B_2B_1}{P_b} \geqslant 1 \tag{6-7}$$

重合度越大，说明同时参加啮合的轮齿越多，传动越平稳。一般，直齿圆柱齿轮重合度为 $1 < \varepsilon < 2$。

6.5 渐开线直齿圆柱齿轮的切齿干涉和变位齿轮简介

一、渐开线直齿圆柱齿轮的加工方法及原理

齿轮轮齿的加工方法很多，如精密铸造、模锻、热轧、冷冲和切削加工等，生产中常用的是切削法，切削加工就齿形形成的原理又可分为仿形法和展成法两类。

1. 仿形法

仿形法的特点是刀具的形状与被加工齿轮的齿廓形状完全相同。图 6-14 所示为用仿形铣齿刀铣削齿轮，其中 6-14(a)是用盘形铣齿刀加工齿轮，图 6-14(b)是用指形铣齿刀加工齿轮。加工时，铣齿刀绕本身轴线旋转，轮坯沿齿轮轴线方向直线移动。铣出一个齿槽以后，将齿坯转过 $360°/z$，再铣第二个齿槽，直到齿槽全部加工完毕。

这种方法加工简单，在普通铣床上便可进行，但生产效率低、精度差，故常用于机械修配和单件生产。

2. 展成法

展成法是利用一对齿轮相互啮合时其齿廓互为包络线的原理来切齿的。常用方法有滚齿、插齿、剃齿、珩齿、磨齿等。它的实质是在保证刀具和齿坯间按渐开线齿轮啮合关系而运动的同时对齿坯进行切削。图 6-15(a)所示为齿轮插齿刀加工齿轮。插齿刀是具有刀刃的特殊齿轮，插齿时插齿刀沿齿坯轴线上下往复运动，进行切削，同时插齿刀与齿坯由机床驱动绕各自轴线旋转，并保证它们旋转的速度与其齿数成反比，插齿刀刀刃相对于齿坯的各个瞬间位置所组成的包络线，如图 6-15(b)所示，即为被加工齿轮的齿廓。图 6-15(c)所示为滚齿刀加工齿轮，滚齿刀是具有刀刃的特殊螺旋，它的轴截面为一齿条，滚切时滚齿刀和齿坯由机床保证它们的对滚关系，这样便按展成原理切出渐开线齿廓，如图 6-15(d)所示。

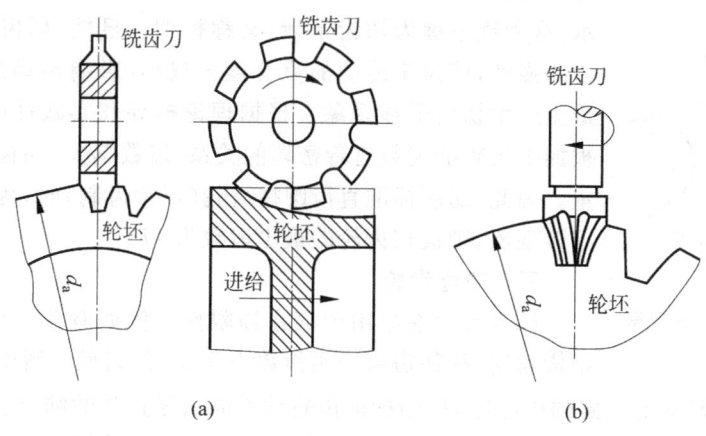

图 6-14 仿形法加工齿轮

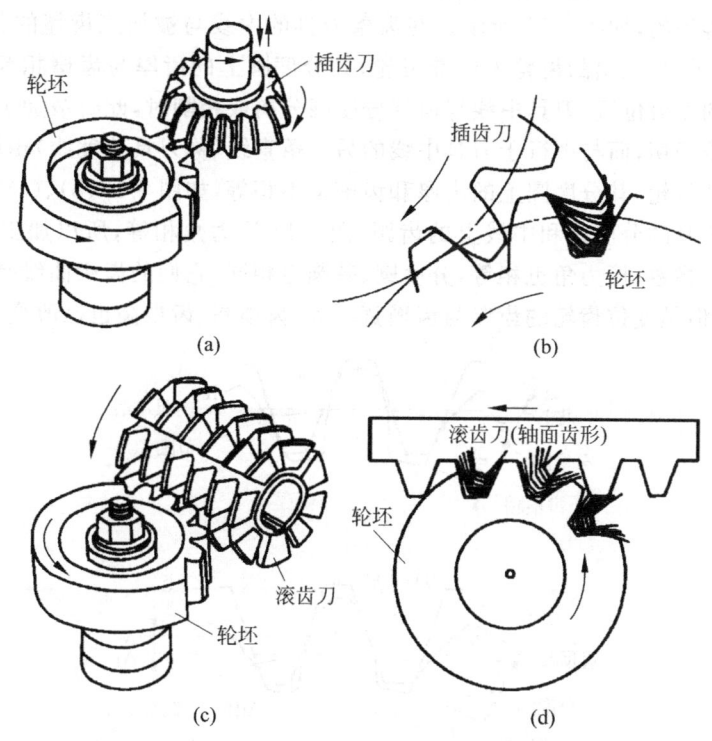

图 6-15 展成法加工齿轮

用展成法加工齿轮,同一模数和压力角而齿数不同的齿轮,可以使用同一把刀具加工,其加工精度与生产效率都较高,但必须在专用机床上加工。展成法主要用于成批、大量生产。

二、渐开线直齿圆柱齿轮的切齿干涉和最少齿数

用展成法加工渐开线直齿圆柱齿轮时,如果被加工齿轮的齿数太少,刀具的顶部将会切入

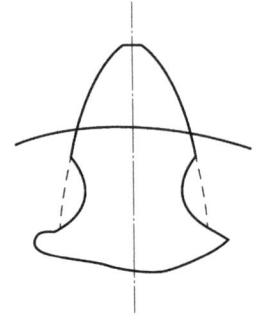

图 6-16 切齿干涉现象

轮齿的根部,而把轮齿根部的部分渐开线齿廓切去,如图 6-16 所示,这种现象称为切齿干涉,又称根切。显然,切齿干涉会削弱轮齿的强度,使齿轮传动的重合度 ε 减小,影响传动质量。因此,应避免产生切齿干涉现象。根据理论推导和实践证明,切齿干涉与被加工齿轮的齿数有着密切的关系,齿数越少,切齿干涉现象越严重。因此,切制标准直齿圆柱齿轮(正常齿制)时,为了保证无切齿干涉现象,则被切齿轮的最少齿数为 17。

三、变位齿轮

标准齿轮在应用中存在局限性。例如有些工业设备,为了使结构紧凑,往往需要采用齿数小于 17 的齿轮;当中心距受到限制时,由于标准齿轮具有一定的中心距,采用标准齿轮就不能满足正常的啮合要求;小齿轮往往容易磨损,而它的齿根强度却较弱等。这些矛盾可采用变位齿轮传动加以解决。

变位齿轮是通过不改变齿轮的基本参数和切削运动,仅改变刀具与轮坯轴线间的相对距离进行加工得到的,如图 6-17 所示。在齿条刀具的中线与被加工齿坯的分度圆相切时,如图 6-17(a)所示,加工出的齿轮为标准齿轮,其分度圆上的齿厚与齿槽相等;如果改变齿条刀具与齿坯的相对位置,刀具中线与齿坯分度圆分离或相割时,此时被加工齿坯的分度圆不与刀具的中线相切,而与平行于刀具中线的另一条直线(称刀具分度线)相切,这样加工出的齿轮称为变位齿轮,其分度圆上的齿厚和齿槽宽不相等,如图 6-17(b)、(c)所示。

由于齿条刀具的分度线和中线上的齿距、图 6-17 压力角相等,所以加工出来的变位齿轮与标准齿轮的模数、压力角也相等,分度圆、基圆也相同,它们的齿廓曲线是同一基圆渐开线的不同部分,但是变位齿轮的齿厚与齿槽宽不等,齿顶高、齿根高也已改变。

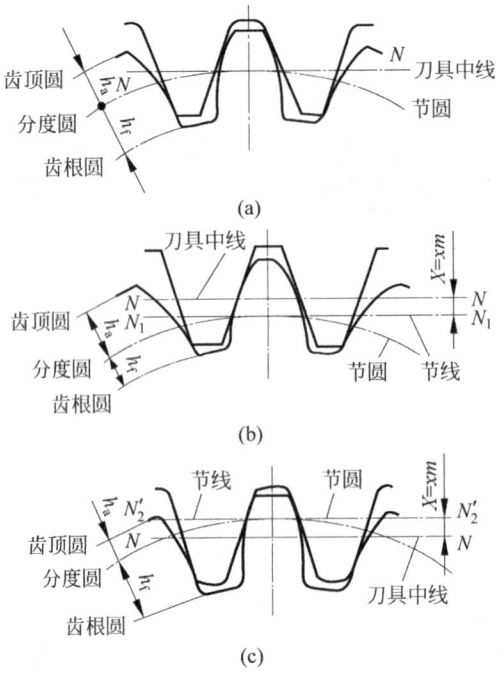

图 6-17 变位齿轮的形成

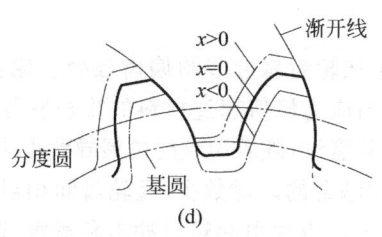

(d)

图 6-17 变位齿轮的形成（续）

切削变位齿轮时，刀具相对于切削标准齿轮时的刀具位置改变量，称为变位量，用 xm 表示，m 是模数，x 称为变位因数。切制齿轮时，刀具中线相对齿坯中心移远，称为正变位，这时变位因数 x 为正值，切制的齿轮称为正变位齿轮。切制齿轮时，刀具中心相对于齿坯中心移近，称为负变位，这时变位因数 x 为负值，切制的齿轮称为负变位齿轮。

正变位可以避免根切，加工出来的齿轮分度圆上的齿厚大于齿槽宽，相应轮齿根部厚度增大，提高了轮齿的强度，但齿顶变尖。负变位齿轮则容易引起根切，削弱齿轮强度。

总之，变位齿轮传动可以避免根切，减小齿轮机构的尺寸，均衡大小齿轮强度，提高使用寿命，配凑中心距。因而，随着生产的发展，变位齿轮传动日益得到广泛应用。

6.6 齿轮失效形式与齿轮材料

一、齿轮的常见失效形式

图 6-18 所示为轮齿常见的失效形式。

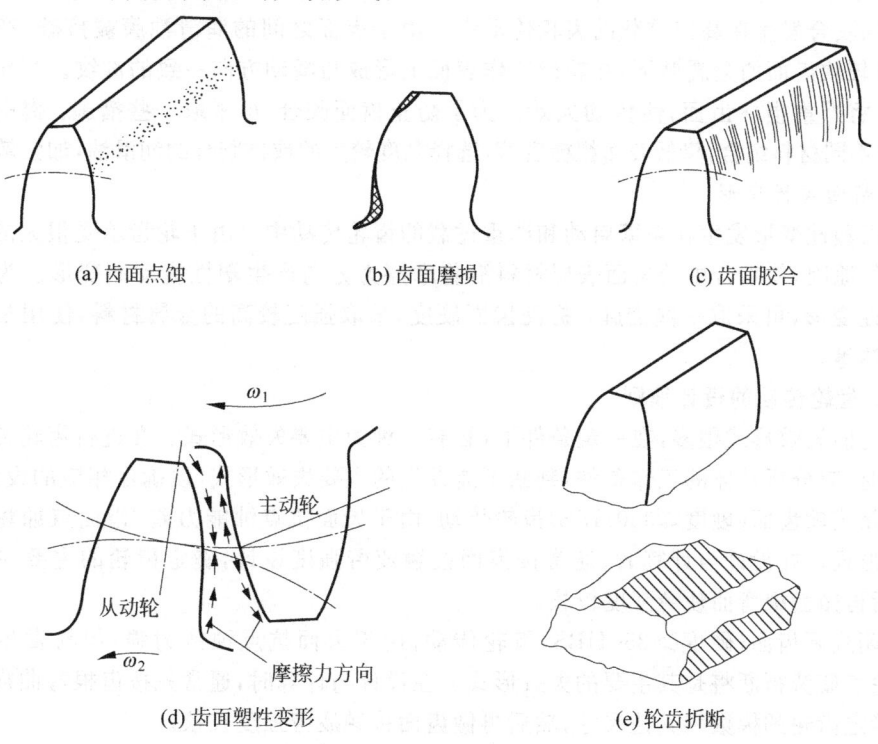

图 6-18 轮齿常见的失效形式

1. 齿面点蚀

齿面的疲劳点蚀大多发生在轮齿靠近节圆偏齿根处。轮齿工作时,齿面接触处在脉动循环变接触应力长期作用下,当应力峰值超过材料的接触疲劳极限,并经过一定应力循环次数后,齿面上将产生微小的疲劳裂纹,随着裂纹的扩展导致小块金属剥落,产生齿面点蚀。由于轮齿在节圆附近啮合时,同时啮合的齿对数少,且轮齿间相对滑动速度较小,因此点蚀首先出现在轮齿靠近节圆的齿根面上。点蚀引起轮齿冲击和噪声,造成传动的不平稳。为了提高齿轮的抗点蚀能力,可采取一些措施:选择合适的齿轮材料与热处理方法,以提高齿面硬度;合理选择齿轮传动的主要参数;降低表面粗糙度值;采用黏度较大的润滑油和变位齿轮等。

2. 轮齿折断

轮齿的整体折断大多发生在轮齿的齿根处,局部折断发生在轮齿的一端。轮齿折断有两种情况:一是由于轮齿根部的弯曲应力较大,超过了材料的弯曲疲劳极限而造成的轮齿折断;另一种情况是由于突然严重过载或承受较大的冲击载荷等原因引起的。为了防止轮齿折断,可采取一些措施:选择合适的材料和热处理方法,降低齿面硬度;增大齿根处的圆角半径;减小齿根的弯曲应力等。

3. 齿面磨损

齿面(磨粒)磨损大多发生在齿面的工作高度上,当齿面磨损严重时,会使渐开线齿面损坏,齿侧间隙增大,从而引起齿轮传动不平稳和冲击。在齿轮传动中,由于润滑条件不良,齿面磨损是在一定的滑动速度及硬质颗粒进入等原因下引起的。为了减轻齿面磨损,可采取一些措施:采用闭式传动,加强和改善润滑条件,提高齿面硬度,提高轮齿表面粗糙度等。

4. 齿面胶合

齿面胶合发生在高速重载的齿轮传动中。由于齿面之间的润滑油膜被挤破,产生瞬时高温,将较软齿面的金属撕下,在轮齿工作表面上形成与滑动方向一致的沟纹。当轮齿出现胶合后,将严重损坏齿面,使传动失效。为了防止齿面胶合,可采取一些措施:提高齿面硬度,采取不同材料组合,降低表面粗糙度值,选择黏度较大的或抗胶合的润滑油,加强散热等。

5. 齿面塑性变形

齿面塑性变形发生在频繁启动和严重过载的齿轮传动中。由于轮齿承受很大的载荷和摩擦力等原因,使啮合中的齿面表层材料沿着摩擦力方向产生塑性流动而变形。为了防止齿面塑性变形,可采取一些措施:提高齿面硬度,采取强度较高的金属材料,使用黏度较大的润滑油等。

二、齿轮传动的设计准则

齿轮的失效形式很多,在一定条件下,必有一种为主要失效形式。在进行齿轮传动的设计计算时,应分析具体的工作条件,判断可能发生的主要失效形式,以确定相应的设计准则。

对闭式软齿面(硬度≤350HBS)齿轮传动,由于齿面抗点蚀能力差,齿面点蚀将是主要的失效形式。在设计与计算时,通常按齿面接触疲劳强度设计,确定齿轮的主要参数和尺寸,然后再做齿根弯曲疲劳强度校核。

对闭式硬齿面(硬度>350HBS)齿轮传动,由于齿面抗点蚀能力强,但易发生轮齿折断,故轮齿疲劳折断将是其主要的失效形式。在设计与计算时,通常先按齿根弯曲疲劳强度设计,确定齿轮的模数和其他尺寸,然后再做齿面接触疲劳强度校核。

对用铸铁制造的一对齿轮啮合时,一般只需做轮齿弯曲疲劳强度设计与计算。

对于开式齿轮传动,其主要失效形式是齿面磨损。但由于磨损的机理比较复杂,到目前为止尚无成熟的设计与计算方法,通常只能按齿根弯曲疲劳强度设计,再将齿轮模数增大10%～20%。

三、齿轮材料及热处理

通过齿轮传动的失效分析可知,选用齿轮材料及热处理工艺时,应使轮齿表面硬度高而心部韧性好。这些要求可通过选择合适的材料和热处理方法达到。齿轮常用材料是锻钢,其次是铸钢、铸铁及非金属材料。

钢材经加热、锻造后成为齿轮毛坯锻件,然后对齿轮毛坯进行热处理,改变其力学性能。常用锻钢有中碳钢和中碳合金钢,如 35、45 钢,40Cr,35SiMn,38CrMoAlA 等,并通过退火、正火、调质或表面淬火等热处理;低碳钢和低碳合金钢,如 15 钢,20Cr,20CrMnTi 等,并通过渗碳淬火、回火等热处理。

铸钢是指钢材经熔炼,浇入铸型,凝固后成为铸件,然后对齿轮毛坯进行热处理,在机械切削加工前,应安排正火热处理,这样既消除铸造内应力,又能得到均匀的硬度。常用铸钢为 ZG270-500,ZG300-600,ZG380-700 等,可作为直径大于 $\phi 500mm$ 齿轮的材料。

铸铁是指铸铁经熔炼,浇入铸型,凝固后成为铸件,然后对齿轮毛坯进行人工时效,或正火热处理。常用铸铁为灰铸铁 HT200 和 HT300,球墨铸铁 QT600—3 和 QT420—10 等。灰铸铁可作为开式齿轮传动中的齿轮材料,球墨铸铁在一定范围内可代替铸钢。

非金属材料可用于高速、轻载及精度要求不高的齿轮传动,常用材料为塑性、尼龙、碳纤维增强塑性、复合材料等。

由于齿轮传动中,小齿轮的受载次数多于大齿轮,齿根厚度较薄,弯曲应力较大,为了使大小齿轮的使用寿命比较接近,一般在设计时,小齿轮的齿面硬度应高出大齿轮的齿面硬度 30～50HBS 或更多。若小齿轮与大齿轮的齿数比很大时,亦可采用硬齿面小齿轮和软齿面大齿轮相配,从而提高齿轮齿面的疲劳极限。

常用齿轮材料、热处理方式及其力学性能见表 6-3。

表 6-3 常用齿轮材料、热处理方式及力学性能

材料牌号	热处理	直径 d /mm	力学性能/MPa		齿面硬度	
			σ_b	σ_s	HBS	HRC 表面淬火
45	正火	≤100	600	300	169～217	40～50
		101～300	580	290	162～217	
	调质	≤100	660	380	229～286	
		101～300	640	350	217～255	
40Cr	调质	≤100	750	550	241～286	48～55
		101～300	700	500		
20Cr	渗碳、淬火	≤60	650	400		56～62
20CrMnTi	渗碳、淬火	15	1140	850		57～63
38CrMoAlA	调质、氮化	30	1000	850		60
ZG310—570	正火		570	310	163～207	
HT300			300		187～255	

续表

材料牌号	热处理	直径 d /mm	力学性能/MPa		齿面硬度	
			σ_b	σ_s	HBS	HRC 表面淬火
QT500—7			500	320	170~241	
夹布胶木			100		25~35	

四、齿轮的许用应力

1. 许用接触疲劳应力

齿面许用接触疲劳应力$[\sigma_H]$推荐按下式确定：

$$[\sigma_H] = 0.9\sigma_{Hlim}(\text{MPa}) \tag{6-8}$$

式中，σ_{Hlim}为试验齿轮齿面接触疲劳极限（MPa），可根据齿轮的材料、热处理工艺及硬度由图 6-19 查取。

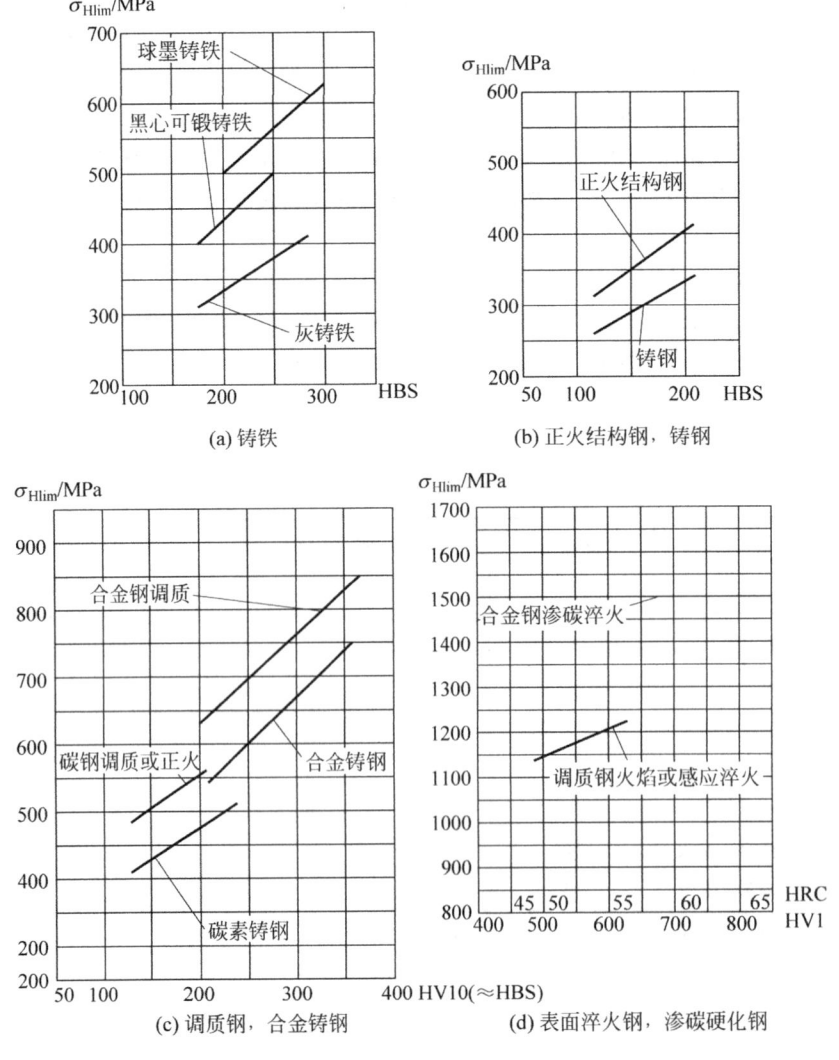

图 6-19 试验齿轮齿面接触疲劳极限 σ_{Hlim}

2. 许用弯曲疲劳应力

齿根许用弯曲应力[σ_F]推荐按下式确定。

轮齿单向受力时

$$[\sigma_F] = 0.7\sigma_{Flim}(\text{MPa}) \tag{6-9}$$

轮齿双向受力或开式齿轮

$$[\sigma_F] = 0.5\sigma_{Flim}(\text{MPa}) \tag{6-10}$$

式中,σ_{Flim}为试验齿轮齿根弯曲疲劳极限(MPa),可根据齿轮的材料、热处理工艺及硬度由图 6-20 查取。

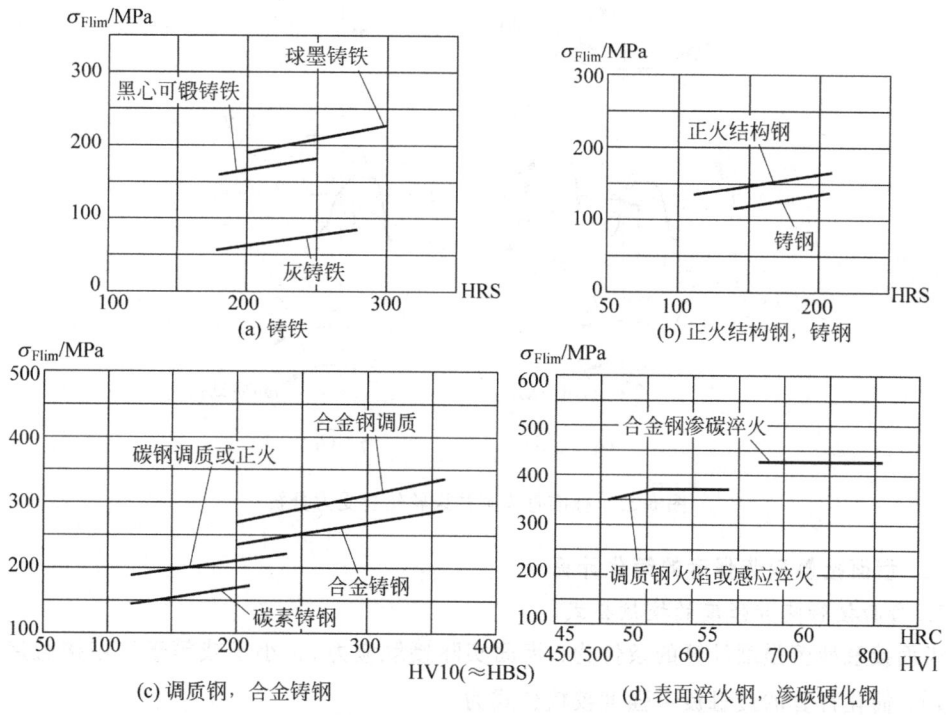

图 6-20 试验齿轮齿根弯曲疲劳极限 σ_{Flim}

6.7 标准直齿圆柱齿轮传动设计计算

一、受力分析

为了计算齿轮、轴和轴承等零件的承载能力,需要对齿轮传动进行受力分析。图 6-21 所示为一对标准直齿圆柱齿轮正确安装时轮齿受力分析。若不计摩擦力,则作用在啮合轮齿上的法向力 F_n 必定沿着啮合线方向。为分析计算方便,将法向力 F_n 分解为二个相互垂直的分力,即圆周力 F_t 和径向力 F_r,大小为

$$F_t = 2000T_1/d_1 = 2000T_2/d_2(\text{N}) \tag{6-11}$$

$$F_r = F_t \cdot \tan\alpha(\text{N}) \tag{6-12}$$

$$F_n = F_t/\cos\alpha(\text{N}) \tag{6-13}$$

$$T_1 = 9550P(\text{N} \cdot \text{m}) \tag{6-14}$$

式中,T_1、T_2—— 主动轮、从动轮的转矩(N·m);
P—— 小齿轮上的传递功率(kW);
d_1、d_2—— 主、从动轮的分度圆直径(mm);
α—— 压力角,标准值为 $\alpha=20°$。

力的方向为:圆周力 F_n 的方向在主动轮上与啮合点运动方向相反,在从动轮上与啮合点运动方向相同。径向力 F_r 的方向分别由啮合点指向各自的轮心。

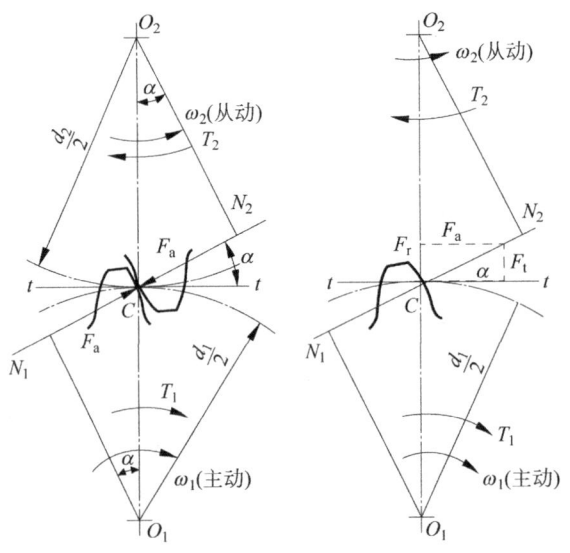

图 6-21 标准直齿圆柱齿轮轮齿受力分析

二、齿面接触疲劳强度的简化计算

1. 齿面接触疲劳强度的校核公式

齿面接触疲劳强度计算的条件为:齿面实际接触应力 σ_H 小于或等于许用接触疲劳应力 $[\sigma_H]$。简化计算的接触疲劳强度校核公式为

$$\sigma_H = A_a \cdot \sqrt{\frac{1000(u\pm1)^3 KT_1}{uba^2}} \leqslant [\sigma_H] \quad (6-15)$$

式中,T_1—— 小齿轮上的转矩,N·m;
a—— 齿轮转动中心距,mm;
u—— 齿数比,$u=z_2/z_1$;
K—— 载荷因数,其值见表 6-4
A_a—— 材料因数,根据配对齿轮材料选择,见表 6-5;
"+"——用于外啮合齿轮传动;
"-"——用于内啮合齿轮传动;
b—— 轮齿啮合宽度,mm。

2. 齿面接触疲劳强度的设计公式

在初步设计齿轮时,齿轮传动中心距的估算公式为

$$a \geqslant (u \pm 1)\sqrt[3]{\left(\frac{A_a}{[\sigma_H]}\right)^2 \frac{1000KT_1}{\psi_a \cdot u}} \qquad (6-16)$$

式中,ψ_a 为齿宽因数,$\psi_a = b/a$。

注意：由于相啮合的大、小齿轮的齿面接触应力相等,而两齿轮的材料和热处理方法不尽相同,即两轮的许用接触疲劳应力$[\sigma_H]_1$、$[\sigma_H]_2$ 不同,因此,在应用式(6-15)和式(6-16)时,应取两者中较小值进行计算。

表 6-4 齿轮传动载荷因数 K

工作特性		工 作 机		
		平稳	中等冲击	较大冲击
原动机	平稳(电动机、汽轮机)	1~1.2	1.2~1.6	1.6~1.8
	轻度冲击(多缸内燃机)	1.2~1.6	1.6~1.8	1.9~2.1
	中等冲击(单缸内燃机)	1.6~1.8	1.8~2.1	2.2~2.4

注：① 斜齿轮,圆周速度低、精度高的齿轮传动,取小值；直齿轮,圆周速度高的齿轮传动,取大值。
② 齿轮在两轴承之间并对称布置时,取小值；齿轮不在两轴承中间,或悬臂布置时,取大值。

表 6-5 齿轮传动材料因数 A_a

	钢	球墨铸铁	灰口铸铁
钢	336	—	—
球墨铸铁	320	307	—
灰口铸铁	289	276	258

三、齿根弯曲疲劳强度的简化计算

1. 齿根弯曲疲劳强度校核公式

啮合齿轮的弯曲疲劳强度条件为：齿根的弯曲应力 σ_F 小于或等于齿轮的许用弯曲疲劳应力$[\sigma_F]$。简化计算的齿根弯曲疲劳强度校核公式为

$$\sigma_F = \frac{2000KT_1}{bd_1 m} Y_{FS} \leqslant [\sigma_F] \qquad (6-17)$$

式中,d_1——小齿轮分度圆直径,mm；

m——齿轮的模数,mm；

Y_{FS}——复合齿形因数,由图 6-22 查取。

2. 弯曲疲劳强度的设计公式

将齿宽因数 $\psi_a = \frac{b}{a}$,$d = mz_1$,$a = \frac{m(z_1 + z_2)}{2}$,$z_1 = u \cdot z_2$,代入式(6-17),可得估算齿轮模数 m 的公式为

$$m \geqslant \sqrt[3]{\frac{4000KT_1}{\psi_a (u \pm 1) z_1^2} \frac{Y_{FS}}{[\sigma_F]}} \qquad (6-18)$$

注意：校核计算应对大小两齿轮分别进行,估算模数时,应将 Y_{FS1}/σ_{Flim1} 与 Y_{FS2}/σ_{Flim2} 两个比值中较大的一个代入式(6-18)。

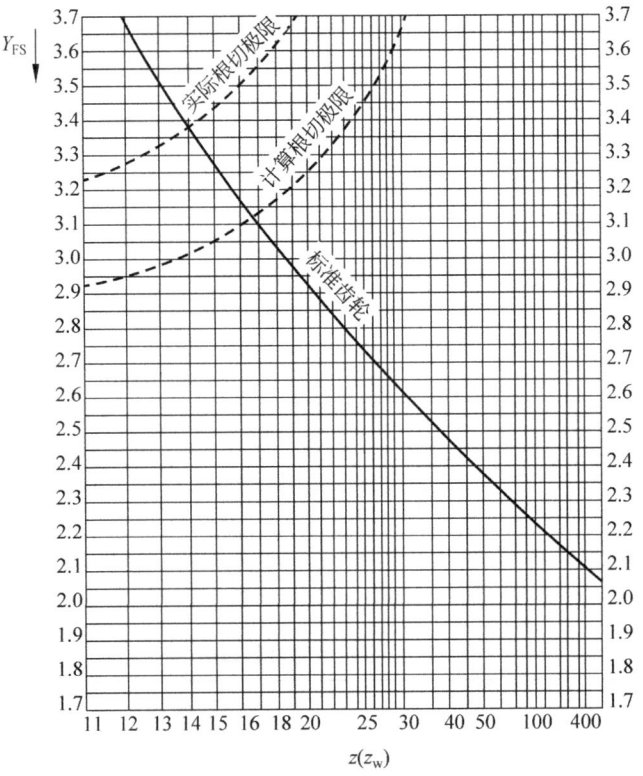

图 6-22 外啮合复合齿形因数（部分）

四、齿轮传动主要参数的选择

1. 齿数 z 和模数 m

通常在满足轮齿弯曲疲劳强度的前提下，宜采用较多的齿数、较小的模数，这样可以增大齿轮传动的重合度，提高传动的平稳性。

对于闭式软齿面齿轮传动，一般可取 $z_1=20\sim40$，载荷平稳和速度高时取大值。

对于闭式硬齿面齿轮传动及开式齿轮传动，宜取较少的齿数，适当增大模数，这样可以提高轮齿的弯曲强度，以防轮齿折断。一般取 $z_1 \geqslant 17$。

模数 m 除可按估算公式确定外，也可按经验公式确定。当齿轮传动中心距 a 确定后，在初选模数时，常取 $m=(0.007\sim0.02)a$。

为了防止轮齿在意外冲击时折断，凡传递动力的齿轮，模数 m 不宜小于 $1.5\sim2$mm。

2. 齿数比 u

齿数比 u 为大齿轮齿数与小齿轮齿数之比，即 $u=z_2/z_1$，$u\geqslant1$。齿数比 u 与传动比 i 的涵义不同，$i_{12}=n_1/n_2$，n_1 为主动轮转速，n_2 为从动轮转速。对于减速齿轮传动，$u=i$；对于增速齿轮传动，$u=1/i$。

齿数比 u 可由工作要求和结构尺寸确定。对于一般单级减速传动，可取 $u\leqslant7$，开式齿轮传动可取得大一些；齿数比 $u>7$ 时，可采用二级或多级齿轮传动。

3. 齿宽因数 ψ_a

增大齿宽因数，可以减小传动装置的尺寸和质量。但是齿宽因数过大，将会出现载荷沿齿向分布严重不均匀的现象,使齿轮承载能力下降。因此,齿宽因数应限制在一个合理的范围。对于闭式齿轮传动,取 $\psi_a=0.2\sim0.6$。一般减速器中的齿轮可取 $\psi_a=0.4$。

为保证齿轮传动有足够的啮合宽度,并便于安装和补偿轴向尺寸误差,一般取小齿轮的齿宽 $b_1=b_2+(5\sim10)$ mm,大齿轮的齿宽 $b_2=b$,b 为啮合宽度。

五、圆柱齿轮的精度等级选择

齿轮在加工过程中,由于刀具和机床本身等原因,使加工成的齿轮不可避免地产生一定的误差。齿轮传动的传动质量与其制造质量密切相关。加工误差大、齿轮精度低,将严重影响齿轮的传动质量和承载能力。反之,若精度要求太高,将会给加工带来困难,提高加工成本。因此,根据使用要求选定恰当的精度等级至关重要。

GB/T10095.1—2001 规定齿轮及齿轮副精度等级为 12 级。从 1 级到 12 级,表示精度从高到低依次排列。一般机械传动中,齿轮常用的精度等级为 6~8 级。齿轮精度主要包括传动精度和齿侧间隙两方面。

对齿轮传动的使用有三个方面的要求:传递运动的准确性、传动的平稳性、载荷分布的均匀性。齿轮每个精度等级的公差根据对这三方面的要求划分成三个公差组,第Ⅰ公差组主要影响传动的准确性,第Ⅱ公差组主要影响传动的平稳性,第Ⅲ公差组主要影响传动时齿面载荷分布的均匀性。每个公差组包括若干个检验项目公差或极限偏差。

齿轮传动精度等级的选择,要考虑齿轮的用途、工作条件、圆周速度、传递功率及使用寿命和技术经济指标等方面要求,一般多用类比法。齿轮第Ⅱ公差组的精度等级主要根据齿轮圆周速度确定,可参阅表 6-6。一般情况下,三个公差组可选用相同的精度等级,但也允许根据使用要求的不同,选择不同精度等级的公差组合。例如,仪表及机床分度系统的齿轮传动,传递运动的准确性比传动的平稳性要求高,所以第Ⅰ公差组的精度等级比第Ⅱ公差组的精度等级高一级;而轧钢机、起重机中的低速重载齿轮传动则要求齿面载荷分布均匀,所以第Ⅲ公差组的精度等级比第Ⅱ公差组的精度等级高。

表 6-6　齿轮传动精度等级及其应用

精度等级	圆周速度 $v/(\mathrm{m\cdot s^{-1}})$			应用举例
	直齿圆柱齿轮	斜齿圆柱齿轮	直齿锥齿轮	
6	≤15	≤30	≤9	高速重载的齿轮传动,如机床、汽车和飞机中的重要齿轮,分度机构的齿轮,高速减速器的齿轮等
7	≤10	≤20	≤6	高速中载或中速重载的齿轮传动,如标准系列减速器的齿轮,机床和汽车变速箱中的齿轮等
8	≤5	≤9	≤3	一般机械中的齿轮传动,如机床、汽车和拖拉机中一般的齿轮,起重机械中的齿轮,农业机械中的重要齿轮等
9	≤3	≤6	≤2.5	低速重载的齿轮、低精度机械中的齿轮等

齿轮传动的齿侧间隙是指一对齿轮啮合时,为避免因制造、安装误差及热膨胀或承载变形等原因而导致轮齿卡死,要求齿廓的非工作表面齿侧有一定的间隙。合适的齿侧间隙是

通过适当的齿厚极限偏差(负偏差)和中心距极限偏差来保证的,中心距越大,齿厚越小,其齿侧间隙越大。

在齿轮零件图上应标注齿轮的精度等级和齿厚极限偏差的字母代号。例如,齿轮第Ⅰ公差组精度为7级,第Ⅱ、Ⅲ公差组精度均为6级,齿厚上、下偏差代号分别为G、M,可表示为7—6—6 GM GB/T100951—2001。

齿轮的三个公差组精度均为7级,齿厚上、下偏差代号分别为F、L,则可表示为7 FL GB/T 10095.1—2001。

六、圆柱齿轮的结构设计与工作图

在确定齿轮尺寸的基础上,考虑材料、制造工艺等因素,确定齿轮的结构形式及其尺寸是齿轮设计的任务之一。齿轮的结构形式一般根据齿顶圆直径选定;结构尺寸一般根据强度及工艺要求,由经验公式确定。圆柱齿轮的结构形式及尺寸见表6-7。圆柱齿轮工作图示例见图6-23。

表6-7 圆柱齿轮的结构形式及尺寸

名称	结构形式	结构尺寸
齿轮轴	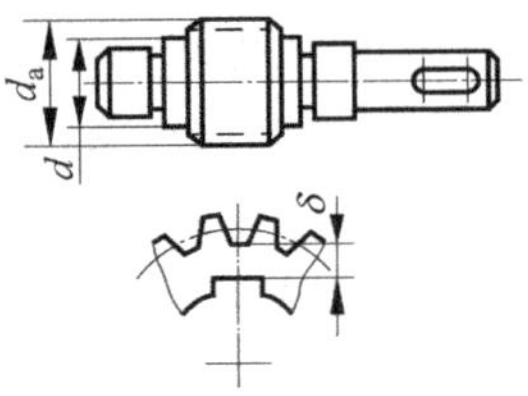	$d_a<2d$ 或 $\delta<(2\sim2.5)m_t$ 时,轴与齿轮制作成一体
实心式	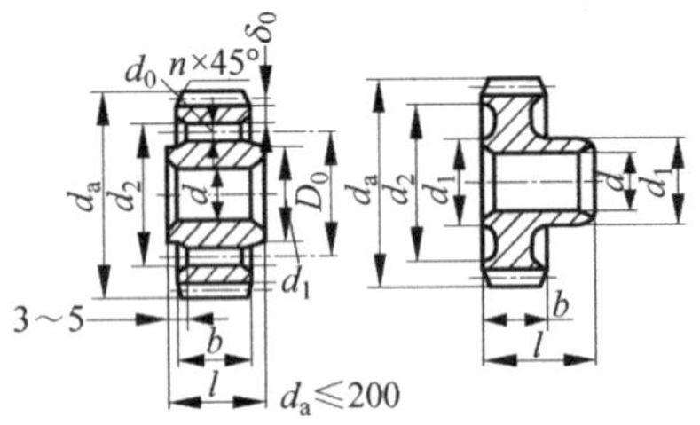	$d_1=kd$,k 值见下表 $(1.2\sim1.5)d\geq l\geq b$ $\delta_0=2.5m_t$,但不小于 8mm $D_0=0.5(d_1+d_2)$ 当 $d_0<10$mm 时不钻孔 $n=0.5m_t$ | d/mm | <20 | 20~32 | >32~50 | >50~80 | >80~120 | >120~200 | |---|---|---|---|---|---|---| | k | 2.0 | 1.9 | 1.8 | 1.7 | 1.6 | 1.5 |
腹板式	锻造	$d_1=1.6d$ $1.5d>l\geq b$ $\delta_0=(3\sim4)m_t$,但不小于 8mm $D_0=0.5(d_1+d_2)$ $d_0=15\sim25$mm $c=0.2b$(模锻),$c=0.3b$(自由锻),但不小于 8mm $n=0.5m_t$ $r\approx0.5c$

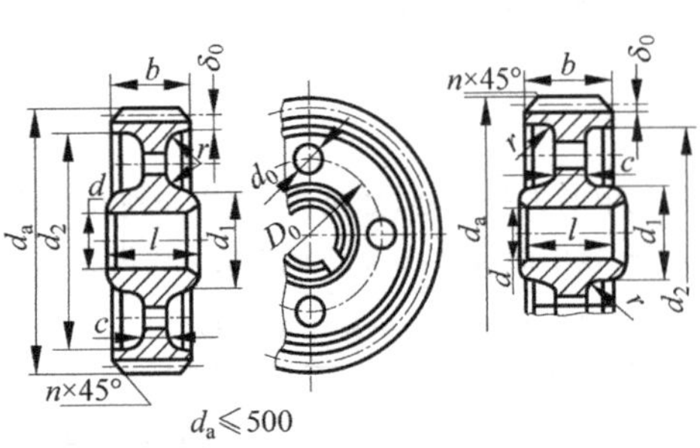

续表

名称	结构形式	结构尺寸
腹板式	铸造 $d_a<500$	$d_1=1.5d$(铸钢), $d_1=1.8d$(铸铁) $1.5d>l\geqslant b$ $\delta_0=(3\sim4)m_t$, 但不小于8mm $D_0=0.5(d_1+d_2)$ $d_0=(0.25\sim0.35)(d_2-d_1)$ $c=0.2b$, 但不小于10mm $n=0.5m_t$ $r\approx0.5c$
轮辐式	铸造 $d_a>400, b<240$	$d_1=1.5d$(铸钢), $d_1=1.8d$(铸铁) $1.5d>l\geqslant b$ $\delta_0=(3\sim4)m_t$, 但不小于8mm $D_0=0.8d$(铸钢)、$H=0.9d$(铸铁) $H_1=0.8H$ $c=(1\sim1.3)\delta_0$、$s=0.8c$ $e=(1\sim1.2)\delta_0$ $n=0.5m_t$ $r\approx0.5c$

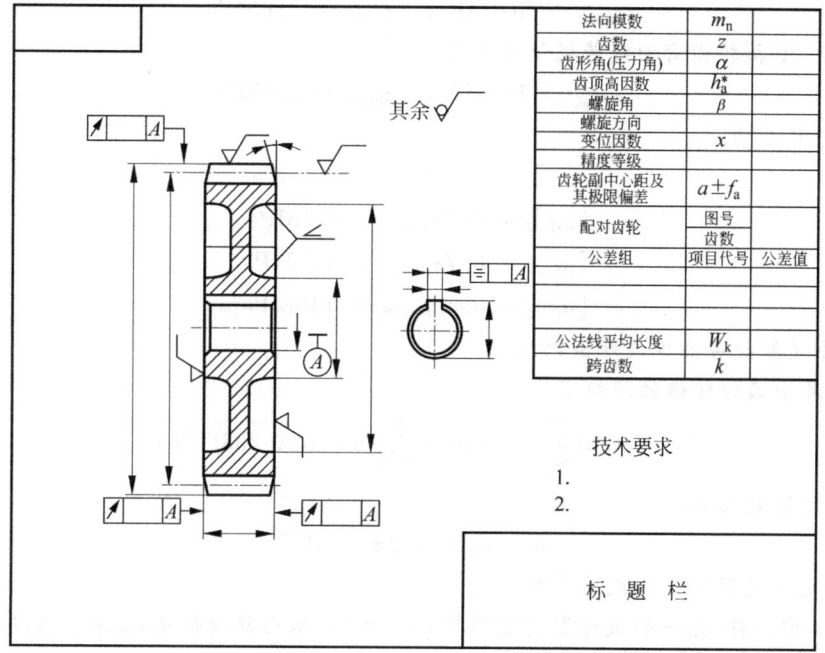

图 6-23 圆柱齿轮工作图示例

七、应用实例

例 6-1 试设计图 6-24 所示带式输送机用减速器中的直齿圆柱齿轮传动。已知:齿轮传递功率 $P=10\text{kW}$,小齿轮转速 $n_1=400\text{r/min}$,传动比 $i=3.5$,电动机驱动,载荷有中等冲击,单向运转。

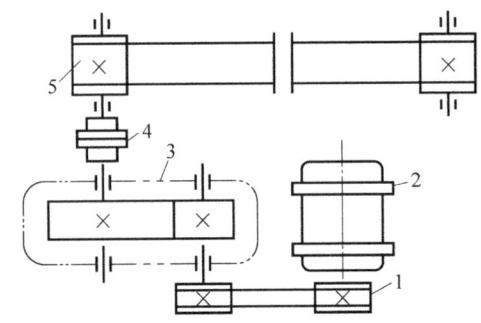

1—传送带;2—电动机;3—减速器;4—联轴器;5—输送带

图 6-24 带式输送机

解:(1)选择齿轮的材料及热处理方式,并确定许用应力。

所设计的齿轮传动属于闭式传动,无特殊要求,故通常采用软齿面的钢制齿轮。查阅表 6-3,选用价格便宜且便于制造的材料,大、小齿轮均选用 45 钢制造,小齿轮调质处理,齿面硬度为 220HBS,大齿轮正火处理,齿面硬度为 180HBS。

根据两齿轮的齿面硬度,查图 6-19 得齿面接触疲劳极限应力为

$$\sigma_{\text{Hlim1}} = 560\text{MPa}, \quad \sigma_{\text{Hlim2}} = 530\text{MPa}$$

查图 6-20 得轮齿弯曲疲劳极限应力为

$$\sigma_{\text{Flim1}} = 210\text{MPa}, \quad \sigma_{\text{Flim2}} = 200\text{MPa}$$

于是可得许用应力

$$[\sigma_H]_1 = 0.9\sigma_{\text{Hlim1}} = 504\text{MPa}$$
$$[\sigma_H]_2 = 0.9\sigma_{\text{Hlim2}} = 477\text{MPa}$$
$$[\sigma_F]_1 = 0.7\sigma_{\text{Flim1F}} = 147\text{MPa}$$
$$[\sigma_F]_2 = 0.7\sigma_{\text{Flim2F}} = 140\text{MPa}$$

(2)按接触疲劳强度设计齿轮尺寸。

① 计算小齿轮传递的转矩 T_1。

$$T_1 = 9550\frac{P}{n_1} = 9550\times\frac{10}{400}\text{N}\cdot\text{m} \approx 238.7\text{N}\cdot\text{m}$$

② 确定齿数比 u。

$$u = i_{12} = z_2/z_1 = 3.5$$

③ 确定齿宽因数 ψ_a 和载荷因数 K。

根据工作条件,选一般减速器齿宽因数 $\psi_a=0.4$。根据载荷性质,查表 6-4,取载荷因数 $K=1.4$。根据两齿轮材料,查表 6-5 得因数 $A_a=336$。

④ 计算中心距 a。

因大齿轮的齿面许用接触疲劳应力值较小,故将 $[\sigma_H]_2=477\text{MPa}$ 代入估算式(6-16)得

$$a \geqslant (u+1)\sqrt[3]{\left(\frac{A_a}{[\sigma_H]_2}\right)^2 \frac{1000KT_1}{\psi_a u}}$$

$$= (3.5+1)\sqrt[3]{\left(\frac{336}{477}\right)^2 \times \frac{1000 \times 1.4 \times 238.7}{0.4 \times 3.5}} \text{mm}$$

$$= 225.1 \text{mm}$$

取 $a = 225$ mm。

⑤ 确定齿轮主要参数。

选取模数，由经验公式得 $m = (0.007 \sim 0.02)a = 1.575 \sim 4.5$ mm。

取标准值 $m = 4$ mm。

小齿轮齿数：

$$z_1 = \frac{2a}{m(u+1)} = \frac{2 \times 225}{4 \times (3.5+1)} = 25$$

大齿轮齿数：

$$z_2 = i \cdot z_1 = 3.5 \times 25 = 87.5$$

取整数为 $z_2 = 88$。

⑥ 计算齿轮的主要尺寸。

中心距　　$a = \dfrac{m(z_1+z_2)}{2} = \dfrac{4 \times (25+88)}{2}\text{mm} = 226\text{mm}$

分度圆直径　$d_1 = m \cdot z_1 = 4 \times 25\text{mm} = 100\text{mm}$

$\qquad\qquad d_2 = m \cdot z_2 = 4 \times 88\text{mm} = 352\text{mm}$

齿顶圆直径　$d_{a1} = (z_1+2)m = (25+2) \times 4\text{mm} = 108\text{mm}$

$\qquad\qquad d_{a2} = (z_2+2)m = (88+2) \times 4\text{mm} = 360\text{mm}$

齿根圆直径　$d_{f1} = (z_1-2.5)m = (25-2.5) \times 4\text{mm} = 90\text{mm}$

$\qquad\qquad d_{f2} = (z_2-2.5)m = (88-2.5) \times 4\text{mm} = 342\text{mm}$

齿顶高　　$h_a = h_a^* m = 4\text{mm}$

齿根高　　$h_f = (h_a^* + c^*)m = 1.25 \times 4\text{mm} = 5\text{mm}$

全齿高　　$h = h_a + h_f = 9\text{mm}$

齿宽　　　$b = \psi_a \cdot a = 0.4 \times 226\text{mm} = 90.4\text{mm}$

取 $b_2 = 90$ mm，$b_1 = b_2 + (5 \sim 10)$　取 $b_1 = 95$ mm。

(3) 校核齿根弯曲疲劳强度。

计算轮齿齿根弯曲疲劳应力

由 $z_1 = 25, z_2 = 88$ 查图 6-22 得

$\quad Y_{Fs1} = 4.22, \quad Y_{Fs2} = 3.98$

$$\sigma_{F1} = \frac{2000KT_1}{bz_1 m^2} Y_{Fs1} = \frac{2000 \times 1.4 \times 238.7}{90 \times 25 \times 4^2} \times 4.22 \text{MPa} = 78.3 \text{MPa} < [\sigma_F]_1$$

$$\sigma_{F2} = \sigma_{F1} \frac{Y_{Fs2}}{Y_{Fs1}} = 78.3 \times \frac{3.98}{4.22} \text{MPa} = 73.9 \text{MPa} < [\sigma_F]_2$$

故大、小齿轮的弯曲疲劳强度是足够的。

(4) 确定齿轮精度。

圆周速度 $v = \dfrac{\pi d_1 n}{60 \times 1000} = \dfrac{3.14 \times 100 \times 400}{60 \times 1000}\text{m/s} = 2.09\text{m/s}$

确定精度等级：由表 6-6，可选用 8 级精度。

(5) 确定检测尺寸。

检测尺寸选用公法线长度，则

小齿轮：$K=3$，公法线长度 $W_1 = mW_1' = 4 \times 7.7305 = 30.922\text{mm}$。

大齿轮：$K=10$，公法线长度 $W_2 = mW_2' = 4 \times 29.2777 = 117.111\text{mm}$。

(6) 齿轮的结构设计。

小齿轮与制作做成一体，即齿轮轴结构，大齿轮锻造成腹板式结构。

具体结构尺寸(略)。

(7) 绘制齿轮零件工作图(略)。

6.8 斜齿圆柱齿轮传动

一、斜齿圆柱齿轮传动的特点

1. 斜齿圆柱齿轮的形成

齿线为螺旋线的圆柱齿轮称为斜齿圆柱齿轮。平面沿着一个固定的圆柱面(即基圆柱面)做纯滚动时，平面上一条具有恒定角度且与基圆柱的轴线倾斜交错的直线形成的空间轨迹曲面，成为渐开螺旋面，如图 6-25 所示。其恒定角度称为基圆螺旋角，用 β_b 表示。用渐开螺旋面作为齿面的圆柱齿轮即为渐开线圆柱齿轮。当 $\beta_b = 0$ 时，为直齿圆柱齿轮；$\beta_b \neq 0$ 时，则为斜齿圆柱齿轮。

斜齿圆柱齿轮的加工原理、采用的刀具和机床，与加工直齿圆柱齿轮相同，只是机床的调整有所不同。

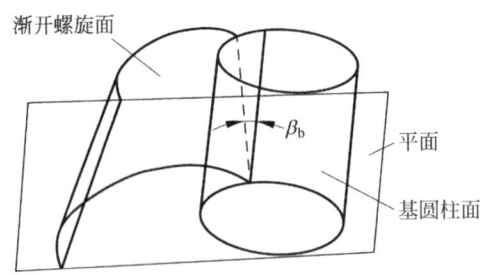

图 6-25 渐开线螺旋面的形成

2. 斜齿圆柱齿轮传动的特点

如图 6-26 所示，直齿轮副啮合传动时，齿面上的接触线是一条平行于齿轮轴线的直线，齿轮的啮合沿着齿宽同时开始和同时终止，传动平稳性差，在高速、重载时，容易引起冲击、振动和噪声。斜齿轮副啮合时，齿面上的接触线是倾斜的，沿着齿宽是逐渐接触并由短变长，再由长变短，直至啮合终止，其啮合过程比直齿长。另外，斜齿轮同时啮合的齿数比直齿轮多，即总重合度大，因此斜齿圆柱齿轮传动平稳，承载能力强，适合于高速、重载的传动。但是，斜齿轮传动会产生轴向分力，给轴和支撑装置带来不利影响，使其应用范围受到限制。

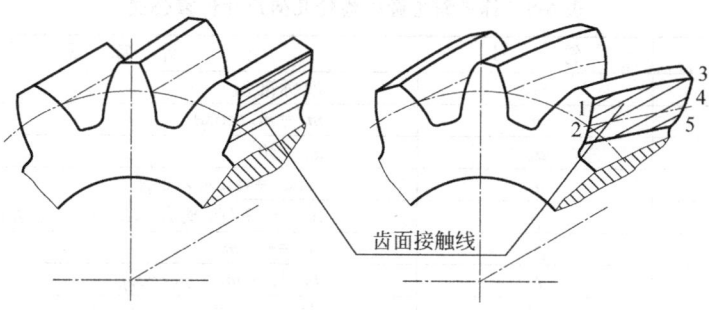

图 6-26 直齿圆柱齿轮与斜齿圆柱齿轮对比

二、斜齿圆柱齿轮传动

1. 斜齿圆柱齿轮的主要参数及几何尺寸

图 6-27 所示为斜齿圆柱齿轮沿分度圆柱面展开后的图形。该图形中螺旋线齿线为一斜直线,齿线与轴线的夹角 β 称为斜齿轮的螺旋角。β 是表示斜齿轮轮齿倾斜程度的重要参数。β 越大,其传动优点越显著,但轴向力也越大。一般 β 取 $8°\sim 20°$。

图 6-28 所示为斜齿圆柱齿轮旋向。轮齿螺旋线方向分为左旋和右旋,判断方向时,将齿轮轴线垂直放置,沿齿向左高右低为左旋,反之为右旋。

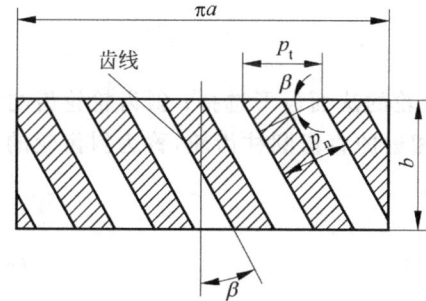

图 6-27 斜齿轮沿分度圆柱面展开

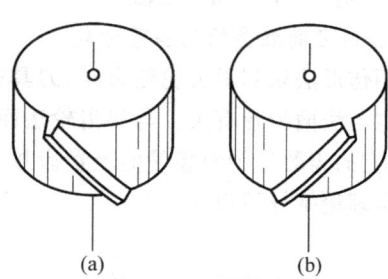

图 6-28 斜齿轮旋向

斜齿圆柱齿轮由于齿向的倾斜,其主要参数有法面参数和端面参数之分。法面参数在垂直于轮齿方向的平面上度量;端面参数在垂直于齿轮轴线的平面上度量。以 m_n 表示法面模数,α_n 表示法面压力角、m_t 表示端面模数、α_t 表示端面压力角。

加工圆柱齿轮时,常用滚齿刀或成形铣齿刀切齿。这些刀具在切齿时沿着轮齿螺旋线方向进刀。要求轮齿的法面参数与标准刀具的参数一致。因此,斜齿圆柱齿轮的法面参数为标准值。而斜齿圆柱齿轮的几何尺寸计算应按端面参数进行,故需将轮齿的法面参数换算成端面参数。根据理论分析,法面参数和端面参数的换算公式如下:

$$m_n = m_t \cdot \cos\beta \tag{6-19}$$

$$\tan\alpha_n = \tan\alpha_t \cdot \cos\beta \tag{6-20}$$

式中,β——斜齿轮的螺旋角。

标准斜齿圆柱齿轮传动几何尺寸的计算公式见表 6-8。

表 6-8 标准斜齿圆柱齿轮几何尺寸计算公式

名 称	符 号	计 算 式
法面模数	m_n	取标准值
端面模数	m_t	$m_t = m_n/\cos\beta$
法面压力角	α_n	$\alpha_n = 20°$
端面压力角	α_t	$\tan\alpha_t = \tan\alpha_n/\cos\beta$
螺旋角	β	$\beta_1 = -\beta_2$（外啮合），$\beta_1 = \beta_2$（内啮合）
法面周节	p_n	$p_n = \pi \cdot m_n$
端面周节	p_t	$p_t = \pi \cdot m_t = p_n/\cos\beta$
分度圆直径	d	$d = z \cdot m_t = z \cdot m_n/\cos\beta$
齿顶高	h_a	$h_a = h_{an}^* m_n = h_{At}^* m_T$
齿根高	h_f	$h_f = (h_{an}^* + C_n^*)m_n = (h_{at}^* + C_t^*)m_n$
全齿高	h	$h = h_a + h_f$
齿顶圆直径	d_a	$d_a = d + 2h_a$
齿根圆直径	d_f	$d_f = d - 2h_f$
中心距	a	$a = \dfrac{d_1 + d_2}{2} = \dfrac{m_n(z_1 + z_2)}{2\cos\beta}$

2. 斜齿圆柱齿轮传动的正确啮合条件

斜齿圆柱齿轮传动的正确啮合条件是：两齿轮的模数和压力角分别相等；两齿轮在分度圆上的螺旋角的绝对值相等，外啮合时旋向相反（$\beta_1 = -\beta_2$），内啮合时旋向相同（$\beta_1 = \beta_2$）。即 $m_1 = m_2 = m$，$\alpha_1 = \alpha_2 = \alpha$，$\beta_1 = \pm\beta_2$。

3. 斜齿圆柱齿轮的当量齿轮

用仿形法切制斜齿轮轮齿时，刀具需根据斜齿轮的法面齿形选择；斜齿轮轮齿的弯曲强度也与法面齿形有关。与斜齿轮法面齿形十分相近的直齿圆柱齿轮，称为斜齿轮的当量齿轮，它的齿数称为斜齿轮的当量齿数，用 z_v 表示。

由理论推导可得

$$z_v = z/\cos^3\beta \tag{6-21}$$

式中，z——斜齿轮的实际齿数。

因此，标准斜齿轮不发生切齿干涉的最少实际齿数 z_{min} 为

$$z_{min} = z_{vmin} \cdot \cos^3\beta = 17\cos^3\beta \tag{6-22}$$

三、斜齿圆柱齿轮传动的强度计算

1. 受力分析

图 6-29 所示为斜齿圆柱齿轮传动主动轮上的受力分析。图中 F_{n1} 作用在齿轮的法面内，忽略摩擦力的影响，F_{n1} 可分解成三个互相垂直的分力，即圆周力 F_{t1}、径向力 F_{r1} 和轴向力 F_{a1}。

圆周力的计算公式为

$$F_{t1} = 2000T_1/d_1 = 2000T_2/d_2 \tag{6-23}$$

径向力的计算公式为

$$F_{r1} = F_{t1}\tan\alpha_n/\cos\beta \tag{6-24}$$

轴向力的计算公式为

$$F_{a1} = F_{t1}\tan\beta \tag{6-25}$$

根据作用与反作用定律可知,两齿轮所受的法向力 F_n 及分力的圆周力 F_t、径向力 F_r 和轴向力 F_a 大小分别相等,方向分别相反。

主动轮上的圆周力和径向力方向的判定方法与直齿圆柱齿轮相同,轴向力的方向可根据左右手法则判定,即右旋斜齿轮用右手、左旋斜齿轮用左手判定,弯曲的四指表示齿轮的转向,拇指的指向即为轴向力的方向,如图 6-30 所示。作用于从动轮上的力可根据作用与反作用定律来判定。

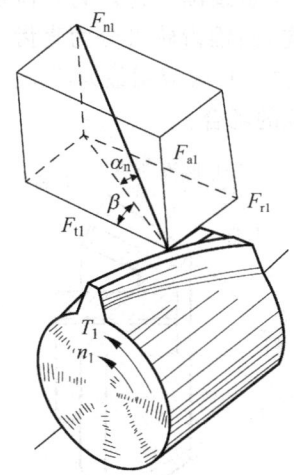

图 6-29 斜齿圆柱齿轮的受力分析

图 6-30 轴向力方向判定

2. 斜齿圆柱齿轮传动的强度计算

斜齿圆柱齿轮传动的强度计算方法与直齿圆柱齿轮相似,但受力是按轮齿的法向进行的。由于斜齿圆柱齿轮啮合时齿面接触线的倾斜及传动重合度的增大等因素的影响,使斜齿轮的接触应力和弯曲应力降低,承载能力比直齿轮强。

(1) 齿面接触疲劳强度计算

校核公式为

$$\sigma_H = 0.91 A_a \cdot \sqrt{\frac{1000(u \pm 1)^3 KT_1}{uba^2}} \leqslant [\sigma_H] \tag{6-26}$$

设计公式为

$$a \geqslant (u \pm 1) \sqrt[3]{\left(\frac{0.91 A_a}{[\sigma_H]}\right)^2 \frac{1000 KT_1}{\psi_a \cdot u}} \tag{6-27}$$

公式中符号的意义及单位同直齿圆柱齿轮。

(2) 齿根弯曲疲劳强度计算

校核公式为

$$\sigma_F = \frac{1600 KT_1}{bd_1 m_n} Y_{FS} = \frac{1600 KT_1 Y_{FS} \cos\beta}{bm_n^2 z_1} \leqslant [\sigma_F] \tag{6-28}$$

设计公式为

$$m_n \geqslant \sqrt[3]{\frac{3200 KT_1}{\psi_a(u \pm 1)z_1^2} \frac{Y_{FS}}{[\sigma_F]}} \tag{6-29}$$

式中，Y_{FS} 应按斜齿轮的当量齿数 z_v 查取。公式中符号的意义同直齿圆柱齿轮。

6.9　直齿圆锥齿轮

一、圆锥齿轮传动概述

圆锥齿轮传动用于传递两相交轴之间的运动和动力，一对圆锥齿轮两轴之间的交角 Σ 可由传动需要而决定，一般机械中常采用 $\Sigma=90°$。如图 6-31 所示，圆锥齿轮的轮齿分布在一个截锥体外表面上，由大端向小端逐渐收缩，轮齿的齿厚也逐渐变薄。它有齿顶圆锥（顶锥）、分度圆锥、齿根圆锥（根锥）和基圆锥。按齿线的走向，圆锥齿轮可分为直齿、斜齿和曲齿三种形式。由于直齿圆锥齿轮的设计、制造和安装较为方便，故应用最为广泛。曲齿圆锥齿轮传动平稳、承载能力强，但加工复杂，常用于高速重载的场合。

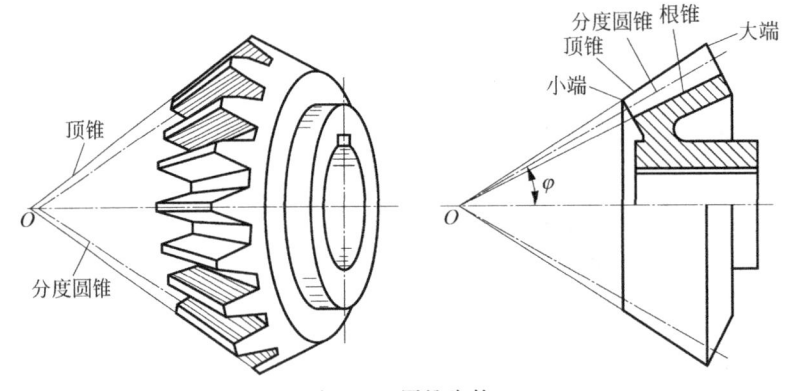

图 6-31　圆锥齿轮

二、直齿圆锥齿轮传动的主要参数、几何尺寸

圆锥齿轮传动相当于锥顶重合的一对圆锥作纯滚动。作纯滚动的圆锥称为节圆锥。标准圆锥齿轮正确安装时，节圆锥与分度圆锥重合，其母线长度 R 称为锥距，如图 6-32 所示。一对直齿圆锥齿轮正确啮合的条件是两轮齿相应部位的模数必须相等、压力角相同。

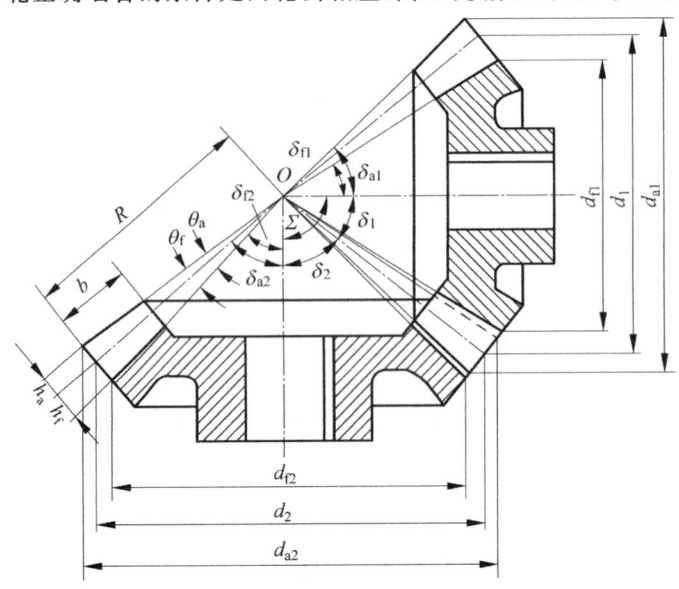

图 6-32　标准直齿圆锥齿轮传动及几何尺寸

1. 主要参数

由于直齿圆锥齿轮的加工切削是从大端开始切入,为了便于测量和计算,并减少测量误差,所以圆锥齿轮的标准参数都规定在大端。我国规定了圆锥齿轮大端模数的标准系列(见表6-9);大端标准压力角 $\alpha=20°$,齿顶高因数 $h_a^*=1$,顶隙因数 $c^*=0.2$。

表6-9 直齿圆锥齿轮大端模数的标准系列

1	1.125	1.25	1.375	1.5	1.75	2	2.25	2.5	2.75
3	3.25	3.5	3.75	4	4.5	5	5.5	6	6.5
7	8	9	10	11	12	14	16	18	20
22	25	28	30	32	36	40	45	50	

2. 几何尺寸

如图6-32所示为两轴交角 $\Sigma=90°$ 的标准直齿圆锥齿轮传动,它的各部分名称及几何尺寸的计算公式见表6-10。

表6-10 标准直齿圆锥齿轮各部分名称及几何尺寸($\Sigma=90°$)

名称	代号	小齿轮	大齿轮
齿数	z	z_1	z_2
齿数比	u	\multicolumn{2}{c}{$u=\dfrac{z_2}{z_1}=\cot\delta_1=\tan\delta_2$}
分度圆锥角	δ	$\delta_1=\arctan\dfrac{z_1}{z_2}$	$\delta_2=90°-\delta_1$
齿顶高	h_a	\multicolumn{2}{c}{$h_a=h_a^* m$}
齿根高	h_f	\multicolumn{2}{c}{$h_f=(h_a^*+c^*)m$}
分度圆直径	d	$d_1=m\cdot z_1$	$d_2=m\cdot z_2$
齿顶圆直径	d_a	$d_{a1}=d_1+2h_a\cdot\cos\delta_1$	$d_{a2}=d_2+2h_a\cdot\cos\delta_2$
齿根圆直径	d_f	$d_{f1}=d_1-2h_f\cdot\cos\delta_1$	$d_{f2}=d_2-2h_f\cdot\cos\delta_2$
锥距	R	\multicolumn{2}{c}{$R=\dfrac{d_1\sqrt{u^2+1}}{2}=\dfrac{m\sqrt{z_1^2+z_2^2}}{2}$}
齿宽	b	\multicolumn{2}{c}{$b=\psi_R\cdot R$ 一般取 $\psi_R=0.25\sim0.33$}
齿顶角	θ_a	\multicolumn{2}{c}{$\theta_a=\arctan\dfrac{h_a}{R}$}
齿根角	θ_f	\multicolumn{2}{c}{$\theta_f=\arctan\dfrac{h_f}{R}$}
顶锥角	δ_a	$\delta_{a1}=\delta_1+\theta_a$	$\delta_{a2}=\delta_2+\theta_a$
根锥角	δ_f	$\delta_{f1}=\delta_1-\theta_f$	$\delta_{f2}=\delta_2-\theta_f$

3. 正确啮合条件

两齿轮大端模数和压力角分别相等,即 $m_1=m_2=m$,$\alpha_1=\alpha_2=\alpha$。

三、当量齿轮与当量齿数

与圆锥齿轮大端背锥上齿形十分相近的标准圆柱齿轮称为圆锥齿轮的当量齿轮,圆锥齿轮大端的模数、压力角为其标准值,其齿数即为圆锥齿轮的当量齿数,用 z_v 表示。

由理论推导可得

$$\left.\begin{array}{l} z_{v1} = z_1/\cos\delta_1 \\ z_{v2} = z_2/\cos\delta_2 \end{array}\right\} \tag{6-30}$$

由式(6-30)可知圆锥齿轮不发生切齿干涉的最少齿数为

$$z_{\min} = z_{v\min} \cdot \cos\delta = 17\cos\delta < 17 \tag{6-31}$$

用仿形法切制圆锥齿轮时,刀具的选择和圆锥齿轮轮齿的强度计算,均应以当量齿数或当量齿轮为依据而进行。

四、强度计算

直齿圆锥齿轮的失效形式及强度计算的依据与直齿圆柱齿轮基本相同,可近似地按齿宽中点处的一对当量直齿圆柱齿轮传动来考虑。具体的强度计算公式及方法可查阅《机械设计手册》。

6.10 蜗杆传动

一、蜗杆传动的类型及特点

蜗杆传动由蜗杆和蜗轮组成,用于传递空间交错轴间的运动和动力。两轴间的交错角度为 $90°$,如图 6-33 所示。根据蜗杆的形状,常用的蜗杆传动可分为圆柱蜗杆传动和圆弧面蜗杆传动两大类。圆柱蜗杆传动按蜗杆齿形又分为阿基米德蜗杆(ZA 蜗杆)、渐开线蜗杆(ZI 蜗杆)、法向直廓蜗杆(ZN 蜗杆)、圆弧圆柱蜗杆(ZC 蜗杆)、锥面包络蜗杆(ZK 蜗杆)等。

切削阿基米德蜗杆(ZA 蜗杆)时,刀刃顶平面通过蜗杆轴线,蜗杆在垂直于轴线的截面内,齿形为阿基米德螺旋线,在轴向截面内为齿条形直线齿廓,在法向截面内为曲线齿廓,如图 6-34 所示。由于这种蜗杆加工测量较为方便,故应用广泛。本节主要介绍阿基米德蜗杆传动。

图 6-33 蜗杆传动

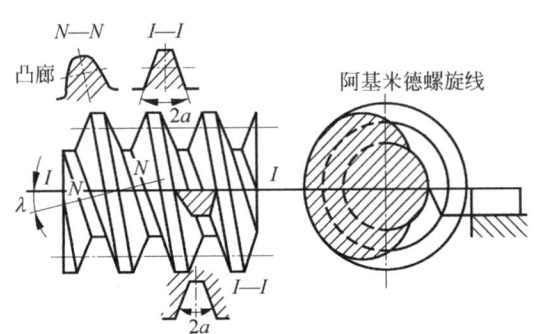

图 6-34 阿基米德蜗杆

蜗杆传动可近似地看作是由螺旋传动变化而来。蜗杆传动的特点如下：

① 传动平稳，噪声小。

② 传动比大，结构紧凑。在一般动力传动中，传动比 $i=5\sim80$，当用于传递运动时传动比可达 1000。

③ 具有自锁性。当蜗杆导程角较小时，蜗杆传动可实现自锁，即只能由蜗杆带动蜗轮，此特性被广泛应用于提升设备中。

④ 传动效率低。齿面摩擦严重，一般不宜用于大功率传动的场合。

⑤ 制造成本高。

二、蜗杆传动的主要参数和几何尺寸

1. 模数 m 和压力角 α

如图 6-35 所示，通过蜗杆轴线并垂直于蜗轮轴线的平面称为中间平面。在中间平面内，蜗杆与蜗轮的啮合相当于齿条与齿轮的啮合，因此规定中间平面上的参数为标准值。

蜗杆传动正确啮合的条件为：蜗杆的轴面模数 m_{x1}、轴面压力角 α_{x1} 必须分别与蜗轮的端面模数 m_{t2}、端面压力角 α_{t2} 相等，即

$$m_{x1} = m_{t2} = m, \alpha_{x1} = \alpha_{t2} = \alpha, \gamma = \beta$$

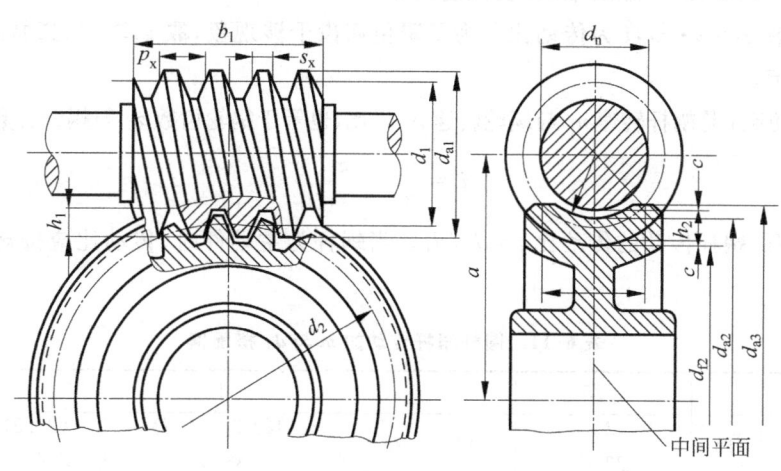

图 6-35　蜗杆传动的几何尺寸

2. 蜗杆分度圆直径 d_1 和蜗杆导程角 γ

蜗杆螺旋线有单头、多头之分。蜗杆的导程角是指圆柱螺旋线的切线与端平面之间所夹的锐角。如果将直径为 d_1 的蜗杆分度圆柱展开，如图 6-36 所示，则

$$\tan\gamma = \frac{z_1 p_x}{\pi d_1} = \frac{z_1 m}{d_1} \tag{6-32}$$

式中，z_1——蜗杆螺旋线头数，即蜗杆齿数；

p_x——蜗杆轴向齿距，mm；

m——蜗杆轴面（蜗轮端面）模数，mm。

加工蜗轮所用的滚齿刀与配对蜗杆的外形尺寸和参数几乎完全相同，由式(6-32)可知，同一标准模数 m，如果导程角 γ 不同，就会有无限多直径不同的蜗杆，则需要无限多的滚

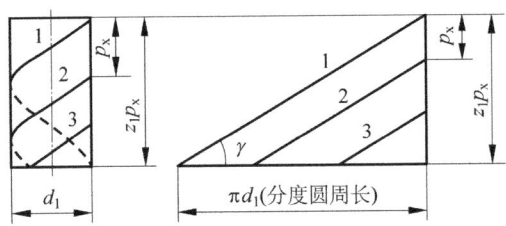

图 6-36 蜗杆分度圆柱展开图

齿刀去切制蜗轮,经济性差。为了减少蜗轮滚齿刀的数目,便于刀具标准化,国家标准规定每一模数下的蜗杆分度圆直径 d_1 为标准值,见表 6-11。

蜗轮轮齿和斜齿轮相似,把齿的旋向与轴线之间的夹角称为螺旋角,用 β 表示。并规定蜗杆分度圆柱面上的导程角 γ 应等于蜗轮分度圆柱面上的螺旋角 β,两者的螺旋方向必须相同,即 $\gamma = \beta$。

3. 蜗杆头数 z_1、蜗轮齿数 z_2 和传动比 i

蜗杆头数通常为 $z_1 = 1 \sim 4$,最多为 6。单头蜗杆容易切削,导程角小,自锁性好,效率低。蜗杆头数越多,加工越困难,分度误差越大。

蜗轮齿数 $z_2 = i \cdot z_1$,i 为传动比。为了避免切齿干涉现象,取 $z_2 \geqslant 27$,通常蜗轮齿数按传动比来确定。

蜗杆传动比 i 是蜗杆转速 n_1 与蜗轮转速 n_2 之比,也等于蜗轮齿数 z_2 与蜗杆头数 z_1 之比,即

$$i = \frac{n_1}{n_2} = \frac{z_2}{z_1} \tag{6-33}$$

应当注意,蜗杆传动的传动比 $i \neq d_2/d_1$。当蜗杆为主动件时,传动比应按规定选取,见表 6-12。

表 6-11 圆柱蜗杆传动的 m 与 d_1 搭配值

m/mm	1	1.25	1.6	2	2.5
d_1/mm	18	20 22.4	20 28	(18) 22.4(28) 35.5	(22.5) 28(35.5) 45
$m^2 d_1/\text{mm}^3$	18	31.25 35	51.2 71.68	72 89.6 112 142	140 175 221.9 281
m/mm		3.15		4	5
d_1/mm		(28) 35.5(45) 56		(31.5) 40(50) 71	(40) (50) (63) 90
$m^2 d_1/\text{mm}^3$		277.8 352.2 446.5 556		504 640 800 1136	1000 1250 1575 2250
m/mm		6.3		8	10
d_1/mm		(50) 63(80) 112		(63) 80(100) 140	(71) 90(112) 160
$m^2 d_1/\text{mm}^3$		1985 2500 3175 4445		4032 5376 6400 8960	7100 9000 11200 16000
m/mm		12.5		16	20
d_1/mm		(90) 112(140) 200		(112) 140(180) 250	(140) 160(224) 315
$m^2 d_1/\text{mm}^3$		14062 17500 21875 31250		28672 35840 46080 64000	56000 64000 89000 126000

注:括号内数据尽可能不采用。

表 6-12 圆柱蜗杆传动 i 与 z_1、z_2 的推荐值

i	4.83～5.17	7.25～15.25	15.5～30.5	31～83
z_1	6	4	2	1
z_2	29～31	29～61	29～61	29～83

4. 蜗杆传动几何尺寸计算

阿基米德蜗杆与蜗轮几何尺寸计算公式见表 6-13。

表 6-13 阿基米德蜗杆与蜗轮几何尺寸计算公式

序号	名　称	代号	关　系　式	说明
1	中心距	a	$a=\dfrac{d_1+d_2}{2}$	按规定选取
2	蜗杆头数	z_1		按规定选取
3	蜗轮齿数	z_2		按传动比确定
4	模数	m		按规定选取
5	传动比	i	$i=n_1/n_2=Z_2/Z_1$	按规定选取
7	蜗杆轴向齿距	p_x	$p_x=\pi m$	
8	蜗杆导程	p_z	$p_z=\pi m z_1$	
9	蜗杆分度圆直径	d_1		按规定选取
10	蜗杆齿顶圆直径	d_{a1}	$d_{a1}=d_1+2h_{a1}=d_1+2m$	
11	蜗杆齿根圆直径	d_{f1}	$d_{f1}=d_1-2h_{f1}=d_1-2.4m$	
12	蜗杆齿顶高	h_{a1}	$h_{a1}=m$（正常齿）	
13	蜗杆齿根高	h_{f1}	$h_{f1}=1.2m$（正常齿）	
14	蜗杆齿高	h_1	$h_1=h_{a1}+h_{f1}=2.2m$（正常齿）	
15	蜗杆导程角	γ	$\tan\gamma=m\cdot z_1/d_1$	
16	蜗杆齿宽	b_1	$b_1\approx(11+0.06z_2)m\,(z_1\leqslant2)$ $b_1\approx(12.5+0.09z_2)m\,(z_1>2)$	由设计确定
17	蜗轮分度圆直径	d_2	$d_2=mz_2=2a-d_1$	
18	蜗轮喉圆直径	d_{a2}	$d_{a2}=d_2+2h_{a2}$	
19	蜗轮齿根圆直径	d_{f2}	$d_{f2}=d_2-2h_{f2}$	
20	蜗轮齿顶高	h_{a2}	$h_{a2}=m$（正常齿）	
21	蜗轮齿根高	h_{f2}	$h_{f2}=1.2m$（正常齿）	
22	蜗轮齿高	h_2	$h_2=2.2m$（正常齿）	
23	蜗轮齿宽	b_2	$b_2\leqslant0.75d_{a1}\,(z_1\leqslant3)$ $b_2\leqslant0.67d_{a1}\,(z_1>3)$	
24	蜗轮咽喉母圆半径	r_{g2}	$r_{g2}=a-d_{a2}/2$	
25	蜗轮齿宽角	θ	$\theta=2\arcsin\dfrac{b_2}{d_1}$	

三、蜗杆和蜗轮的结构

蜗杆一般与轴制成一体，称为蜗杆轴，如图 6-37 所示。只有当蜗杆齿根圆直径与轴径的比值大于 1.7 时，才采用组合式结构。

蜗轮结构可分为整体式和组合式两种。铸铁蜗轮和直径小于 100mm 的青铜蜗轮，均

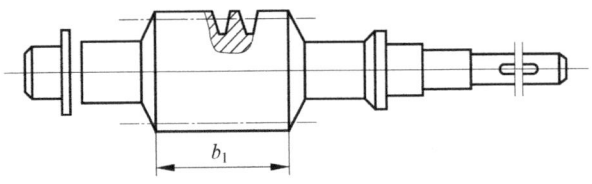

图 6-37 蜗杆轴

采用整体式,如图 6-38(a)所示。为了节约材料,直径较大的青铜蜗轮,采用青铜齿圈配以铸铁或铸钢的轮心,制成组合式蜗轮,如图 6-38(b)、(c)所示,可以将青铜齿圈用过盈配合或螺栓与轮心连接起来。

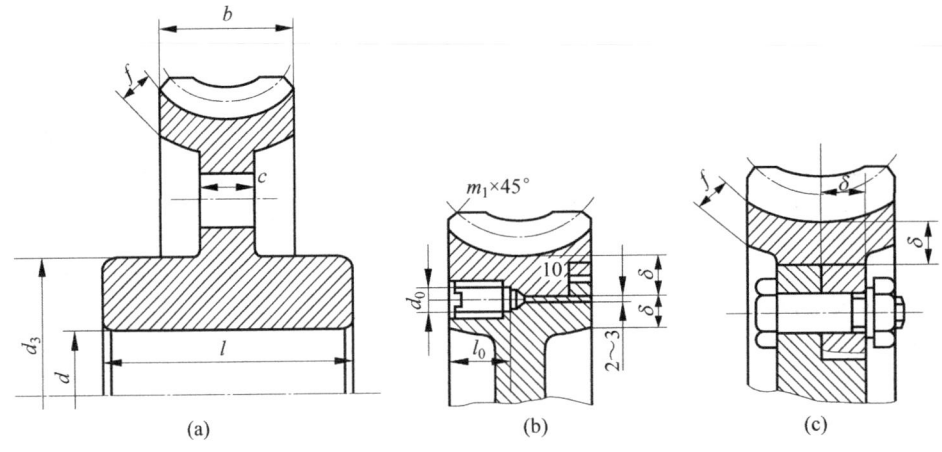

图 6-38 蜗轮结构

四、蜗杆传动的失效形式及所用材料

1. 蜗杆传动的失效形式及设计准则

蜗杆传动的失效主要是轮齿失效,而且由于蜗轮材料的强度往往较蜗杆材料强度低,所以失效大多发生在蜗轮轮齿上。与齿轮传动类似,蜗杆传动的失效形式有点蚀、胶合、磨损和折断。由于相对滑动速度大、传动效率低,因此更容易产生胶合和磨损。实践表明,在闭式传动中,蜗轮的失效形式主要是胶合与点蚀;在开式传动中,失效形式主要是磨损。当过载时,会发生轮齿折断现象。

综上所述,蜗杆传动一般只对蜗轮轮齿进行齿面接触疲劳强度计算。对效率不高又连续工作的闭式传动,因温升过高可能导致失效,故还需对其进行热平衡验算。有关热平衡验算的方法可查阅《机械设计手册》。

2. 蜗杆传动的材料

根据蜗杆传动的失效形式,对蜗杆传动副材料组合的要求是:有良好的减摩性、导热性和抗胶合性,有足够的强度。

蜗杆通常和轴制成一体,故常用碳钢或合金钢制造。如选用 45、40Cr、42SiMn 等,经调质或高频淬火;或选用 20Cr、18CrMnTi、15CrMn 等,经渗碳和淬火处理。

蜗轮材料的选择要考虑齿面相对滑动速度。对于高速而重要的蜗杆传动,蜗轮常用锡青铜,如 ZCuSn10P1、ZCuSn5Pb5Zn5 等;当滑动速度较低时,可选用价格较低的铝青铜,如 ZCuAl10Fe3;对于低速轻载传动,可选用灰口铸铁等材料,如 HT150、HT200。

蜗轮材料的许用应力见表 6-14。

表 6-14　蜗轮材料的许用应力

材料牌号	铸造方法	适用滑动速度/(m/s)	许用接触应用力$[\sigma_H]$/MPa							许用弯曲应力$[\sigma_F]$/MPa	
			滑动速度/(m/s)								
			0.5	1	2	3	4	6	8	≤45HRC	≤45HRC
ZCuSn10P1	砂模	≤12	180(≤350HBS)		200(>45HRC)					51	64
	金属模	≤25	200(≤350HBS)		220(>45HRC)					58	73
ZCuSn5Pb5Zn5	砂模	≤10	110(≤350HBS)		125(>45HRC)					37	46
	金属模	≤12	135(≤350HBS)		150(>45HRC)					39	49
ZCuAl10Fe3	砂模	≤10	250	230	210	180	160	120	90	82	103
	金属模									90	113
HT150	砂模	≤2	110	90	70					38	48
HT200	砂模	≤2	130	115	90					48	60

五、蜗杆传动的强度计算

1. 受力分析

蜗杆传动受力分析与斜齿轮传动相似。齿面上相互作用的法向力 F_n 可以分解为互相垂直的三个分力,即圆周力 F_t、径向力 F_r 和轴向力 F_a。设蜗杆 1 为主动件,蜗轮 2 为从动件,则力的分解如图 6-39 所示,各力为

$$F_{t1} = \frac{2000T_1}{d_1} \tag{6-34}$$

$$F_{t2} = \frac{2000T_2}{d_2} = \frac{2000T_1 i\eta}{d_2} \tag{6-35}$$

$$F_{r1} = F_{a1}\tan\alpha_{x1} = F_{t2}\tan\alpha_{t2} \tag{6-36}$$

式中,i —— 蜗杆传动的传动比;

α_{x1} —— 蜗杆轴面压力角;

α_{t2} —— 蜗轮端面压力角;

η —— 蜗杆传动效率,当 $z_1=1$ 时,$\eta=0.75$;当 $z_1=2$ 时,$\eta=0.80$;当 $z_1=3$ 时,$\eta=0.85$;当 $z_1=4$ 时,$\eta=0.90$。

若忽略啮合摩擦的影响,由作用力与反作用力的关系,可得

$$F_{a1} = -F_{t2}, F_{t1} = -F_{a2}, F_{r1} = -F_{r2} \tag{6-37}$$

蜗杆传动三个分力的方向判别:圆周力 F_t、径向力 F_r 方向判别同圆柱齿轮传动;轴向力 F_a 的方向可按作用力反作用力定律(式(6-37))判别,F_{a1} 也可由"左右手定则"来判定。如图 6-40 所示,蜗杆螺旋线为右旋,用"右手定则"来判定,伸出右手半握拳,当四指与蜗杆转动方向一致时,则大拇指的指向为蜗杆轴向力 F_{a1} 方向,与大拇指指向相反,就是蜗轮的转动方向。

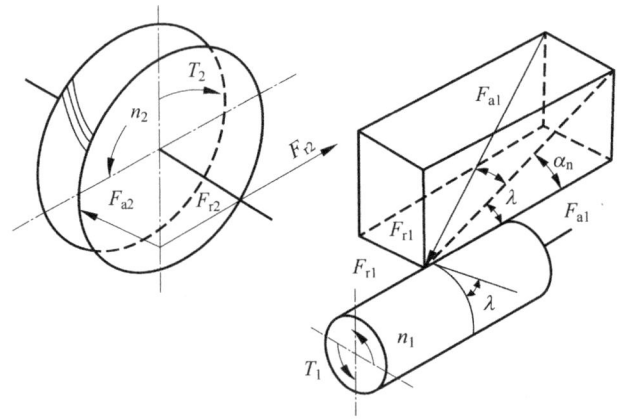

图 6-39 蜗杆传动受力分析

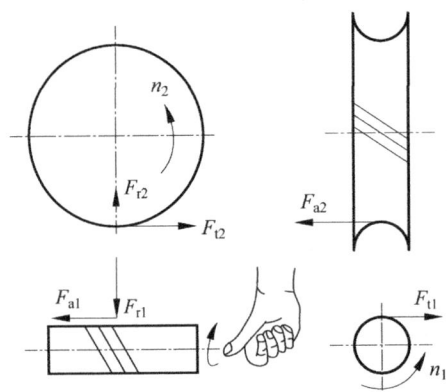

图 6-40 蜗轮转向的判定

2. 强度计算

蜗杆传动中,由于材料和结构方面的因素,蜗杆螺旋部分的强度总是比蜗轮轮齿的强度要高,所以只需进行蜗轮轮齿的强度计算。蜗杆的强度可按轴的强度计算方法进行计算。

(1) 蜗轮齿面接触疲劳强度计算

与斜齿圆柱齿轮传动相似,并考虑蜗轮轮齿齿形及载荷分布复杂的情况,可得蜗轮齿面接触疲劳强度计算式。

校核公式

$$\sigma_H = \frac{100 Z_E}{z_2 m} \sqrt{\frac{KT_2}{d_1}} \leqslant [\delta_H] \tag{6-38}$$

估算公式

$$m^2 d_1 \geqslant \left(\frac{100 Z_E}{z_2 [\sigma_H]}\right)^2 K T_2 \tag{6-39}$$

式中,Z_E——材料因数。钢蜗杆与锡青铜蜗轮配合使用时,$Z_E=160$;钢蜗杆与铸铁蜗轮配合使用时,$Z_E=162$。

K——载荷因数,$K=1\sim1.4$,载荷平稳、蜗轮转速较低时取小值,否则取大值。

T_2——蜗轮转矩,N·m。

m——模数,mm。

z_2——蜗轮齿数。

d_1——蜗杆分度圆直径,mm。

$[\sigma_H]$——蜗轮齿面许用接触应力,MPa,由表 6-14 查得。

(2) 蜗轮轮齿弯曲疲劳强度计算

根据斜齿轮齿根弯曲应力计算式,代入有关参数,可得蜗轮轮齿弯曲强度计算式。

校核公式

$$\sigma_F = \frac{1600KT_2}{z_2 m^2 d_1} Y_E \leqslant [\sigma_F] \tag{6-40}$$

估算公式

$$m^2 d_1 \geqslant \frac{1600KT_2 Y_E}{z_2 [\sigma_F]} \tag{6-41}$$

式中,Y_E——蜗轮轮齿的齿形因数,由表 6-15 查得。

$[\sigma_F]$——蜗轮轮齿许用弯曲应力,MPa,由表 6-14 查得。

在计算闭式蜗杆传动时,可按式(6-39)算出所需的 $m^2 d_1$ 值,按此值在表 6-11 中查取相应的 $m^2 d_1$ 值,然后查出相应的 m 和 d_1 值;计算开式蜗杆传动时,同样也在表 6-11 中查取相应的 $m^2 d_1$ 值,然后再查出 m 和 d_1 的标准值。一般不需要再进行验算。

表 6-15 蜗轮轮齿的齿形因数

z_2	10	11	12	13	14	15	16	17	18	19	20	22	24	26
Y_E	4.55	4.14	3.70	3.55	3.34	3.22	3.07	2.96	2.89	2.82	2.76	2.66	2.57	2.51
z_2	28	30	35	40	45	50	60	70	80	90	100	150	200	300
Y_E	2.48	2.44	2.36	2.32	2.27	2.24	2.20	2.17	2.14	2.12	2.10	2.07	2.04	2.04

6.11 轮系

一、轮系概述

由一对齿轮相啮合组成的齿轮机构是齿轮传动中最简单的形式,它可以达到减速、增速或变向的目的。在多数机械传动中,如起重机中的提升系统,需将电动机的高转速转变为卷筒的低转速;在机床中则要求将电动机的一种转速变换为主轴的多种转速;在汽车、拖拉机的后桥差速器中,需将发动机传来的一种转速分解为后轮的两个转速等。在这些情况下,采用一对齿轮传动无法满足要求。因此,必须应用多对齿轮组成传动装置。这种由一系列齿轮(包括蜗杆蜗轮)组成的传动系统称为轮系。

轮系传动时,根据各齿轮的几何轴线在空间的相对位置是否固定,可分为以下两种类型。

1. 定轴轮系

在轮系中,若每个齿轮的几何轴线在空间的位置都是固定不变的,则称为定轴轮系或称为普通轮系。如图 6-41 所示的圆锥圆柱齿轮减速器就是定轴轮系。

2. 周转轮系

在轮系传动中,其中至少有一个齿轮的几何轴线是绕另一个定轴齿轮的几何轴线转动的轮系,称为周转轮系。如图 6-42 所示,其中小齿轮 2 的轴线是不固定的,它除了能绕自身的几何轴线转动(自转)外,同时又绕固定轴线 O 转动(公转)。

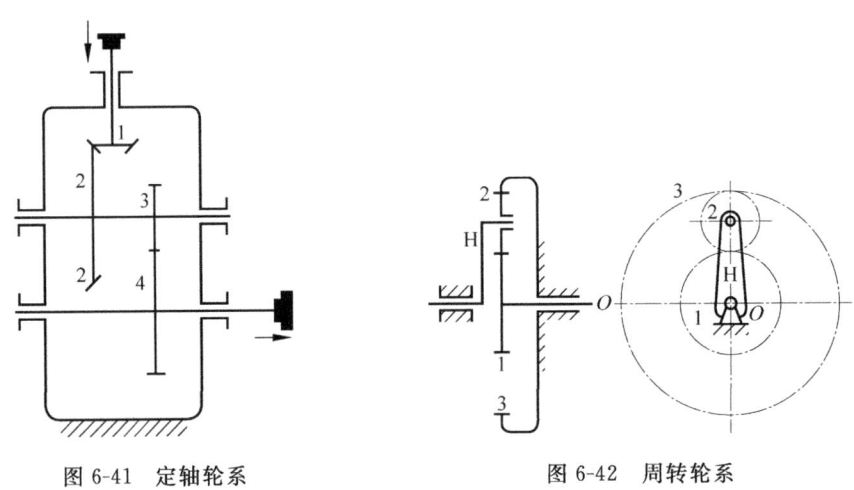

图 6-41　定轴轮系　　　　　　　图 6-42　周转轮系

二、定轴轮系传动比计算

轮系中,首末两齿轮的转速之比,称为该轮系的传动比。在计算轮系传动比时,除应确定其数值大小外,还应考虑两轮的转向关系。

如前文所述,一对齿轮的传动比是指主动轮的转速与从动轮的转速之比,它也等于两轮齿数的反比,即

$$i_{12} = \frac{n_1}{n_2} = \pm \frac{z_2}{z_1}$$

式中,正负号分别表示输出、输出两轴的转动方向相同或相反。对于外啮合圆柱齿轮传动,因转向相反,取负号;对于内啮合圆柱齿轮传动,则取正号。应当注意,对于两轴不平形的空间齿轮传动,如圆锥齿轮传动、蜗杆传动等,两轴的转动方向无相同或相反可言,其传动比不存在正负号,两轴的转向应用画箭头的方法确定。

图 6-43 所示为一定轴轮系,计算此轮系的传动比 i_{12}。

轮系中各对齿轮的传动比为

$$i_{12} = \frac{n_1}{n_2} = -\frac{z_2}{z_1}$$

$$i_{2'3} = \frac{n'_2}{n_3} = \frac{z_3}{z'_2}$$

$$i_{3'4} = \frac{n'_3}{n_4} = -\frac{z_4}{z'_3}$$

$$i_{45} = \frac{n_4}{n_5} = -\frac{z_5}{z_4}$$

将以上各式两边分别连乘后得

$$i_{12} \cdot i_{2'3} \cdot i_{3'4} \cdot i_{45} = \frac{n_1}{n_2} \cdot \frac{n_2'}{n_3} \cdot \frac{n_3'}{n_4} \cdot \frac{n_4}{n_5} = (-1)^3 \frac{z_2 \cdot z_3 \cdot z_4 \cdot z_5}{z_1 \cdot z_2' \cdot z_3' \cdot z_4}$$

因 $n_2' = n_2$，$n_3' = n_3$

故

$$i_{15} = \frac{n_1}{n_5} = i_{12} \cdot i_{2'3} \cdot i_{3'4} \cdot i_{45} = (-1)^3 \frac{z_2 z_3 z_4 z_5}{z_1 z_2' z_3' z_4}$$

由此可见，该定轴轮系的传动比等于组成该轮系的各对齿轮传动比的连乘积，也等于各对齿轮中的从动轮齿数的乘积与主动轮齿数的乘积之比。其正负号取决于外啮合齿轮的对数，外啮合齿轮对数为奇数时取负号，偶数时取正号。

在上述轮系中，齿轮 4 齿数的多少并不影响该轮系传动比的大小，而仅仅起了中间过渡和改变从动轮转向的作用。这种齿轮称为惰轮或过桥齿轮。

根据以上分析，由圆柱齿轮组成的定轴轮系，其首轮 1 与末轮 k 的传动比为

$$i_{1k} = \frac{n_1}{n_k} = (-1)^m \frac{\text{所有各对齿轮的从动轮齿数的乘积}}{\text{所有各对齿轮的主动轮齿数的乘积}} \tag{6-42}$$

式中，m——轮系中外啮合齿轮的对数。

在定轴轮系中，若包含有圆锥齿轮或蜗杆蜗轮，如图 6-43 所示，其传动比的大小仍可用式(6-1)进行计算，但首末两轮的转向关系不能用 $(-1)^m$ 来确定，而必须在图上用画箭头的方法确定。

例 6-2 在图 6-44 所示的轮系中，已知各轮的齿数分别为 $z_1 = 15$，$z_2 = 25$，$z_2' = z_3 = 15$，$z_4 = z_3 = 30$，$z_4' = 2$(右旋)，$z_5 = 60$，$z_5' = 20(m = 4\text{mm})$。若 $n_1 = 1000\text{r/min}$，求齿条 6 移动速度的大小及方向。

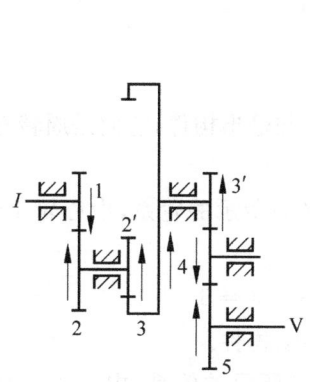

图 6-43 定轴轮系

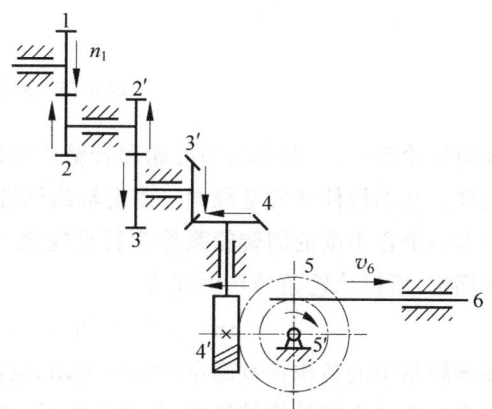

图 6-44 带有锥齿轮和蜗杆的定轴轮系

解：由图可知，各轮轴线位置均为固定，并包含有圆锥齿轮和蜗杆蜗轮，所以是空间定轴轮系。可用式(6-1)计算传动比的大小，而各轮的转向只能用画箭头的方法表示。

由式(6-1)可得

$$i_{15} = \frac{n_1}{n_5} = \frac{z_2 z_3 z_4 z_5}{z_1 z_2' z_3' z_4'} = \frac{25 \times 30 \times 30 \times 60}{15 \times 15 \times 15 \times 2} = 200$$

故 $n_5 = \dfrac{n_1}{i_{15}} = \dfrac{1000}{200} = 5\text{r/min}$。

因轮 $5'$ 与轮 5 同轴,故转速相同 $n_5' = n_5 = 5\text{r/min}$。

因为齿条 6 与齿轮 $5'$ 啮合,所以齿条 6 的线速度 v_6 与齿轮 $5'$ 的节圆(标准齿轮分度圆)圆周速度相等。

$$v_6 = v_5' = \frac{\pi d_5' n_5'}{60000} = \frac{\pi m z_5' n_5'}{60000} = \frac{3.14 \times 4 \times 20 \times 5}{60000} = 0.021\text{m/s}$$

因轮 1 和轮 5 的轴线不平行,所以用画箭头的方法确定轮 5 的转向为顺时针方向,故齿条 6 的移动速度 v_6 的方向向右。

三、周转轮系传动比计算

图 6-45 所示为一周转轮系,外齿轮 1 和内齿轮 3 绕固定轴线 OO 回转,称为中心轮。齿轮 2 活套在构件 H 的小轴 O_1O_1 上,而构件 H 同时也能绕固定轴线 OO 回转,这种构件称为转臂或系杆。齿轮 2 既能绕自身的轴线 O_1O_1 回转(自转),又能随构件 H 绕固定轴线 OO 回转(公转),就像行星一样,兼做自转和公转,故称齿轮 2 为行星轮。

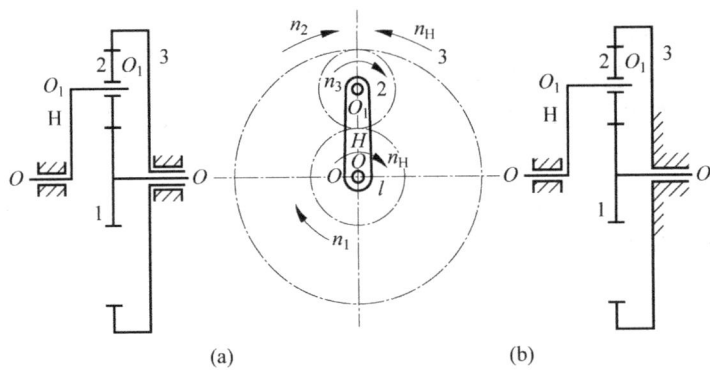

图 6-45 周转轮系

在周转轮系中,一般都以中心轮和转臂作为运动的输入和输出构件,它们是周转轮系的基本构件。基本构件通常是绕同一固定轴线回转的。

具有一个自由度的周转轮系称为行星轮系,如图 6-45(b)所示的轮系,中心轮 1 运动,而轮 3 固定,所以该轮系的自由度为

$$F = 3n - 2P_L - P_H = 3 \times 3 - 2 \times 3 - 2 = 1$$

为了使该轮系中的各构件有确定的相对运动,只需要一个主动构件。

具有两个自由度的周转轮系,称差动轮系,如图 6-45(a)所示的轮系,中心轮 1 和 3 都不固定,所以该轮系的自由度为

$$F = 3n - 2P_L - P_H = 3 \times 4 - 2 \times 4 - 2 = 2$$

为了使该轮系中的各构件有确定的相对运动,需要两个主动构件。

周转轮系和定轴轮系的根本区别就在于周转轮系中有转臂,所以使得行星轮既有自转又有公转。由于这个差别,周转轮系的传动比就不能直接用定轴轮系的传动比计算方法来计算。

计算周转轮系传动比时通常采用相对速度法。根据相对运动原理可知,如果给整个轮系加一个与转臂 H 的转速 n_H 大小相等、方向相反的转速($-n_H$),则轮系各构件间相对运动关系仍保持不变。这样转臂 H 变为不动,而整个周转轮系转化为定轴轮系。这种经转化而得到的假想定轴轮系称为原周转轮系的转化轮系。

以图 6-45 所示周转轮系为例,当轮系中加上 $-n_H$ 后,各构件的转速见表 6-16。

表 6-16　周转轮系与转化轮系各轮的转速关系

构件名称	周转轮系中的转速	转化轮系中的转速
中心轮 1	n_1	$n_1^H = n_1 - n_H$
行星轮 2	n_2	$n_2^H = n_2 - n_H$
中心轮 3	n_3	$n_3^H = n_3 - n_H$
转臂 H	n_H	$n_H^H = n_H - n_H$

表 6-16 所列转化轮系中各构件的转速的上方都带有角标 H,它表示这些转速是各构件对转臂 H 的相对转速。由于转化轮系中转臂 H 相对静止不动,故为定轴轮系。转化轮系中任意两轮的传动比皆可用求定轴轮系传动比的方法求得。例如

$$i_{13}^H = \frac{n_1^H}{n_3^H} = \frac{n_1 - n_H}{n_3 - n_H} = -\frac{z_2 \cdot z_3}{z_1 \cdot z_2} = -\frac{z_3}{z_1}$$

各轮的轴线均平行的周转轮系中任意两轮 G 和 K 及转臂 H 转速间关系的一般表达式为

$$i_{GK}^H = \frac{n_G^H}{n_K^H} = \frac{n_G - n_H}{n_K - n_H} = (-1)^m \frac{\text{齿轮 G、K 间所有从动轮齿数的乘积}}{\text{齿轮 G、K 间所有主动轮齿数的乘积}} \quad (6-43)$$

式中,m —— 齿轮 G、K 间外啮合的对数。

应用上式求解周转轮系传动比时,需注意以下几点:

① n_G、n_K、n_H 三个量中,若有两个转速已知,则能求得第三个转速。

② 在 n_G、n_K、n_H 三个量中,如果二个转速方向相反,则一个为正值,另一个为负值。

③ $i_{GK} \neq i_{GK}^H$。i_{GK} 是行星齿轮系中轮 G 与轮 K 的绝对转速之比,而后者是转化轮系中两轮的相对转速比。

④ i_{GK}^H 的符号为正(或负),表示轮 G 和轮 K 在转化轮系中相对转向相同(或相反),即 n_G^K 与 n_K^H 的转向相同(或相反),与其绝对转速 n_G、n_K 的转向无关。对各轮的轴线均平行周转轮系,i_{GK}^H 的符号由 $(-1)^m$ 确定;对由锥齿轮所组成的周转轮系,i_{GK}^H 的符号则将转化轮系按定轴轮系的箭头方法确定。

对于由定轴轮系和周转轮系所组成的混合轮系,不能简单地用对整个轮系加一个公共转速的办法将其转化为一个定轴轮系。因为,这样做的结果是使周转轮系变成定轴轮系,同时也把原来的定轴轮系反而变成了周转轮系,致使问题得不到解决。因此,在混合轮系传动比计算时,首先是将定轴轮系与周转轮系区分开来;然后,分别列出它们的计算方程式,最后联立求解,即可得到整个轮系的传动比。

例 6-3 在图 6-45(b)所示的周转轮系中,各轮的齿数分别为 $z_1=25, z_2=17, z_3=60$,且 $n_1=1836\text{r/min}$,求传动比 i_{1H} 和转臂 H 的转速 n_H。

解:因中心轮 3 是固定的,即其转速为零。先列了转化轮系的传动比,根据式(6-43)得

$$i_{13}^{H}=\frac{n_1^H}{n_3^H}=\frac{n_1-n_H}{n_3-n_H}=-\frac{z_3}{z_1}$$

因 $n_3=0$,则

$$\frac{n_1-n_H}{0-n_H}=-\frac{z_3}{z_1}=-\frac{60}{25}$$

解得

$$i_{1H}=\frac{n_1}{n_H}=1+\frac{60}{25}=3.4$$

代入 $n_1=1836\text{r/min}$ 得

$$n_H=\frac{n_1}{i_{1H}}=\frac{1836}{3.4}\text{r/min}=540\text{r/min}$$

结果为正,说明转臂 H 与齿轮 1 的转向相同。

例 6-4 如图 6-46 所示的差动轮系中,已知 $z_1=20, z_2=30, z_3=80$,齿轮 1 和齿轮 3 的转速大小为 10r/min,方向相反。求系杆 H 的转速及传动比 i_{H1}。

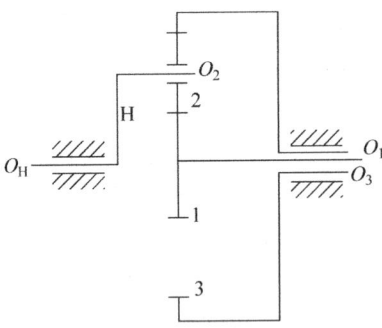

图 6-46 差动轮系

解:设齿轮 1 转向为正,则 $n_1=10\text{r/min}, n_3=-10\text{r/min}$

由

$$i_{13}^{H}=\frac{n_1^H}{n_3^H}=\frac{n_1-n_H}{n_3-n_H}=-\frac{z_3}{z_1}=-\frac{80}{20}$$

即

$$\frac{n_1-n_H}{n_3-n_H}=-4$$

$$\frac{10-n_H}{-10-n_H}=-4$$

$$n_H=-6\text{r/min}$$

式中,负号表示系杆 H 与齿轮 1 的转向相反。

因此

$$i_{H1}=\frac{n_H}{n_1}=-\frac{6}{10}=-0.6$$

习题

6-1 齿轮传动有什么特点？齿轮传动的类型有哪些？

6-2 渐开线直齿圆柱齿轮正确啮合的条件是什么？连续传动条件是什么？

6-3 什么叫齿轮的切齿干涉？标准直齿圆柱齿轮不发生切齿干涉的最少齿数是多少？

6-4 什么叫变位齿轮？与标准齿轮相比有什么特点？

6-5 常见的齿轮轮齿损伤与失效形式有哪些？

6-6 开式齿轮传动和闭式齿轮传动的轮齿失效形式有什么不同？闭式软齿面齿轮传动与闭式硬齿面齿轮传动的失效形式又有什么不同？各自的设计准则是什么？

6-7 为什么小齿轮齿面硬度要比大齿轮齿面硬度高些？

6-8 为什么斜齿圆柱齿轮比直齿圆柱齿轮传动平稳、承载能力大？

6-9 一对啮合传动的直齿圆柱齿轮其圆周力、径向力和法向力的大小、方向如何确定？

6-10 斜齿圆柱齿轮模数、压力角各有哪几种？哪一种是标准值？

6-11 斜齿圆柱齿轮正确啮合的条件是什么？

6-12 什么叫斜齿轮的当量齿数？如何计算？

6-13 斜齿圆柱齿轮在选择切削刀具和强度计算时应以什么齿数为依据？

6-14 一对啮合传动的斜齿圆柱齿轮的轴向力的方向如何确定？

6-15 直齿圆锥齿轮的模数、压力角的标准值规定在什么位置？其正确啮合的条件是什么？

6-16 蜗杆传动有哪些基本特点？

6-17 蜗杆传动的正确啮合条件是什么？其传动比是否等于蜗轮和蜗杆的分度圆直径之比？

6-18 什么叫定轴轮系？什么叫周转轮系？

6-19 如何计算定轴轮系的传动比？怎样确定其首末轮的转向关系？

6-20 为什么可以通过转化轮系计算周转轮系的传动比？转化轮系中各构件的转速是否与原周转轮系的转速相等？

6-21 C61508 车床主轴箱内有一对标准直齿圆柱齿轮，其模数 $m=3$mm，齿数 $z_1=21$，$z_2=66$，压力角 $\alpha=20°$，正常齿制。试计算两齿轮的主要几何尺寸。

6-22 题 6-21 中，若支撑两齿轮的箱体轴承孔中心距恰好等于标准中心距。试确定两轮的节圆直径、啮合角；并作图确定实际啮合线 B_1B_2 长度，检查该对齿轮传动的重合度为多少？

6-23 已知一标准渐开线直齿圆柱齿轮，其齿顶圆直径 $d_{a1}=77.5$mm，齿数 $z_1=29$。先要求设计一个大齿轮与其外啮合，传动的安装中心距 $a=145$mm，试计算这对齿轮的主要参数及大齿轮的主要尺寸。

6-24 有一个齿数 $z=24$ 的正常齿制标准圆柱齿轮，跨齿数为 3 时，测得公法线长度 $W_3=61.83$mm；跨齿数为 2 时，测得公法线长度 $W_2=37.55$mm。此外，测得齿顶圆直径 $d_a=208$mm，试确定该齿轮的压力角和模数。

6-25 某闭式渐开线标准直齿圆柱齿轮传动，中心距 $a=120$mm。现有两种方案：

方案一　$z_1=18, z_2=42, m=4\text{mm}, \alpha=20°, b=60\text{mm}$；

方案二　$z_1=36, z_2=84, m=2\text{mm}, \alpha=20°, b=60\text{mm}$。

如小齿轮均为 40Cr 钢，表面淬火，齿面硬度 52HRC，大齿轮 45 钢表面淬火，表面硬度 45HRC，问：

(1) 接触疲劳强度哪对齿轮较高？为什么？

(2) 弯曲疲劳强度哪对齿轮较高？为什么？

(3) 运转起来哪对齿轮较平稳？为什么？

(4) 应用于简易磨床，应选哪种方案？如用于简易冲床，又选哪种方案？为什么？

6-26　试设计单级直齿圆柱齿轮减速器中的齿轮传动。已知传递功率 $P=5\text{kW}$，小齿轮转速 $n_1=970\text{r/min}$，大齿轮转速 $n_2=250\text{r/min}$；电动机驱动，工作载荷比较平稳，单向传动，小齿轮齿数已选定 $z_1=25$，材料选 45 钢调质 210HBS，大齿轮材料选 45 钢正火 180HBS。

6-27　已知一对正常齿标准斜齿圆柱齿轮的模数 $m_n=3\text{mm}$，齿数 $z_1=23, z_2=76$，分度圆螺旋角 $\beta=8°6'34''$。试求其中心距、端面压力角、当量齿数、分度圆直径、齿顶圆直径和齿根圆直径。

6-28　题 6-28 图所示为斜齿圆柱齿轮减速器。

(1) 已知主动轮 1 的螺旋角旋向及转向，为了使轮 2 和轮 3 的中间轴的轴向力最小，试确定轮 2、3、4 的螺旋角旋向和各轮产生的轴向力方向。

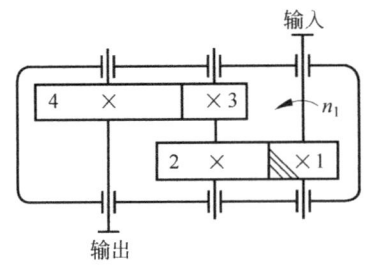

题 6-28 图

(2) 已知 $m_{n2}=3\text{mm}, z_2=57, \beta_2=18°, m_{n3}=4\text{mm}, z_3=20, \beta_3$ 应为多少时，才能使中间轴上两齿轮产生的轴向力相互抵消？

6-29　已知一对轴交角 $\Sigma=90°$ 的直齿圆锥齿轮传动，$m=3\text{mm}$，齿数 $z_1=20, z_2=40$，压力角 $\alpha=20°$，齿顶高系数 $h_a^*=1$，顶隙系数 $c^*=0.2$。试计算该对齿轮的几何尺寸。

6-30　一标准普通圆柱蜗杆传动，已知其蜗杆的轴向模数 $m=10\text{mm}$，头数 $z_1=1$，分度圆直径 $d_1=90\text{mm}$，蜗轮齿数 $z_2=31$，试确定蜗杆分度圆直径、蜗轮分度圆直径、蜗杆分度圆导程角、中心距。

6-31　试判定题 6-31 图中的转动方向或螺旋方向，蜗杆均为主动。

6-32　题 6-32 图所示轮系中，已知各轮的齿数为 $z_1=z_2=20, z_3=60, z_3'=26, z_4=30, z_4'=22, z_5=34$。试计算传动比 i_{15}。

6-33　题 6-33 图所示的手摇提升装置中，设已知各轮的齿数 $z_1=20, z_2=50, z_2'=15$，

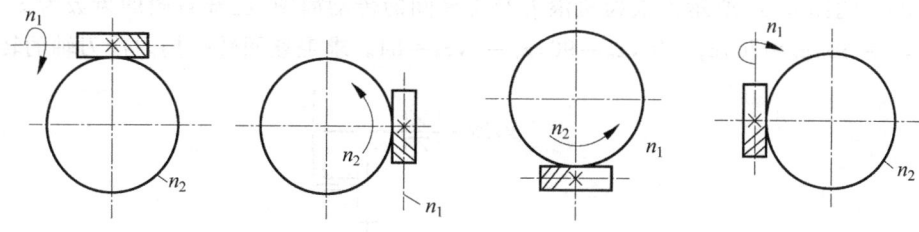

题 6-31 图

$z_3=30, z_3'=1, z_4=40, z_4'=18, z_5=52$,试求其传动比 i_{15},并指出提升重物时手柄的转向。

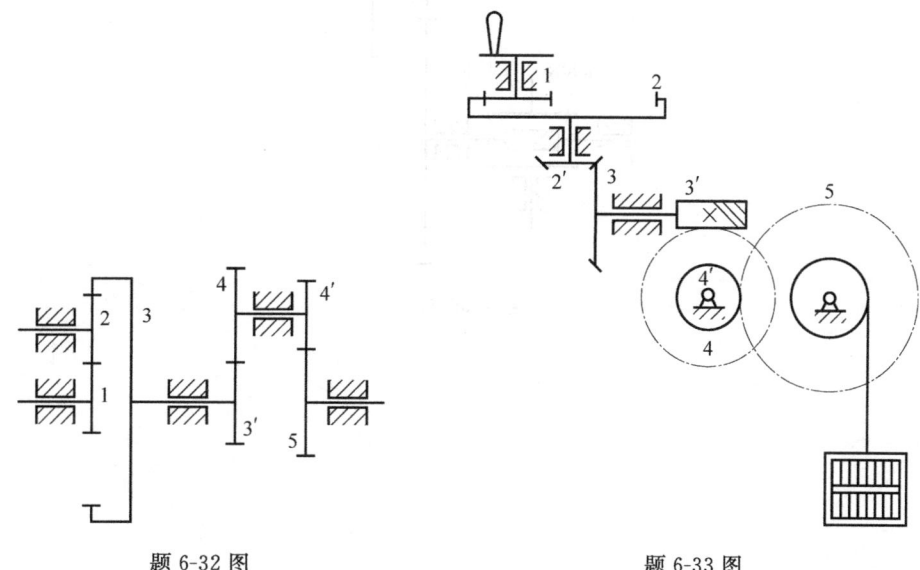

题 6-32 图   题 6-33 图

6-34 题 6-34 图所示的行星齿轮系中,已知轮 3 的转速 $n_3=2400\text{r/min}$,各轮的齿数 $z_1=105, z_3=135$,试求系杆 H 的转速。

6-35 题 6-35 图所示为一矿山用电钻的传动机构。已知各轮的齿数为 $z_1=15, z_3=45$,电动机 m 的转速 $n_1=3000\text{r/min}$。试计算钻头 h 的转速 n_h。

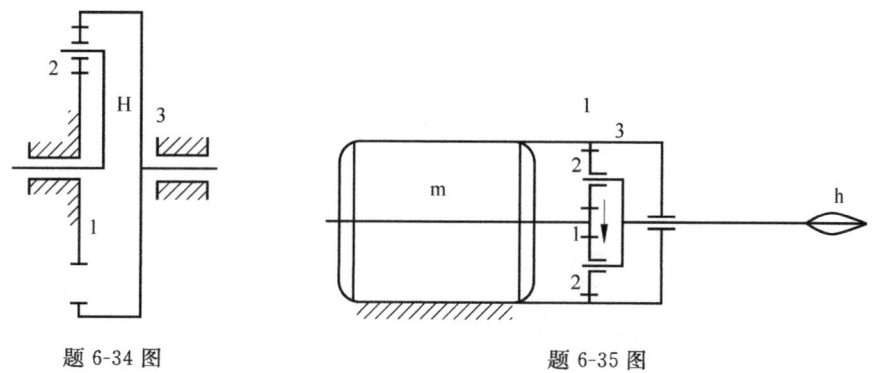

题 6-34 图   题 6-35 图

6-36 题图6-36所示为滚齿机滚刀与工件间的传动简图,已知各轮的齿数为$z_1=35$,$z_2=10$,$z_3=30$,$z_4=70$,$z_5=40$,$z_6=90$,$z_7=1$,$z_8=84$。求毛坯回转一周时滚刀轴的转数。

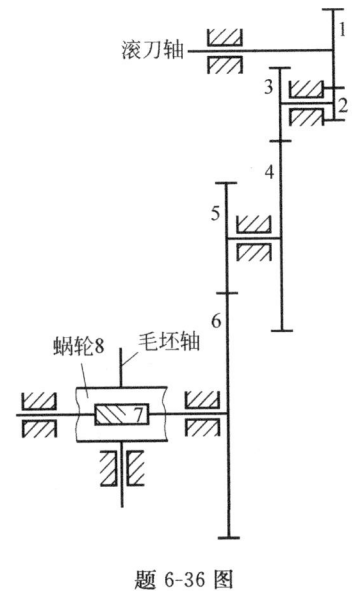

题 6-36 图

单元 7　带传动和链传动

📋 **学习目标**

(1) 了解带传动的类型和特点；
(2) 掌握普通 V 带、V 带轮的结构和标准；
(3) 了解带传动工作情况及工作应力分析；
(4) 了解链传动的类型及特点；
(5) 掌握带传动和链传动的布置、润滑和维护。

7.1　带传动概述

一、带传动的组成、类型

1. 带传动的组成

带传动通常是由主动轮 1、从动轮 2 和张紧在两轮上的环形带 3 所组成，如图 7-1 所示。安装时带被张紧在带轮上，这时带所受的拉力称为初拉力，它使带与带轮的接触面间产生压力。当主动轮回转时，依靠带与带轮接触面间的摩擦力拖动从动轮一起回转，从而传递一定的运动和动力。

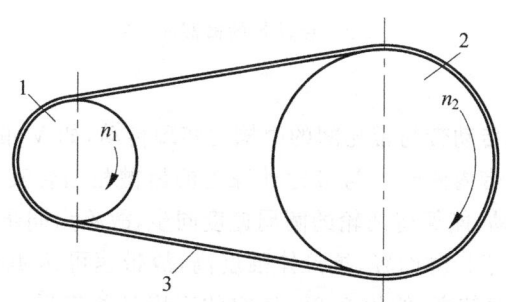

1—主动轮；2—从动轮；3—环形带
图 7-1　带传动简图

2. 带传动的类型

(1) 按传动带的截面形状分

① 平带　如图 7-2(a)所示，平带的横截面为扁平矩形，其工作面是与轮面相接触的内表面。

② V 带　如图 7-2(b)所示，V 带的横截面为等腰梯形，其工作面是与轮槽相接触的两侧面，而 V 带与轮槽槽底并不接触。由于轮槽的楔形效应，在同样的压紧力 F_Q 的作用下，V 带传动较平带传动能产生更大的摩擦力，故具有较大的牵引能力。

③ 多楔带　如图 7-2(c)所示，多楔带是在平带基体上由多根 V 带组成的传动带。这种

传动带兼有平带的弯曲应力小和V带的摩擦力大等优点,常用于传递动力较大而又要求结构紧凑的场合。

④ 圆带　如图7-2(d)所示,圆带的横截面为圆形,圆带的牵引能力小,常用于仪器和家用器械中。

⑤ 同步带　如图7-2(e)所示,它是横截面为矩形、带面具有等距横向齿的环形传动带。

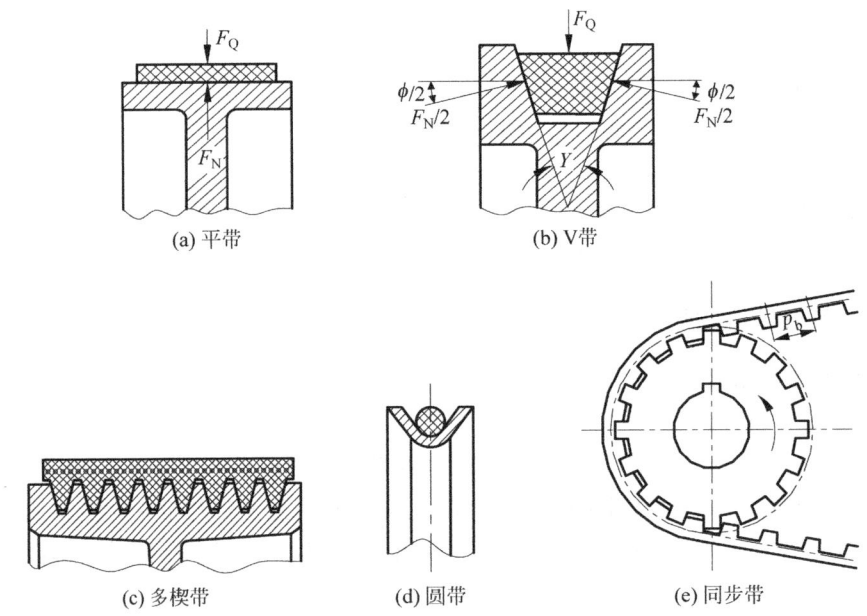

图 7-2　传动带的横截面形状

(2) 按传动原理分

① 摩擦带传动　靠传动带与带轮间的摩擦力实现传动,如V带传动、平带传动等。

② 啮合带传动　靠带内侧凸齿与带轮外缘上的齿槽相啮合实现传动,如同步带传动。由于带与带轮无相对滑动,能保持两轮的圆周速度同步,故称为同步带传动。同步带传动传动比恒定,结构紧凑;由于带薄而轻、抗拉体强度高,故带速可达40m/s,传动比可达10,传递功率可达200kW;效率较高,约为0.98,使它的应用日益广泛。它的缺点是带及带轮价格较高,对制造、安装要求高。

(3) 按用途分

① 传动带　传递动力用的带。

② 输送带　输送物品用的带。

二、带传动的特点和应用

带传动属于挠性传动,带具有良好的挠性,可缓冲吸振,故传动平稳、噪声小;过载时带与带轮间会出现打滑,从而起到保护其他传动零件免受损坏的作用;带传动允许较大的中心距,结构简单,制造、安装和维护较方便,成本低廉。带滑动时不能保证固定不变的传动比,其传动的外廓尺寸较大;带的寿命较短,传动效率较低,需要张紧装置。

通常,带传动用于中小功率电动机与工作机械之间的动力传递。目前,V带传动应用最广,一般带速为 $v=5\sim25\mathrm{m/s}$,传动比 $i\leqslant7$,传动效率 $\eta\approx0.90\sim0.95$。

三、V 带和 V 带轮的结构

V 带又分为普通 V 带、窄 V 带、宽 V 带、大楔角 V 带、汽车 V 带等多种类型,其中普通 V 带应用最广。

1. 普通 V 带的结构和尺寸标准

标准 V 带都制成无接头的环形带,其横截面结构如图 7-3 所示。V 带由抗拉体、顶胶、底胶和包布组成,抗拉体是承受负载拉力的主体,其上下的顶胶和底胶分别承受弯曲时的拉伸和压缩,外壳用橡胶帆布包围成型。抗拉体由帘布或线绳组成,帘布结构抗拉强度高,但柔韧性及抗弯曲强度不如线绳结构好。

如图 7-4 所示,当带受纵向弯曲时,在带中保持原长度不变的任一条周线称为节线;由全部节线构成的面称为节面。带的节面宽度称为节宽 b_d,当带受纵向弯曲时,该宽度保持不变。楔角为 40°,相对高度 $\left(\dfrac{h}{b_\mathrm{d}}\right)$ 约为 0.7 的 V 带称为普通 V 带。普通 V 带已标准化,按截面尺寸的由小到大,分为 Y、Z、A、B、C、D、E 七种型号,见表 7-1。在同样条件下,截面尺寸越大则传递功率就越大。

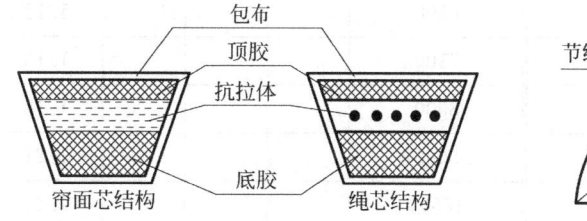

图 7-3 V 带的结构

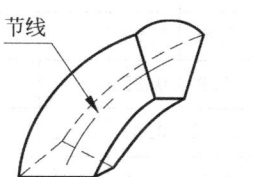

图 7-4 V 带的节线和节面

在 V 带轮上,与所配用 V 带的节面宽度(简称节宽)b_d 相对应的带轮直径称为基准直径 d,V 带在规定的张紧力下,位于带轮基准直径上的周线长度称为基准长度 L_d。普通 V 带的标记由带型、基准长度和标准号组成。例如,A 型普通 V 带,基准长度为 1400mm,其标记为 A—1400 GB 11544—1989。

带的标记通常压印在带的外表面上,以便选用和识别。普通 V 带的长度系列和带长修正系数见表 7-2。

表 7-1 普通 V 带截面尺寸

型号	Y	Z	A	B	C	D	E
顶宽 b/ mm	6	10	13	17	22	32	38
节宽 b_d/ mm	5.3	8.5	11	14	19	27	32
高度 h/ mm	4.0	6.0	8.0	11	14	19	23
楔角 ϕ	40°						

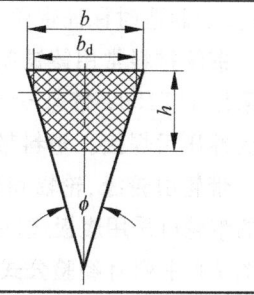

表 7-2 普通 V 带的长度系列和带长修正系数

基准长度 L_d/mm	KL Y	KL Z	KL A	KL B	KL C	基准长度 L_d/mm	KL Z	KL A	KL B	KL C
200	0.81					2000	1.08	1.03	0.98	0.88
224	0.82					2240	1.1	1.06	1	0.91
250	0.84					2500	1.3	1.09	1.03	0.93
280	0.87					2800		1.11	1.05	0.95
315	0.89					3150		1.13	1.07	0.97
355	0.92					3550		1.17	1.09	0.99
400	0.96	0.79				4000		1.19	1.13	1.02
450	1.00	0.8				4500			1.15	1.04
500	1.02	0.81				5000			1.18	1.07
560		0.82				5600				1.09
630		0.84	0.81			6300				1.12
710		0.86	0.83			7100				1.15
800		0.9	0.85			8000				1.18
900		0.92	0.87	0.82		9000				1.21
1000		0.94	0.89	0.84		10000				1.23
1120		0.95	0.91	0.86						
1250		0.98	0.93	0.88						
1400		1.01	0.96	0.9						
1600		1.04	0.99	0.92	0.83					
1800		1.06	1.01	0.95	0.86					

2. 普通 V 带轮的结构

带轮应具有足够的强度和刚度,无过大的铸造内应力;质量小且分布均匀,结构工艺性好,便于制造时保证带轮工作表面光滑,以减小带的磨损。

带轮材料常用铸铁制造,有时也采用钢或非金属材料(塑料、木材)。当带速 $v \leqslant 25$m/s 时采用 HT150;带速 $v = 25 \sim 30$m/s 时采用 HT200;带速 $v = 25 \sim 45$m/s 时可采用铸钢或钢板冲压后焊接。塑料带轮的质量小、摩擦系数大,常用于机床中。

带轮由轮缘、轮辐和轮毂三部分组成,直径较小时可采用实心式(见图 7-5(a));中等直径的带轮可采用腹板式(见图 7-5(b));直径大于 350mm 时可采用轮辐式(见图 7-6)。图 7-5 和图 7-6 中列有经验公式可供带轮结构设计时参考。

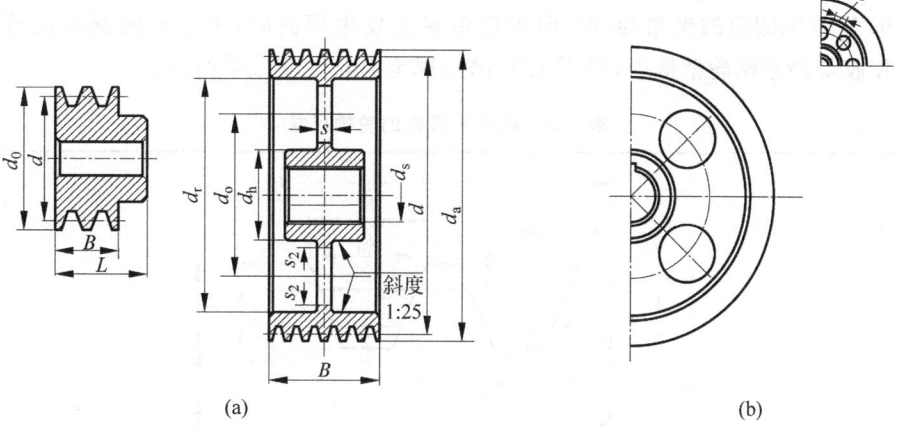

(a)   (b)

$d_h = (1.8 \sim 2)d_s$；　$d_0 = \dfrac{d_h + d_r}{2}$；　$d_r = d_a - 2(H + \delta)$；　H 和 δ 见表 7-3；

$s = (0.2 \sim 0.3)B$；　$s_1 \geqslant 1.5s$；　$s_2 \geqslant 0.5s$；　$L = (1.5 \sim 2)d_s$

图 7-5 实心式和腹板式带轮

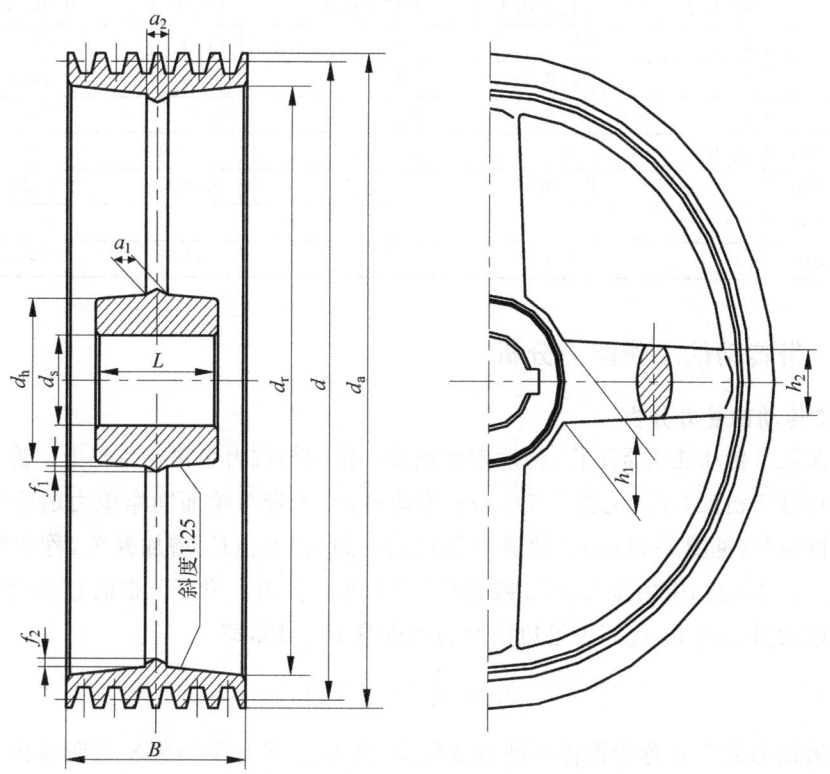

$h_1 = 290\sqrt[3]{\dfrac{P}{nA}}$；　P 为传递的功率，kW；　n 为带轮的转速，r/min；　A 为轮辐数；

$h_2 = 0.8h_1$；　$a_1 = 0.4h_1$；　$a_2 = 0.8a_1$；　$f_1 = 0.2h_1$；　$f_2 = 0.2h_2$

图 7-6 轮辐式带轮

普通 V 带轮的轮槽尺寸见表 7-3。

普通 V 带两侧面的夹角为40°，但带在带轮上发生弯曲时，由于截面变形使其夹角变小。为使胶带能紧贴轮槽侧面，将 V 带轮槽角规定为32°、34°、36°和38°。

表 7-3 普通 V 带轮的轮槽尺寸

槽型		Y	Z	A	B	C
b_d		5.3	8.5	11	14	19
$h_{a\min}$		1.6	2.0	2.75	3.5	4.8
e		8±0.3	12±0.3	15±0.3	19±0.4	25.5±0.5
$f_{\min}$		6	7	9	11.5	16
$h_{f\min}$		4.7	7.0	8.7	10.8	14.3
$\delta_{\min}$		5	5.5	6	7.5	10
ϕ 角对应 d	320	≤60	—	—	—	—
	340	—	≤80	≤118	≤190	≤315
	360	>60	—	—	—	—
	380	—	>80	>118	>190	>315

7.2 带传动的工作能力分析

一、带传动的受力分析

为了保证带传动能正常工作，传动带必须以一定的初拉力张紧在带轮上。静止时，带两边的拉力都等于初拉力F_0（见图7-7(a)）；传动时，由于带与轮面间摩擦力的作用，带两边的拉力不再相等（见图7-7(b)）。绕进主动轮的一边，拉力由F_0增加到F_1，称为紧边，F_1为紧边拉力；而另一边，带的拉力由F_0减为F_2，F_2为松边拉力。设环形带的总长度不变，则紧边拉力的增加量F_1-F_0应等于松边拉力的减少量F_0-F_2，即

$$F_0 = \frac{1}{2}(F_1 + F_2) \tag{7-1}$$

带两边拉力之差F称为带传动的有效拉力，实际上F是带与带轮之间摩擦力的总和，在最大静摩擦力范围内，带传动的有效拉力F与总摩擦力相等，F同时也是带所传递的圆周力，即

$$F_0 = F_1 - F_2 \tag{7-2}$$

圆周力 $F(\text{N})$、带速 $v(\text{m/s})$ 和传递功率 $P(\text{kW})$ 之间的关系为

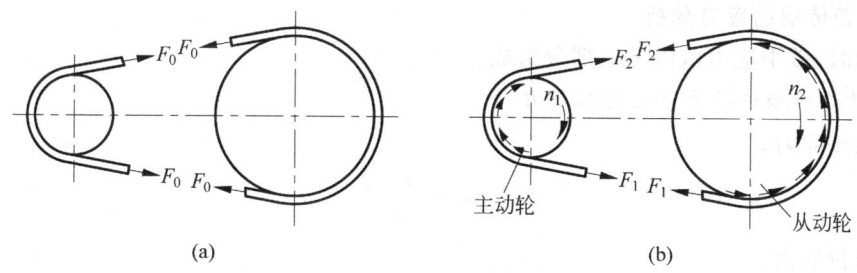

图 7-7 带传动的受力情况

$$P = \frac{Fv}{1000} \qquad (7\text{-}3)$$

在一定的初拉力作用下,带与带轮接触面摩擦力的总和有一极限值。当带所需传递的圆周力超过带与带轮接触面间的极限摩擦力总和时,带与带轮将发生显著的相对滑动,这种现象称为打滑。带打滑时从动轮转速急剧下降,使传动失效,同时也加剧了带的磨损,因此应避免带传动出现打滑现象。

当传动带与带轮间有全面滑动趋势时,摩擦力达到最大值,即有效圆周力达到最大值。此时,忽略离心力的影响,紧边拉力 F_1 与松边拉力 F_2 的关系可用欧拉公式表示,即

$$\frac{F_1}{F_2} = \mathrm{e}^{f\alpha} \qquad (7\text{-}4)$$

式中,F_1 和 F_2 分别为带的紧边拉力和松边拉力,单位为 N;e 为自然对数的底 e≈2.718;f 为带与带轮面间的摩擦系数 (V 带用当量摩擦系数 f_v 代替 f,$f_v = \frac{f}{\sin\phi/2}$);$\alpha$ 为带轮的包角,rad。包角是带传动的一个重要参数,指的是带与带轮接触弧所对的中心角。

联立式(7-1)、式(7-2)和式(7-4)得

$$F = 2F_0 \frac{\mathrm{e}^{f\alpha} - 1}{\mathrm{e}^{f\alpha} + 1} \qquad (7\text{-}5)$$

由式(7-5)可知,带所传递的圆周力 F 与下列因素有关。

(1) 初拉力 F_0

F 与 F_0 成正比,增大初拉力,带与带轮间正压力增大,则传动时产生的摩擦力就增大,故 F 增大。但 F_0 过大会加剧带的磨损,致使带过快松弛,缩短其工作寿命。

(2) 摩擦系数 f

f 越大摩擦力也越大,F 就越大。F 与带和带轮的材料、表面状况、工作环境、条件有关。

(3) 包角 α

F 随包角的增大而增大。因为增加 α 会使整个接触弧上摩擦力的总和增加,从而提高传动能力。因此水平放置的带传动,通常将松边放置在上边,以增大包角。因小带轮包角 α_1 小于大带轮包角 α_2,打滑首先在小带轮上发生,所以计算带传动所能传递的圆周力时,式(7-5)中应取 α_1。联立式(7-2)和式(7-4)得带传动在不打滑条件下所能传递的最大圆周力为

$$F_{\max} = F_1 \left(1 - \frac{1}{\mathrm{e}^{f\alpha_1}} \right) \qquad (7\text{-}6)$$

二、带传动的应力分析

传动时,带中应力由以下三部分组成。

1. 紧边和松边拉力产生的拉应力

紧边拉应力:
$$\sigma_1 = \frac{F_1}{A}$$

松边拉应力:
$$\sigma_2 = \frac{F_2}{A}$$

式中,A 为带的横截面面积,mm^2。

2. 离心力产生的离心应力

工作时,绕在带轮上的传动带随带轮作圆周运动,产生离心拉力 F_c,F_c 的计算公式为
$$F_c = qv^2$$
式中,q 为传动带单位长度的质量,单位为 kg/m;v 为传动带的带速,单位为 m/s。F_c 作用于带的全长上,产生的离心拉应力为
$$\sigma_c = \frac{F_c}{A} = \frac{qv^2}{A}$$

3. 弯曲应力

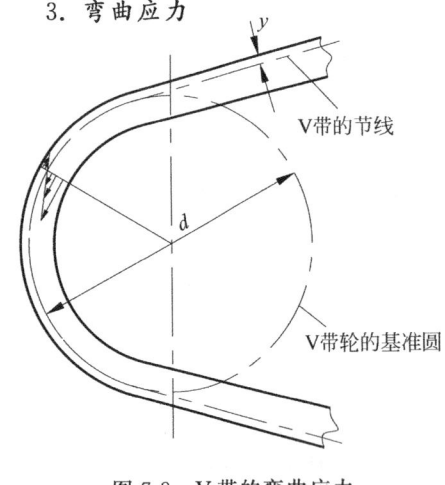

图 7-8 V带的弯曲应力

传动带绕过带轮时,因弯曲而产生弯曲应力。V带的弯曲应力如图 7-8 所示。由材料力学公式得带的弯曲应力为
$$\sigma_b = \frac{2yE}{d}$$
式中,y 为带的中性层到最外层的垂直距离,mm;E 为带的弹性模量,MPa;d 为带轮直径(对 V 带轮,d 为基准直径),mm。显然,两带轮直径不相等时,带在两带轮上的弯曲应力也不相等。

弯曲应力只发生在带上包角所对的圆弧部分。y 越大,d 越小,则带的弯曲应力就越大,故一般 $\sigma_{b1} > \sigma_{b2}$。因此为避免弯曲应力过大,小带轮的直径不能过小。

带在工作时的应力分布情况如图 7-9 所示。各截面应力的大小用自该处引出的径向线(或垂直线)的长短来表示。由图可知,在运转过程中,带是在变应力情况下工作的,故易产生疲劳破坏。当带在紧边与小带轮接触时应力达到最大值,其值为
$$\sigma_{max} = \sigma_1 + \sigma_{b1} + \sigma_c$$
为保证带具有足够的疲劳寿命,应满足
$$\sigma_{max} = \sigma_1 + \sigma_{b1} + \sigma_c \leqslant [\sigma] \qquad (7-7)$$
式中,$[\sigma]$ 为带的许用应力。$[\sigma]$ 是在 $\alpha_1 = \alpha_2 = 180°$、规定的带长和应力循环次数、载荷平稳等条件下通过试验确定的。

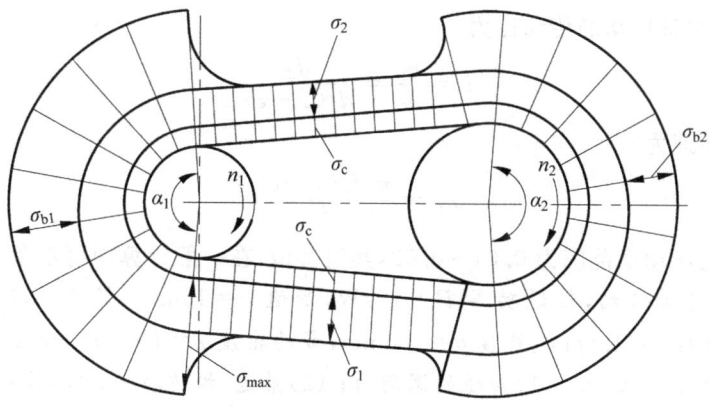

图 7-9 带的应力分布

三、带传动的弹性滑动和传动比

传动带是弹性体,受到拉力后会产生弹性伸长,伸长量随拉力大小的变化而变化。如图 7-10 所示,带由紧边绕过主动轮 1 进入松边时,带内拉力由 F_1 减小到 F_2,其弹性伸长量也由 δ_1 减为 δ_2。这表明带在绕经带轮的过程中伸长量逐渐缩短并沿轮面滑动,而使带的速度落后于主动轮的圆周速度。同样,带由松边绕过从动轮 2 时也发生类似的现象,拉力增加,带逐渐被伸长,也会沿轮面滑动,使带的速度超前于从动轮的圆周速度。轮缘的箭头表示主、从动轮相对于带的滑动方向。这种由于材料的弹性变形而产生的滑动称为弹性滑动。

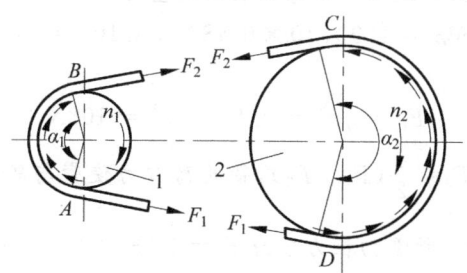

1—主动轮;2—从动轮

图 7-10 带传动的弹性滑动

弹性滑动和打滑是两个截然不同的概念。打滑是指由过载引起的全面滑动,应当避免。弹性滑动是由拉力差引起的,只要传递圆周力,出现紧边和松边,就一定会发生弹性滑动,所以弹性滑动是不可避免的。

设 d_1 和 d_2 为主、从动轮的直径(mm),n_1 和 n_2 为主、从动轮的转速(r/min),则两轮的圆周速度分别为

$$v_1 = \frac{\pi d_1 n_1}{60 \times 1000} \quad v_2 = \frac{\pi d_2 n_2}{60 \times 1000} \tag{7-8}$$

弹性滑动是不可避免的,所以从动轮的圆周速度 v_2 总是低于主动轮的圆周速度 v_1。传动中由于带的滑动引起的从动轮圆周速度的降低率称为滑动率 ε,即

$$\varepsilon = \frac{v_1 - v_2}{v_1} = \frac{\pi d_1 n_1 - \pi d_2 n_2}{\pi d_1 n_1}$$

由式(7-8)得带传动的传动比为

$$i = \frac{n_1}{n_2} = \frac{d_2}{d_1(1-\varepsilon)} \tag{7-9}$$

从动轮的转速为

$$n_2 = \frac{n_1 d_1(1-\varepsilon)}{d_2} \tag{7-10}$$

因带传动的滑动率范围为 0.01~0.02,其值甚微,在一般计算中可不予考虑。

例 7-1 一平带传动,传递功率 $P=15\text{kW}$,带速 $v=15\text{m/s}$,带在小轮上的包角 $\alpha_1=2.97\text{rad}$,带的厚度 $\delta=4.8\text{mm}$、宽度 $b=100\text{mm}$,带的密度 $\rho=1\times10^{-3}\text{kg/cm}^3$,带与轮面间的摩擦系数 $f=0.3$。试求:(1)传递的圆周力;(2)紧边、松边拉力;(3)离心力在带中引起的拉力;(4)所需的初拉力。

解:(1)传递的圆周力

$$F = \frac{1000P}{v} = \frac{1000\times15}{15} = 1000\text{N}$$

(2)紧边、松边拉力。由紧边、松边拉力及有效拉力的关系得

$$F_1 = F\frac{e^{f\alpha_1}}{e^{f\alpha_1}-1} = \frac{1000\times2.44}{2.44-1} \approx 1694\text{N}$$

$$F_2 = F\frac{1}{e^{f\alpha_1}-1} = \frac{1000}{2.44-1} \approx 694\text{N}$$

(3)离心力引起的拉力。这种平带每米长的质量为

$$q = 100b\delta\rho = 100\times10\times0.48\times1\times10^{-3} = 0.48\text{kg/m}$$

离心力引起的拉力:

$$F_c = qv^2 = 0.48\times15^2 = 108\text{N}$$

(4)所需的初拉力。$F_0 = \frac{1}{2}(F_1+F_2)$,带的离心力使带与轮面间的压力减小,传动能力降低,为了补偿这种影响,所需初拉力应为 $F_0 = \frac{1}{2}(F_1+F_2)+F_c = 1302\text{N}$。

结果表明,传递圆周力时,为防止打滑所需的初拉力不得小于 1302N。

7.3 普通 V 带传动的设计计算

一、带传动的失效形式和设计准则

由带传动的工作情况分析可知,带传动的主要失效形式有带与带轮之间的磨损、打滑和带的疲劳破坏(如脱层、撕裂或拉断)等。因此,带传动的设计准则是:在传递规定功率时不打滑,同时具有足够的疲劳强度和一定的使用寿命。

二、单根普通 V 带传递的许用功率

为了保证带传动不出现打滑,利用有效拉力与紧边拉力的关系,并以 f_v 代替 f,可得单根普通 v 带传递功率的公式:

$$P_0 = F_1\left(1-\frac{1}{e^{f_v\alpha}}\right)\frac{v}{1000} = \sigma_1 A\left(1-\frac{1}{e^{f_v\alpha}}\right)\frac{v}{1000} \tag{7-11}$$

式中,A 为单根普通 V 带的横截面积。为了使带具有一定的疲劳寿命,应满足:

$$\sigma_{\max} = \sigma_1 + \sigma_{b1} + \sigma_c \leqslant [\sigma]$$

即

$$\sigma_1 = [\sigma] - \sigma_{b1} - \sigma_c \tag{7-12}$$

将式(7-12)代入式(7-11)得带传动在既不打滑又有一定寿命时,单根普通 V 带能传递的功率:

$$P_0 = ([\sigma] - \sigma_{b1} - \sigma_c)\left(1 - \frac{1}{e^{f_v \alpha}}\right)\frac{Av}{1000} \tag{7-13}$$

在载荷平稳、包角 $\alpha_1 = \pi(i=1)$、带长 L_d 为特定长度、抗拉体为化学纤维绳芯结构的条件下,单根普通 V 带的基本额定功率 P_0 见表 7-4。

表 7-4 单根普通 V 带的基本额定功率 P_0

型号	小带轮直径 l/mm	小带轮转速 n_1/(r/min)															
		100	200	400	800	950	1200	1450	1600	1800	2000	2400	2800	3200	3600	4000	5000	6000
Z	50	0.04	0.06	0.10	0.12	0.14	0.16	0.17	0.19	0.20	0.22	0.26	0.28	0.30	0.32	0.34	0.31	
	56	0.04	0.06	0.12	0.14	0.17	0.19	0.20	0.23	0.25	0.30	0.33	0.35	0.37	0.39	0.41	0.40	
	63	0.05	0.08	0.15	0.18	0.22	0.25	0.27	0.30	0.32	0.37	0.41	0.45	0.47	0.49	0.50	0.48	
	71	0.06	0.09	0.20	0.23	0.27	0.30	0.33	0.36	0.39	0.46	0.50	0.54	0.58	0.61	0.62	0.56	
	80	0.10	0.14	0.22	0.26	0.30	0.35	0.39	0.42	0.44	0.50	0.56	0.61	0.64	0.67	0.66	0.61	
	90	0.10	0.14	0.24	0.28	0.33	0.36	0.40	0.44	0.48	0.54	0.60	0.64	0.68	0.72	0.73	0.56	
A	75	0.15	0.26	0.45	0.51	0.60	0.68	0.73	0.79	0.84	0.92	1.00	1.04	1.08	1.09	1.02	0.80	
	90	0.22	0.39	0.68	0.77	0.93	1.07	1.15	1.25	1.34	1.50	1.64	1.75	1.83	1.87	1.82	1.50	
	100	0.26	0.47	0.83	0.95	1.14	1.32	1.42	1.58	1.66	1.87	2.05	2.19	2.28	2.34	2.25	1.80	
	112	0.31	0.56	1.00	1.15	1.39	1.61	1.74	1.89	2.04	2.30	2.51	2.68	2.78	2.83	2.64	1.96	
	125	0.37	0.67	1.19	1.37	1.66	1.92	2.07	2.26	2.44	2.74	2.98	3.15	3.26	3.28	2.91	1.87	
	140	0.43	0.78	1.41	1.62	1.96	2.28	2.45	2.66	2.87	3.22	3.48	3.65	3.72	3.67	2.99	1.37	
	160	0.51	0.94	1.69	1.95	2.36	2.73	2.54	2.98	3.42	3.80	4.06	4.19	4.17	3.98	2.67	—	
	180	0.59	1.09	1.97	2.27	2.74	3.16	3.4	3.67	3.93	4.32	4.54	4.58	4.40	4.00	1.81	—	
B	125	0.48	0.84	1.44	1.64	1.93	2.19	2.33	2.50	2.64	2.85	2.96	2.94	2.80	2.51	1.09		
	140	0.59	1.05	1.82	2.08	2.47	2.82	3.00	3.23	3.42	3.70	3.85	3.83	3.63	3.24	1.29		
	160	0.74	1.32	2.32	2.66	3.17	3.62	3.86	4.15	4.40	4.75	4.89	4.80	4.46	3.82	0.81		
	180	0.88	1.59	2.81	3.22	3.85	4.39	4.68	5.02	5.30	5.67	5.76	5.52	4.92	3.92	—		
	200	1.02	1.85	3.30	3.77	4.50	5.13	5.46	5.83	6.13	6.47	6.43	5.95	4.98	3.47			
	224	1.19	2.17	3.86	4.42	5.26	5.97	6.33	6.73	7.02	7.25	6.95	6.05	4.47	2.14			
	250	1.37	2.5	4.46	5.10	6.04	6.82	7.20	7.63	7.87	7.89	7.14	5.60	5.12	—	—		
	280	1.58	2.89	5.13	5.85	6.90	7.76	8.13	8.46	8.60	8.22	6.80	4.26	—	—			
C	200	1.39	2.41	4.07	4.58	5.29	5.84	6.07	6.28	6.34	6.02	5.01	3.23					
	224	1.70	2.99	5.12	5.78	6.71	7.45	7.75	8.00	8.06	7.57	6.08	3.57					
	250	2.03	3.62	6.23	7.04	8.21	9.08	9.38	9.63	9.62	8.75	6.56	2.93					
	280	2.42	4.32	7.52	8.49	9.81	10.72	11.06			9.50	6.13	—					
	315	2.84	5.14	8.92	10.05	11.53	12.46	12.72			9.43	4.16						
	355	3.36	6.05	10.46	11.73	13.31	14.12	14.19			7.98	—						
	400	3.91	7.06	12.10	13.48	15.04	15.53	15.24			4.34	—						
	450	4.51	8.20	13.80	15.23	16.59	16.47	15.57			—	—						

实际工作条件与上述特定条件不同时,应对 P_0 值加以修正。修正后即得实际工作条件下,单根普通 V 带所能传递的功率,称为许用功率 $[P_0]$。

$$[P_0] = (P_0 + \Delta p_0)k_a k_L \tag{7-14}$$

式中,ΔP_0——功率增量,考虑传动比 $i \neq 1$ 时,带在大轮上的弯曲应力较小,故在寿命相同条件下,可增大传递的功率。ΔP_0 值见表 7-5。

表 7-5 单根普通 V 带的额定功率的增量 ΔP_0

带型	小带轮转速 n_1 /(r/min)	传动比 i									
		1.00~1.01	1.02~1.04	1.05~1.08	1.09~1.12	1.13~1.18	1.19~1.24	1.25~1.34	1.35~1.51	1.52~1.99	≥2.0
Z	400	0.00	0.00	0.00	0.00	0.00	0.00	0.00	0.00	0.01	0.01
	730	0.00	0.00	0.00	0.00	0.00	0.00	0.01	0.01	0.01	0.02
	800	0.00	0.00	0.00	0.00	0.01	0.01	0.01	0.01	0.02	0.02
	980	0.00	0.00	0.00	0.01	0.01	0.01	0.01	0.02	0.02	0.02
	1200	0.00	0.00	0.01	0.01	0.01	0.01	0.02	0.02	0.02	0.03
	1460	0.00	0.00	0.01	0.01	0.01	0.02	0.02	0.02	0.02	0.03
	2800	0.00	0.01	0.02	0.02	0.03	0.03	0.03	0.04	0.04	0.04
A	400	0.00	0.01	0.01	0.02	0.02	0.03	0.03	0.04	0.04	0.05
	730	0.00	0.01	0.02	0.03	0.04	0.05	0.06	0.07	0.08	0.09
	800	0.00	0.01	0.02	0.03	0.04	0.05	0.06	0.08	0.09	0.10
	980	0.00	0.01	0.03	0.04	0.05	0.06	0.07	0.08	0.10	0.11
	1200	0.00	0.02	0.03	0.05	0.07	0.08	0.10	0.11	0.13	0.15
	1460	0.00	0.02	0.04	0.06	0.08	0.09	0.11	0.13	0.15	0.17
	2800	0.00	0.04	0.08	0.11	0.15	0.19	0.23	0.26	0.30	0.34
B	400	0.00	0.01	0.03	0.04	0.06	0.07	0.08	0.10	0.11	0.13
	730	0.00	0.02	0.05	0.07	0.10	0.12	0.15	0.17	0.20	0.22
	800	0.00	0.03	0.06	0.08	0.11	0.14	0.17	0.20	0.23	0.25
	980	0.00	0.03	0.07	0.10	0.13	0.17	0.20	0.23	0.26	0.30
	1200	0.00	0.04	0.08	0.13	0.17	0.21	0.25	0.30	0.34	0.38
	1460	0.00	0.05	0.10	0.15	0.20	0.25	0.31	0.36	0.40	0.46
	2800	0.00	0.10	0.20	0.29	0.39	0.49	0.59	0.69	0.79	0.89
C	400	0.00	0.04	0.08	0.12	0.16	0.20	0.23	0.27	0.31	0.35
	730	0.00	0.07	0.14	0.21	0.27	0.34	0.41	0.48	0.55	0.62
	800	0.00	0.08	0.16	0.23	0.31	0.39	0.47	0.55	0.63	0.71
	980	0.00	0.09	0.19	0.27	0.37	0.47	0.56	0.65	0.74	0.83
	1200	0.00	0.12	0.24	0.35	0.47	0.59	0.70	0.82	0.94	1.06
	1460	0.00	0.14	0.28	0.42	0.58	0.71	0.85	0.99	1.14	1.27
	2800	0.00	0.27	0.55	0.82	1.10	1.37	1.64	1.92	2.19	2.47

k_a——包角修正系数,考虑 $\alpha_1 \neq 180°$ 时对传动能力的影响,见表 7-6。

k_L——带长修正系数,考虑带长不为特定长度时对传动能力的影响,见表 7-2

表 7-6　包角修正系数

包角 α_1	180	170	160	150	140	130	120	110	100	90
k_α	1.00	0.98	0.95	0.92	0.89	0.86	0.82	0.78	0.74	0.69

三、普通 V 带传动的设计步骤和方法

设计 V 带传动时一般已知条件是：传动的工作情况，传递的功率 P，两轮转速 n_1 和 n_2（或传动比 i）及空间尺寸要求等。具体的设计内容有：确定 V 带的型号、长度和根数，传动中心距及带轮的材料、结构和尺寸，画出带轮零件图等。

1. 确定计算功率 P_c

计算功率 P_c 是根据传递的额定功率 P，并考虑载荷性质及每天运转时间的长短等因素的影响而确定的，即

$$P_c = K_A p \tag{7-15}$$

式中，K_A 为工作情况系数，见表 7-7。

表 7-7　工作情况系数 K_A

载荷性质	工作机	原动机					
		空、轻载启动			重载启动		
		每天工作的小时数/h					
		<10	10~16	>16	<10	10~16	>16
载荷变动很小	液体搅拌机、通风机和鼓风机（额定功率≤7.5kW）、离心式水泵和压缩机、轻负荷输送机	1.0	1.1	1.2	1.1	1.2	1.3
载荷变动小	带式输送机、通风机（额定功率>7.5kW）、旋转式水泵和压缩机（非离心式）、发动机、切削机床、印刷机、木工机械	1.1	1.2	1.3	1.2	1.3	1.4
载荷变动较大	制砖机、斗式提升机、往复式水泵和压缩机、起重机、磨粉机、重载输送机、纺织机械	1.2	1.3	1.4	1.4	1.5	1.6
载荷变动很大	破碎机（旋转式、颚式等）、磨碎机（球磨、棒磨、管磨）	1.3	1.4	1.5	1.5	1.6	1.8

注：①空、轻载启动，电动机（交流启动、三角启动、直流并励）、四缸以上内燃机；重载启动，电动机（联机交流启动、直流复励或串励）、四缸以下的内燃机。
②反复启动、正反转频繁、工作条件恶劣等场合，K_A 应乘以 1.2。

2. 选择 V 带的型号

根据计算功率 P_c 和小带轮转速 n_1，按图 7-11 的推荐选择普通 V 带的型号。若临近两种型号的交界线时，可按两种型号同时计算，然后择优选用。

3. 确定 V 带轮的基准直径和验算带速

带轮直径小可使传动结构紧凑，但另一方面带的弯曲应力大而导致带的寿命降低；反

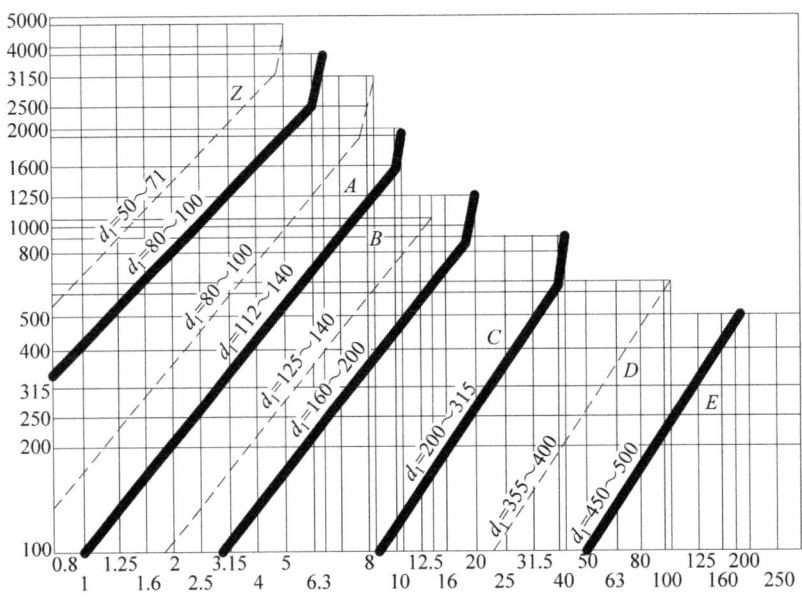

图 7-11　普通 V 带选型图

之,虽能延长带的寿命,但带传动的外廓尺寸却随之增大。设计时小带轮的基准直径 d_1 应大于或等于表 7-8 所示的 d_{min}。大带轮的基准直径:

$$d_2 = \frac{n_1}{n_2} d_1 (1-\varepsilon)$$

式中,d_1 和 d_2 应符合带轮基准直径尺寸系列,见表 7-8 的注。

表 7-8　普通 V 带轮最小基准直径　　　　　　　　　　　单位:mm

型号	Y	Z	A	B	C	D	E
最小基准直径 d_{min}	20	50	75	125	200	355	500

注:普通 V 带轮基准直径系列是 20　22.4　25　28　31.5　35.5　40　45　50　56　63　67　71　75　80　85　90　95　100　106　112　118　125　132　140　150　160　170　180　200　212　224　236　250　265　280　300　315　355　375　400　425　450　475　500　530　560　600　630　670　710　750　800　900　1000 等。

带速计算公式:

$$v = \frac{\pi d_1 n_1}{60 \times 1000}$$

带速太高会使离心力增大,使带与带轮间的摩擦力减小,传动时容易打滑。另外,单位时间内带绕过带轮的次数也增多,降低传动带的工作寿命。若带速太低,则当传递一定功率时,使需要传递的有效圆周力增大,带根数增多。一般应使带速 $v > 5$ m/s,对于普通 V 带应使 $v_{max} = 25 \sim 30$ m/s。如带速超过上述范围,应重选小带轮直径。

4. 中心距、带长和包角

传动中心距小则结构紧凑,但传动带较短,包角减小,且带的绕转次数增多,降低了带的寿命,致使传动能力降低。如果中心距过大则结构尺寸增大,当带速较高时带会产生颤动。

设计时应根据具体的结构要求或按以下推荐的范围来初定中心距 a_0。

$$0.7(d_1+d_2) < a_0 < 2(d_1+d_2) \tag{7-16}$$

由带传动的几何关系可得 V 带基准长度 L_0 计算值：

$$L_0 = 2a_0 + \frac{\pi}{2}(d_1+d_2) + \frac{(d_2-d_1)^2}{4a_0} \tag{7-17}$$

根据初定的 L_0，由表 7-2 选取接近的基准长度 L_d，实际所需的中心距可按下式近似计算：

$$a \approx a_0 + \frac{L_d - L_0}{2} \tag{7-18}$$

考虑带传动的安装调整和补偿初拉力的需要，应将中心距设计成可调式，有一定的调整范围，一般取：

$$a_{\min} = a - 0.015 L_d$$
$$a_{\max} = a + 0.03 L_d$$

校验小带轮包角 α_1：

$$\alpha_1 = 180° - \frac{d_2 - d_1}{a} \times 57.3° \tag{7-19}$$

一般应使 $\alpha_1 \geqslant 120°$，否则可加大中心距或减小两带轮的直径差，也可以增设张紧轮。

5．确定 V 带根数 z

z 按下式计算：

$$z = \frac{P_c}{[P_0]} = \frac{P_c}{(P_0 + \Delta P_0)K_a K_L} \tag{7-20}$$

z 应取整数。为了使每根 V 带受力均匀，V 带根数不宜太多，通常 $z<10$。如计算结果超出范围，应改选 V 带的型号或加大带轮直径后重新设计。

6．初拉力

保持适当的初拉力是带传动正常工作的首要条件。初拉力不足，会出现打滑；初拉力过大将增大轴和轴承上的压力，并降低带的寿命。单根普通 V 带合宜的初拉力可按下式计算：

$$F_0 = \frac{500 P_c}{zv}\left(\frac{2.5}{K_a} - 1\right) + qv^2 \tag{7-21}$$

式中，P_c 为计算功率，kW；z 为 V 带根数；v 为 V 带速度，m/s；k_a 为包角修正系数，q 为 V 带单位长度的质量，kg/m，见表 7-1。

7．带传动作用在两轮轴上的压力 F_Q

V 带的张紧对轴、轴承产生的压力 F_Q 会影响轴、轴承的强度和寿命。为简化其运算，一般按静止状态下带轮两边均作用初拉力 F_0 进行计算。

$$F_Q = 2F_0 z \sin\frac{\alpha_1}{2} \tag{7-22}$$

8．带轮结构设计

设计出带轮结构后绘制带轮零件图。

9．设计结果

列出带型号、带的基准长度 L_d、带的根数 z、带轮直径 d、中心距 a、轮轴上压力 F_Q 等。

四、带传动的张紧、安装与维护

1. 带传动的张紧

带传动不仅安装时必须把带张紧在带轮上,而且当带工作一段时间之后,因塑性变形而松弛时,使初拉力减小,传动能力下降,这时必须要重新张紧。带传动常用的张紧方法分为调节中心距方式与张紧轮方式两类。

(1) 调整中心距方式

用调节螺钉 1 使装有带轮的电动机沿滑轨 2 移动(见图 7-12(a)),或用螺杆及调节螺母 1 使电动机绕小轴 2 摆动(见图 7-12(b))。前者适用于水平或倾斜不大的布置,后者适用于垂直或接近垂直的布置。

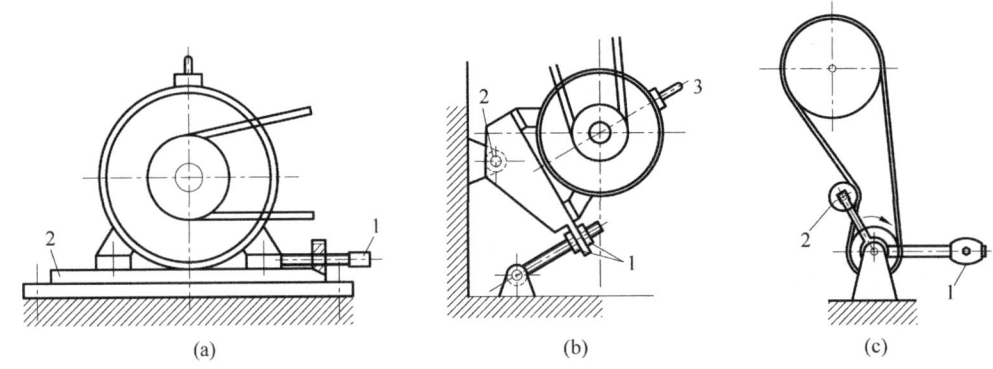

图 7-12 带传动的张紧装置

(2) 张紧轮方式

若带传动的中心距不能调节时,可采用具有张紧轮的装置(见图 7-12(c)),它靠悬重 1 将张紧轮 2 压在带上,以保持带的张紧。张紧轮一般设置在松边的内侧且靠近大轮处。

张紧轮若设置在外侧时,则应使其靠近小轮,这样可以增加小带轮的包角,提高带的疲劳强度。

2. 带传动的安装与维护

(1) 带传动的安装

平行轴传动时,各带轮的轴线必须保持规定的平行度;通常通过调整各轮中心距的方法来装带和张紧,切忌硬将传动带从带轮上拔下或扳上;在带轮轴间距不可调而又无张紧轮的场合下,应在带轮边缘垫布以防刮破传动带,并应边转动带轮边套带;同组使用的 V 带应型号相同、长度相等,不同厂家生产的 V 带、新旧 V 带不能同组使用;安装 V 带时,应按规定的初拉力张紧。

(2) 带传动的维护

带传动装置外面应加防护罩,以保证安全,防止带与酸、碱溶液或油接触而腐蚀传动带;带传动不需润滑,禁止往带上加润滑油或润滑脂,应及时清理带轮槽内及传动带上的油污;应定期检查胶带,如有一根松弛或损坏则应全部更换新带;如果带传动装置需闲置一段时间后再用,应将传动带放松。

7.4 链传动概述

一、链传动的特点和应用

链传动是一种具有中间挠性件(链条)的啮合传动,它同时具有刚、柔的特点,是一种应用十分广泛的机械传动形式。链传动由装在平行轴上的主、从动链轮和绕在链轮上的环形链条所组成(见图 7-13),靠链与链轮轮齿的啮合来传递动力。与带传动相比,链传动没有弹性滑动和打滑,能保持准确的平均传动比;需要的张紧力小,作用在轴上的压力也小,可减少轴承的摩擦损失,结构紧凑,能在温度较高、有油污等恶劣环境条件下工作。与齿轮传动相比,链传动的制造和安装精度要求较低,中心距较大时其传动结构简单。但其传动平稳性较差,瞬时链速和瞬时传动比不是常数,工作中有一定的冲击和噪声。

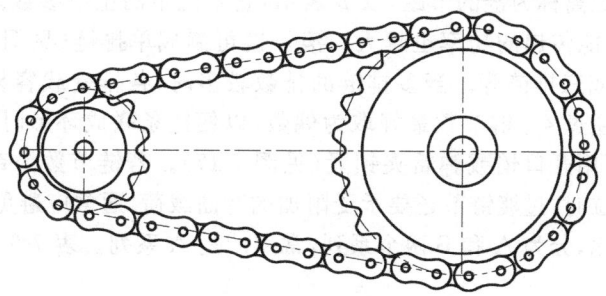

图 7-13 链传动简图

目前,链传动广泛应用于矿山机械、农业机械、石油机械、机床及摩托车中。链传动适用的一般范围为:传递功率 $P \leqslant 100 \mathrm{kW}$,传动比 $i \leqslant 8$,中心距 $a \leqslant (5 \sim 6) \mathrm{m}$,圆周速度 $v \leqslant 15 \mathrm{m/s}$,传动效率为 $0.95 \sim 0.98$。

按用途的不同,链条可分为传动链、起重链和曳引链。用于传递动力的传动链又有齿形链(见图 7-14)和滚子链(见图 7-15)两种。齿形链是由许多齿形链板通过铰链连接而成的。齿形链板的两侧是直边,工作时链板侧边与链轮齿廓相啮合。铰链可制作成滑动副或滚动副。

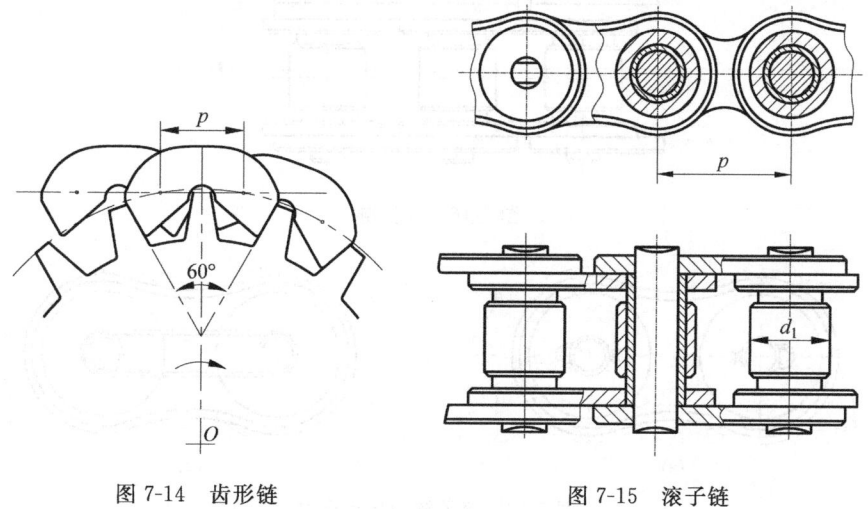

图 7-14 齿形链   图 7-15 滚子链

齿形链运转平稳、噪声小,又称为无声链。齿形链多用于高速(链速可达 40m/s)、运动精度要求较高的传动中,但结构复杂、价格较贵、较重,所以它的应用没有滚子链那样广泛。

二、滚子链的结构标准及链轮

1. 滚子链的结构及规格

滚子链是由内链板、外链板、销轴、套筒和滚子所组成,如图 7-15 所示,也称为套筒滚子链。其中,内链板紧压在套筒两端,销轴与外链板铆牢,分别称为内、外链节。这样内、外链节就构成一个铰链。滚子与套筒、套筒与销轴均为间隙配合。当链条啮入和啮出时,内、外链节做相对转动;同时,滚子沿链轮轮齿滚动,可减少链条与轮齿的磨损。内、外链板均制成"8"字形,以减轻重量并保持链板各横截面的强度大致相等。

链条的各零件由碳素钢或合金钢制成,并经热处理,以提高其强度和耐磨性。滚子链上相邻两滚子中心的距离称为链的节距,以 p 表示,它是链条的主要参数。节距越大,链条各零件的尺寸越大,所能传递的功率也越大。滚子链可制成单排链(见图 7-15)和多排链,如双排链(见图 7-16)或三排链等。当多排链的排数较多时,各排受载容易不均匀,因此实际运用中排数一般不超过 4。链节数最好取为偶数,以便链条联成环形时正好是外链板与内链板相接,接头处可用开口销或弹簧夹锁紧(见图 7-17)。若链节数为奇数时,则需采用过渡链节。在链条受拉时,过渡链节还要承受附加的弯曲载荷,通常应避免采用。

滚子链已标准化,分为 A 和 B 两个系列,常用的是 A 系列。表 7-9 列出 A 系列滚子链的主要参数。

滚子链的标记方法为:链号—排数×链节数　标准代号。

例如:A 系列滚子链,节距为 19.05mm,双排,链节数为 100,其标记方法为

12A—2×100　GB 1243.1—83

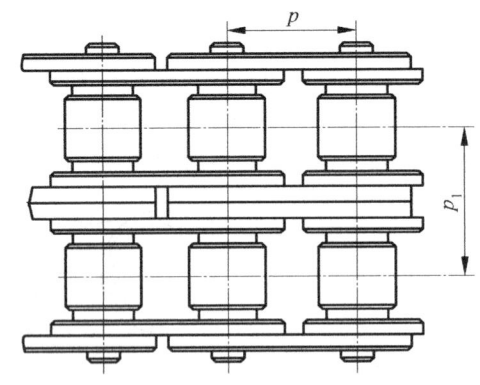

图 7-16　双排链

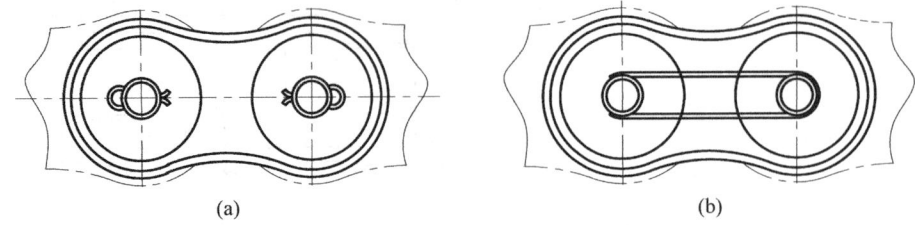

图 7-17　滚子链的接头形式

表 7-9 A 系列滚子链的主要参数

链号	节距 p/mm	排距 p_t/mm	滚子外径 d_1/mm	极限载荷 Q(单排)/N	单位长度质量 q（单排）/(kg/m)
08A	12.70	14.38	7.95	13800	0.60
10A	15.875	18.10	10.16	21800	1.00
12A	19.05	22.78	11.91	31100	1.50
16A	25.40	29.29	15.88	55600	2.60
20A	31.75	35.76	19.05	86700	3.80
24A	38.10	45.44	22.23	124600	5.60
28A	44.45	48.87	25.40	169000	7.50
32A	50.80	58.55	28.58	222400	10.10
40A	63.50	71.55	39.68	347000	16.10
48A	76.20	87.83	47.63	500400	22.60

注：① 表中链号与相应的国际标准链号一致，链号乘以 $\frac{25.4}{16}$ 即为节距值(mm)。后缀 A 表示 A 系列。

② 使用过渡链节时，其极限载荷按表列数值 80% 计算。链条长度以链节数来表示。

2. 链轮

链轮齿形应易于加工，不易脱链，能保证链条平稳、顺利地进入和退出啮合，并使链条受力均匀。

国家标准规定了滚子链链轮齿槽的齿面圆弧半径 r_e、齿沟圆弧半径 r_i 和齿沟角 α（见图 7-18(a)）的最大和最小值。各种链轮的实际端面齿形均应在最大和最小齿槽形状之间。这样处理使链轮齿廓曲线设计有很大的灵活性。符合上述要求的端面齿形曲线有多种，最常用的是"三圆弧一直线"齿形。

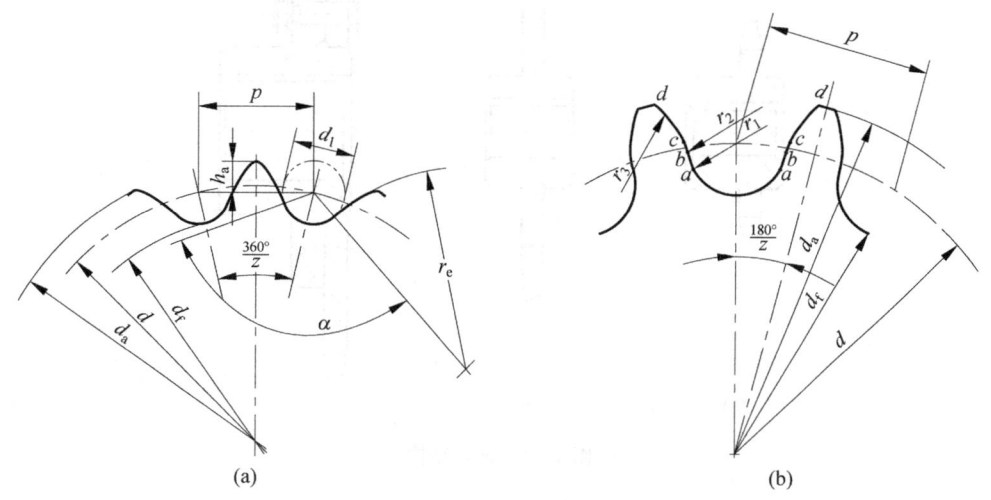

图 7-18 滚子链链轮端面齿形

图 7-18(b)所示的端面齿形由三段圆弧和一段直线组成。这种"三圆弧一直线"齿形基本上符合上述齿槽形状范围,且具有较好的啮合性能,并便于加工。

链轮轴面齿形两侧呈圆弧状(见图 7-19),以便于链节进入和退出啮合。链轮上被链条节距等分的圆称为分度圆,其直径用 d 表示(见图 7-18)。链轮齿应有足够的接触强度和耐磨性,故齿面多经热处理。小链轮的啮合次数比大链轮多,所受冲击力也大,故所用材料一般优于大链轮。常用的链轮材料有碳素钢(如 Q235、Q275、45、ZG310～570 等)、灰铸铁(如 HT200)等。重要的链轮可采用合金钢。

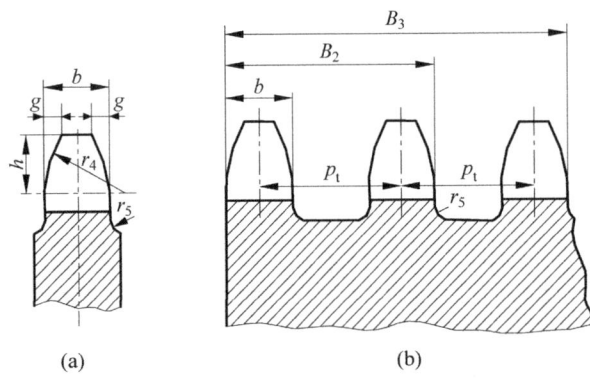

图 7-19 链轮轴面齿形

链轮结构如图 7-20 所示。小直径链轮可制成实心式(见图 7-20(a));中等直径的链轮可制成孔板式(见图 7-20(b));直径较大的链轮可设计成组合式(见图 7-20(c)),若轮齿因磨损而失效,可更换齿圈。链轮轮毂部分的尺寸可参考带轮。

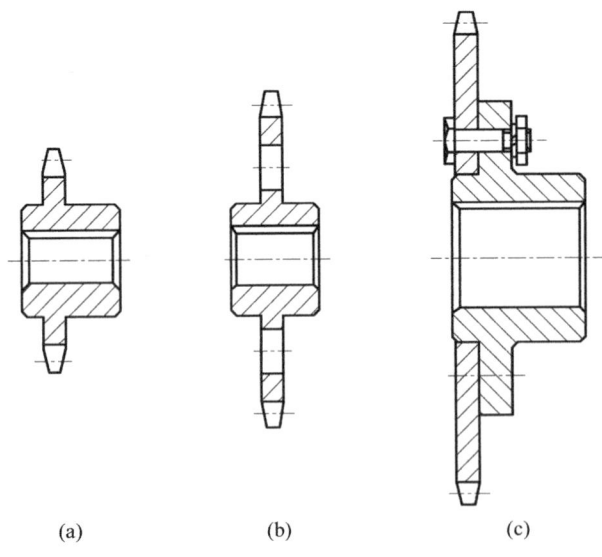

图 7-20 链轮结构

7.5 链传动的运动分析、受力分析、布置及润滑

一、链传动的运动分析

链条进入链轮后形成折线,因此链传动相当于一对多边形轮之间的传动(见图 7-21)。设 z_1 和 z_2 为两链轮的齿数,p 为节距,n_1 和 n_2 为两链轮的转速,则链条线速度(简称链速)为

$$v = \frac{z_1 p n_1}{60 \times 1000} = \frac{z_2 p n_2}{60 \times 1000} \tag{7-23}$$

传动比为

$$i = \frac{n_1}{n_2} = \frac{z_1}{z_2} \tag{7-24}$$

以上两式求得的链速和传动比都是平均值。实际上,由于多边形效应,瞬时链速和瞬时传动比都是变化的。

现按图 7-21 分析链轮和链条的速度。当主动轮以角速度 ω_1 回转时,链轮分度圆的圆周速度为 $d_1\omega_1/2$,则位于分度圆上的链条铰链的速度也是 $d_1\omega_1/2$(如图 7-21 中铰链 A)。它在沿链节中心线方向的分速度,即链条线速度为

$$v = \frac{d_1 \omega_1}{2} \cos\theta$$

式中,θ 为啮入过程中链节铰链在主动轮上的相位角,θ 的变化范围为

$$\left(-\frac{180°}{z_1}\right) < \theta < \left(+\frac{180°}{z_1}\right)$$

当 $\theta = \infty$,链速最大,$v_{max} = d_1\omega_1/2$。

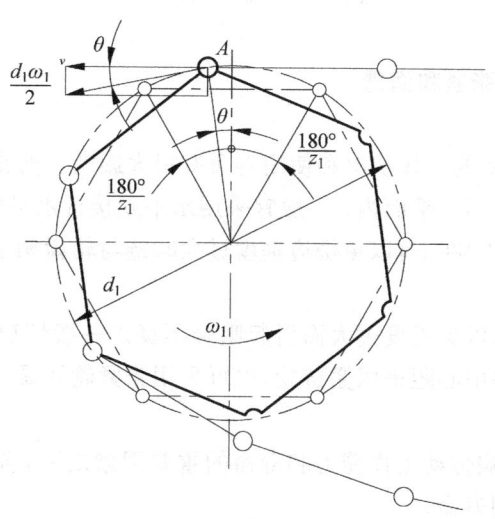

图 7-21 链传动的速度分析

当 $\theta = \pm\frac{180°}{z_1}$ 时,链速最小,$v_{min} = \frac{d_1\omega_1}{2}\cos\frac{180°}{z_1}$,即链轮每转过一齿,链速就时快时慢地变化一次。由此可知,当 $\omega_1 =$ 常数时,瞬时链速和瞬时传动比都做周期性变化。

同理,链条在垂直于链节中心线方向的分速度为 $v' = \dfrac{d_1\omega_1}{2}\sin\theta$,也做周期性变化,从而使链条上下抖动。

由于链速是变化的,工作时不可避免地要产生振动和动载荷。

二、链传动的受力分析

安装链传动时,只需不大的张紧力,主要是使链的松边的垂度不致过大,否则会产生显著振动、跳齿和脱链。若不考虑传动中的动载荷,作用在链上的力有:圆周力(即有效拉力) F、离心拉力 F_c 和悬垂拉力 F_y。链的紧边拉力 F_1 为

$$F_1 = F + F_c + F_y$$

松边拉力 F_2 为

$$F_2 = F_c + F_y$$

围绕在链轮上的链节在运动中产生的离心拉力为

$$F_c = qv^2$$

式中,q 为链的单位长度质量,kg/m,见表 7-9;v 为链速,m/s。

悬垂拉力可利用求悬索拉力的方法近似求得

$$F_y = K_y qga$$

式中,a 为链传动的中心距,m;g 为重力加速度,$g=9.8\text{m/s}^2$;K_y 为下垂量 $y=0.02a$ 时的垂度系数,其值与中心线与水平线的夹角 β 有关。垂直布置时 $K_y=1$;水平布置时 $K_y=7$;倾斜布置时,$K_y=2.5$(当 $\beta=750$),$K_y=4(\beta=600)$,$K_y=6(\beta=300)$。

链作用在轴上的压力 F_Q 可近似取为

$$F_Q = (1.2 \sim 1.3)F$$

有冲击和振动时取大值。

三、链传动的布置、张紧和润滑

1. 链传动的布置

链传动的布置对传动的工作状况和使用寿命有很大影响。通常情况下链传动的两轴应平行布置,两链轮应位于同一平面内;一般宜采用水平或接近水平的布置,链条应使主动边(紧边)在上、从动边(松边)在下,以免松边垂度过大时链与轮齿相干涉或紧、松边相碰。

2. 链传动的张紧

链传动需适当张紧,以免垂度过大而引起啮合不良。一般情况下链传动设计成中心距可调整的形式,通过调整中心距来张紧链轮,也可采用张紧轮张紧,张紧轮应设在松边。

3. 链传动的润滑

链传动的润滑是影响传动工作能力和寿命的重要因素之一,合宜的润滑能显著降低链条铰链的磨损,延长使用寿命。

链传动的润滑方式有四种:人工定期用油壶或油刷给油;用油杯通过油管向松边内外链板间隙处滴油(见图 7-22(a));油浴润滑(见图 7-22(b))或用甩油盘将油甩起,以进行飞溅润滑(见图 7-22(c));用油泵经油管向链条连续供油,循环油可起润滑和冷却的作用(见图 7-22(d))。

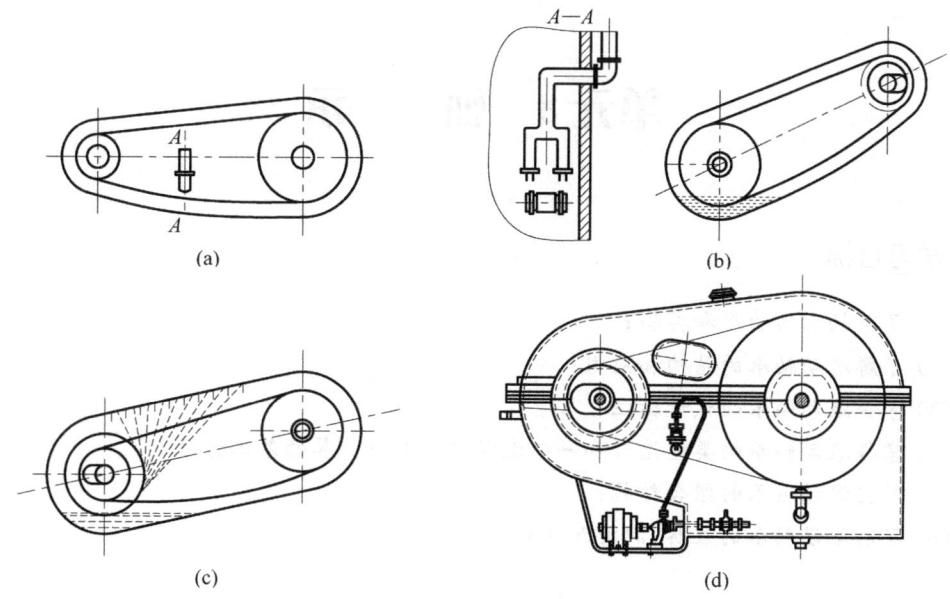

图 7-22 链传动的润滑

习题

7-1 平带传动,已知两带轮直径分别为 150mm 和 400mm,中心距为 1000mm,小轮主动转速为 1460r/min。试求:小轮包角;不考虑带传动的弹性滑动时大轮的转速;滑动率 $\varepsilon=0.015$ 时大轮的实际转速。

7-2 带传动的弹性滑动和打滑是怎样产生的?它们对传动有何影响?是否可以避免?

7-3 在 V 带传动设计过程中,为什么要校验带速和包角?

7-4 带传动工作时,带截面上的应力如何分布?最大应力发生在何处?

7-5 试设计题 7-5 图所示带式输送机中的普通 V 带传动。已知从动带轮的转速 $n_2=610$r/min,单班工作制,电动机额定功率为 7.5kW,转速 $n_1=1450$r/min。

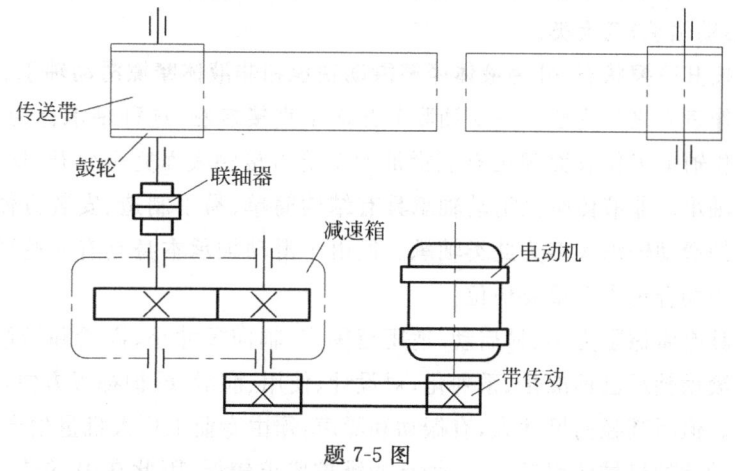

题 7-5 图

7-6 链传动和带传动相比有哪些优缺点?

单元 8 轴 承

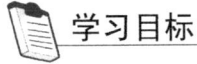学习目标

(1) 了解轴承的功用和类型；
(2) 了解滑动轴承的结构和应用；
(3) 掌握滚动轴承的代号标注；
(4) 掌握滚动轴承的类型选择和一般滚动轴承寿命计算的基本方法；
(5) 掌握滚动轴承的组合结构；
(6) 了解滚动轴承的装拆、润滑和密封。

引言：滚动轴承是各类机器中普遍使用的重要支撑标准件，并由专业厂大批量生产。本单元是本课程的重点内容之一，由于滚动轴承的类型、尺寸及精度等级等已有国家标准，因此，在机械设计中需要解决的问题主要有：根据工作条件合理选择滚动轴承的类型；滚动轴承的承载能力计算；滚动轴承部件的组合设计。

8.1 轴承的功用和类型

1. 轴承的功用

轴承是机器中主要用来支撑轴和轴上回转零件的部件。轴承能减少轴颈（轴与轴承配合部位称为轴颈）与支撑间的摩擦和磨损，用来保证轴正常工作时所需的回转精度。

2. 轴承的类型

根据工作时轴承中的摩擦性质，可把轴承分为滑动摩擦轴承（简称滑动轴承）和滚动摩擦轴承（简称滚动轴承）两大类。

滑动轴承按其摩擦状态，分为液体摩擦滑动轴承和非液体摩擦滑动轴承。在工作时，若轴颈和轴承工作表面之间完全被一层油膜分开而不直接接触，这种轴承称为液体摩擦滑动轴承；若轴颈和轴承工作表面间虽有润滑油而未能将接触表面完全分开，这种轴承称为非液体摩擦滑动轴承。非液体摩擦滑动轴承具有结构简单、易于制造、安装方便等优点，故一般机器中使用的滑动轴承大多为此类轴承。但由于滑动轴承本身具有一些独特的优点，使得它在某些特殊场合仍占有重要地位。

滚动轴承具有摩擦阻力小、易启动，适用范围广、轴向尺寸小、润滑和维修方便等优点，故应用广泛。滚动轴承已标准化、系列化，对设计、使用、润滑、维护都很方便，因此在一般机器中应用较广。但因其径向尺寸大，有振动和噪声，须由专业工厂大批量生产。

由于滚动轴承的机械效率较高，对轴承的维护要求较低，因此在中、低转速及精度要求较高的场合得到广泛应用。

根据工作时轴承所受载荷的方向,轴承可分为受径向载荷的向心轴承、受轴向载荷的推力轴承和同时受径向载荷及轴向载荷的向心推力轴承。

8.2 滚动轴承的组成、类型及特点

1. 滚动轴承的组成

如图 8-1 所示,滚动轴承通常由外圈 1、内圈 2、滚动体 3 和保持架 4 组成。一般内外圈均设有滚道,一方面可限制滚动体沿轴向移动,同时又能降低滚动体与内外圈之间的接触应力。保持架把滚动体彼此隔开,避免滚动体相互接触,以减少摩擦和磨损。工作时轴承内圈与轴颈配合,外圈与轴承座或机座配合。通常内圈与轴一起转动,外圈固定不动。但有时也可以外圈转动而内圈不动,或内外圈同时转动。滚动轴承的构造中,有的无外圈或内圈,有的无保持架,但不能没有滚动体。

滚动体有多种形式,以适合不同类型滚动轴承的结构要求。常见的滚动体形状有球形、圆柱形、圆锥形、鼓形、滚针形等多种,如图 8-2 所示。

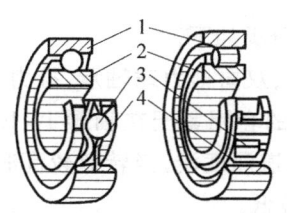

1—外圈;2—内圈;3—滚动体;4—保持架

图 8-1 滚动轴承的构造

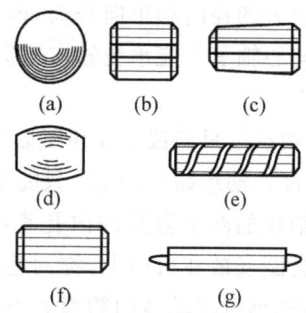

(a) 球形;(b) 短圆柱形;(c) 圆锥形;
(d) 鼓形;(e) 空心螺旋形;(f) 长圆柱形;(g) 滚针形

图 8-2 滚动体形状

滚动轴承的外圈、内圈、滚动体均采用强度高、耐磨性好的铬锰高碳钢制造。保持架多用低碳钢或铜合金制造,也可采用塑料及其他材料。

2. 滚动轴承的类型及特点

(1) 按滚动体形状分类

① 球轴承。滚动体是球形,它与滚道之间为点接触,故其承载能力和耐冲击能力较低,但轴承的极限转速较高,球的制造工艺简单,价格便宜。

② 滚子轴承。除球轴承之外,其他均称为滚子轴承。滚动体与滚道之间为线接触,故其承载能力和耐冲击能力较高,但轴承的极限转速低,制造工艺较复杂,价格较高。

(2) 按承受载荷的方向(或轴承接触角)分类

滚动体与外圈滚道接触处的法线方向与轴承的径向平面(垂直于轴承轴心线的平面)之间的夹角 α,称为接触角,如图 8-3 所示。α 越大,轴承承受轴向载荷的能力越大。按轴承承载方向可分为:

① 向心轴承 主要承受径向载荷。其进一步分类如下。

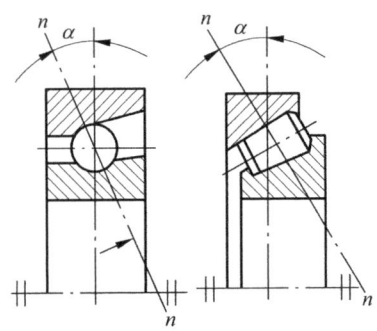

图 8-3 滚动轴承的接触角

- 径向接触轴承($\alpha=0°$)。主要承受径向载荷,也可承受较小的轴向载荷,如深沟球轴承、调心轴承等。
- 向心角接触轴承($0°<\alpha\leqslant 45°$)。能同时承受径向载荷和轴向载荷的联合作用,如角接触球轴承、圆锥滚子轴承等。接触角越大,承受轴向载荷的相对值也越强。圆锥滚子轴承能同时承受较大的径向和单向载荷,内、外圈沿轴向可以分离,装拆方便,间隙可调。

也有的向心轴承不能承受轴向载荷,只能承受径向载荷,如圆柱滚子轴承 N、滚针轴承 NA 等。

② 推力轴承 只能或主要承受轴向载荷。其进一步分类如下。

- 轴向接触轴承($\alpha=90°$)。只能承受轴向载荷,如单、双向推力球轴承,推力滚子轴承等。推力球轴承的两个套圈的内孔直径不同。直径较小的套圈紧配在轴颈上,称为轴圈;直径较大的套圈安放在机座上,称为座圈。由于套圈上滚道深度浅,当转速较高时,滚动体的离心力大,轴承对滚动体的约束力不够,故允许的转速较低。

③ 推力角接触轴承($45°<\alpha<90°$)。主要承受轴向载荷,也可承受较小的径向载荷,如推力调心球面滚子轴承等。

表 8-1 为滚动轴承的类型、主要性能和应用。

表 8-1 滚动轴承的类型、主要性能和应用

类型及代号	结构简图及标准号	载荷方向	主要性能及应用
调心球轴承 10000			其外圈的内表面是球面,内、外圈轴线间允许角偏位为 $2°\sim 3°$,极限转速低于深沟球轴承。可承受径向载荷及较小的双向轴向载荷。用于轴变形较大及不能精确对中的支撑处
调心滚子轴承 20000			轴承外圈的内表面是球面,主要承受径向载荷及一定的双向轴向载荷,但不能承受纯轴向载荷,允许角偏位为 $0.5°\sim 2°$。常用在长轴或受载荷作用后轴有较大的弯曲变形及多支点的轴上

续表

类型及代号	结构简图及标准号	载荷方向	主要性能及应用
圆锥滚子轴承 30000			可同时承受较大的径向及轴向载荷,承载能力大于"7"类轴承。外圈可分离,装拆方便,成对使用
双列深沟球轴承 40000			主要承受径向载荷,也能承受一定的双向轴向载荷。承载能力较深沟球轴承高
推力球轴承 51000			只能承受轴向载荷,而且载荷作用线必须与轴线相重合,不允许有角偏差,极限转速低
双向推力球轴承 52000			能承受双向轴向载荷,其余与推力球轴承相同
深沟球轴承 60000			可承受径向载荷及一定的双向轴向载荷。内、外圈轴线间有小量的角偏差
角接触球轴承 70000	7000C型($a=15°$) 7000AC型($a=25°$) 7000B型($a=40°$)		可同时承受径向及轴向载荷,也可用来承受纯轴向载荷。承受轴向载荷的能力由接触角的大小决定,接触角大,承受轴向载荷的能力强。由于存在接触角,承受纯径向载荷时,会产生内部轴向力,使内、外圈有分离的趋势,因此这类轴承都成对使用,可以分装于两个支点或同装于一个支点上。极限转速较高
推力滚子轴承 80000			能承受较大的单向轴向载荷,极限转速低

续表

类型及代号	结构简图及标准号	载荷方向	主要性能及应用
圆柱滚子轴承 N0000	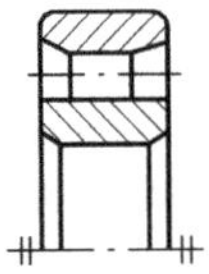	 ↑	能承受较大的径向载荷,不能承受轴向载荷,极限转速也较高,但允许的角偏位很小,约 $2'\sim4'$。设计时,要求轴的刚度大,对中性好
滚针轴承 NA0000	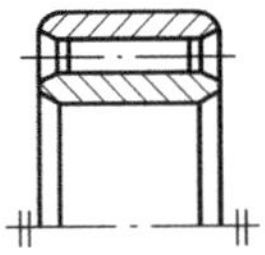	 ↑	不能承受轴向载荷,不允许有角度偏斜,极限转速较低。结构紧凑,在内径相同的条件下,与其他轴承比较,其外径最小。适用于径向尺寸受限制的部件中

8.3 滚动轴承的代号

为了区别不同类型、结构、尺寸和精度的轴承,国家标准规定了识别符号,即轴承代号,并把它打制在轴承的端面上。滚动轴承的代号由前置代号、基本代号和后置代号三部分组成。其中基本代号用以表示轴承的类型、结构和尺寸,是轴承代号的基础,由基本代号可判明轴承的结构形式和外形尺寸。前置代号和后置代号是在基本代号前后的补充代号,对轴承起补充说明的作用。代号排列顺序如图8-4所示。

| 前置代号 | 基本代号 | 后置代号 |

图 8-4 滚动轴承代号排列顺序

一、前置、后置代号

前置、后置代号是轴承在结构形状、尺寸、公差、技术要求等有改变时,在基本代号前、后添加的补充代号,其排列见表8-2。

表 8-2 滚动轴承代号排列

轴承代号									
前置代号	基本代号	后置代号(组)							
		1	2	3	4	5	6	7	8
成套轴承分部件		内部结构代号	密封与防尘、外部形状变化代号	保持架及其材料代号	轴承材料代号	公差等级代号	游隙代号	配置代号	其他代号

1. 前置代号

前置代号是添加在基本代号前的补充代号,用字母表示,用以说明成套轴承部件的特点。一般当轴承无需说明时,无前置代号。前置代号及含义见表8-3。

表 8-3　前置代号及含义

代号	含　义	示例
L	可分离轴承的可分离内圈或外圈	LNU207　LN207
R	不带可分离内圈或外圈的轴承(滚针轴承仅适用于 NA 型)	RNU207　RNA6904
K	滚子和保持架组件	K81107
WS	推力圆柱滚子轴承轴圈	WS81107
GS	推力圆柱滚子轴承座圈	GS81107

2. 后置代号

后置代号共有 8 组(见表 8-2),用字母(或字母加数字)表示。后置代号用以说明轴承内部结构、密封和防尘形式、材料、公差等级。

① 内部结构代号,见表 8-4。

表 8-4　内部结构代号

代号	含　义	示　例
A、B、C、D、E	① 表示内部结构改变 ② 表示标准设计,其含义随不同类型、结构而异	B 角接触球轴承　公称接触角 $\alpha=40°$,7210B 圆锥滚子轴承　接触角加大,32310B C 角接触球轴承　公称接触角 $\alpha=15°$,7005C 调心滚子轴承　C 型,23122C E 加强型[1]　NU207E
AC D ZW	角接触球轴承　公称接触角 $\alpha=25°$ 剖分式轴承 滚针保持架组件　双列	7210AC K50×55×20D K20×25×40ZW

注：[1] 加强型,即内部结构设计改进,增大轴承承载能力。

② 密封、防尘与外部形状变化代号。用字母表示,如 K 表示圆锥孔轴承;N 表示轴承外圈上有止动槽;NR 表示轴承外圈上有止动槽并带止动环等。详见轴承手册。

③ 公差等级代号。分为 0、6、6x、5、4、2 六个级别,分别用/P0、/P6、/P6$_x$、/P5、/P4、/P2 来表示。其中,0 为常用的普通级,为最低,不标出;2 级最高;6x 级仅用于圆锥滚子轴承。

④ 游隙代号。游隙代号共分为 6 组,常用基本组代号为 0。一般可不标注。其他游隙组别代号分别为/C1、/C2、/C0、/C3、/C4、/C5,依次递增。

后置代号标注规则是：4 组(含 4 组)以上后置代号前用"/"隔开,当公差等级代号与游隙代号需同时标注时,可省去后者字母,如/P6/C3 标注为/P63。当代号间可能产生混淆时,则应在其中空半格。

二、基本代号

1. 类型代号

类型代号用数字或字母表示,见表 8-1。

2. 尺寸系列代号

尺寸系列代号包括直径系列代号、宽度系列代号和高度系列代号。宽度系列是指径向接触轴承或向心角接触轴承的内径相同,而宽度有一个递增的系列尺寸。高度系列是指轴向接触轴承的内径相同,轴承高度有一个递增的系列尺寸。直径系列是表示同一类型、内径相同的轴承,其外径有一个递增的系列尺寸。组合排列时,宽(高)度系列在前,直径系列在后(见表 8-5)。当宽度系列为"0"时,可省略,但在调心轴承和圆锥滚子轴承中不可省略。

表 8-5 尺寸系列代号

直径系列代号	向心轴承 宽度系列代号								推力轴承 高度系列代号			
	8	0	1	2	3	4	5	6	7	9	1	2
	宽度尺寸依次递增→								高度尺寸依次递增→			
7	—	—	17	—	37	—	—	—	—	—	—	—
8	—	08	18	28	38	48	58	68	—	—	—	—
9	—	09	19	29	39	49	59	69	—	—	—	—
0	—	00	10	20	30	40	50	60	70	90	10	—
1	—	01	11	21	31	41	51	61	71	91	11	—
2	82	02	12	22	32	42	52	62	72	92	12	22
3	83	03	13	23	33	—	—	—	73	93	13	23
4	—	04	—	24	—	—	—	—	74	94	14	24
5	—	—	—	—	—	—	—	—	—	95	—	—

(左侧纵向说明:外径尺寸依次递补增↓)

注:表中"—"表示不存在此种组合。

3. 内径代号

内径代号表示轴承内径尺寸的大小,常用内径代号见表 8-6。

表 8-6 轴承常用内径代号

内径代号	00	01	02	03	04～99
轴承内径/mm	10	12	15	17	代号数×5

注:轴承内径代号用两位阿拉伯数字表示。其中轴承内径 d 为 22mm、28mm、32mm、≥500mm 的轴承用内径毫米数直接表示,但需用"/"与组合代号分开,如××/22,表示该轴承内径 $d=22$mm。

轴承代号举例如图 8-5 所示。

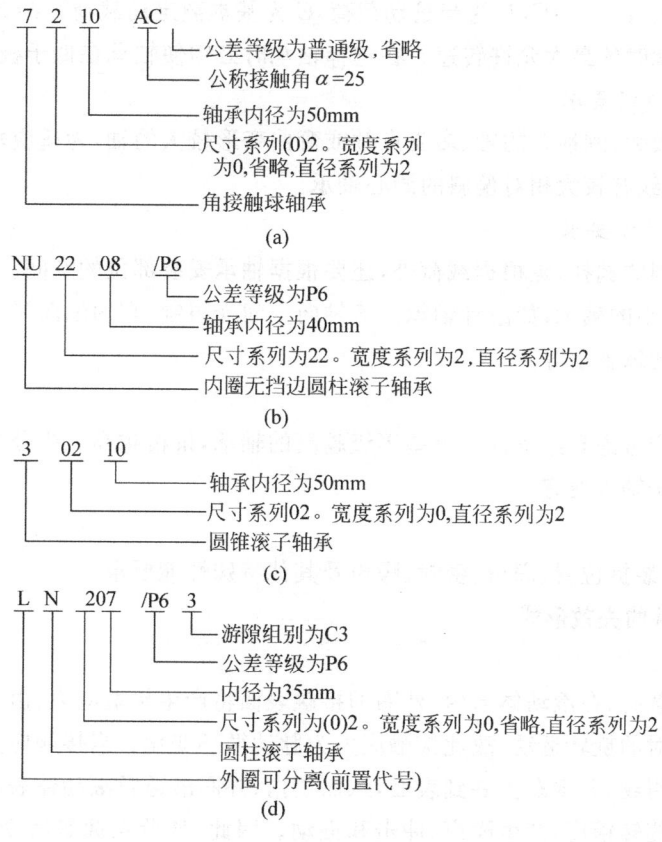

图 8-5 轴承代号举例

8.4 滚动轴承的选择和计算

一、滚动轴承的类型选择

各类滚动轴承有不同的特性,因此选择滚动轴承类型时,必须根据轴承实际工作情况合理选择,一般应考虑如下因素。

1. 载荷的大小、方向和性质

当载荷小而稳定时宜选用球轴承,载荷大且有冲击时宜选用滚子轴承。受纯径向载荷,宜选用径向接触轴承;受纯轴向载荷,宜选用推力轴承。同时承受径向载荷和轴向载荷时,应根据两者比值来考虑,当与径向载荷相比轴向载荷较小时,宜取深沟球轴承(60000 型)或接触角不大的角接触球轴承(70000 型)及圆锥滚子轴承(30000 型);当与径向载荷相比轴向载荷较大时,可选接触角较大的角接触球轴承(70000AC)及圆锥滚子轴承(30000B 型);当轴向载荷比径向载荷大很多时,也可选用径向接触轴承和推力轴承的组合结构,配合使用。

2. 轴承转速

转速高选用球轴承,转速低可选用滚子轴承。推力轴承不宜用于高速,若轴向载荷不大也可采用径向接触球轴承。在轴承手册中列入了各类轴承的极限转速 $n_{\lim}$(r/min)值,这个转速是指载荷不大（$P\leqslant 0.1C$，P 为当量动载荷，C 为基本额定动载荷）、冷却条件正常、公差等级为普通级轴承时的最大允许转速。在选择轴承时必须使轴承在低于极限转速下工作。

3. 自动调心性能要求

对支点跨距较大、刚性差的轴、多支点轴或弯曲变形较大的轴，为适应轴的变形，应选用能适应内、外圈轴线有较大相对偏斜的调心轴承。

4. 轴承安装尺寸要求

轴承尺寸系列的选择，除根据载荷外，还要根据轴承安装部位的空间。若径向空间受限制，宜用径向尺寸小的轴承，如滚针轴承。若轴向空间受限制，宜用轴向尺寸小的轴承，如宽度系列为 0 和 1 的球轴承等。

5. 经济性

轴承的选择应考虑到经济性。公差等级越高的轴承，价格越高。当公差等级相同时，球轴承的价格比滚子轴承便宜。

6. 特殊要求

如允许空间、装拆位置、润滑、密封、噪声及其他特殊性能要求。

二、滚动轴承的失效形式

1. 疲劳点蚀

滚动轴承受载时，在滚动体与内、外圈的接触表面将产生接触应力，由于内、外圈和滚动体在工作时有相对的旋转运动，故此接触应力为脉动循环变化。当接触应力超过极限值时，表层下产生疲劳裂纹，并逐渐扩展到表面，从而使内、外圈滚道及滚动体表面形成疲劳点蚀，使滚动轴承丧失旋转精度，产生噪声、冲击和振动。因此，疲劳点蚀是滚动轴承的失效形式之一。

2. 塑性变形

当滚动轴承转速很低或仅做摆动时，过大的静载荷或冲击载荷会使轴承滚道和滚动体接触处产生较大的局部应力超过材料的屈服极限时，将产生较大的塑性变形，若变形量超过一定范围，轴承将不能正常工作。因此塑性变形是滚动轴承的又一失效形式。

此外，由于使用、维护和保养不当，或润滑、密封不良等原因，也能引起轴承早期磨损、胶合、套圈断裂、滚动体破碎、保持架破损等非正常失效。

三、滚动轴承的寿命计算

1. 滚动轴承的设计准则

① 对于一般运转的轴承，为防止疲劳点蚀发生，以疲劳强度计算为依据，称为轴承的寿命计算。

② 对于不回转、转速很低或间歇摆动的轴承，为防止塑性变形，以静强度计算为依据，称为轴承的静强度计算。

2. 寿命计算中的基本概念

① 寿命 滚动轴承的寿命是指轴承中任何一个滚动体或内、外圈滚道上出现疲劳点蚀前轴承转过的总转数，或在一定转速下总的工作小时数。

② 基本额定寿命 一批类型、尺寸相同的轴承，由于材料、加工精度、热处理与装配质

量不可能完全相同,即使在同样条件下工作,各个轴承的寿命也是不相同的。在国标中规定以基本额定寿命作为计算依据。基本额定寿命是指一批相同的轴承,在同样条件下工作,其中 10% 的轴承产生疲劳点蚀时转过的总转数,或在一定转速下总的工作小时数。

③ 额定动载荷 基本额定寿命为 10^6 r 时轴承所能承受的载荷,称为额定动载荷,以"C_r"表示。轴承在额定动载荷作用下,不发生疲劳点蚀的可靠度是 90%。各种类型和不同尺寸轴承的 C_r 值查轴承设计手册。

④ 额定静载荷 轴承工作时,受载最大的滚动体和内、外圈滚道接触处的接触应力达到一定值(向心和推力球轴承为 4200MPa,滚子轴承为 4000MPa)时的静载荷,称为额定静载荷,用"C_{0r}"表示。其值可查轴承设计手册。

⑤ 当量动载荷 额定动、静载荷是在向心轴承只承受径向载荷、推力轴承只承受轴向载荷的条件下,根据试验确定的。实际上,轴承承受的载荷往往与上述条件不同,因此,必须将实际载荷等效为一假想载荷,这个假想载荷称为当量动载荷,以"P"表示。

3. 寿命计算

在实际应用中,额定寿命常用给定转速下运转的小时数表示。考虑到机器振动和冲击的影响,引入载荷因数 f_p(见表 8-7);考虑到工作温度的影响,引入了温度因数 f_t(见表 8-8)。实用的寿命计算公式为

$$L_h = \frac{10^6}{60n}\left(\frac{f_t C_r}{f_p P}\right)^\varepsilon \tag{8-1}$$

若当量动载荷 P 与转速 n 均已知,预期寿命 L'_h 已选定,则可根据下式选择轴承型号:

$$C'_r = \frac{f_p P}{f_t}\sqrt[\varepsilon]{\frac{60nL'_h}{10^6}} \leqslant C \tag{8-2}$$

式中,C'_r——计算额定动载荷(kN);

C_r——额定动载荷(kN);

ε——寿命指数,球轴承 $\varepsilon=3$,滚子轴承 $\varepsilon=10/3$。

表 8-7 载荷因数 f_p

载荷性质	f_p	举 例
无冲击或有轻微冲击	1.0~1.2	电动机、汽轮机、通风机、水泵
中等冲击和振动	1.2~1.8	车辆、机床、内燃机、起重机、冶金设备、减速器
强大冲击和振动	1.8~3.0	破碎机、轧钢机、石油钻机、振动筛

表 8-8 温度因数 f_t

轴承工作温度/℃	≤100	125	150	175	200	225	250	300	350
温度系数 f_t	1	0.95	0.90	0.85	0.80	0.75	0.70	0.60	0.50

4. 当量动载荷的计算

当量动载荷是一假想载荷,在该载荷作用下,轴承的寿命与实际载荷作用下的寿命相同。当量动载荷 P 的计算式为

$$P = XF_r + YF_a \tag{8-3}$$

式中，P——当量动载荷，N；

X——径向载荷因数（见表 8-9）；

Y——轴向载荷因数（见表 8-9）；

F_r——轴承承受的径向载荷，N；

F_a——轴承承受的轴向载荷，N。

表 8-9 径向载荷因数 X 和轴向载荷因数 Y

轴承类型		相对轴向载荷 F_a/C_{0r}	e	$F_a/F_r > e$		$F_a/F_r \leq e$	
				X	Y	X	Y
深沟球轴承 (60000 型)		0.014	0.19	0.56	2.30	1	0
		0.028	0.22		1.99		
		0.056	0.26		1.71		
		0.084	0.28		1.55		
		0.11	0.30		1.45		
		0.17	0.34		1.31		
		0.28	0.38		1.15		
		0.42	0.42		1.04		
		0.56	0.44		1.00		
角接触球轴承	$\alpha=15°$ (70000C 型)	0.015	0.38	0.44	1.47	1	0
		0.029	0.40		1.40		
		0.058	0.43		1.30		
		0.087	0.46		1.23		
		0.12	0.47		1.19		
		0.17	0.50		1.12		
		0.29	0.55		1.02		
		0.44	0.56		1.00		
		0.58	0.56		1.00		
	$\alpha=25°$ (70000AC 型)	—	0.68	0.41	0.87	1	0
	$\alpha=40°$ (70000B 型)	—	1.14	0.35	0.57	1	0
圆锥滚子轴承 (30000 型)		—		0.4		1	0
调心球轴承 (10000 型)		—	见轴承手册	0.65	见轴承手册	1	见轴承手册

对于只承受径向载荷的轴承，当量动载荷为轴承的径向载荷时，即

$$P = F_r$$

对于只承受轴向载荷的轴承，当量动载荷为轴承的轴向载荷 F_a 时，即

$$P = F_a$$

5. 向心角接触轴承实际轴向载荷的计算

(1) 向心角接触轴承的内部轴向力

由于向心角接触轴承有接触角,故轴承在受到径向载荷作用时,承载区内滚动体的法向力分解,会产生一个轴向分力 F_S(见图 8-6)。F_S 是在径向载荷作用下产生的轴向力,通常称为内部轴向力,其大小按表 8-10 所列公式求得,方向(相对于轴而言)沿轴向由轴承外圈的宽边指向窄边。

表 8-10 向心角接触轴承的内部轴向力 F_S

角接触球轴承			圆锥滚子轴承
$\alpha=15°$(70000C 型)	$\alpha=25°$(70000AC 型)	$\alpha=40°$(70000B 型)	$F_S=F_r/2Y$ (Y 是 $F_a/F_r>e$ 时的轴向因数)
$F_S=eF_r$	$F_S=0.68F_r$	$F_S=1.14F_r$	

(2) 向心角接触轴承的实际轴向载荷

向心角接触轴承在使用时实际所受的轴向载荷 F_a(见图 8-7),除与外加轴向载荷 F_x 有关外,还应考虑内部轴向力 F_S 的影响。计算两支点实际轴向载荷的步骤如下:

① 先计算出两支点内部轴向力 F_{S1} 和 F_{S2} 的大小,并标出其方向。

② 将外加轴向载荷 F_x 及与之同向的内部轴向力之和与另一内部轴向力进行比较,以判定轴承的"压紧"端与"放松"端。

③ "放松"端轴承的轴向载荷等于它本身的内部轴向力。

④ "压紧"端轴承的轴向载荷等于除了它本身的内部轴向力以外的所有轴上轴向力的代数和。

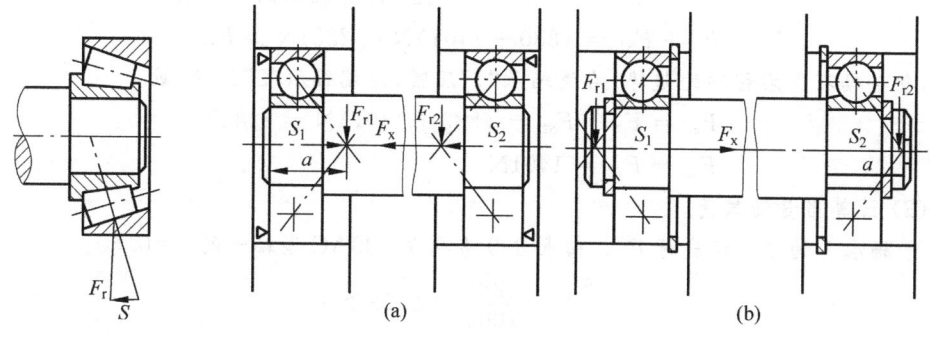

图 8-6 内部轴向力　　图 8-7 角接触轴承的实际轴向载荷 F_a 的计算

四、滚动轴承寿命计算举例

例 8-1 深沟球轴承 6207,承受径向载荷 $F_r=1600\text{N}$,轴向载荷 $F_a=800\text{N}$,试计算其当量动载荷 P。

解:由附录 A 查得:$C_{0r}=15.2\text{kN}$。

$$\frac{F_a}{C_{0r}} = \frac{800}{15.2\times1000} \approx 0.052$$

由表 8-9,用插入法求 e

$$e = 0.22 + \frac{(0.26-0.22)\times(0.052-0.028)}{0.056-0.028} \approx 0.254$$

$$\frac{F_a}{F_r} = \frac{800}{1600} = 0.5 > e$$

由表 8-9 查得 $X=0.56$。

由插入法求得

$$Y = 1.71 + \frac{(1.99-1.71)\times(0.26-0.254)}{0.26-0.22} \approx 1.75$$

则 $\quad P = XF_r + YF_a = (0.56\times1600 + 1.75\times800)\text{N} = 2296\text{N}$

例 8-2 如图 8-8 所示为一工程机械中的传动装置。根据工作条件决定采用一对角接触球轴承,并暂选定型号为 70000AC,已知径向载荷为 $F_{r1}=1000\text{N}, F_{r2}=2060\text{N}$,外加在轴心线上的轴向载荷 $F_A=880\text{N}$,转速 $n=5000\text{r/min}$,运转中受中等冲击,预期使用寿命 $L'_h = 2500\text{h}$。试校核该轴承强度。

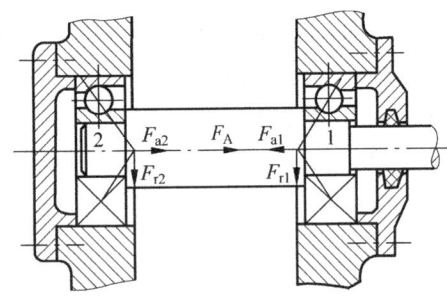

图 8-8 例 8-2 图

解:本例为角接触球轴承的校核计算,此类轴承由于有内部轴向力,因此应首先计算内部轴向力。

(1) 计算内部轴向力 由表 8-10 查得 70000AC 型轴承内部轴向力为

$$F_{S1} = 0.68F_{r1} = 0.68\times1000\text{N} = 680\text{N}$$

$$F_{S2} = 0.68F_{r2} = 0.68\times2060\text{N} \approx 1401\text{N}$$

方向如图 8-8 所示。

(2) 计算轴承的轴向载荷

$$F_A + F_{S2} = (880+1401)\text{N} = 2281\text{N} > F_{S1}$$

因此,整个轴有向右移动的趋势,右端轴承"1"压紧,左端轴承"2"放松,故

$$F_{a1} = F_A + F_{S2} = (880+1401)\text{N} = 2281\text{N}$$

$$F_{a2} = F_{S2} = 1401\text{N}$$

(3) 计算当量动载荷

① 轴承 1 的当量动载荷 P_1。由表 8-9 查得 70000AC 型轴承的 $e=0.68$。

$$\frac{F_{a1}}{F_{r1}} = \frac{2281}{1000} = 2.28 > e$$

由表 8-9 查得 $X=0.41, Y=0.87$,则

$$P_1 = XF_{r1} + YF_{a1} = (0.41\times1000 + 0.87\times2281)\text{N} \approx 2394\text{N}$$

② 轴承 2 的当量动载荷 P_2

$$\frac{F_{a2}}{F_{r2}} = \frac{1401}{2060} \approx 0.68 = e$$

由表 8-9 查得 $X=1, Y=0$,则

$$P_2 = XF_{r2} + YF_{a2} = (1\times2062 + 0\times1401)\text{N} = 2060\text{N}$$

两轴承型号相同,而 $P_1 > P_2$,故应按 P_1 计算。

(4) 校核轴承基本额定动载荷

查表 8-7 后确定 $f_p=1.5$,由表 8-8 查得 $f_t=1,\varepsilon=3$,则

$$C'_r = \frac{f_p P_1}{f_t}\sqrt[\varepsilon]{\frac{60nL'_h}{10^6}} = \frac{1.5\times 2394}{1}\times\sqrt[3]{\frac{60\times 5000\times 2500}{10^6}}\times 10^{-3}\text{kN} \approx 32.626\text{kN}$$

查机械设计手册可知,轴承 70000AC 的 $C_r=35.2\text{kN}$,大于 $C'_r=32.626\text{kN}$,且数值接近,故所选轴承合适。

五、滚动轴承的静强度计算

静强度计算的目的是防止轴承产生过大的塑性变形。对非低速转动的轴承,若承受的载荷变化太大时,在按寿命计算并选择轴承型号后,还应进行静强度验算。

额定静载荷是轴承静强度计算的依据。与当量动载荷相似,轴承在工作时,如果同时承受径向载荷与轴向载荷,也应按当量静载荷 P_0 进行计算。

当量静载荷的计算公式为

$$P_0 = X_0 F_r + Y_0 F_a \tag{8-4}$$

式中,X_0——径向载荷因数(见表 8-11);

Y_0——轴向载荷因数(见表 8-11);

F_r——轴承承受的径向载荷,N;

F_a——轴承承受的轴向载荷,N。

表 8-11 径向载荷因数 X_0 和轴向载荷因数 Y_0

轴承类型		X_0	Y_0
深沟球轴承(60000 型)		0.6	0.5
角接触球轴承	$\alpha=15°$(70000C 型)	0.5	0.4
	$\alpha=25°$(70000AC 型)	0.5	0.3
	$\alpha=40°$(70000B 型)	0.5	0.2
圆锥滚子轴承(30000 型)		0.5	—

静强度的计算公式

$$S_0 P_0 \leqslant C_0 \tag{8-5}$$

式中,S_0——安全因数,见表 8-12。

表 8-12 安全因数

使用要求和载荷性质	S_0
对旋转精度和平稳运转的要求较高或承受强大的冲击载荷	1.2~2.5
正常使用	0.8~1.2
对旋转精度和平稳运转的要求较低,没有冲击和振动	0.5~0.8

8.5 滚动轴承的组合设计

为了保证轴和轴上零件的正常运转,除正确选用轴承类型、型号外,还应解决轴承的组合结构问题,其中包括轴承组合的轴向固定、支撑结构形式、滚动轴承的配合及滚动轴承的

装拆等一系列问题

1. 单个滚动轴承内、外圈的轴向固定

与轴上其他零件一样,滚动轴承也必须轴向固定,尤其是受轴向力的滚动轴承,轴向固定更应可靠。其固定方式见表8-13和表8-14。

表8-13 常用滚动轴承内圈的轴向固定方法

序号	1	2	3	4
简图	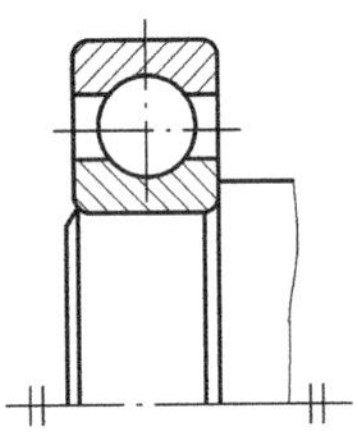	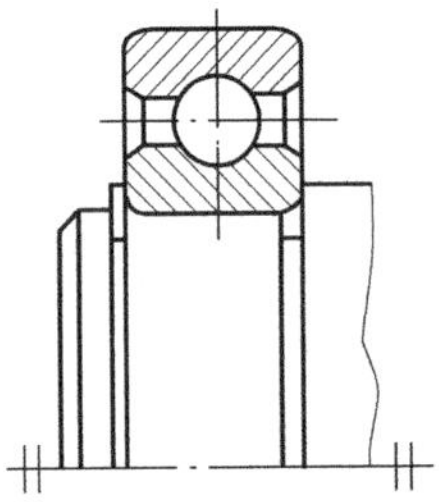	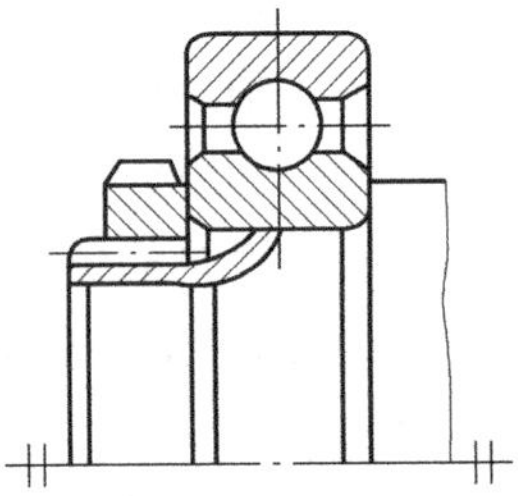	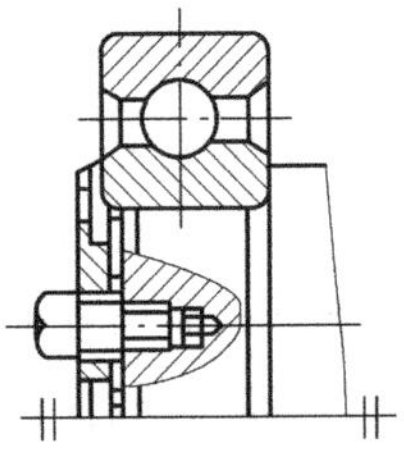
固定方式	内圈靠轴肩定位,结合过盈配合固定	用弹性挡圈紧固	内圈用螺母与止动垫圈紧固	在轴端用压板和螺钉紧固,用弹簧垫片和铁丝防松
特点	结构简单,装拆方便,占用空间小,可用于两端固定的支撑中	结构简单,装拆方便,占用空间小,多用于深沟球轴承的固定	结构简单,装拆方便,坚固可靠	不能调整轴承游隙,多用于轴颈 $d > 70$ mm 的场合,允许转速较高

表8-14 常用滚动轴承外圈的轴向固定方法

序号	1	2	3	4	5
简图	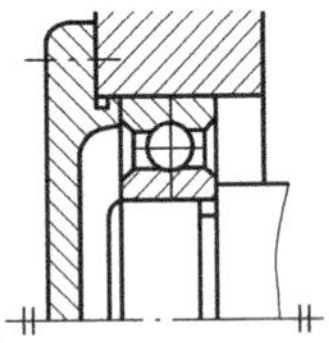	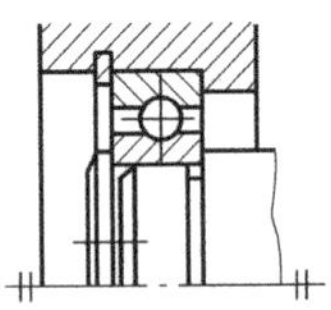	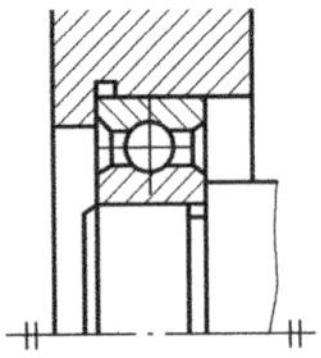	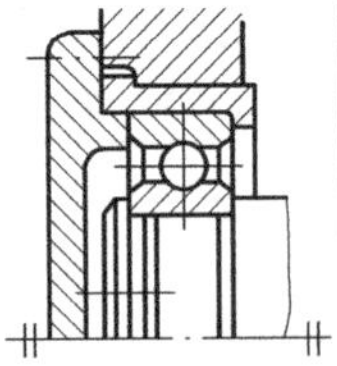	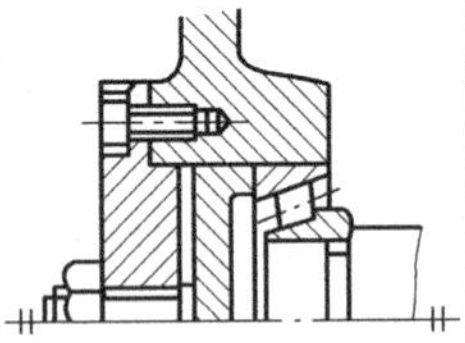
固定方式	外圈用端盖紧固	外圈用弹性挡圈紧固	外圈用挡肩定位,轴系另一端支撑靠螺母或端盖紧固	外圈由套筒上的挡肩定位再用端盖紧固	外圈用螺钉和调节杯紧固
特点	结构简单,紧固可靠,调整方便	结构简单,装拆方便,占用空间小,多用于向心类轴承	结构简单,工作可靠	结构简单,外壳孔可为通孔,利用垫片可调整轴系的轴向位置,装配工艺性好	便于调整轴承游隙,用于角接触轴承的紧固

2. 轴系的固定

轴系固定的目的是防止轴工作时发生轴向窜动,保证轴上零件有确定的工作位置。常用的固定方式有以下两种:

① 两端单向固定　如图 8-9 所示,两端的轴承都靠轴肩和轴承盖作单向固定,两个轴承的联合作用就能限制轴的双向移动。为了补偿轴的受热伸长,对于深沟球轴承,可在轴承外圈与轴承端盖之间留有补偿间隙 C,一般 $C=0.25\sim0.4$mm;对于向心角接触轴承,应在安装时将间隙留在轴承内部。间隙的大小可通过调整垫片组的厚度实现。这种固定方式结构简单、便于安装、调整容易,适用于工作温度变化不大的短轴。

② 一端固定、一端游动支撑　如图 8-10(a)所示,一端轴承的内、外圈均做双向固定,限制了轴的双向移动。另一端轴承外圈两侧都不固定。当轴伸长或缩短时,外圈可在座孔内做轴向游动。一般将载荷小的一端做成游动,游动支撑与轴承盖之间应留用足够大的间隙,即 $C=3\sim8$mm。对角接触球轴承和圆锥滚子轴承,不可能留有很大的内部间隙,有时会将两个同类轴承装在一端做双向固定,另一端采用深沟球轴承或圆柱滚子轴承做游动支撑(见图 8-10(b))。这种结构比较复杂,但工作稳定性好,适用于工作温度变化较大的长轴。

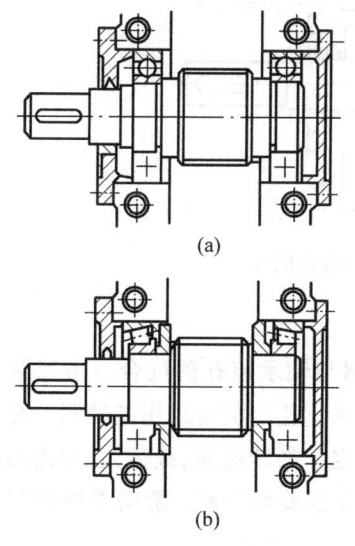

图 8-9　两端单向固定支撑

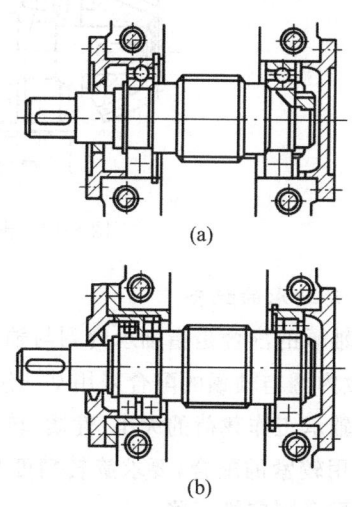

图 8-10　一端固定、一端游动支撑

3. 滚动轴承组合结构的调整

滚动轴承组合结构的调整包括轴承间隙的调整和轴系轴向位置的调整。

(1) 轴承间隙的调整

轴承间隙的大小将影响轴承的旋转精度、轴承寿命和传动零件工作的平稳性。轴承间隙调整的方法有:

① 如图 8-11(a)所示,靠加减轴承端盖与箱体间垫片的厚度进行调整。

② 如图 8-11(b)所示,利用调整环进行调整,调整环的厚度在装配时确定。

③ 如图 8-11(c)所示,利用调整螺钉推动压盖移动滚动轴承外圈进行调整,调整后用螺母锁紧。

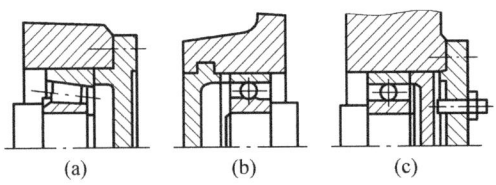

图 8-11 轴承间隙调整

(2) 轴系轴向位置的调整

轴系轴向位置调整的目的是使轴上零件有准确的工作位置。如蜗杆传动,要求蜗轮的中间平面必须通过蜗杆轴线;直齿锥齿轮传动,要求两锥齿轮的锥顶必须重合。图 8-12 为锥齿轮轴的轴承组合结构,轴承装在套杯内,通过加减第 1 组垫片的厚度来调整轴承套杯的轴向位置,即可调整锥齿轮的轴向位置;通过加减第 2 组垫片的厚度,可以实现轴承间隙的调整。

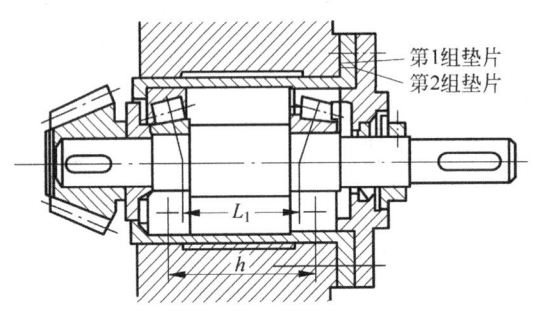

图 8-12 锥齿轮轴的轴承组合结构

4. 滚动轴承的配合

滚动轴承的配合是指轴承内圈与轴颈、轴承外圈与轴承座孔的配合。由于滚动轴承是标准件,故内圈与轴颈的配合采用基孔制,外圈与轴承座孔的配合采用基轴制。配合的松紧程度根据轴承工作载荷的大小、性质、转速高低等确定。如转速高、载荷大、冲击振动比较严重时应选用较紧的配合,要求旋转精度高的轴承配合也要紧一些;游动支撑和需经常拆卸的轴承的配合则应松一些。

对于一般机械,轴与内圈的配合常选用 m6,k6,js6 等公差标准,外圈与轴承座孔的配合常选用 J7,H7,G7 等公差标准。由于滚动轴承内径的公差带在零线以下,因此,内圈与轴的配合比圆柱公差标准中规定的基孔制同类配合要紧些。如圆柱公差标准中 H7/k6,H7/m6 均为过渡配合,而在轴承内圈与轴的配合中就成了过盈配合。

5. 滚动轴承的装拆

安装和拆卸轴承的力应直接加在紧配合的套圈端面上,不能通过滚动体传递。由于内圈与轴的配合较紧,在安装轴承时:

① 对中、小型轴承,常用专用压套压装轴承的内、外圈,如图 8-13 所示。

② 对尺寸较大的轴承,可在压力机上压入或把轴承放在油里加热至 80~100℃,然后取出套装在轴颈上。

轴承的拆卸可根据实际情况按图 8-14 实施。为使拆卸工具的钩头钩住内圈,应限制轴肩高度。轴肩高度可查轴承设计手册。

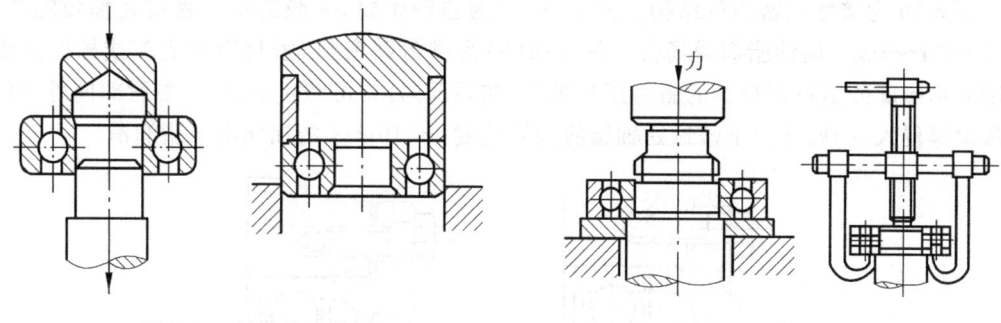

图 8-13　轴承的安装　　　　　图 8-14　轴承的拆卸

内、外圈可分离的轴承,其外圈的拆卸可用压力机、套筒或螺钉顶出,也可以用专用设备拉出。为了便于拆卸,座孔的结构一般采用图 8-15 所示的形式。

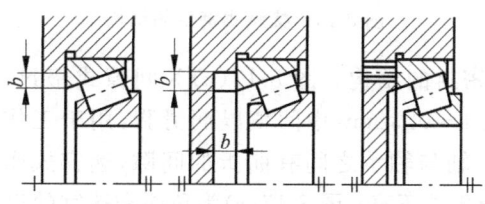

图 8-15　便于外圈拆卸的座孔结构

6. 保证支撑部分的刚度和同轴度

为保证支撑部分的刚度,轴承座孔壁应有足够的厚度,并设置加强肋以增强刚度。对于向心角接触轴承,可采用反装(外圈宽边相对),提高支撑刚度。

为保证支撑部分的同轴度,同一轴上两端的轴承座孔必须保持同心。因此,两端轴承座孔的尺寸应尽量相同,以便加工时一次镗出,减少同轴度误差。若轴上装有不同外径尺寸的轴承时,可采用套杯结构。

8.6　滚动轴承的润滑与密封

1. 滚动轴承的润滑

轴承润滑的主要目的是减小摩擦与磨损、缓蚀、吸振和散热。一般采用脂润滑或者油润滑。润滑脂黏性大、不易流失,便于密封和维护,且不需经常添加;但转速较高时,功率损失较大。润滑脂的填充量不能超过轴承空间的 1/3~1/2。油润滑的摩擦阻力小,润滑可靠,但需要供油设备和较复杂的密封装置。当采用油润滑时,油面高度不能超出轴承中最低滚动体的中心。高速轴承宜采用喷油或油雾润滑。轴承内径 d(单位为 mm)与轴承转速 n(单位为 r/min)的乘积 dn 值可作为选择润滑方式的依据。具体的润滑剂及润滑方式选择详见轴承设计手册。

2. 滚动轴承的密封

密封的目的是为了防止外部的灰尘、水分及其他杂物进入轴承,并阻止轴承内润滑剂的流失。密封装置可直接设置在轴承上(称为密封轴承),大多数设置在轴承支撑部位。轴承密封分为接触式密封和非接触式密封。

图 8-16 为接触式密封的结构。图 8-16(a)为毡圈密封,一般适用于密封处轴颈的圆周速度 $v<4\sim5$m/s 的油脂润滑场合;图 8-16(b)为密封圈密封,密封圈由皮革或橡胶制成,利用环形螺旋弹簧将密封圈的唇部压在轴上,如唇部向内,可防止油外泄,如唇部向外,可防止灰尘等侵入,一般适用于密封处轴颈的圆周速度 $v<10$m/s 的油润滑或脂润滑。

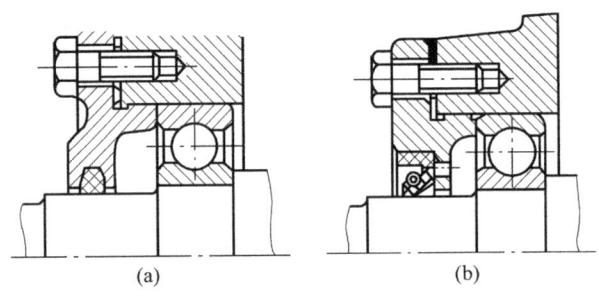

图 8-16 接触式密封的结构

图 8-17 为非接触式密封的结构。图 8-17(a)为间隙式密封,在轴与轴承之间留有细小的间隙,半径间隙为 0.1~0.3mm,中间填以润滑脂,用于工作环境清洁、干燥的场合;图 8-17(b)为迷宫式密封,轴与轴承之间有曲折的间隙,迷宫式密封适用于油润滑和脂润滑,密封可靠,对工作环境要求不高;图 8-17(c)为毡圈和迷宫的组合密封,密封效果更好。

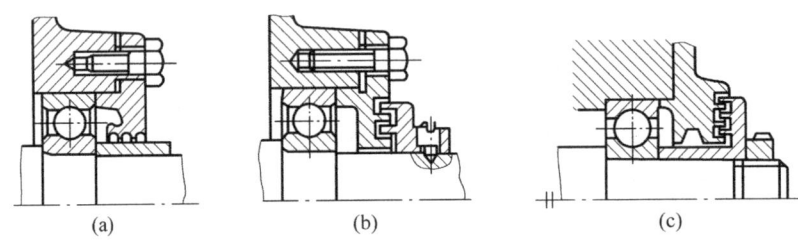

图 8-17 非接触式密封的结构

8.7 滑动轴承简介

根据轴承所能承受的载荷方向,非液体摩擦滑动轴承分为向心滑动轴承和推力滑动轴承。向心滑动轴承用于承受径向载荷,推力滑动轴承用于承受轴向载荷。

一、向心滑动轴承

1. 结构形式

这类轴承的结构形式有整体式、剖分式、调心式和间隙可调式四种。

(1) 整体式滑动轴承

图 8-18(a)所示为无轴承座的整体式滑动轴承,它是在机架或箱体上直接加工出轴承孔,有时在孔内再安装轴套。图 8-18(b)所示为有轴承座的整体式滑动轴承,它由轴承座和轴瓦组成。使用时,将轴承座用螺栓固定在机架上。这种轴承已标准化,具体结构和尺寸可

查阅 JB 2560—1991。

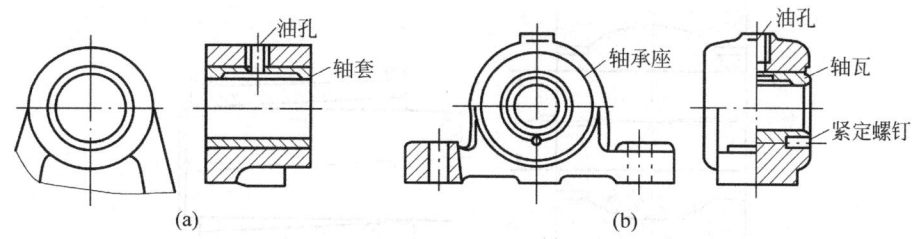

图 8-18　整体式滑动轴承

整体式滑动轴承结构简单、造价低廉、刚度大，但是摩擦表面磨损后，轴颈与轴瓦之间的间隙无法调整，只能更换轴瓦，且装拆时轴或轴承需作轴向移动，使装拆不便，故适用于低速、轻载和间歇工作且不重要的场合。

(2) 剖分式滑动轴承

图 8-19 所示为剖分式滑动轴承的常见形式，它由轴承座 1、剖分轴瓦 2、轴承盖 3、连接螺栓 4、润滑油杯 5 等组成。为防止轴承盖和轴承座横向错动和便于装配时对中，轴承座和轴承盖的剖分面均设置有阶梯形止口，并可放置少量垫片，通过增减轴瓦剖分面间的调整垫片，可调节轴颈和轴承之间的间隙。

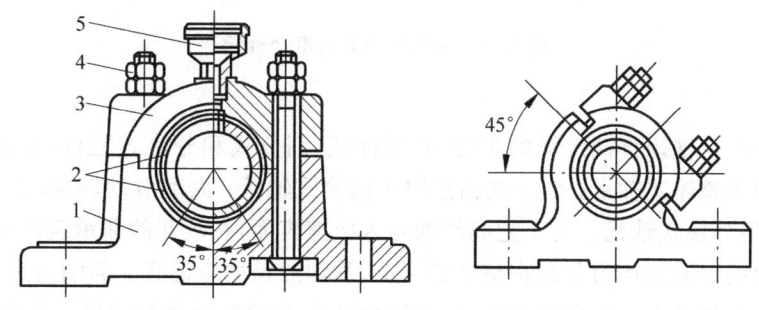

图 8-19　剖分式滑动轴承

考虑到径向载荷的不同，剖分式滑动轴承分为水平式和斜开式两种。剖分面可制成水平或倾斜 45°的，选用时，应保证径向载荷作用线不超出剖分面垂直中心线左右各 35°的范围。这类轴承间隙可调整，装拆方便，故应用较广。

其结构已标准化，可查阅 JB 2561—1991 和 JB 2563—1991。

(3) 调心式滑动轴承

图 8-20(a)所示为调心式滑动轴承，它的特点是把轴瓦的支撑面做成球面，利用轴瓦与轴承座间的球面配合使轴瓦可在一定角度范围内摆动，以适应轴受力后产生的弯曲变形，避免图 8-20(b)所示轴与轴承两端局部接触而产生的磨损。但球面不易加工，只用于轴承宽度 B 与直径 d 之比大于 1.5~1.75 的场合。

(4) 间隙可调式滑动轴承

调节轴承间隙是保持轴承回转精度的重要手段。使用中，常采用锥形轴套进行间隙调整。如图 8-21 所示，带锥形轴套的滑动轴承由螺母 1、轴套 2、销 3 和轴 4 组成。转动轴套上两端的圆螺母使轴套做轴向移动,即可调节轴承间隙。

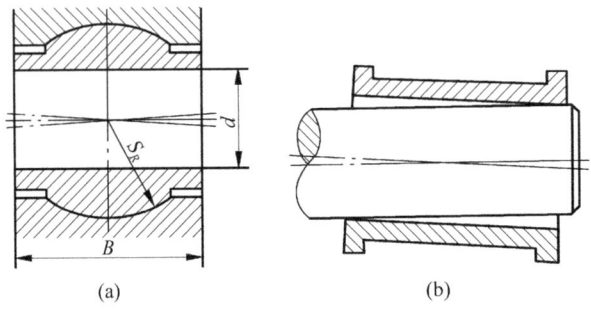

图 8-20 调心式滑动轴承

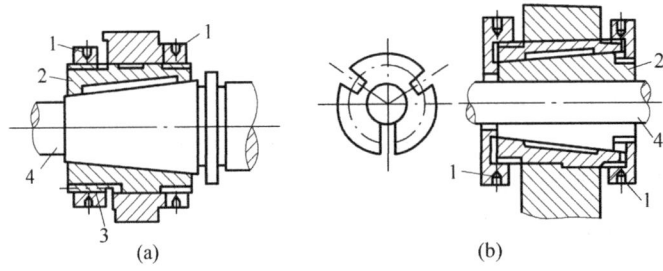

图 8-21 带锥形轴套的滑动轴承

2. 轴瓦

轴瓦是轴承与轴颈直接接触的零件,有整体式、剖分式和分块式三种,如图 8-22 所示。整体式轴瓦用于整体式轴承；剖分式轴瓦用于剖分式轴承；大型滑动轴承,为了便于运输、装配,一般采用分块式轴瓦。为了把润滑油导入摩擦表面,在轴瓦的非承载区内制出油孔与油沟。为了使润滑油能均匀分布在整个轴颈上,油沟的长度应适宜。若油沟过长,会使润滑油从轴瓦端部大量流失；而油沟过短,会使润滑油流不到整个接触表面。通常可取油沟的长度为轴瓦长度的 80% 左右。剖分式轴瓦的油沟形式如图 8-23 所示。

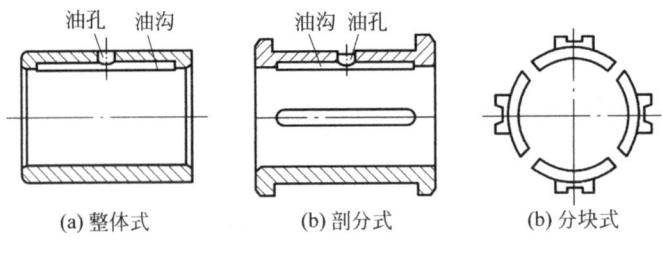

图 8-22 轴瓦结构

3. 轴承衬

为了改善轴表面的摩擦性能,提高承载能力,对于重要轴承,常在轴瓦内表面上浇铸一层减磨材料,称为轴承衬(简称轴衬)。轴承衬的厚度一般为 0.5～6mm。为了保证轴承衬与轴瓦结合牢固,在轴瓦的内表面应制出沟槽,如图 8-24 所示。

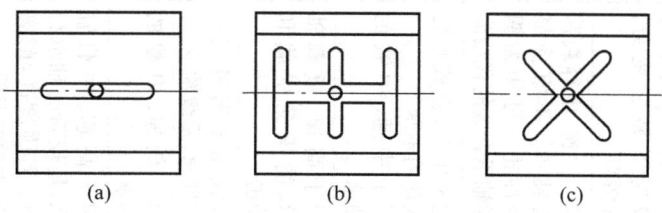

图 8-23 剖分式轴瓦的油沟形式

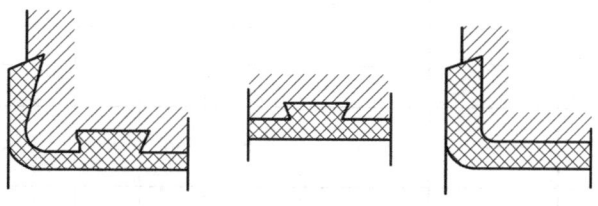

图 8-24 轴承衬

二、推力滑动轴承

推力滑动轴承又称止推轴承,承受轴向载荷。推力滑动轴承的结构如图 8-25 所示,由轴承座 1、轴套 2、径向轴瓦 3、推力轴瓦 4 和销钉 5 组成。轴的端面和推力轴瓦是轴承的主要工作部分,轴瓦的底部为球面,可以自动进行位置调整,以保证轴承摩擦表面的良好接触。销钉是用来防止推力轴瓦随轴转动的。工作时润滑油由下部注入,从上部油管导出。

图 8-26 为推力滑动轴承轴颈的几种常见形式。载荷较小时可采用空心端面轴颈(见图 8-26(a))和环形轴颈(见图 8-26(b)),载荷较大时采用多环轴颈(见图 8-26(c))。

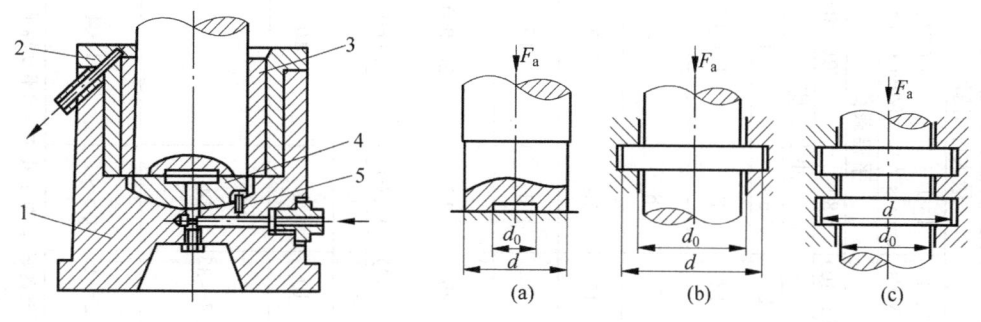

图 8-25 推力滑动轴承   图 8-26 推力滑动轴承轴颈

三、轴承材料

轴承材料是指与轴颈直接接触的轴瓦或轴衬的材料。轴承材料应具有以下性能:
① 足够的强度,包括抗压、抗冲击、抗疲劳等强度,以保证较大的承载能力。
② 良好的减摩性、耐磨性和磨合性,以提高轴承的效率及延长使用寿命。
③ 良好的导热性、耐腐蚀性、工艺性以及价格低廉等。

但是,任何一种材料不可能是同时具备上述性能,因而设计时应根据具体工作条件,按主要性能来选择轴承材料,常用的轴承材料有铸造轴承合金、铸造铜合金、铸铁等金属材料,其性能和应用见表 8-15。

表 8-15 常见轴承材料的性能和应用[①]

轴承材料		[p]/MPa	最大许用值 [v]/(m·s⁻¹)	[pv]/(MPa·m·s⁻¹)	最高工作温度/℃	硬度[②]HBS	抗胶合性	顺应嵌入性	耐腐蚀	耐疲劳	备注
		平稳载荷									
锡锑轴承合金	ZSnSb11Cu6	25(40)	80	20(100)	150	150/20~30	1	1	1	5	用于高速、重载下工作的重要轴承。变载荷下易于疲劳。价格高
	ZSnSb8Cu4	20	60	15							
		冲击载荷									
铅锑轴承合金	ZPbSb16Sn16Cu	12	12	10(50)	150	150/20~30	1	1	3	5	用于中速、中等载荷的轴承，不宜受显著冲击。可作为锡锑轴承合金的代用品
	ZPbSb15Sn5Cu3	5	8	5							
锡青铜	ZCuSn10P1	15	10	15(25)	280	200/50~100	3	5	1	1	用于中速、重载及变载荷的轴承
	ZCuSn5Pb5Zn5	8	3	15							用于中速、中载荷的轴承，能承受冲击
铅青铜	ZCuPb30	25	12	30(90)	280	300/40~280	3	4	4	2	用于高速、重载轴承，能承受变载和冲击
铝青铜	ZCuAl19Fe4Ni4Mn2	15(30)	4(10)	12(60)	280	200/100~120	5	5	5	2	最宜用于润滑充分的低速、重载轴承
	ZCuAl10Fe3Mn2	20	5	15							
黄铜	ZCuZn38Mn2Pb2	10	1	10	200	200/80~150	3	5	1	1	用于中载的轴承
铝锑轴承合金	20 高锡铝合金	28~35	14		140	300/45~50	4	3	1	2	用于高速、中载的轴承，是较新的轴承材料。其强度高，表面耐腐蚀性能好
铸铁	HT150、HT200、HT250	2~4	0.5~1	1~4		200~250/160~180	4	5	1	1	宜用于低速、轻载的不重要轴承，价廉

① ( )内为极限值，其余为一般值（润滑良好）。对于液体摩擦滑动轴承，限制[pv]值无什么意义，因与散热等条件关系很大。
② 分子为最小轴颈硬度，分母为合金硬度。
③ 性能比较：1—最佳；2—良；3—良好；4——般；5—最差。

除了上述几种材料外,还可采用非金属材料(如石墨、塑料、尼龙、橡胶、粉末冶金和硬木等)作为轴瓦材料,其中塑料应用最广。塑料具有摩擦小、抗压强度高、耐磨性好等优点,但耐热能力差。因此使用塑料作轴承材料时,应注意冷却。

习题

8-1 试说明下列滚动轴承代号的含义:30308、LN203、6210/C3、7210C、51208、N208E/P4、7208AC/P5。

8-2 试述滚动轴承的主要失效形式。

8-3 滚动轴承的额定寿命、额定动载荷和当量动载荷的含义是什么?

8-4 滚动轴承的内、外圈的固定形式各有几种?适用于什么场合?

8-5 采用滚动轴承轴系结构形式有几种?适用于什么场合?

8-6 在进行滚动轴承组合设计时应考虑哪些问题?

8-7 轴承为什么要进行润滑和密封?常用的润滑油和密封装置有哪些?

8-8 一代号为 6304 的深沟球轴承,承受径向载荷 $F_r=2\text{kN}$,载荷平稳,转速 $n=960\text{r/min}$,一般工作温度,试计算该轴承的寿命;若载荷改为 $F_r=4\text{kN}$,其他条件不变,此时轴承的寿命是多少?

8-9 根据工作条件,某机器传动装置中的轴两端各采用一个深沟球轴承,轴颈 $d=35\text{mm}$,转速 $n=200\text{r/min}$,每个轴承承受径向载荷 $F_r=2000\text{N}$,一般工作温度,载荷平稳,预期使用寿命 $L_h'=8000\text{h}$,试选择该轴承。

8-10 一矿山机械的转轴,两端用 6313 深沟球轴承,每个轴承的径向载荷 $F_r=5400\text{N}$,轴上的轴向外载荷 $F_A=2650\text{N}$,轴的转速 $n=1250\text{r/min}$,一般温度下工作,有轻微冲击,预期使用寿命 $L_h'=5000\text{h}$,该轴承是否适用?

8-11 根据工作条件,决定在某传动轴上安装一对角接触球轴承,如题 8-11 图所示,已知两轴承载荷分别为 $F_{r1}=1470\text{N}$,$F_{r2}=2650\text{N}$,轴向外载荷 $F_A=1000\text{N}$,轴颈 $d=40\text{mm}$,转速 $n=5000\text{r/min}$,一般温度下工作,有中等冲击,预期使用寿命 $L_h'=2000\text{h}$,试选择轴承型号。

8-12 如题 8-12 图所示,齿轮轴用 30206 轴承支撑。已知径向载荷 $F_{r1}=1.5\text{kN}$,$F_{r2}=0.5\text{kN}$,轴向外载荷 $F_A=0.8\text{kN}$,轴转速 $n=960\text{r/min}$,一般工作温度,有轻微冲击,预期使用寿命 $L_h'=2000\text{h}$,试核该轴承是否适用。

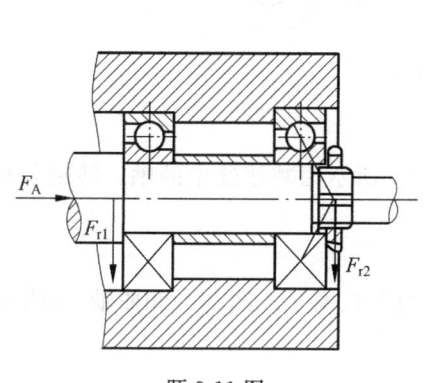

题 8-11 图

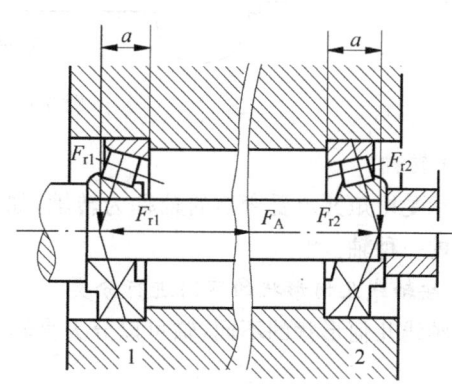

题 8-12 图

单元 9　轴

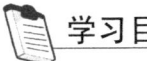

学习目标

(1) 了解轴的分类和轴常用材料;
(2) 掌握传动轴的强度计算;
(3) 掌握心轴的强度计算;
(4) 掌握转轴的强度计算;
(5) 掌握轴结构尺寸的确定。

9.1　轴概述

一、轴的分类

轴的功用主要是支撑旋转零件(如凸轮、齿轮和带轮)并传递运动和动力。轴是重要的非标准零件。

1. 按轴的承载情况进行分类。

(1) 传动轴

只承受扭矩而不承受弯矩的轴(或主要受扭矩而弯矩很小的轴)称为传动轴,如图 9-1 所示的轴 AB 为汽车变速箱与后桥之间的传动轴。

(2) 心轴

只承受弯矩而不承受扭矩的轴称为心轴,心轴按其是否转动可分为转动心轴和固定心轴。图 9-2(a)所示为车辆的转动心轴;图 9-2(b)所示为自行车前轮的固定心轴。

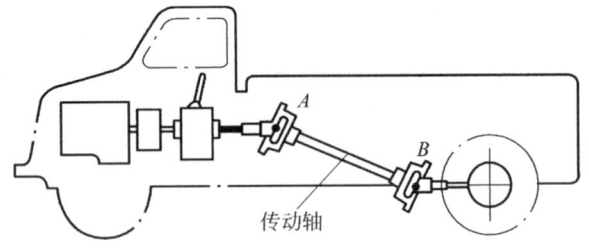

图 9-1　传动轴

(3) 转轴

既承受扭矩又承受弯矩的轴称为转轴,如图 9-3 所示为减速器中的轴。转轴是机器中最常用的一种轴。

2. 按轴线几何形状的不同进行分类

按轴线几何形状的不同,轴可以分为直轴(见图 9-1、图 9-2、图 9-3)和曲轴(见图 9-4)。

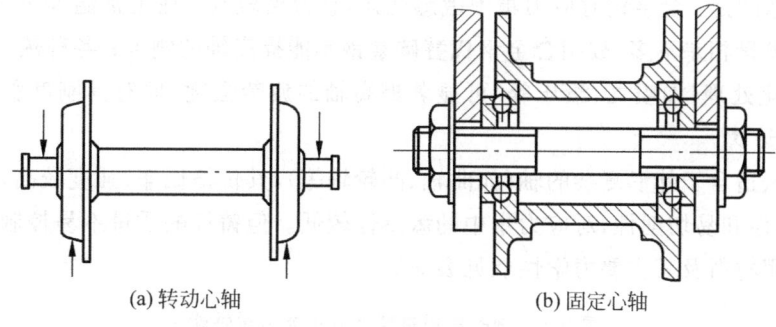

图 9-2 心轴

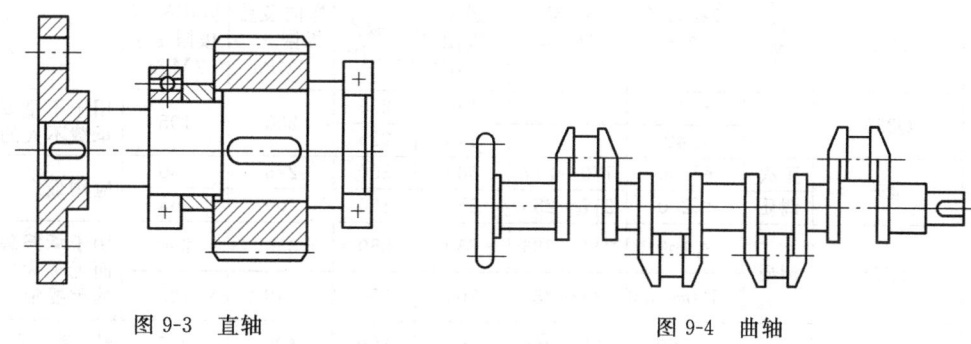

图 9-3 直轴　　　　　　　　图 9-4 曲轴

轴一般制成实心,但为减轻重量(如大型水轮机、航空发动机)或满足工作要求(如在轴中心需通过其他零件或润滑油)时,则要采用空心轴。

另外还有一种软轴,其轴线可以按使用要求随意变化,又称挠性轴,如图 9-5 所示,可绕过障碍物 A 和 B 传到所需的位置。常用于机械的捣振机、汽车的转速表中等。

二、轴的材料

轴工作时的应力都为重复性的交变应力,轴的失效形

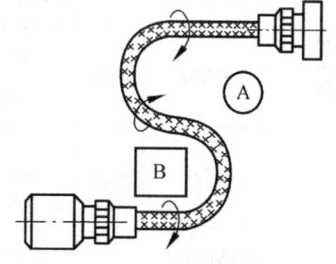

图 9-5 挠性轴

式多是疲劳破坏,因此轴的材料要求有一定的强度和韧性,且对应力集中的敏感性低。轴与滑动轴承发生相对运动的表面应具有足够的耐磨性。常用材料是碳素钢、合金钢和球墨铸铁。钢轴毛坯多为轧制圆钢或锻件。

1. **碳素钢**

优质中碳钢(30~50 钢)常用于比较重要和承载较大的轴,其中 45 钢应用最广。对于这类钢可以通过调质或正火等热处理方法改善和提高其力学性能。

普通碳钢 Q235、Q275 可用于不重要或承载较小的轴。

2. **合金钢**

合金钢具有良好的综合力学性能和热处理性能。所以对承载很大而重量、尺寸受限制,或有较高强度、耐磨性、较强防腐蚀性要求的轴,可采用合金钢,并进行必要的热处理。

必须注意的是：合金钢对应力集中敏感性强，且价格较高；在正常温度下，碳素钢和合金钢的弹性模量相差不多，故用合金钢代替碳素钢不能提高轴的刚度；各种热处理、化学处理及表面强化处理（如喷丸、滚压等）可显著提高轴的疲劳强度，但对其刚度影响很小。

3. **球墨铸铁**

球墨铸铁适合于外形复杂的轴（如曲轴、凸轮轴等），其价格低廉，强度较高，且有良好的耐磨性、吸振性和易切削性，对应力集中的敏感性较低。但铸件的质量不易控制，可靠性差。

轴的常用材料及其主要力学性能见表 9-1。

表 9-1 轴的常用材料及其主要力学性能

类别	牌号	热处理	毛坯直径 /mm	硬度 /HBS	强度极限 σ_b/MPa	屈服点 σ_s/MPa	弯曲疲劳极限 σ_{-1}/MPa	剪切疲劳极限 τ_{-1}/MPa	备注
碳素钢	Q235		≤16	—	460	235	200	105	用于不重要或承载不大的轴
			≤40		440	225			
	45	正火	≤100	170~217	600	300	275	140	应用最广
		调质	≤200	217~255	350	360	300	155	
合金钢	40Cr	调质	≤100	241~286	750	550	350	200	用于承载较大而无很大冲击的重要轴
			>100~300	241~286	700	550	340	185	
	35SiMn (42SiMn)	调质	≤100	229~286	800	520	400	205	性能接近40Cr，用于中小型轴
			>100~300	217~269	750	450	350	185	
	40SiMn	调质	25		1000	800	485	280	性能接近40Cr，用于重要轴
			≤200	241~286	750	500	335	195	
	20Cr	渗碳淬火回火	15	表面50~60HRC	850	550	375	215	用于要求强度和韧性均较高的轴
			≤60		650	400	280	160	
	20rMnTi		15	表面50~60HRC	1100	850	525	300	
球墨铸铁	QT400—15		—	156~197	400	300	145	125	用于结构形状复杂的轴
	QT600—2			197~269	600	420	215S	185	

9.2 传动轴的强度和刚度——构件的扭转问题

传动轴由于传递转矩而发生扭转变形，从而在截面上产生了扭矩和应力。下面将从传动轴在传递转矩时截面上的内力、应力分析出发，论述构件扭转变形的基本概念，进而得出传动轴强度和刚度的校核条件。

一、扭转的基本概念和转矩 T

1. 基本概念

传动轴在传递转矩 T 时，将产生扭转变形。在垂直于轴线平面（轴的横截面）内有内力偶，即作用着扭矩。变形特点是：各横截面绕轴线发生相对转动。轴的变形以横截面间绕轴线的相对角位移即扭转角 φ 表示。如图 9-6 所示，图中 φ 就是截面Ⅱ相对于截面Ⅰ的扭转角，简称扭角。

2. 转矩 T 的计算

对于传动轴通常知道轴的转速和传递的功率，在分析截面内力时，往往要计算转矩 T，其计算公式为

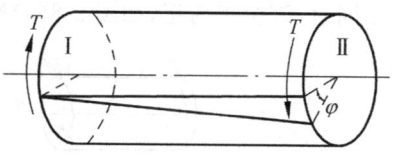

图 9-6　扭转变形

$$T = 9550 \frac{P}{n} \tag{9-1}$$

式中，P—传递的功率，kW；

　　　n—轴的转速，r/min；

　　　T—轴的转矩，N·m。

二、扭矩和扭矩图

1. 传动轴的扭矩

传动轴在传递转矩 T 时，横截面上产生的内力偶矩称为扭矩，以 M_n 表示。其大小可用截面法根据力矩平衡条件求得。现以图 9-1 所示的传动轴为例说明横截面上扭矩的计算。图 9-7 为传动轴 AB 的受力简图，在轴两端受转矩 T，用截面法求扭矩的步骤如下：

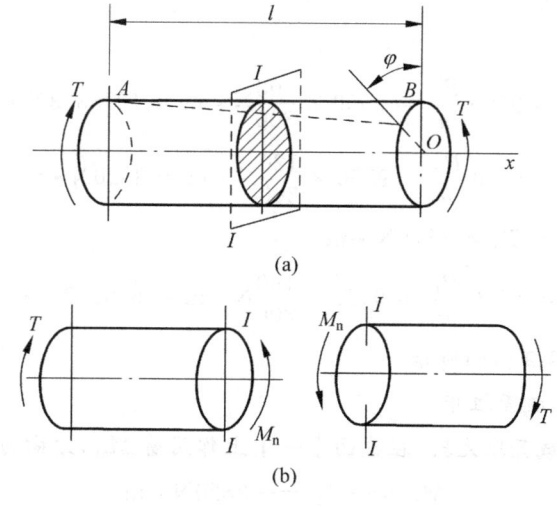

图 9-7　横截面的扭矩

① 在轴任意处用截面Ⅰ—Ⅰ把轴截为两段，取其中任意一段，现如图 9-7 所示取左端。

② 由于整根轴是平衡的，所以两端均处于平衡状态，因此截面Ⅰ—Ⅰ上必定作用着一个扭矩 M_n（内力偶矩）与转矩相平衡。

③ 根据力系平衡方程式

$$\sum M_o = 0 \qquad M_n - T = 0$$

得
$$M_n = T$$

为了使从两段轴上求得的同一截面上的扭矩不仅大小相等且符号相同，通常将扭矩的正负规定如下：按右手螺旋法则，用四指表示扭矩的转向，拇指的指向与横截面的外法线方

向相同时,该扭矩为正,如图 9-8(a)所示;反之为负,扭矩为负,如图 9-8(b)所示。

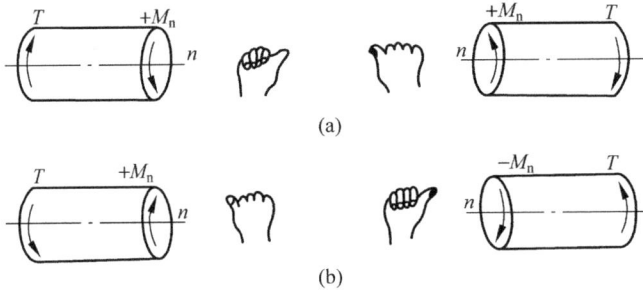

图 9-8 扭矩的正负

实际工作中的轴,往往受数个扭矩的作用,此时也用同样的方法计算轴任意截面处的扭矩。

例 9-1 如图 9-9 所示,已知轴的转速 $n=300\text{r/min}$,通过轮 A 输入功率 $P_A=400\text{kW}$,而经由轮 B、C、D 输出功率分别为 $P_B=120\text{kW}$,$P_C=120\text{kW}$,$P_D=160\text{kW}$,试计算截面 Ⅰ—Ⅰ,Ⅱ—Ⅱ,Ⅲ—Ⅲ 处的扭矩。

解:(1)计算转矩 T

各轮的转矩为

$$T_A = 9550\frac{P_A}{n} = 9550 \times \frac{400}{300}\text{N}\cdot\text{m} \approx 12733.3\text{N}\cdot\text{m}$$

$$T_B = 9550\frac{P_B}{n} = 9550 \times \frac{120}{300}\text{N}\cdot\text{m} = 3820\text{N}\cdot\text{m}$$

$$T_C = T_B = 3820\text{N}\cdot\text{m}$$

$$T_D = 9550\frac{P_D}{n} = 9550 \times \frac{160}{300}\text{N}\cdot\text{m} \approx 5093.3\text{N}\cdot\text{m}$$

各轮转矩方向如图 9-9(a)所示。

(2)用截面法求各截面扭矩

① 沿截面Ⅰ—Ⅰ截开取左段,在截面Ⅰ—Ⅰ上作用着 M_{n1},方向为负。

$$M_{n1} = -T_B = -3820\text{N}\cdot\text{m}$$

② 沿截面Ⅱ—Ⅱ截开取左段,在截面Ⅱ—Ⅱ上作用着 M_{n2},方向为负。

$$M_{n2} = -(T_B + T_C) = -(3820 + 3820)\text{N}\cdot\text{m} = -7640\text{N}\cdot\text{m}$$

③ 沿截面Ⅲ—Ⅲ截开取右段,在截面Ⅲ—Ⅲ上作用着 M_{n3},方向为正。

$$M_{n3} = T_D = 5093.3\text{N}\cdot\text{m}$$

从上例可看出,某一截面上扭矩就等于该截面一侧所有转矩的代数和。若把转矩的正负号规定如下:按右手螺旋法则,四指弯曲的方向与转矩的转向相同,若拇指伸出时的指向背离该截面,该转矩为正;若拇指指向横截面,该转矩为负。按此规定正转矩产生正扭矩,反之亦然。这样就可以避开由截面法建立平衡方程式,可直接通过求截面一侧转矩的代数和而得到该截面上的扭矩。

2. 扭矩图

为了判断轴扭转时的危险截面,需画出横截面上的扭矩沿轴线变化的图形,图中以平行于轴线的坐标为 x,表示截面的位置,垂直于轴线的纵坐标 M_n 表示相应截面上的扭矩,正扭矩画在 x 轴的上方,负扭矩画在 x 轴的下方。这种图称为扭矩图,如图 9-9(e)所示。

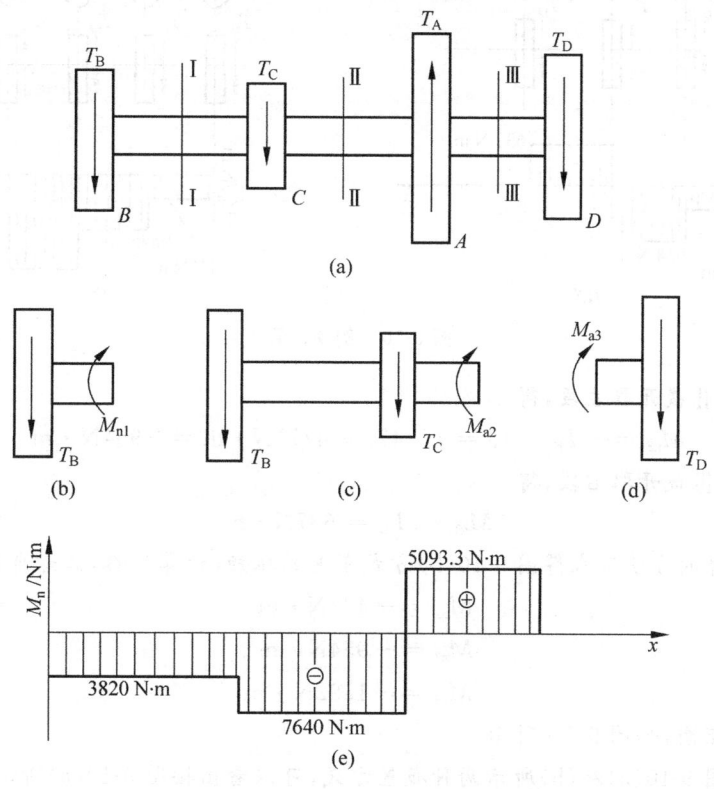

图 9-9 例 9-1 图

例 9-2 一轴上有 A、B、C、D 四个轮子。其中,A 轮为动力输入轮,输入功率 $P_A = 50\text{kW}$,B、C、D 为输出轮,输出功率为 $P_B = P_C = 15\text{kW}$,$P_D = 20\text{kW}$,转速 $n = 300\text{r/min}$,四轮布置有如图 9-10 所示有两种不同的方案。试计算轴的各段扭矩并绘制扭矩图,比较两种方案有何区别。

解:(1)计算各轮的转矩。

$$T_A = 9550 \frac{P_A}{n} = 9550 \times \frac{50}{300} \text{N} \cdot \text{m} \approx 1592 \text{N} \cdot \text{m}$$

$$T_B = T_C = 9550 \frac{P_B}{n} = 9550 \times \frac{15}{300} \text{N} \cdot \text{m} \approx 477 \text{N} \cdot \text{m}$$

$$T_D = 9550 \frac{P_D}{n} = 9550 \times \frac{20}{300} \text{N} \cdot \text{m} \approx 637 \text{N} \cdot \text{m}$$

(2)以图 9-10(a)为例计算各截面扭矩。

① 沿截面 I 截开取左段,得

$$M_{n1} = -T_B = -477 \text{N} \cdot \text{m}$$

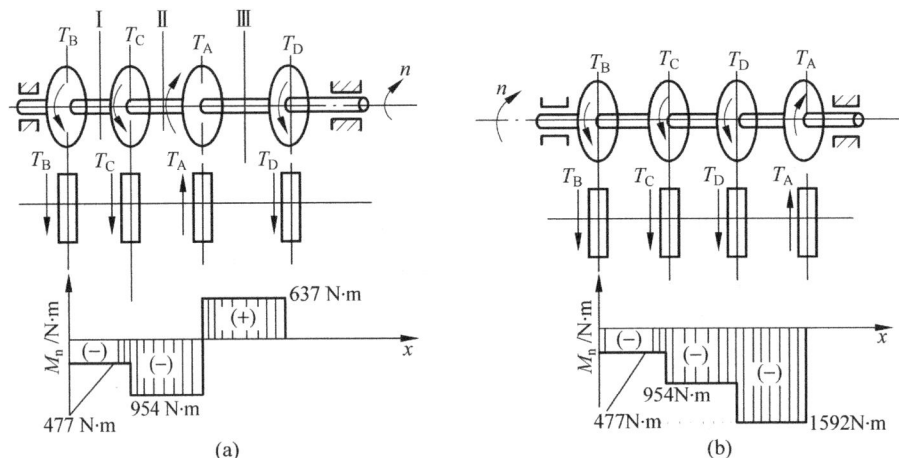

图 9-10 例 9-2 图

② 沿截面 Ⅱ 截开取左段，得

$$M_{n2} = -T_B - T_C = (-477 - 477)\text{N} \cdot \text{m} = -954\text{N} \cdot \text{m}$$

③ 沿截面 Ⅲ 截开取右段，得

$$M_{n3} = T_D = 637\text{N} \cdot \text{m}$$

（3）以同样的方法可求得图 9-10(b)方式布置的扭矩（计算从略，读者自行计算）

$$M_{n1} = -477\text{N} \cdot \text{m}$$
$$M_{n2} = -954\text{N} \cdot \text{m}$$
$$M_{n3} = -1592\text{N} \cdot \text{m}$$

（4）画扭矩图，如图 9-10 所示。

（5）比较图 9-10(a)和(b)所示两种布置方式，可以看出按图 9-10(a)所示布置的最大扭矩为 $M_{n2}=954\text{N} \cdot \text{m}$；而按图 9-10(b)所示布置的最大的扭矩为 $M_{n3}=1592\text{N} \cdot \text{m}$。因此，图 9-10(a)所示布置方式优于图 9-10(b)所示布置方式。

三、传动轴扭转时截面上切应力与变形

1. 应力的分布规律

为了分析传动轴扭转时横截面上的应力，如图 9-11 所示，在圆轴的表面画两条圆周线和两条与轴线平行的纵向线，然后在两端施加转矩 T，使其产生微小变形。观察其变形可看出如下现象：

① 各圆周线绕轴线相对转动一个角度，但形状、大小及相互轴向距离均无变化；

② 纵向线倾斜了一个角度 γ，原来的矩形变成平行四边形，但纵向线仍为直线。

根据以上观察到的现象，可以得出如下结论：

① 扭转变形后各截面仍为平面；

② 相邻两截面间的距离不变，说明横截面上正应力为零；

③ 由于变形后，截面各圆半径不变，说明沿半径方向应力为零；

④ 由于相邻截面绕轴线产生了相对转动，此现象可看作为两层刚性薄片绕轴线相对转动，截面上除圆心点外，各点均发生错动，产生了剪切变形，故截面上除圆心外各点都存在扭

切应力,切应力方向必垂直于半径。

因此,可以推断传动轴在转矩作用下,横截面上存在着一与半径垂直的切应力。

2. 切应力的计算公式

由上面的分析可知,传动轴扭转后,在横截面上半径为 ρ 的 A 点处的切应力 τ_ρ 的计算公式为

$$\tau_\rho = \frac{M_n}{I_p} \cdot \rho \tag{9-2}$$

式中,M_n——传动轴横截面上的扭矩,N·mm;

I_p——截面对圆心的极惯性矩,mm⁴,见表 9-2;

ρ——截面上 A 点至圆心的距离,mm。

式(9-2)表明,轴扭转时横截面上任一点的切应力,与该点到圆心距离 ρ 成正比,其切应力的分布规律如图 9-12 所示。从该图可以看出,当 $\rho = \frac{d}{2}$(d 为轴的直径)时 τ_ρ 达到最大值,即圆周上各点的切应力最大,其计算公式为

$$\tau_{max} = \frac{M_n}{I_p} \cdot \frac{d}{2}$$

令 $W_n = \dfrac{I_p}{\dfrac{d}{2}}$,则上式变为

$$\tau_{max} = \frac{M_n}{W_n} \tag{9-3}$$

式中,W_n——抗扭截面系数,mm³,见表 9-2。

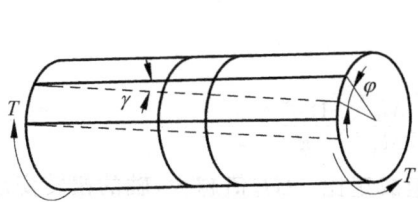

图 9-11 传动轴的扭转变形

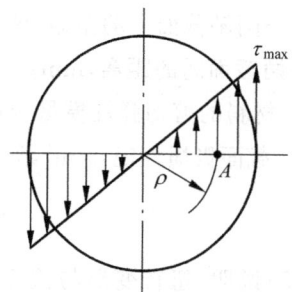

图 9-12 切应力的分布规律

表 9-2 常用截面的 I 和 W 计算公式

截面图形	轴惯性矩	抗弯截面系数	极惯性矩	抗扭截面系数
⊘	$I_x = I_y = \dfrac{\pi d^4}{64}$ $\approx 0.05 d^4$	$W_x = W_y = \dfrac{\pi d^3}{32}$ $\approx 0.1 d^3$	$I_p = \dfrac{\pi d^4}{32} \approx 0.1 d^4$	$W_n = \dfrac{\pi d^3}{16} \approx 0.2 d^3$

续表

截面图形	轴惯性矩	抗弯截面系数	极惯性矩	抗扭截面系数
圆环截面(外径D,内径d)	$I_x = I_y$ $= \frac{\pi}{64}(D^4-d^4)$ $= \frac{\pi}{64}D^4(1-a^4)$ $\approx 0.05D^4(1-a^4)$ 式中,$a=\frac{d}{D}$	$W_x = W_y$ $= \frac{\pi D^3}{21}(1-a^4)$ $\approx 0.1D^3(1-a^4)$ 式中,$a=\frac{d}{D}$	$I_p = \frac{\pi}{32}(D^4-d^4)$ $= \frac{\pi}{32}D^4(1-a^4)$ $\approx 0.1D^4(1-a^4)$ 式中,$a=\frac{d}{D}$	$W_n = \frac{\pi}{16}D^2(1-a^4)$ $\approx 0.2D^3(1-a^4)$ 式中,$a=\frac{d}{D}$
矩形截面(宽b,高h)	$I_x=\frac{bh^3}{12}$ $I_y=\frac{hb^3}{12}$	$W_x=\frac{bh^2}{6}$ $W_y=\frac{hb^2}{6}$		

3. 圆轴的扭转变形

圆轴的扭转变形可用轴两截面间的扭转角 φ 来表示,也可用单位长度上的扭转角 θ 来表示。

$$\varphi = \frac{M_n l}{GI_p} \times \frac{180°}{\pi} \tag{9-4}$$

式中,M_n——圆轴截面上的扭矩,N·mm;

l——两截面间的距离,mm;

G——材料的剪切弹性模量,MPa;

I_p——截面极惯性矩,mm⁴,见表 9-2。

或

$$\theta = \frac{\varphi}{l} = \frac{M_n}{GI_p} \times \frac{180°}{\pi} \tag{9-5}$$

式(9-5)说明,扭转变形与截面上的扭矩成正比。GI_p 值越大,轴的扭转变形越小。因此,GI_p 值反映圆轴抗扭转变形的能力,称为抗扭刚度。

四、传动轴的强度和刚度校核

1. 强度校核

为了保证传动轴在传递扭矩时不致因强度不足而破坏,轴内的最大应力不得超过材料的许用切应力,即要求

$$\tau_{max} = \frac{M_n}{W_n} \leqslant [\tau] \tag{9-6}$$

式(9-6)即为传动轴扭转强度校核公式。应注意:M_n 应是全轴危险截面上的扭矩,也就是产生最大切应力的横截面上的扭矩。

许用切应力 $[\tau]$ 由试验确定,研究表明许用切应力和许用正应力 $[\rho]$ 之间存在下列

关系。

对于塑性材料
$$[\tau]=(0.5\sim 0.6)[\rho]$$

对于脆性材料
$$[\tau]=(0.8\sim 1.0)[\rho]$$

例 9-3 图 9-1 所示的汽车传动轴 AB，由材料为 45 钢的无缝钢管制成，外径 $d=90\text{mm}$，内径 $d_1=85\text{mm}$，传递最大转矩 $T=1.5\text{kN}\cdot\text{m}$，材料的 $[\tau]=60\text{MPa}$，试完成下列工作：

(1) 校核 AB 轴的强度；

(2) 若用相同材料的实心轴，并要求与原轴强度相同，试计算实心轴的直径 d_2；

(3) 比较实心轴和空心轴的重量。

解：(1) 强度校核。传动轴各截面扭矩均相等，即
$$M_n = T = 1.5\text{kN}\cdot\text{m}$$

抗扭截面系数为
$$W_n = \frac{\pi d^3}{16}(1-\alpha^4) = \frac{\pi \times 90^3}{16}\left[1-\left(\frac{85}{90}\right)^4\right]\text{mm}^3 \approx 29255\text{mm}^3$$

$$\tau_{\max} = \frac{M_n}{W_n} = \frac{1.5 \times 10^3 \times 10^3}{29255}\text{MPa} \approx 51.3\text{MPa} < [\tau]$$

(2) 计算实心轴直径 d_2。由于材料相同，当要求它们强度相同时，实际上只要使它们的抗扭截面系数相等，即
$$\frac{\pi d_2^3}{16} = \frac{\pi d^3}{16}(1-\alpha^4)$$

$$d_2 = d\sqrt[3]{1-\alpha^4} = 90 \times \sqrt[3]{1-\left(\frac{85}{90}\right)^4}\text{mm} \approx 53\text{mm}$$

(3) 比较两轴重量。设空心轴的重量为 G_1，实心轴的重量为 G_2，由于两轴材料相同，长度相同，它们的重量比即为截面积比
$$\frac{G_1}{G_2} = \frac{\pi(d^2-d_1^2)/4}{\pi d_2^2/4} = \frac{90^2-85^2}{53^2} \approx 0.311$$

可见在强度相同的条件下，空心轴的重量约为实心轴的 1/3。这是由于实心轴中心部分的切应力远小于许用切应力，中心部分的材料未被充分利用。如把中心部分的材料移到离中心较远的位置，即制成空心轴，既可节省材料，又可减轻自重。但空心轴壁厚不能太薄，太薄会发生局部皱折。

2. 刚度校核

轴扭转时的刚度条件是最大单位扭转角 θ 不超过许用扭转角 $[\theta]$，即
$$\theta_{\max} = \frac{M_n}{GI_p} \times \frac{180°}{\pi} \leqslant [\theta] \tag{9-7}$$

单位长度内的许用扭转角 $[\theta]$，应根据受扭构件的工作要求确定，具体数值可查有关手册。一般情况规定如下：

精密机械的轴　　　　$[\theta]=0.25°\sim0.5°/m$。

一般传动轴　　　　　$[\theta]=0.5°\sim1°/m$。

精度较低的轴　　　　$[\theta]=1°\sim2.5°/m$。

例 9-4　校核例 9-3 汽车传动轴的刚度,并按相同抗扭刚度条件计算该轴为实心轴时的直径 d_2(采用相同材料),且比较两轴重量。已知$[\theta]=1.5°/m$,$G=80GPa$。

解:(1) 刚度校核　由例 9-3 分析轴各截面的扭矩均为 $M_n=T=1.5kN\cdot m$。

$$\theta=\frac{M_n}{GI_p}\times\frac{180°}{\pi}=\frac{1.5\times10^3}{80\times10^9\times0.1\times0.09^4\left[1-\left(\frac{85}{90}\right)^4\right]}\times\frac{180°}{\pi}$$

$$\approx 0.8°/m<[\theta]$$

此传动轴刚度满足要求。

(2) 计算实心轴直径 d_2　当材料相同时,两轴抗扭刚度相同的条件是两轴截面极惯性相等。

$$\frac{\pi d^4}{32}(1-\alpha^4)=\frac{\pi d_2^4}{32}$$

$$d_2=d\times\sqrt[4]{1-\alpha^4}=90\times\sqrt[4]{1-\left(\frac{85}{90}\right)^4}\,mm\approx 60mm$$

(3) 计算空心轴重量 G_1 和实心轴直径 G_2 的比,即

$$\frac{G_1}{G_2}=\frac{\frac{\pi}{4}(d^2-d_1^2)}{\frac{\pi}{4}d_2^2}=\frac{90^2-85^2}{60^2}\approx 0.243$$

计算结果说明,从扭转刚度考虑也是空心轴更为合理。

五、轴最小直径的估算

上述传动轴强度校核公式不仅应用在传动轴强度计算中,还常常被应用在转轴初始设计阶段。转轴在开始设计时,往往需先按传递的扭矩估算出受扭轴段的最小直径,并以其作为基本参数,进行轴的结构设计。

由式(9-3)和式(9-1),当 $T=M_n$ 时

$$\tau_{max}=\frac{T}{W_n}=\frac{9550\frac{P}{n}\times10^3}{0.2d^3}\leqslant[\tau]$$

由此式得出

$$d\leqslant\sqrt[3]{\frac{9550\times10^3 P}{0.2[t]n}}=C\sqrt[3]{\frac{P}{n}}(mm) \qquad (9-8)$$

式中,P——轴传递的功率,kW;

$[\tau]$——许用切应力,MPa;

n——轴的转速,r/min;

C——计算常数,取决于轴的材料及受载情况,见表 9-3。

表 9-3 轴常用材料的 C 值

轴的材料	Q235、Q20		35 钢		45 钢		40Cr、35SiMn		
C	160	148	135	125	118	112	107	102	98

注：当轴受弯矩较小或只受转矩时，C 取小值，否则取大值。

当轴按式(9-8)求得的轴段上开键槽时，应适当增大直径，单键增大 3%，双键增大 7%，然后将轴径圆整为标准直径系列，按表 9-4 选取标准值。

表 9-4 标准直径

12*、13、14、15、16、17、18、20、21、22、24、25*、26、28、30、32*、34、36、38、40*、42、45、48、50*、53、56、60、63*、67、71、75、80*、85、90、95、100*、105、110、120、125*、130、140、150、160*、170、180、190、200*

注：(1) 带 * 号者为 Ra10 系列，优先选用；
(2) 本标准不适用于另有其他标准的机械零件(如滚动轴承、螺纹、联轴器等)。

此外，还可按经验公式估算轴的直径。例如在一般减速器中，高速输入轴的直径可按与其相连接的电动机的直径 D 估算，$d=(0.8\sim1.2)D$；低速输出轴的直径可按中心距 a 估算，$d=(0.3\sim0.4)a$；配有联轴器的轴段，应以联轴器的相关尺寸确定轴的直径。

9.3 心轴的强度和刚度——构件的弯曲问题

心轴由于受载荷作用而发生弯曲，从而在截面上产生弯矩和弯曲应力。下面将从心轴受载荷作用而发生弯曲时截面上的内力、应力分析出发，论述弯曲变形的基本概念，进而得出心轴强度和刚度的校核条件。

一、弯曲的基本概念

1. 弯曲变形

如图 9-13 所示的机车车轴，在外力 F 的作用下，原来的直线变成曲线，这种变形称为弯曲，如图 9-13b 所示。

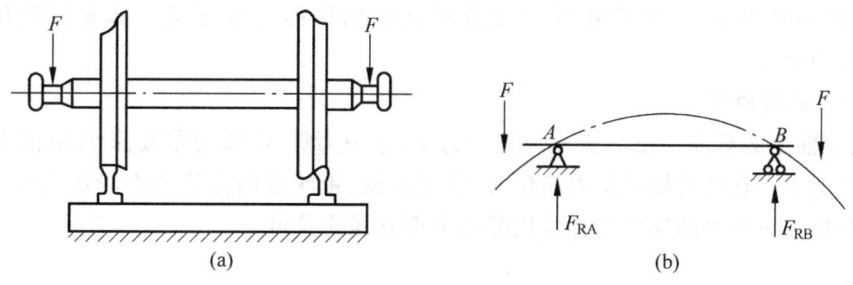

图 9-13 机车车轴

以弯曲变形为主的构件在工程上常称为梁。

工程中这种发生弯曲的构件是很多的。如图 9-14 所示的桥式吊车梁，跑车载荷垂直于梁的轴线，在载荷 F 的作用下，吊车梁的轴线由直线变成了曲线，如图 9-14(b)所示。

如果外力作用在构件的对称平面内，构件发生弯曲变形后其轴线仍在此对称平面内，这

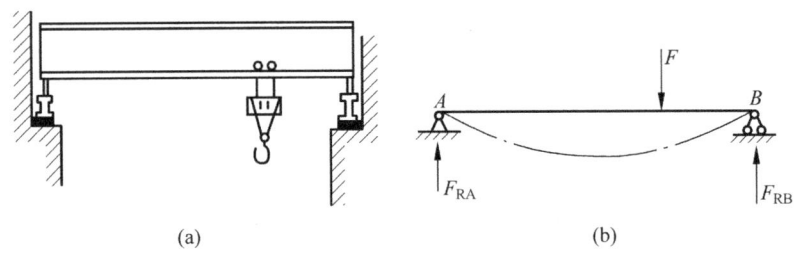

图 9-14 吊车梁

种弯曲称为平面弯曲。心轴受力后的弯曲变形属于平面弯曲。这里只讨论平面弯曲时的应力和变形问题。

2. 轴支撑的简化形式

① 简支梁 构件的一端为固定铰支座,另一端为移动铰支座。如图 9-15(a)所示的减速器简图中的轴,一端的轴承可简化为固定支座,另一端的轴承则简化为移动铰支座,如图 9-15(b)所示。工程中常把这种支撑形式的轴称简支梁。

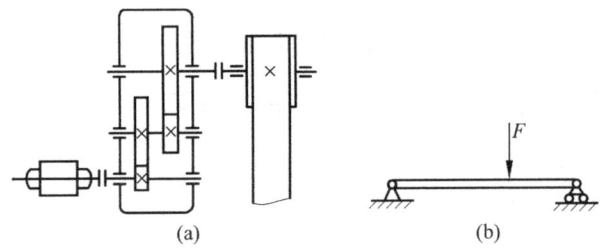

图 9-15 简支梁

② 外伸梁 其支撑形式与简支梁相同,但轴的一端伸出支座之外。图 9-13 所示的机车车轴,工程中常把这种支座形式的轴称为外伸梁。

③ 悬臂梁 构件的一端固定,一端自由。如图 9-16(a)所示,构件一端固定在墙壁中,自由端支撑一载荷 F,工程中把这种支撑形式的构件称为悬臂梁。其支座简化形式如图 9-16(b)所示。

3. 轴上载荷的简化

作用在轴上的载荷一般可简化为集中力 F、集中力偶 M 和均布载荷 q(单位为 N/m),如图 9-17 所示。在进行轴系受力简化时,常把齿轮、带轮等的力简化在轮毂的中点。若载荷为已知,以上三种梁的支反力都可用静力平衡方程式求出。

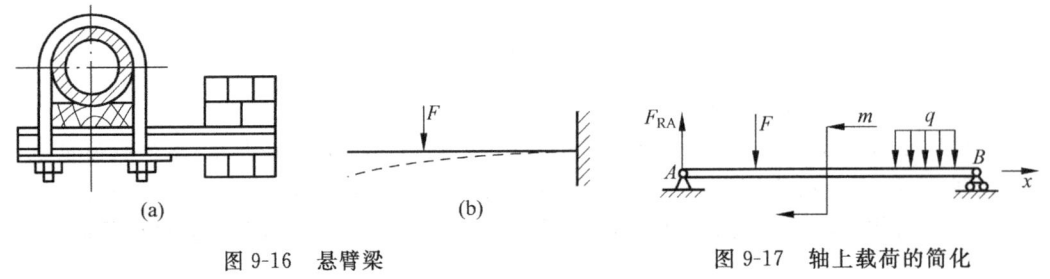

图 9-16 悬臂梁   图 9-17 轴上载荷的简化

二、弯曲时的内力——剪力和弯矩

1. 弯曲时的内力——剪力和弯矩

为了对心轴弯曲后的强度和刚度进行校核,需求出心轴在外力作用下,截面上的内力。内力的求法仍可用截面法。

图 9-18 所示为受集中力 F_1、F_2、F_3 作用的简支梁。为求出距 A 端 x 处横截面 m—m 上的内力,首先按平衡方程式求出支座反力 F_{RA} 和 F_{RB},然后假想沿截面 m—m 把梁截开,取左段(也可取右段)部分为研究对象,如图 9-18(b)所示。为了保持梁在垂直方向的平衡,在横截面上必有一个平行于截面的内力 F_Q;为了保持梁不发生转动,在横截面上还必有一个位于截断平面内的内力偶,其力偶矩为 M。可见梁在弯曲时,横截面一般存在两个内力元素,其中 F_Q 称为剪力,力偶矩 M 称为弯矩。

一般情况下,剪力对轴的影响较小,通常不予考虑。下面仅对弯矩的计算进行说明。

弯矩 M 的大小和转向可根据梁被研究部分的平衡关系求出。现以图 9-18(b)所示梁的左段为例,以截面形心 O 为力矩中心可得平衡方程式为

$$\sum M_O(F) = 0$$
$$-F_{RA} \cdot x + F_1(x-a) + M = 0$$

得
$$M = F_{RA} \cdot x - F_1(x-a)$$

由上式得出截面上弯矩的计算规律:梁任一截面上的弯矩,等于截面任一侧上所有外力对该截面形心力矩的代数和。

为了使左侧或右侧求得的弯矩不仅数值相等且符号相同,对弯矩的正负做如下规定:使水平梁在截面处弯成下凸状的为正弯矩;使水平梁在截面处弯成上凸状的为负弯矩,如图 9-19 所示。

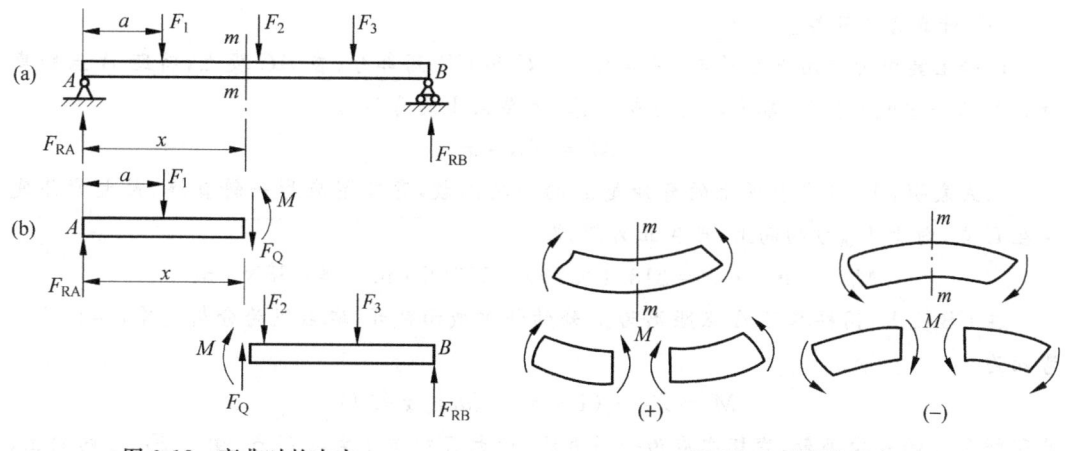

图 9-18 弯曲时的内力　　　　图 9-19 弯矩的正负

当利用外力对截面形心力矩的代数方法来计算弯矩时,外力正负号的确定应遵循如下规则:无论截面的左侧或右侧,向上的外力取正号,向下的外力取负号。

利用弯矩和外力正负号的规则来计算弯矩,比用截面法建立平衡方程式简便得多。所以在以后的计算中,均用上述的规律和规则计算指定截面上的弯矩。

2. 弯矩图

为了表达弯矩沿轴线的变化规律，通常以梁的左端为坐标原点，以梁的轴线为 x 轴(取右向为正)，纵坐标代表各截面上的弯矩而得到的图形，称为弯矩图。在计算弯矩和画弯矩图时，以集中力和集中力偶的作用点、均布载荷的起止点、轴承的支点把梁分为若干段，对每段计算弯矩，把正弯矩画在 x 轴上方，负弯矩画在 x 轴下方。

下面通过例题说明弯矩的计算及弯矩图的画法。

例 9-5 如图 9-20(a)所示的简支梁是齿轮轴只考虑齿轮径向力 F_r 的计算简图。已知 $F_r=364\mathrm{N}$，$a=200\mathrm{mm}$，$b=300\mathrm{mm}$，试计算轴的各段弯矩并画出弯矩图。

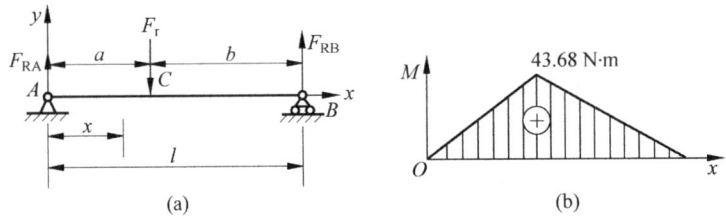

图 9-20 例 9-5 图

解 (1) 计算支座反力，在支撑处画出支反力 F_{RA} 和 F_{RB}。

$$\sum M_B(F)=0 \qquad F_r b - F_{RA} l = 0$$

$$F_{RA}=\frac{b}{l}F_r=\frac{300}{500}\times 364\mathrm{N}=218.4\mathrm{N}$$

$$\sum F_y=0 \qquad F_{RA}-F_r+F_{RB}=0$$

$$F_{RB}=F_r-F_{RA}=(364-218.4)\mathrm{N}=145.6\mathrm{N}$$

(2) 计算各段弯矩。

以轴上集中力作用点 C 为界，将梁分为 AC 和 CB 两部分，在 AC 段上，将距 A 点距离为 x 处的任意截面截开，取左段为分析对象，其截面上的弯矩为

$$M=F_{RA}\cdot x$$

上式表明，AC 段各截面上的弯矩是 x 的一次函数，弯矩图应为一斜直线，最大弯矩发生在 C 点，由于 F_{RA} 方向向上，产生正弯矩，即

$$M_{CL}=F_{RA}\cdot a=218.4\times 200\times 10^{-3}\mathrm{N}\cdot\mathrm{m}=43.68\mathrm{N}\cdot\mathrm{m}$$

在 CB 段上，同样取距 A 点距离为 x 处的任意截面截开，取右段为分析对象，其截面上弯矩为

$$M=F_{RB}\cdot(1-x) \quad (a<x<l)$$

其同样是 x 的一次函数，弯矩亦应为一斜直线，最大弯矩亦发生在 C 点，由于 F_{RB} 方向向上，产生正弯矩，即

$$M_{CR}=F_{RB}(1-a)=F_{RB}\cdot b=145.6\times 300\times 10^{-3}\mathrm{N}\cdot\mathrm{m}=43.68\mathrm{N}\cdot\mathrm{m}$$

(3) 画弯矩图。

由于两支撑处 A 和 B 的弯矩为零，即 $M_A=0$，$M_B=0$，因此只需把 M_A 和 M_{CL}、M_B 和 M_{CR} 作为线段两端相连即可。如图 9-20(b)即为该轴的弯矩图。

例 9-6 如图 9-21 所示，轴上受集中力 $F=1000\text{N}$，集中力偶 $M=250\text{N}\cdot\text{m}$，$a=100\text{mm}$，$b=120\text{mm}$，$c=80\text{mm}$，求各段的弯矩，并画出弯矩图。

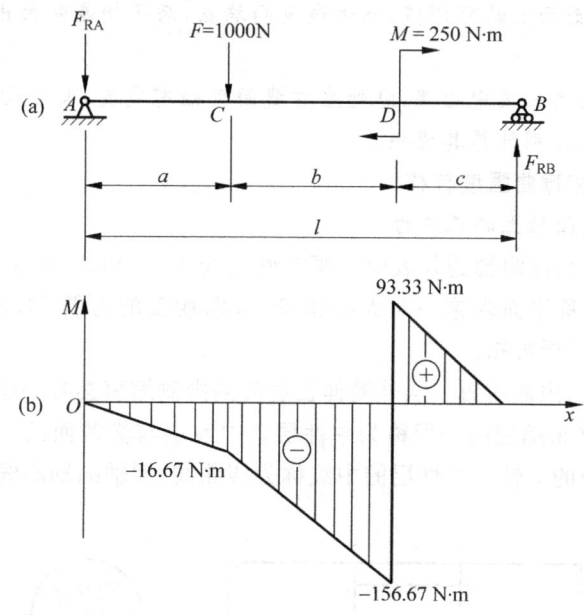

图 9-21 例 9-6 图

解：(1) 求支反力。

先假设支反力方向如图 9-21(a)所示(也可任意取支反力方向，待计算后用正负号来判定)。

$$\sum M_B(F)=0 \quad F_{RB}l+F(b+c)-M=0$$

$$F_{RB}=\frac{M-F(b+c)}{l}=\frac{250-1000\times(120+80)\times10^{-3}}{(100+120+80)\times10^{-3}}\text{N}\approx 166.7\text{N}$$

$$\sum M_A(F)=0 \quad F_{RA}l-M-F\cdot a=0$$

$$F_{RA}=\frac{M+F\cdot a}{l}=\frac{250+1000\times 100\times 10^{-3}}{300\times 10^{-3}}\text{N}\approx 1166.7\text{N}$$

因 F_{RA} 和 F_{RB} 计算结果均为正值，支反力假设方向正确。

(2) 计算各段交界处截面上的弯矩。

AC 段

$$M_A=0$$

$$M_C=-F_{RA}\cdot a=-166.7\times 100\times 10^{-3}\text{N}\cdot\text{m}=-16.67\text{N}\cdot\text{m}$$

CD 段

$$M_C=-16.67\text{N}\cdot\text{m}$$

$$M_{DL}=-F_{RA}(a+b)-F\cdot b=-166.7\times(100+120)\times10^{-3}-1000\times 120\times 10^{-3}$$

$$\approx -156.67\text{N}\cdot\text{m}$$

BD 段(为计算方便，观察右侧)

$$M_{DR}-F_{RB}\cdot c=1166.7\times 80\times 10^{-3}\text{N}\cdot\text{m}\approx 93.33\text{N}\cdot\text{m}$$

$$M_B = 0$$

(3) 画弯矩图。

把各段分界点处截面上的弯矩值,作为线段两端点,两两相连即画出如图 9-21(b)所示的弯矩图。

此例中,D 处作用着一集中力偶,D 处左右截面弯矩有突变,其变化量为该处受到的力偶矩,因此左右截面应分别计算其弯矩。

三、弯曲正应力和弯曲强度校核

1. 纯弯曲时圆截面轴上的正应力

如图 9-22(a)所示,在圆轴的外表面上画两圆周线 1—1 和 2—2,并在其间画纵向线 ab 和 cd。在轴的纵向对称平面内施一对大小相等、方向相反的力偶 M,使梁发生纯弯曲,如图 9-22(b)所示。经分析可知:

① 轴的外侧伸长,内侧缩短。从外侧伸长过渡到内侧缩短必有一层材料的长度没有发生变化,这既未伸长又未缩短的一层称为中性层。中性层与横截面的交线称为该截面的中性轴,如图 9-22(b)中的 z 轴。中性层的中线称为挠曲线,圆轴的轴心线即为挠曲线。

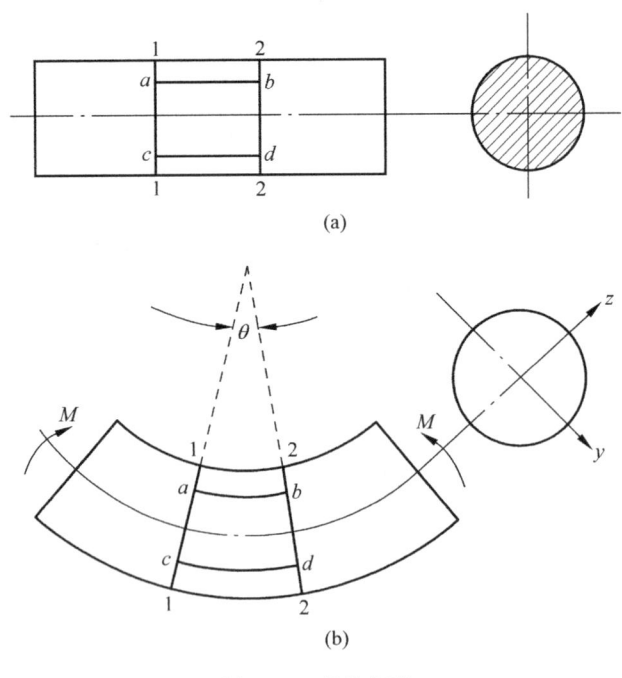

图 9-22 弯曲变形

② 轴弯曲变形后,横截面仍为平面,两相邻截面只是绕中性轴(z 轴)相对转过一个 θ 角,但相互间无任何错动。

纯弯曲的圆轴可想象为由一束束纤维组成,弯曲的结果使轴的凸边纤维伸长,因此该边横截面上存在着拉应力;凹边纤维缩短,因此该边的横截面上存在着压应力;中性层纤维既未伸长又未缩短,因此,该层应力为零;由于横截面间未发生相对错动,因此,横截面上不存在切应力。

根据以上分析和推导,横截面上距中性层距离为 y 的 A 点处的正应力 σ 为

$$\sigma_A = \frac{M}{I_z} \cdot y \tag{9-9}$$

式中,M——圆轴横截面上的弯矩,N·mm;

I_z——截面对中性轴的轴惯性矩,mm^4,见表 9-2;

y——A 点距中性轴的距离,mm。

式(9-9)表明,纯弯曲时横截面上任一点的正应力与该点到中性轴的距离成正比,最大拉(压)应力发生在离中性层最远的边缘处,中性层上各点应力为零。弯曲正应力在横截面上的分布规律如图 9-23 所示。对于圆截面,最大正应力发生在 $y=d/2$(d 为圆轴截面直径)处,因此轴弯曲时的最大正应力为

$$\sigma_{\max} = \frac{M}{I_z} \cdot \frac{d}{2}$$

令 $W_z = \dfrac{I_z}{\dfrac{d}{2}}$,则上式变为

$$\sigma_{\max} = \frac{M}{W_z} \tag{9-10}$$

式中,W_z——抗弯截面系数,mm^3,见表 9-2。

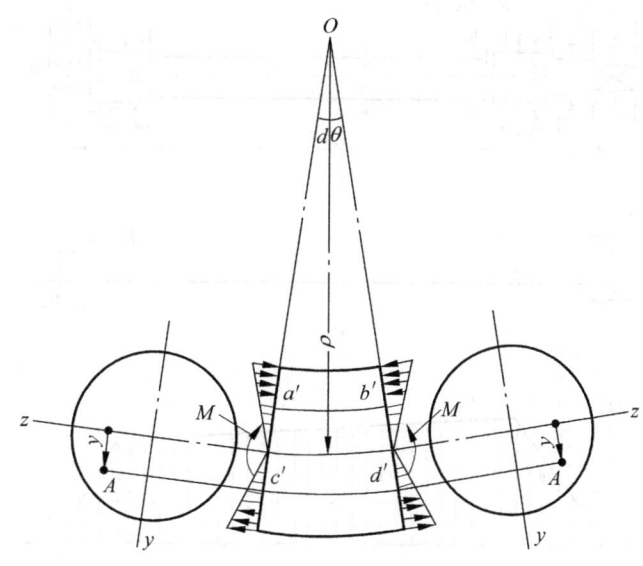

图 9-23 弯曲正应力分布规律

2. 弯曲强度校核

弯曲时的强度条件为

$$\sigma_{\max} = \frac{M}{W_z} \leqslant [\sigma_B]_r \tag{9-11}$$

式中,r——应力循环特性符号;

$[\sigma_B]_{-1}$、$[\sigma_B]_0$、$[\sigma_B]_{+1}$——对称循环应力状态、脉动循环应力状态、静应力状态下材料的

许用弯曲应力,MPa,见表 9-5。

通常,转动心轴弯曲应力按对称循环变化,如图 9-2(a)所示的转动心轴;固定心轴考虑到实际载荷的波动,其弯曲应力按脉动循环变化,如图 9-2(b)所示的固定心轴。

表 9-5　轴材料的许用弯曲应力　　　　　　　　　　　单位:MPa

材　　料	σ_B	$[\sigma_B]_{+1}$	$[\sigma_B]_0$	$[\sigma_B]_{-1}$
碳素结构钢	500	170	75	45
	600	200	95	55
	700	230	110	65
合金结构钢	800	270	130	75
	1000	330	150	90
铸钢	400	100	50	30
	500	120	70	40

式(9-11)可用来解决强度校核、截面尺寸计算和确定许用载荷三类问题。

例 9-7　卷扬机卷筒心轴的材料为 45 钢,$\sigma_B=600\mathrm{MPa}$,心轴的结构和受力情况如图 9-24(a)所示,$F=25.3\mathrm{kN}$。试校核心轴的强度。

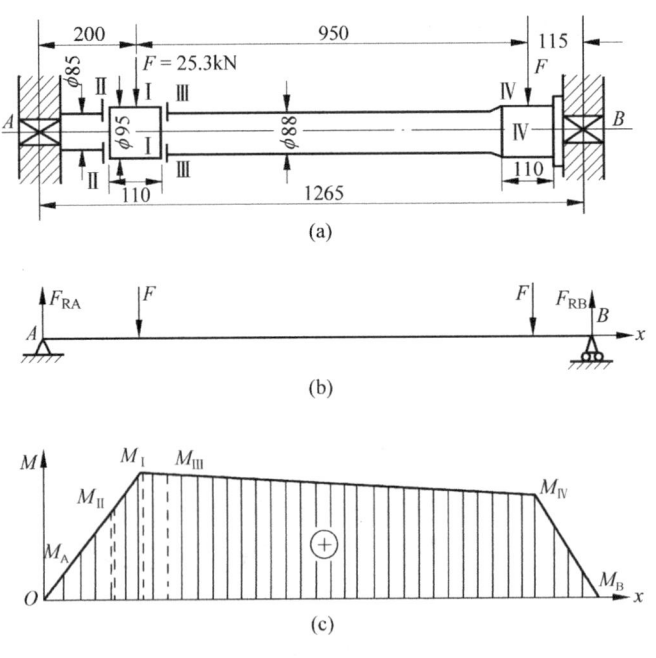

图 9-24　例 9-7 图

解:(1) 确定许用应力

此心轴为固定心轴,考虑卷扬机工作载荷的波动等因素,弯曲应力按脉动循环变化考虑,查表 9-5 得$[\sigma_B]_0=95\mathrm{MPa}$。

$$F_{RB}=\frac{25.3\times 200+25.3\times(950+200)}{1265}\mathrm{kN}=27\mathrm{kN}$$

$$F_{RA}=2F-F_{RB}=(2\times 25.3-27)\mathrm{kN}=23.6\mathrm{kN}$$

(2) 计算截面弯矩

心轴的计算简图如图 9-24(b)所示。首先求支反力方向如图 9-24(b)所示。求各段分界点处截面上的弯矩。

$$M_A = 0$$
$$M_I = F_{RA} \times 200 \times 10^{-3} \text{kN} \cdot \text{m} = 4.72 \text{kN} \cdot \text{m}$$
$$M_{IV} = F_{RB} \times 115 \times 10^{-3} = 27 \times 115 \times 10^{-3} \text{kN} \cdot \text{m} \approx 3.11 \text{kN} \cdot \text{m}$$
$$M_B = 0$$

画弯矩图,连接以上 M_A、M_I、M_{IV}、M_B 四点,即得弯矩图,如图 9-24(c)所示。

(3) 强度校核

从弯矩图中可以看出截面Ⅰ—Ⅰ处的弯矩最大

$$M_{max} = M_I = 4.72 \text{kN} \cdot \text{m}$$

所以截面Ⅰ—Ⅰ可能是危险截面。截面Ⅱ—Ⅱ和Ⅲ—Ⅲ的弯矩虽较小,但截面直径也小,也可能是危险截面。所以,也要算出这两截面上的弯矩。

$$M_{II} = F_{RA}\left(200 - \frac{110}{2}\right) \times 10^{-3} = 23.6 \times 145 \times 10^{-3} \text{kN} \cdot \text{m} \approx 3.42 \text{kN} \cdot \text{m}$$

$$M_{III} = F_{RA}\left(200 + \frac{110}{2}\right) \times 10^{-3} - F \times \frac{110}{2} \times 10^{-3}$$
$$= \left[23.6 \times \left(200 + \frac{110}{2}\right) \times 10^{-3} - 25.3 \times \frac{110}{2} \times 10^{-3}\right] \text{kN} \cdot \text{m}$$
$$\approx 4.63 \text{kN} \cdot \text{m}$$

现对三个截面同时进行强度校核,即

$$\sigma_I = \frac{M_I}{W_{ZI}} = \frac{4.72}{95 \times 10^{-3}} \approx 49.68 \text{MPa} < [\sigma_B]_{。}$$

$$\sigma_{II} = \frac{M_{II}}{W_{ZII}} = \frac{3.42}{85 \times 10^{-3}} \approx 40.24 \text{MPa} < [\sigma_B]_{。}$$

$$\sigma_{III} = \frac{M_{III}}{W_{ZIII}} = \frac{4.63}{88 \times 10^{-3}} \approx 52.61 \text{MPa} < [\sigma_B]_{。}$$

该心轴满足使用要求。

从本例也可看出危险截面有时不一定在最大弯矩截面处。本例的危险截面在截面Ⅲ—Ⅲ处。

例 9-8 螺旋压板夹紧装置如图 9-25 所示。已知板长 $3a$=150mm,压板材料许用弯曲应力$[\sigma_B]$+1=140MPa,试计算压板传给工件的最大允许压紧力 F。

解:压板可简化为图 9-25(b)所示的外伸梁。

(1) 计算支反力
$$F_{RA} = \frac{F}{2}$$
$$F_{RB} = \frac{3}{2}F$$

(2) 计算压板的弯矩
$$M_{max} = M_B = F \cdot a = 0.04F$$

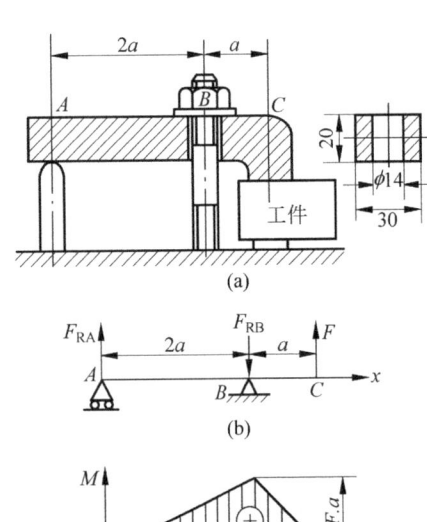

图 9-25 例 9-8 图

$M_A = 0$

$M_C = 0$

最大弯矩发生在支点 B 处。

于是画弯矩图，如图 9-25(c)所示。

(3) 计算许用压紧力

由强度校核公式(9-11)

$$\sigma_{max} = \frac{M}{W_z} \leqslant [\sigma_B] + 1$$

得 $M_{max} \leqslant W_z[\sigma_B] + 1$

该截面可看作两个矩形截面相减而成，因此该截面的轴惯性矩可由两个截面的轴惯性矩相减而得

$$I_z = \left(\frac{30 \times 20^3}{12} - \frac{14 \times 20^3}{12}\right) mm^4 \approx 10667 mm^4$$

$$W_z = \frac{I_z}{y_{max}} = \frac{10667}{10} mm^3 = 1066.7 mm^3$$

于是得 $0.05F \times 10^3 \leqslant 1066.7 \times 140 N$

$F \leqslant 2987 N$

所以根据压板强度，最大压紧力不能超过 2987N。

四、弯曲变形的刚度条件

实际工作中的轴，除了要有足够的强度外，还应有足够的刚度。如刚度不足而引起过大的变形，也是不允许的。因此，还要研究轴在弯曲时的变形问题。

1. 挠度、转角和刚度条件

讨论弯曲变形时，以变形前杆件的轴线为 x 轴，垂直向上的轴为 y 轴，如图 9-26 所示。在平面弯曲的情况下，轴变形后的轴线成为一条连续光滑曲线，称为挠曲线。挠曲线方程式为

$$y = f(x)$$

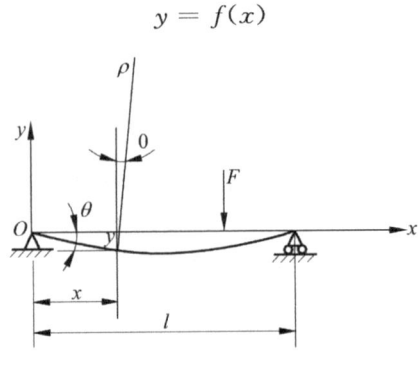

图 9-26 挠度和转角

衡量弯曲变形大小有两个基本量：

① 挠度　是指坐标为 x 的横截面形心在 y 方向的位移。向上时为正，向下时为负。

② 转角 是指弯曲变形时横截面相对原来位置转过的角度 θ。逆时针方向转角为正，顺时针方向转角为负。

为了使轴有足够的刚度，根据不同的工作要求，限制其最大挠度 y_{max} 和最大转角 θ_{max} 不超过某一规定值，即刚度条件为

$$|y_{max}| \leqslant [y]$$
$$|\theta_{max}| \leqslant [\theta]$$

式中，$[y]$，$[\theta]$——规定的许用挠度和许用转角，其值可查相关手册，也可参照经下列经验公式计算而得的数据：

一般用途的轴　　　　　　$[y]=(0.0003\sim0.0005)l$；
刚度要求较高的轴　　　　$[y]=0.0002l$；
装齿轮或滚动轴承处　　　$[\theta]=0.001\mathrm{rad}$。

2. 用叠加法求弯曲变形

在材料符合虎克定律而且变形较小的前提下，挠度、转角与载荷成正比。每个载荷产生的支反力、截面弯矩、挠度和转角都不受其他载荷的影响。因此，当轴上同时作用几个载荷时，可以分别求出每个载荷单独作用时的变形（挠度和转角），然后把所得的变形叠加，即为这些载荷共同作用时轴的变形。这就是计算弯曲变形的叠加原理。具体方法可参照有关资料。

9.4 转轴的强度——构件的弯扭组合问题

转轴在机械传动中应用十分广泛。转轴既承受扭矩又承受弯矩，是在弯扭组合变形状态下工作的。转轴截面上的应力状态比单纯扭转或弯曲时截面上应力状态要复杂得多。需根据应力状态理论和有关的强度理论才能解决。对于一般钢制的轴，由第三强度理论可知，弯扭组合变形的强度条件为

$$\sigma_e = \frac{M_e}{W_z} = \frac{\sqrt{M^2+(\alpha M_n)^2}}{0.1d^3} \leqslant [\sigma_B]_{-1} \tag{9-12}$$

式中，σ_e——当量弯曲应力，MPa；

M_e——当量弯矩，N·mm，$M_e=\sqrt{M^2+(\alpha M_n)^2}$；

M——合成弯矩，N·mm，$M=\sqrt{M_H^2+M_V^2}$，其中 M_H 为水平弯矩，M_V 为垂直弯矩；

M_n——截面上的扭矩，N·mm；

W_z——轴危险截面的抗弯截面系数，mm³，对于实心圆轴，$W_z=0.1d^3$；

α——根据扭矩性质而定的折合系数，对于不变的扭矩，$\alpha=\frac{[\sigma_B]_{-1}}{[\sigma_B]_{+1}}\approx 0.3$；对于脉动循环变化的扭矩，$\alpha=\frac{[\sigma_B]_{-1}}{[\sigma_B]_0}\approx 0.6$；对于对称循环变化的扭矩，$\alpha=1$；$[\sigma_B]_{-1}$、$[\sigma_B]_0$、$[\sigma_B]_{+1}$ 见表 9-5。

对于一般的转轴，弯曲应力按对称循环变化；当轴不转或随载荷一起转动时，考虑实际载荷的波动，弯曲应力按脉动循环变化。多数情况下，转轴的变化规律难于确定，故一般转轴的扭矩按脉动循环变化；当需要经常正反转时，按对称循环变化。

计算轴的直径时,式(9-12)可写为

$$d \geqslant \sqrt[3]{\frac{M_e}{0.1[\sigma_B]_{-1}}} \tag{9-13}$$

例 9-9 长为 1.6m,直径 $d=110$mm 的轴 AB 用联轴器和电动机连接,如图 9-27 所示。在 AB 轴中点装一重 $G=5$kN、直径 $D=1.2$m 的传动带轮,受到带的拉力分别为,松边 $F=3$kN,紧边 $2F=6$kN。轴材料为 45 钢,$\sigma_B=600$MPa,试校核此轴的强度。

解 (1)轴的受力分析
① 画出轴上的受力简图,如图 9-27(b)所示。
② 求轴上的作用力 轴的中点所受力是带轮自重和传动带拉力之和。

$$F_Q = (G + F + 2F) = (5 + 3 + 6)\text{kN} = 14\text{kN}$$

③ 求轴传递的转矩 轴传递的转矩可由带轮的受力分析得出。

$$T = (2F - F) \cdot \frac{D}{2} = (6 - 3) \times \frac{1.2}{2} \text{kN} \cdot \text{m}$$

由以上分析可知此轴受弯扭组合的作用。
(2)按当量弯矩校核轴的强度
① 求支反力。

$$F_{RA} = F_{RB} = \frac{F_Q}{2} = \frac{14}{2}\text{kN} = 7\text{kN}$$

② 求弯矩,画弯矩图。

$$M_A = 0 \qquad M_B = 0$$

$$M_{max} = F_{RA} \cdot \frac{l}{2} = 7 \times 0.8 \text{kN} \cdot \text{m} = 5.6 \text{kN} \cdot \text{m}$$

画弯矩图,如图 9-27(c)所示。

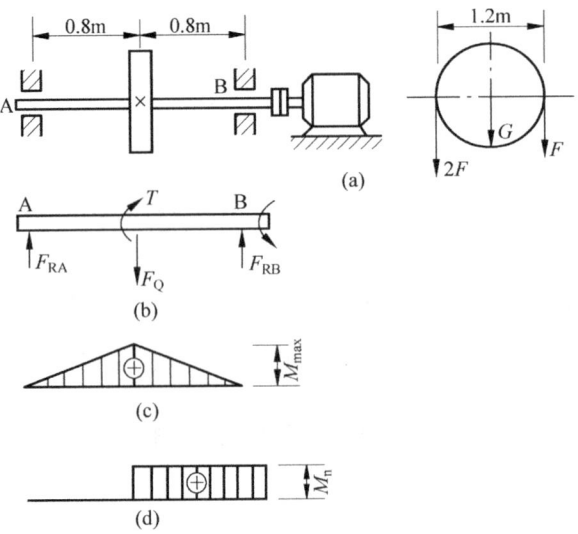

图 9-27 例 9-9 图

③ 求扭矩，画扭矩图。

自轴中点至 B 点各截面上的扭矩

$$M_n = T = 1.8\text{kN} \cdot \text{m}$$

画扭矩图，如图 9-27(d)所示。

④ 按当量弯矩法校核轴的强度。

弯曲应力按对称循环，查表 9-5 得 $[\sigma_B]_{-1}=55\text{MPa}$，扭矩按脉动循环变化，取 $\alpha=0.6$，由式(9-12)得

$$\sigma_e = \frac{\sqrt{M^2+(\alpha M_n)^2}}{0.1d^3}$$

$$= \frac{\sqrt{(5.6\times 10^6)^2+(0.6\times 1.8\times 10^6)^2}}{0.1\times 110^3}\text{MPa}$$

$$\approx 42.8\text{MPa} < [\sigma_B]_{-1} = 55\text{MPa}$$

此轴强度足够。

9.5 轴结构尺寸的确定

图 9-28 所示为一齿轮减速器的高速轴，轴上与轴承配合的部分称为轴颈，与传动零件（带轮、齿轮、联轴器等）配合的部分称为轴头，连接轴颈和轴头的非配合部分称为轴身。

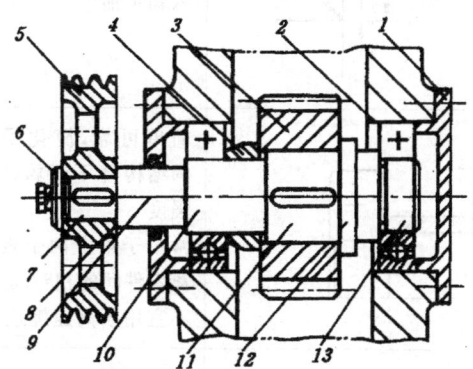

1—轴承盖；2—滚动轴承；3—齿轮；4—套筒；5—带轮；6—轴用挡圈；
7—轴头；8—轴肩；9—轴身；10—轴颈；11—轴头；12—轴环；13—轴颈

图 9-28 减速器的高速轴

轴结构尺寸确定的基本要求是：
① 轴和轴上零件应有正确的工作位置（定位要求）；
② 各零件要可靠地相互连接（固定要求）；
③ 轴应便于加工，轴上零件应便于装拆（工艺性要求）；
④ 尽量减少应力集中（疲劳强度要求）；
⑤ 轴的尺寸应合理（尺寸要求）。

一、轴和轴上零件的定位

阶梯轴上截面变化的部位称为轴肩，它对轴上零件起定位作用。在图 9-28 中，带轮 5、齿轮 3 和滚动轴承 2 都是靠轴肩进行轴向定位的。整根轴由两端轴承盖在箱体中定位。

二、轴上零件的固定

1. 轴上零件的轴向固定

轴上零件的轴向固定是为了防止在工作中零件沿轴向窜动,常用的定位方法见表 9-6。其中轴肩、轴环、套筒、轴端挡圈及圆螺母应用更为广泛。

轴上零件一般应进行双向固定,这时可将表 9-6 所列各种方法联合使用;为保证固定可靠,与轴上要配合的轴段长度应比轮毂宽度略短。

表 9-6 轴上零件的轴向固定方法及应用

轴向固定方法及结构简图		特点和应用	设计注意要点
轴肩与轴环		简单可靠,不需附加零件,能承受较大轴向力。广泛应用于各种轴上零件的固定。该方法会使轴径增大,阶梯处形成应力集中,且阶梯过多将不利于加工	为保证零件与定位面靠紧,轴上过渡圆角半径 r 应小于零件圆角半径 R 或倒角 C,即 $r<C<a$、$r<R<a$。一般取定位高度 $a=(0.07\sim 0.1)d$,轴环宽度 $b=1.4a$
套筒		简单可靠,简化了轴的结构且不削弱轴的强度。常用于轴上两个近距离零件间的相对固定。不宜用于高速旋速轴	套筒内径与轴的配合较松,套筒结构、尺寸可视需要灵活设计
轴端挡圈		工作可靠,能承受较大轴向力,应用广泛	只用于轴端。应采用止动垫片等防松措施
锥面		装拆方便,且可兼作周向固定。宜用于高速、冲击及对中性要求高的场合	只用于轴端。常与轴端挡圈联合使用,实现零件的双向固定

续表

轴向固定方法及结构简图	特点和应用	设计注意要点
圆螺母 圆螺母(GB/T 812—1988) 止动垫圈(GB/T 858—1988)	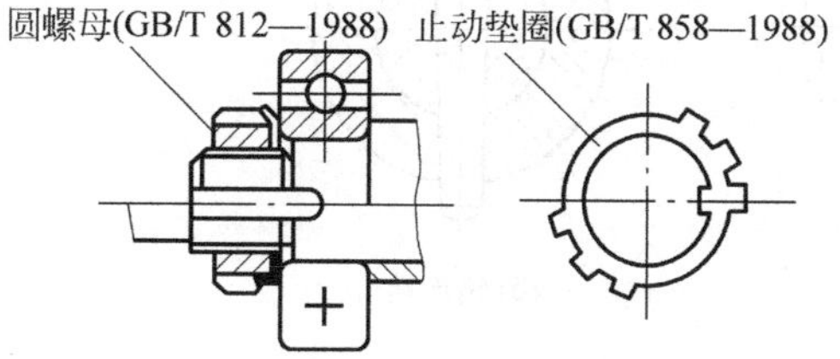 固定可靠,可承受较大轴向力,能实现轴上零件的间隙调整。常用于轴上两零件间距较大处,亦可用于轴端	为减小对轴强度的削弱,常用细牙螺纹。为防松,须加止动垫圈或使用双螺母
弹性挡圈 弹性挡圈(GB/T 894.1—1986,GB/T 894.2—1986)	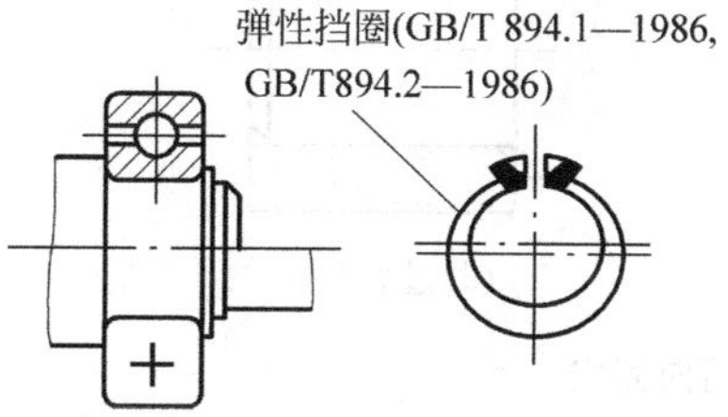 结构紧凑、简单,装拆方便,受力较小,且轴上切槽将引起应力集中。常用于轴承的固定	轴上轴槽尺寸见GB/T 894.1—1986
紧定螺钉与锁紧挡圈 紧定螺钉(GB/T 71—1985) 锁紧挡圈(GB/T 884—1986)	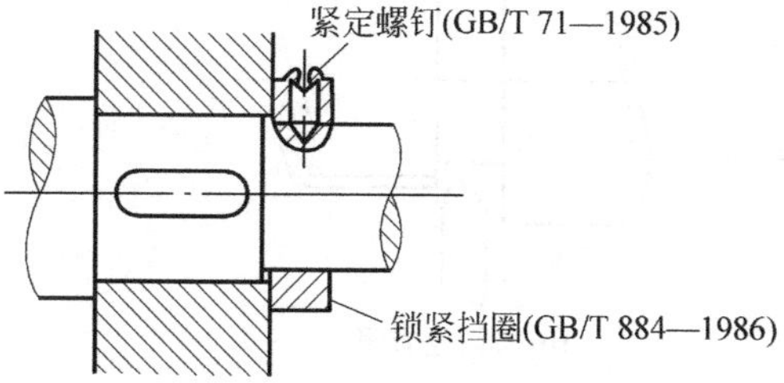 结构简单,但受力较小,且不适于高速场合	

2. 轴上零件的周向固定

轴上零件周向固定是为了防止零件与轴产生相对转动。常用的方法有键、花键连接(详细内容见单元 10)及图 9-29 所示的各种方法。图 9-29(a)所示为紧定螺钉连接;图 9-29(b)所示为销连接;图 9-29(c)所示为成形面连接;图 9-29(d)所示为过盈连接等。

三、轴的结构工艺性

1. 加工工艺性

① 轴直径变化尽可能小,并应尽量限制轴的最小直径及最大直径差,这样既可能节省材料,又可减少切削加工量。

② 轴上需磨削或切制螺纹处,应留出砂轮越程槽和螺纹退刀槽,如图 9-30 所示,以保证加工完整。

③ 应尽量使轴上同类结构要素(如过渡圆角、倒角、越程槽、退刀槽及中心孔等)的尺寸相同,并符合标准和规定,如数个轴段上有键槽,应将它们布置在同一母线上,以便于加工。

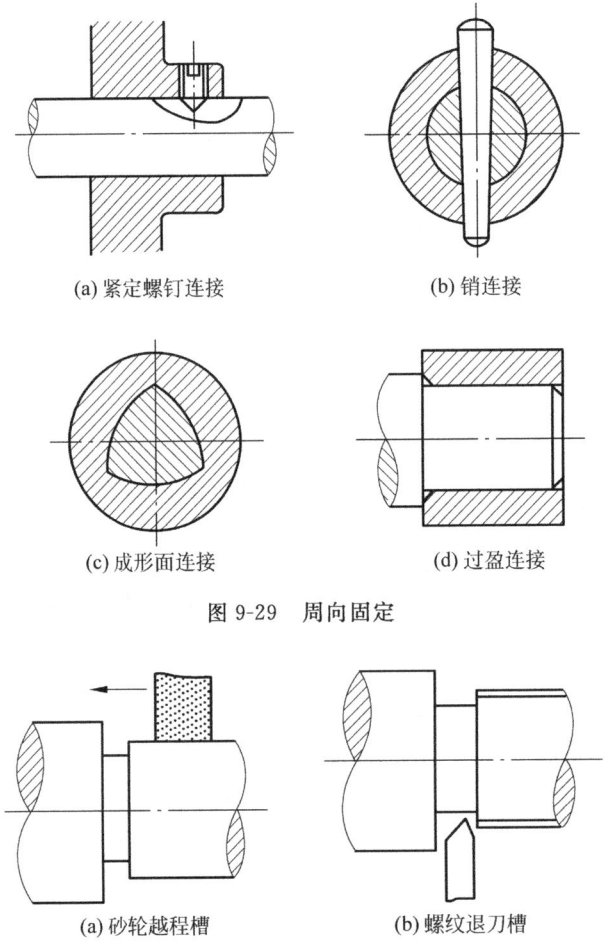

(a) 紧定螺钉连接　　(b) 销连接

(c) 成形面连接　　(d) 过盈连接

图 9-29　周向固定

(a) 砂轮越程槽　　(b) 螺纹退刀槽

图 9-30　砂轮越程槽和螺纹退刀槽

④ 轴上配合轴段直径应取标准值,与滚动轴承配合的轴径应按滚动轴承内径选取,轴上螺纹部分的直径应符合螺纹标准等。

2. 装配工艺性的要求

① 为了便于零件的装拆和固定,常将轴设计成阶梯形。图 9-31 所示是图 9-28 所示减速器高速轴的装配图。图中表明,可依次把齿轮、套筒、左端轴承、轴承盖、带轮和轴端挡圈从左端装入,这样零件依次往轴上装配时既不擦伤配合表面,又使装配方便;右端轴承从右端装入。

② 轴端应倒角、去毛刺,以便于装配。

③ 固定滚动轴承的轴肩高度应小于轴承内圈厚度,以便装拆。

四、提高轴的疲劳强度

① 尽量使轴径变化过渡平缓,宜采用较大的过渡圆角以缓和应力集中。如相配零件内孔圆角或倒圆很小时,可采用凹切圆角,如图 9-32(a)所示,或采用过渡肩环,如图 9-32(b)所示。

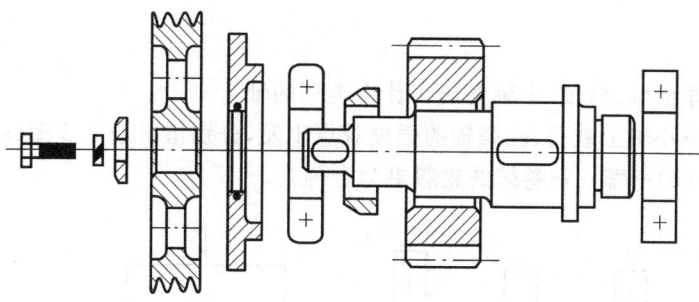

图 9-31 轴的装配

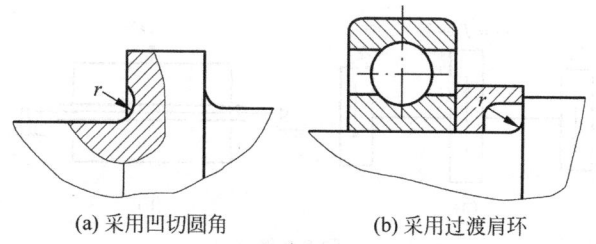

(a) 采用凹切圆角　　　　(b) 采用过渡肩环

图 9-32 减小圆角应力集中的结构

② 过盈配合处的应力集中会随过盈量增大而增大,如图 9-33(a)所示。当过盈量较大时,为缓和应力集中,要采用增大配合处直径(见图 9-33(b))、轴上开卸荷槽(见图 9-33(c))或在轮毂上开卸荷槽(见图 9-33(d))等方法。

③ 键槽端部与轴肩距离不宜过小,以避免损伤过渡圆角,减少多种应力集中源重合的机会,如图 9-34 所示。

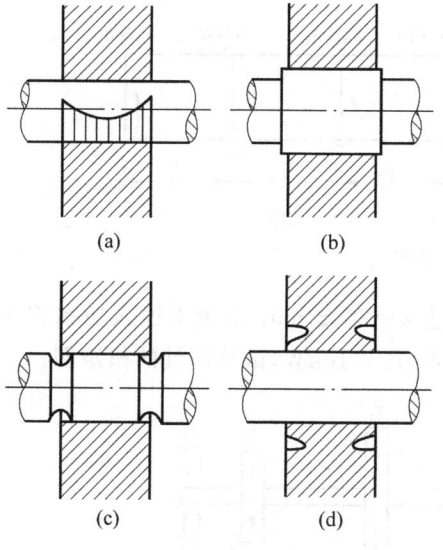

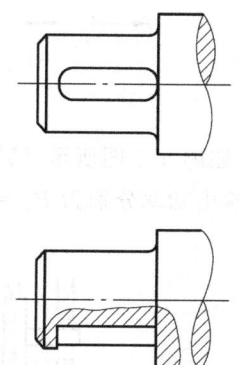

图 9-33 过盈配合处的合理结构　　　　图 9-34 键槽的不合理位置

习题

9-1 自行车前轴、后轴、中轴各属于什么类型的轴?

9-2 试从减小轴上载荷、提高轴的强度观点出发,分别指出题 9-2 图(a)中哪一种布置形式及题 9-2 图(b)中哪一种卷筒的轮毂更为合理?

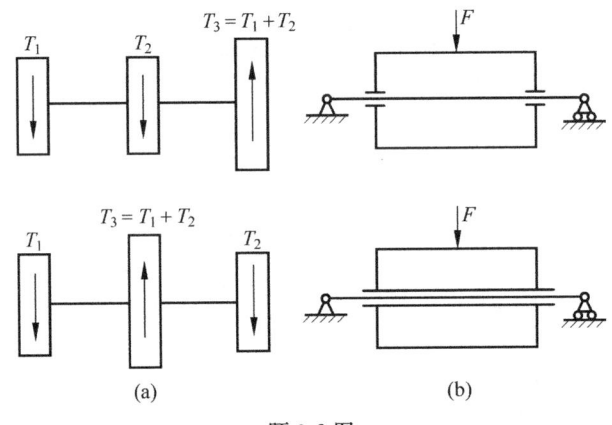

题 9-2 图

9-3 作题 9-3 图所示各轴的扭矩图。

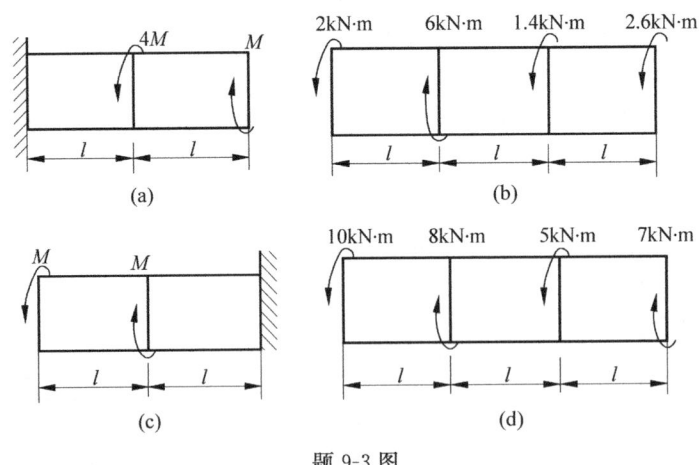

题 9-3 图

9-4 如题 9-4 图所示,已知传动轴的转速 $n=200\text{r/min}$,由轮 1 输入功率 $P_1=20\text{kW}$,轮 2、3、4 输出功率分别为 $P_2=5\text{kW}$、$P_3=5\text{kW}$、$P_4=10\text{kW}$,试绘制轴的扭矩图。

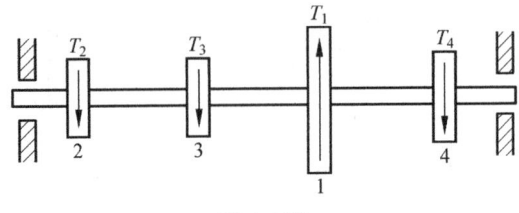

题 9-4 图

9-5 如题 9-5 图所示,试求

(1) 轴 AB 截面上离圆心距离为 20mm 各点的切应力;

(2) Ⅰ—Ⅰ 截面上最大切应力;

(3) AB 轴的最大切应力。

9-6 轴的尺寸如题 9-6 图所示。转矩 $T=300\text{N}\cdot\text{m}$,轴材料的许用切应力 $[\tau]=60\text{MPa}$,试校核该轴的强度。

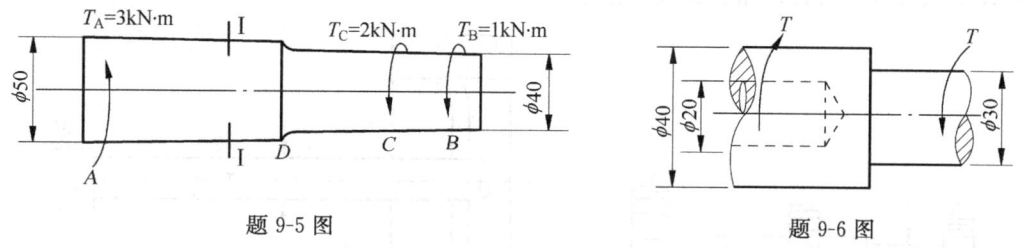

题 9-5 图　　　　　题 9-6 图

9-7 绞车由两人操作,如题 9-7 图所示,每人加在手柄上的力 $F=250\text{N}$,已知 AB 轴的许用切应力 $[\tau]=4\text{MPa}$,按扭转强度计算 AB 轴的直径。

9-8 一级圆柱齿轮减速器如题 9-8 图所示。已知主动轮转速 $n_1=960\text{r/min}$,传递功率 $P=100\text{kW}$,$z_1=20$,$z_2=55$,轴材料采用 45 钢。试按扭转强度条件估算两轴的最小直径。

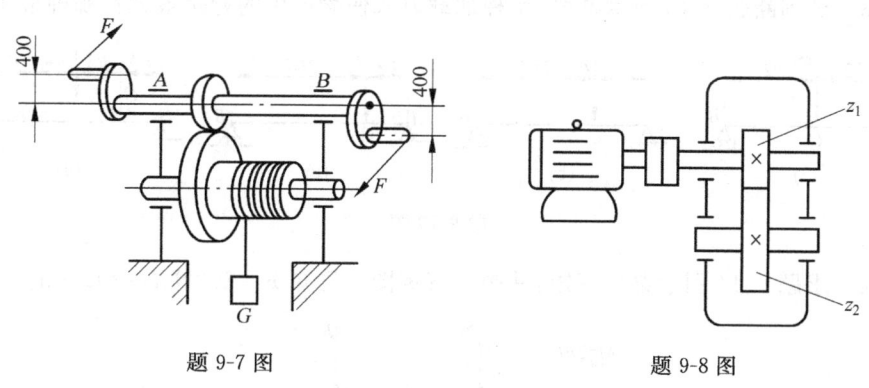

题 9-7 图　　　　　题 9-8 图

9-9 一传动轴受力如题 9-9 图所示,已知材料许用切应力 $[\tau]=40\text{MPa}$,材料许用扭转角 $[\theta]=\dfrac{0.5°}{\text{m}}$,材料剪切弹性模量 $G=80\text{GPa}$,计算轴的直径。

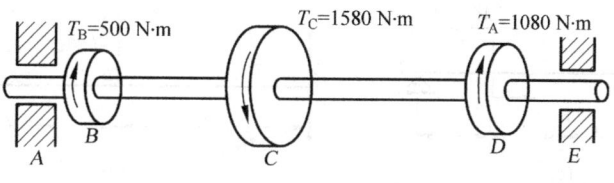

题 9-9 图

9-10 阶梯轴直径分别为 $d_1=40\text{mm}$,$d_2=50\text{mm}$,材料许用切应力 $[\tau]=60\text{MPa}$,$G=$

80GPa，许用扭转角$[\theta]=\dfrac{1.5°}{m}$，功率由轮 C 输入，已知 $P_C=30$kW，轮 A 输出功率 $P_A=$13kW，轴转速 $n=200$r/min，试校核该轴的扭转强度和刚度。

9-11 如题 9-11 图所示镗孔装置，在刀杆部装有两把镗刀，已知切削功率 $P=8$kW，刀杆转速 $n=60$r/min，刀杆直径 $d=70$mm，材料的许用切应力$[\tau]=60$MPa，$[\theta]=\dfrac{0.5°}{m}$，$G=$80MPa，试校核该刀杆的扭转强度和刚度。

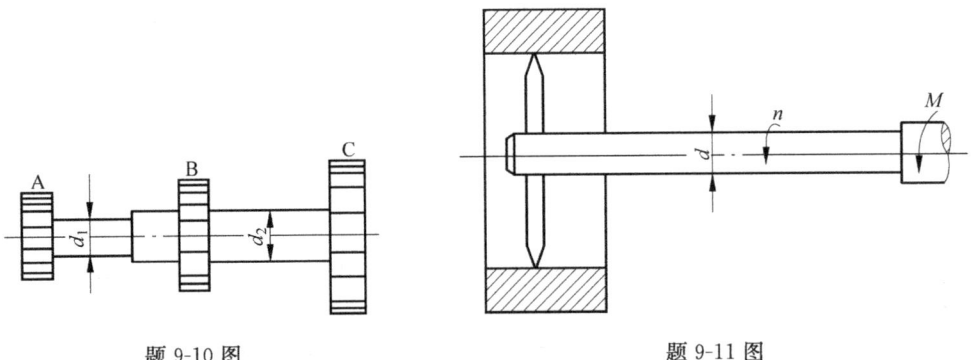

题 9-10 图　　　　　　　　　　题 9-11 图

9-12 心轴弯曲时，一般情况下其横截面上会产生什么内力？

9-13 试判断题 9-13 图示各梁，哪种加载方式使梁产生的弯矩最大？哪种最小？

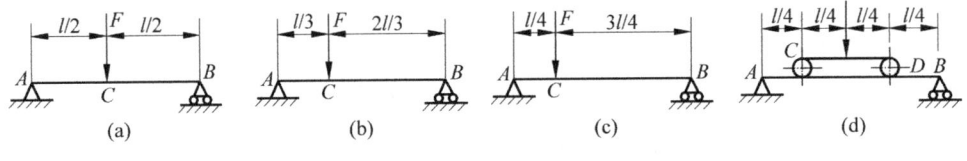

题 9-13 图

9-14 求题 9-14 图示梁的弯矩，并画出弯矩图。已知 $F=200$N，$l=200$mm。

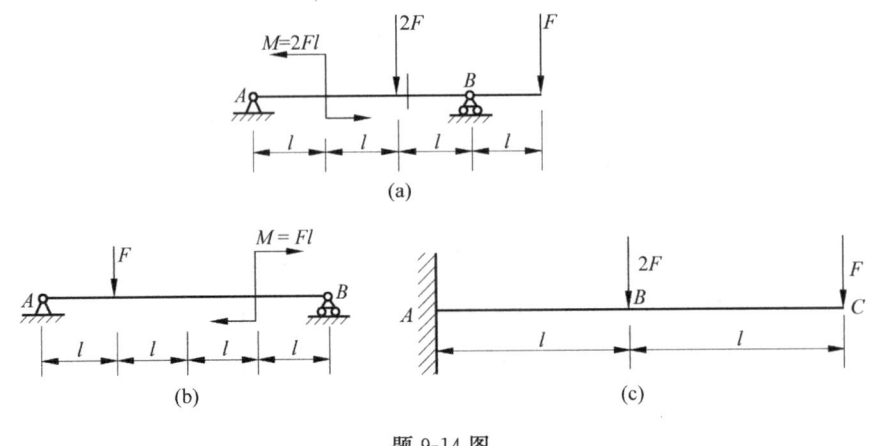

题 9-14 图

9-15 圆截面外伸梁受载如题 9-15 图所示，试计算支座 B 处梁截面上的最大正应力。

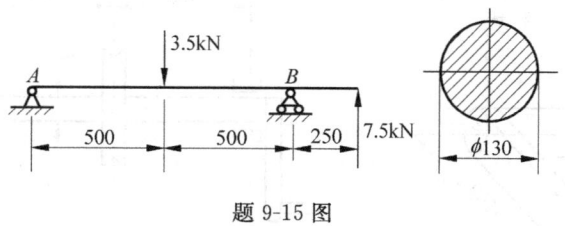

题 9-15 图

9-16 空心管受载如题 9-16 图所示,已知$[\sigma_B]_{+1}=150\text{MPa}$,管外径 $D=60\text{mm}$,在保证安全的条件下,求内径 d 的最大值。

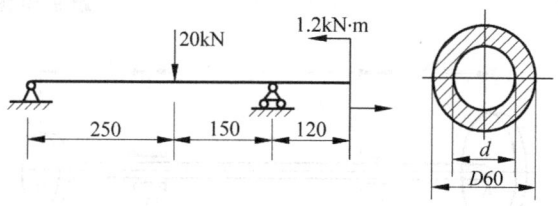

题 9-16 图

9-17 由 20b 工字钢制成的外伸梁如题 9-17 图所示,在外伸端 C 处作用集中载荷 F,已知许用弯曲应力$[\sigma_B]_{+1}=160\text{MPa}$,外伸端的长度为 2m,求最大许可载荷。

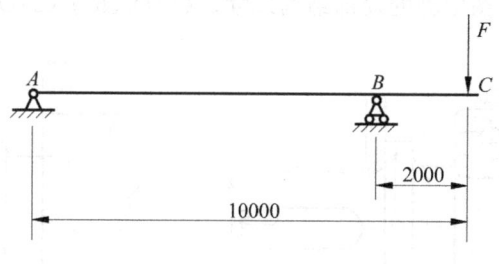

题 9-17 图

9-18 一级圆柱齿轮减速如题 9-18 图所示。已知输入功率 $P=13\text{kW}$,转速 $n=980\text{r/min}$,齿数 $z_1=18, z_2=72$,模数 $m=5\text{mm}$,主动轮与齿轮成一体,采用 40Cr,从动轴采用 45 钢,装齿轮处的轴头直径 $d=65\text{mm}$,开有键槽,跨距 $l=200\text{mm}$,齿轮双向转动。

(1) 估算主动轴的最小直径;
(2) 验算从动轴的强度。

9-19 如题 9-19 图所示,折杆 AB 段为圆截面 AB 垂直 BC,已知 AB 杆直径 $d=140\text{mm}$,材料的许用应力$[\sigma_B]_{-1}=80\text{MPa}$,试确定许用载荷。

9-20 如题 9-20 图所示,绞车的最大载重量 $W=0.8\text{kN}$,鼓轮的直径 $D=380\text{mm}$,绞车材料的许用应力$[\sigma_B]_{-1}=80\text{MPa}$,试确定绞车轴直径。

9-21 如题 9-21 图所示的转轴,齿轮 A 的直径 $D_1=300\text{mm}$,其上作用垂直力 $F_y=1\text{kN}$,齿轮 B 的直径 $D_2=150\text{mm}$,其上作用的水平力 $F_x=2\text{kN}$,轴材料的许用应力$[\sigma_B]_{-1}=160\text{MPa}$,试计算轴的直径。

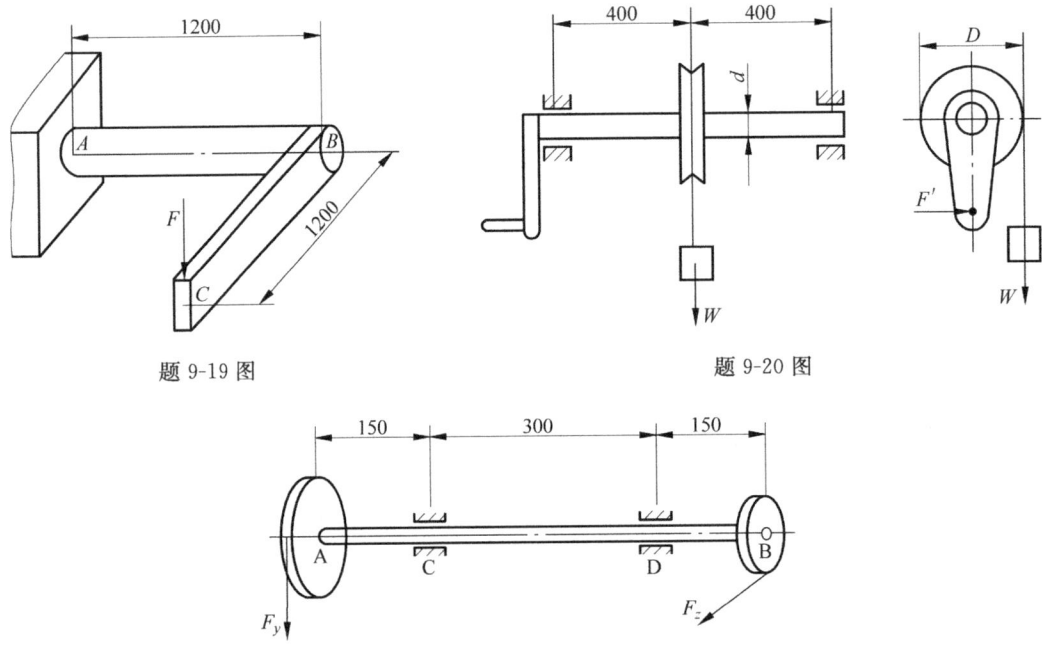

题 9-19 图   题 9-20 图

题 9-21 图

9-22 注出题 9-22 图中轴的局部结构尺寸。(1)D_1、R'；(2)D、b、R''；(3)d_1、b_1、R。

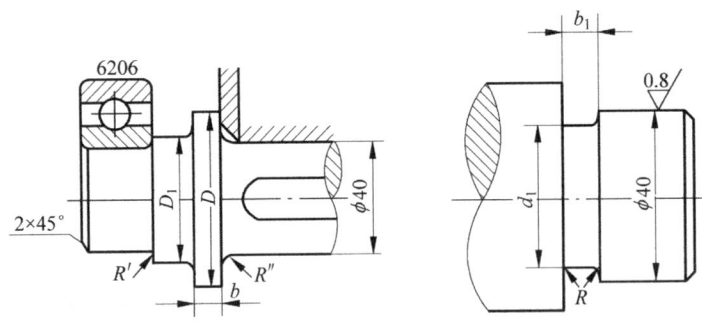

题 9-22 图

9-23 如题 9-23 图所示为输出轴结构，试指出 1～8 处的错误。

9-24 指出题 9-24 图示轴结构中的错误。

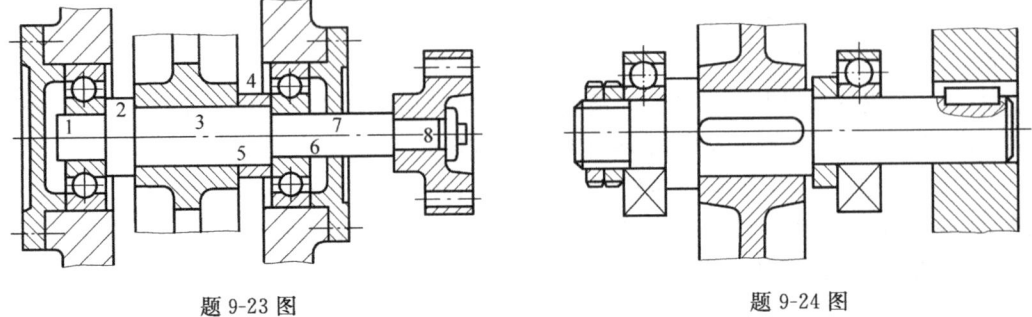

题 9-23 图   题 9-24 图

单元 10 连 接

学习目标

(1) 了解键连接和销连接的类型和应用；
(2) 掌握键连接和销连接的强度校核；
(3) 了解螺纹的代号；
(4) 掌握螺纹连接的类型、结构和应用；
(5) 了解螺纹连接的防松措施；
(6) 了解联轴器、离合器和制动器的类型和应用。

10.1 键连接和销连接

一、键连接

在机械设备中键主要用于连接轴和轴上的零件（如齿轮、皮带轮等）以传递扭矩，也有的键具有导向作用。键在轴上的安装如图 10-1 所示。

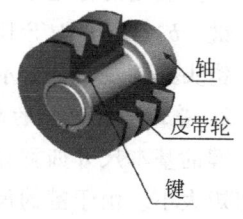

图 10-1 键在轴上的安装

常用键有普通平键、半圆键和钩头楔键。普通平键应用最为广泛；半圆键常用于载荷不大的传动轴上，由于半圆键在槽中能绕其几何中心摆动，以适应轴上键槽的斜度，因而在锥形轴上应用较多；钩头楔键，其上顶面有 1∶100 的斜度，装配时将键沿轴向嵌入键槽内，靠上下面接触的摩擦力将轴和轮连接。

1. 键的标记

键是标准件，在图样中应按国家标准规定进行标记。

(1) 普通平键的标记

普通平键分为 A、B 和 C 型（见图 10-2），三种普通平键的标记方法类似。普通平键的标记形式如下：

键　型式　$b×L$　GB/T 1096—2003

其中，A 型平键不标型式，b 为键宽，L 为键的长度。普通平键的标记示例如图 10-3 所示。

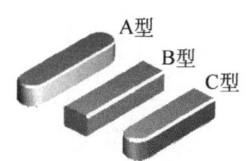

图 10-2 普通平键的类型

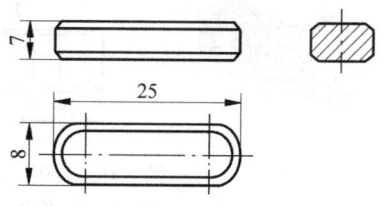

键　A 型　8×25　GB/T 1096—2003

图 10-3 普通平键的标记示例

(2) 半圆键的标记

半圆键的标记形式如下：

键 $b×L$ GB/T 1099—2003

其中,b 为键宽,L 为键长。半圆键及其标记示例如图 10-4 所示。

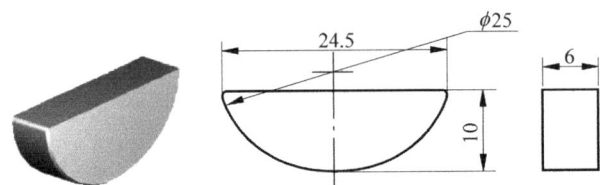

键 6×24.5 GB/T 1099—2003

图 10-4 半圆键及其标记示例

(3) 钩头楔键的标记

钩头楔键的标记形式如下：

键 $b×L$ GB/T 1565—2003

钩头楔键及其标记示例如图 10-5 所示。

2. 普通平键连接的画法及尺寸标注

键的基本尺寸如宽和高均为标准值,其大小与轴的直径有关。键的长度取决于所传递的扭矩大小。由于键的尺寸为标准值,所以键槽的尺寸亦是标准的。

在轴键槽的剖面图中应标注键宽 b 和键槽深 $d-t$,如图 10-6 所示。

轮毂键槽应标注键宽 b 和键槽深 $d+t_1$,如图 10-7 所示。

3. 键连接装配图的画法

(1) 普通平键装配图的画法

纵向剖切时键按不剖绘制,而横向将键切断则应画出剖面线。普通平键的两侧面为键的工作表面,只应在接触面上画一条轮廓线。键的上表面与轮毂之间的间隙应画出来,如图 10-8 所示。

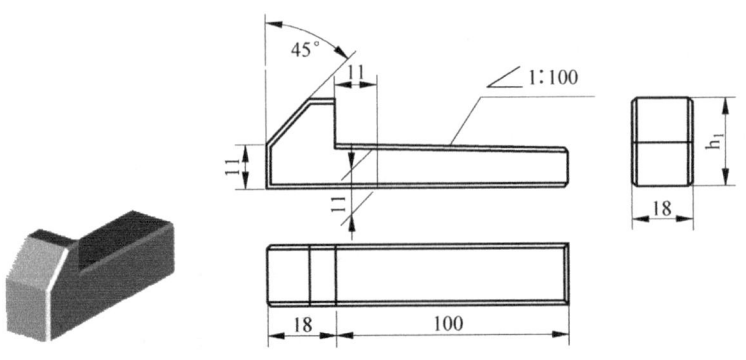

键 18×100 GB/T 1565—2003

图 10-5 钩头键及其标记示例

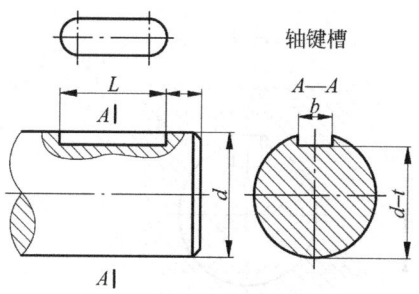

图 10-6　轴键槽的画法及尺寸标注

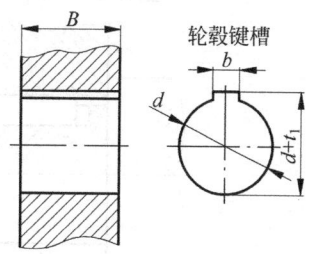

图 10-7　轮毂键槽的画法及尺寸标注

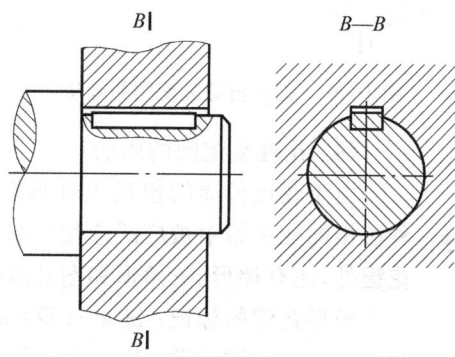

图 10-8　普通平键装配图的画法

(2) 半圆键装配图的画法

半圆键的两侧面为键的工作表面，只应在接触面上画一条轮廓线。键的上表面与轮毂之间的间隙应画出来，如图 10-9 所示。

(3) 钩头楔键装配图的画法

钩头楔键的上顶面有 1∶100 的斜度，装配时将键沿轴向打入键槽中。

钩头楔键是靠上下表面与轮毂键槽和轴键槽之间的摩擦力将二者连接的，因而装配图中键的上下表面没有间隙，如图 10-10 所示。

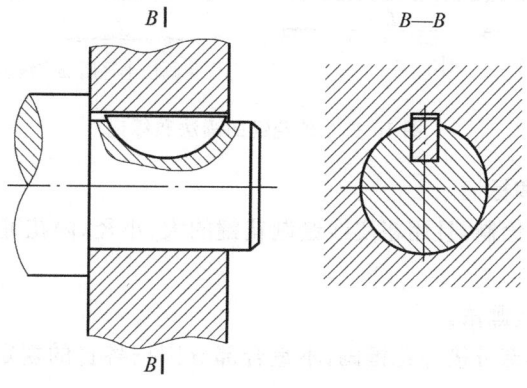

图 10-9　半圆键装配图的画法

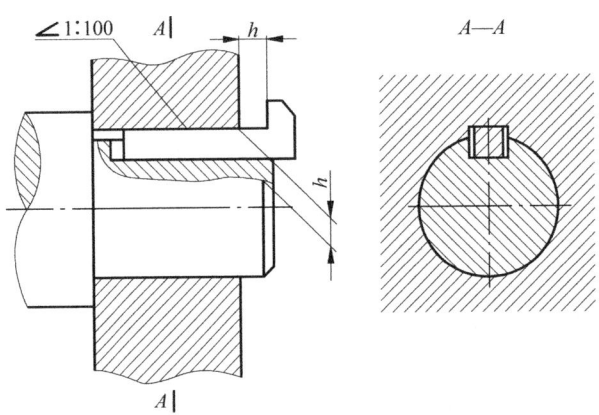

图 10-10　钩头楔键装配图的画法

（4）花键装配图的画法

由于花键传递的扭矩大且具有很好的导向性,因而在各种机械的变速箱中被广泛应用。除了如图 10-11 所示的矩形花键外,还有梯形、三角形和渐开线等形状。

矩形花键的标记：键 $z - D \times d \times b$　GB/T 1144—2003。其中,z——花键齿数；D——大径；d——小径；b——宽度。

① 外花键的画法和标记。

图 10-11　矩形花键

画法：大径用粗实线,小径用细实线,若为纵向剖切,键齿按不剖绘制,如图 10-12 所示。

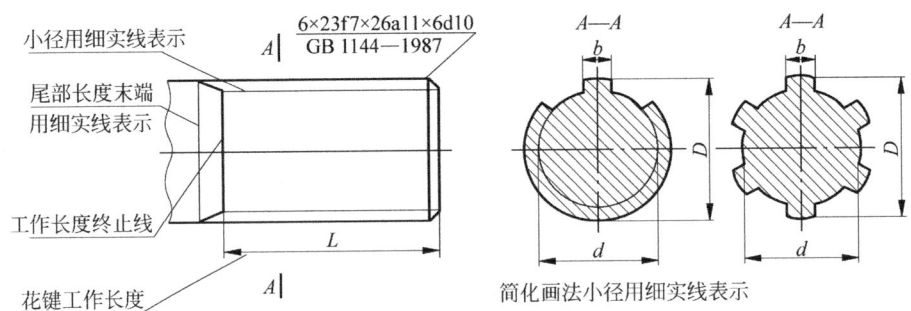

图 10-12　外花键的画法和标记

② 内花键的画法和标记。

画法：键齿按不剖绘制,且用粗实线绘制花键的大、小径,内花键的标记方法同外花键,如图 10-13 所示。

③ 矩形花键的连接画法。

画法：花键连接的部分按外花键画,不重合部分则按各自的规定画法绘制,如图 10-14 所示。

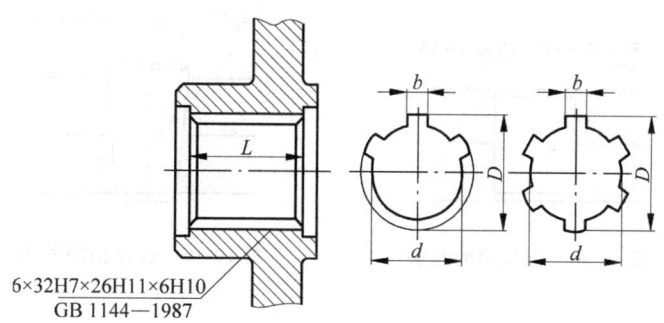

图 10-13　内花键的画法和标记

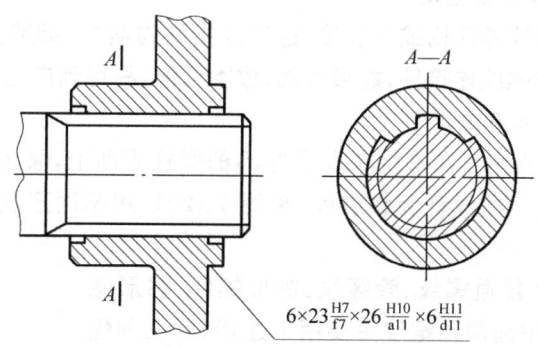

图 10-14　矩形花键的连接画法和标记

二、销连接

1. 销的功用、种类及标记

销主要用于零件之间的定位,也可用于零件之间的连接,但只能传递不大的扭矩。销分为圆柱销(见图 10-15)、圆锥销(见图 10-16)和开口销(见图 10-17)。普通圆柱销,按直径的公差不同分为 A、B、C、D 四种类型。

普通圆锥销多用于经常拆卸的场合,其标记示例如下。

例:公称直径 10mm、长 50 mm 的 B 型圆柱销标记为

$$\text{销　GB/T 119—2000　B10×50}$$

公称直径 10mm、长 60mm 的 A 型圆锥销标记为

$$\text{销　GB/T 117—2000　A10×60}$$

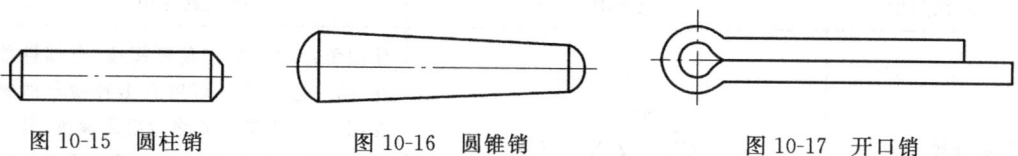

图 10-15　圆柱销　　　图 10-16　圆锥销　　　图 10-17　开口销

2. 销连接的画法

圆柱销的画法如图 10-18 所示,圆锥销的画法如图 10-19 所示。

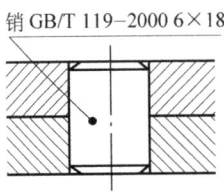
图 10-18 圆柱销的画法

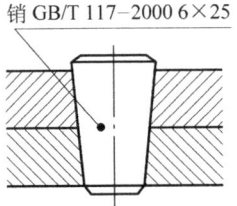
图 10-19 圆锥销的画法

10.2 螺纹连接

一、螺纹的类型、参数及应用

螺纹连接是利用螺纹零件构成的连接,这种连接结构简单、拆装方便、工作可靠。由专业工厂大量生产的标准螺纹连接件,购买方便,成本低廉,故得到广泛应用。

1. 螺纹的形成、特点及应用

把底边长为 πd_2 的直角三角形绕在直径为 d_2 的圆柱表面上,倾角为 ψ 的三角形的斜边在圆柱表面上形成的空间曲线称为螺旋线(见图 10-20),用不同形状的车刀沿螺旋线可切制出不同类型的螺纹。

常用的螺纹类型有普通螺纹、管螺纹、矩形螺纹、梯形螺纹和锯齿形螺纹等,其中前两种螺纹主要用于连接,后三种螺纹多用于传动。常用螺纹的特点及应用见表 10-1。

2. 螺纹的种类

螺纹有内螺纹和外螺纹之分,二者共同组成螺纹副用于连接和传动。螺纹有米制和英制两种,我国除管螺纹外都采用米制螺纹。按螺旋线绕行方向的不同,螺纹可分为右旋螺纹和左旋螺纹,机械制造中常用右旋螺纹。根据螺旋线的数目,还可将螺纹分为单线螺纹和多线螺纹。按照母体形状,螺纹分为圆柱螺纹和圆锥螺纹。

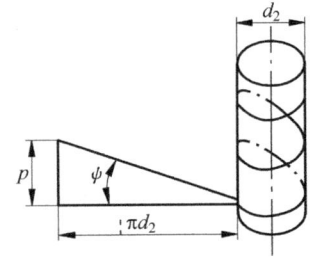
图 10-20 螺纹的形成

3. 螺纹的主要参数

圆柱普通螺纹的主要几何参数如图 10-21 所示。

表 10-1 常用螺纹的特点及应用

螺纹类型	牙形图	特点及应用
普通螺纹	(60°牙形三角形螺纹图)	牙型角 $\alpha=60°$ 的三角形螺纹,自锁性能好,同一公称直径可以有多种螺距的螺纹,其中螺距最大的称为粗牙螺纹,其余的都称为细牙螺纹。粗牙螺纹用于一般连接,细牙螺纹常用于细小零件和薄壁件连接

续表

螺纹类型	牙形图	特点及应用
管螺纹	55°	$\alpha=55°$,内外螺纹旋合后无径向间隙,紧密性好,用于压力 1.5MPa 以下的管路连接
梯形螺纹	30°	$\alpha=30°$,对中性好,传动效率较高,是应用较广的传动螺纹
锯齿形螺纹	30° 3°	工作面的牙型斜角为 3°,非工作面的牙型斜角为 30°,传动效率较梯形螺纹高,它综合了矩形螺纹效率高和梯形螺纹牙根强度高的特点,只用于单向受力的传动螺旋机构
矩形螺纹		$\alpha=0°$,传动效率最高,但牙根强度差,定心性能差,螺旋副磨损后的间隙难以补偿,使传动精度降低。矩形螺纹未标准化,已逐渐被梯形螺纹所代替

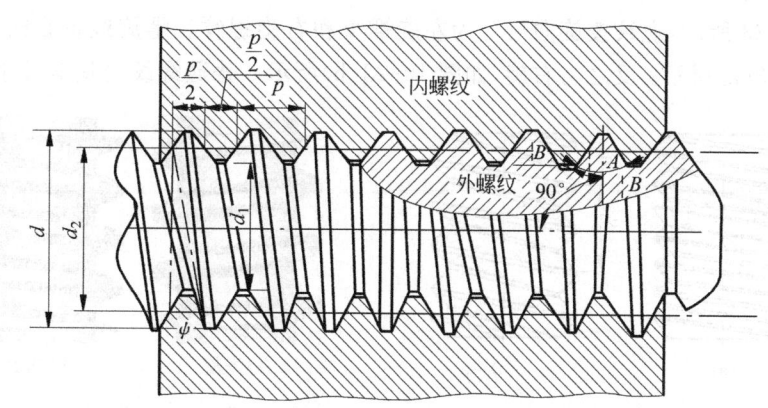

图 10-21　圆柱普通螺纹的主要几何参数

(1) 大径 $d(D)$

大径是指与外螺纹牙顶(或内螺纹牙底)相重合的假想圆柱体的直径,是螺纹的公称直径。

(2) 小径 $d_1(D_1)$

小径是指与外螺纹牙底(或内螺纹牙顶)相重合的假想圆柱体的直径,常作为强度计算的直径。

(3) 中径 $d_2(D_2)$

中径也是一个假想圆柱的直径,该圆柱的母线上牙型沟槽宽度和凸起宽度相等。

(4) 螺距 p

相邻两牙在中径线上对应两点间的轴向距离。

(5) 螺纹线数 n

沿一条螺旋线形成的螺纹称为单线螺纹,$n=1$,如图 10-22(a)所示;沿两条或两条以上在周向等角度分布、在轴向等间距分布的螺旋线形成的螺纹称为多线螺纹,如图 10-23(b)所示。连接螺纹要求自锁,一般用单线;传动螺纹要求传动效率高,多用双线或三线。

(6) 导程 S

同一条螺旋线上的相邻两牙在中径线上对应两点间的轴向距离,有

$$S = np$$

(7) 螺纹升角 ψ

在中径 d_2 圆柱上,螺旋线的切线与垂直于螺纹轴线的平面的夹角,有

$$\tan\psi = \frac{np}{\pi d_2}$$

(8) 牙型角 α

轴向截面内螺纹牙型相邻两侧边的夹角称为牙型角。牙型侧边与螺纹轴线的垂线间的夹角称为牙侧角 β。对于对称牙型有 $\beta=\alpha/2$。

(9) 螺纹的旋向

如图 10-23 所示,螺纹按旋向可分为左旋螺纹和右旋螺纹。螺旋线自右向左上升为左旋,如图 10-23(a)所示;反之为右旋,如图 10-23(b)所示。普通螺纹的基本尺寸见表 10-2。

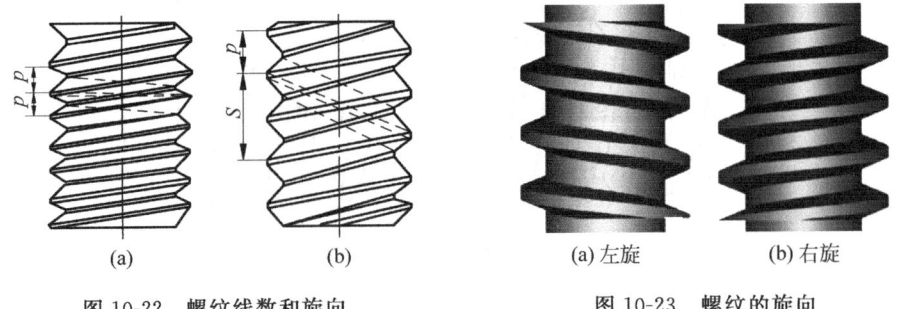

图 10-22　螺纹线数和旋向　　　　图 10-23　螺纹的旋向

二、螺纹连接

螺纹连接的主要类型有:螺栓连接、双头螺柱连接、螺钉连接、紧定螺钉连接。它们的主要类型、特点及应用见表 10-3。

表 10-2　普通螺纹的基本尺寸

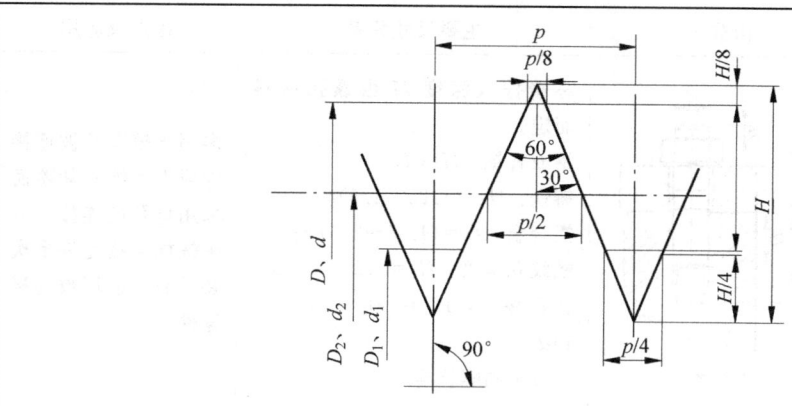

公称直径 D、d	粗牙			细牙
	螺距 p	中径 D_2、d_2	小径 D_1、d_1	螺距 p
3	0.5	2.675	2.459	0.35
4	0.7	3.545	3.242	
5	0.8	4.48	4.134	
6	1	5.35	4.918	0.5
8	1.25	7.188	6.647	
10	1.5	9.026	8.376	1.25,1,0.75
12	1.75	10.863	10.106	1.5,1.25,1,0.5
16	2	14.701	13.835	1.5,1
20	2.5	18.376	17.294	
24	3	22.052	20.752	2,1.5,1
30	3.5	27.727	26.211	

表 10-3　螺纹连接的主要类型、特点及应用

连接类型	构造	主要尺寸关系	特点及应用
螺栓连接		螺纹余留长度 l_1 静载荷：$l_1 \geq (0.3 \sim 0.5)d$； 变载荷：$l_1 \geq 0.75d$； 冲击载荷或弯曲载荷：$l_1 \geq d$； 铰制孔用螺栓：$l_1 \approx 0$； 螺纹伸出长度：$a = (0.2 \sim 0.3)d$； 螺栓轴线到边缘的距离 $e = d + (3 \sim 6)$mm	被连接件的孔中不需切制螺纹，装拆方便。普通螺栓连接，螺栓与孔之间有间隙。这种连接的优点是加工简便、成本低，故应用最广。铰制孔用螺栓连接，其螺杆外径与螺栓孔的内径具有同一基本尺寸，它适用于承受垂直于螺栓轴线的横向载荷

续表

连接类型	构造	主要尺寸关系	特点及应用
双头螺柱连接		座端拧入深度 H 由螺孔材料而定。 钢或青铜：$H \approx d$； 铸铁：$H = (1.25 \sim 1.5)d$； 铝合金：$H = (1.5 \sim 2.5)d$； 螺纹孔深度：$H_1 = (2 \sim 2.5)d$； 钻孔深度：$H_2 = H_1 + (0.5 \sim 1)d$ l_1, a, e 同螺栓连接	多用于较厚的被连接件或为了结构紧凑而采用盲孔的连接。双头螺柱连接允许多次装拆而不损坏被连接零件
螺钉连接		座端拧入深度 H,随螺孔材料的不同而不同。 钢或青铜：$H \approx d$；铸铁：$H = (1.25 \sim 1.5)d$；铝合金：$H = (1.5 \sim 2.5)d$；螺纹孔深度：$H_1 = H + (2 \sim 2.5)p$；钻孔深度：$H_2 = H_1 + (0.5 \sim 1)d$。 l_1, a, e 同螺栓连接	螺钉直接旋入被连接件的螺纹孔中,省去了螺母,因此结构上比较简单。但这种连接不宜经常装拆,以免被连接件的螺纹孔磨损而修复困难
紧定螺钉连接			紧定螺钉连接常用来固定两零件的相对位置,并可传递不大的力或转矩

在机械制造中常见的螺纹连接件有六角头螺栓、双头螺柱、螺钉、紧定螺钉、螺母、垫圈等。这类零件的结构形式和尺寸都已标准化,设计时应根据有关标准进行选择。螺纹连接件的结构特点及应用见表 10-4。

表 10-4 螺纹连接件的结构特点及应用

连接件的类型	图 例	结构特点及应用
六角头螺栓		冷镦工艺生产的小六角头螺栓具有材料利用率高、生产率高、力学性能高和成本低等优点,但由于头部尺寸较小不宜用于装拆频繁、被连接件强度低和易锈蚀的地方

续表

连接件的类型	图 例	结构特点及应用
双头螺柱		双头螺柱旋入被连接件螺纹孔的一端称为座端,另一端为螺母端,其公称长度为 l
螺母		螺母的形状有六角形、圆形等。六角螺母有三种不同厚度,薄螺母用于尺寸受到限制的地方,厚螺母用于经常装拆易于磨损之处。圆螺母常用于轴上零件的轴向固定
螺钉		螺钉的头部有内六角头、十字槽头等多种形式,以适应不同的拧紧程度
紧定螺钉		紧定螺钉末端要顶住被连接件之一的表面或相应的凹坑,其末端具有平端、锥端、圆尖端等各种形状
垫圈		垫圈常放置在螺母和被连接件之间

三、螺旋副的受力分析、效率和自锁

1. 矩形螺纹的受力分析

螺旋副在力矩和轴向载荷作用下的相对运动,可看成作用在中径的水平力推动滑块(重物)沿螺纹运动,如图 10-24(a)所示。将矩形螺纹沿中径 d_2 展开可得一斜面(见图 10-24(b)),图中 ψ 为螺纹升角,F_a 为轴向载荷,F 为作用于中径处的水平推力,F_n 为法向反力;fF_n 为摩擦力,f 为摩擦系数,ρ 为摩擦角。

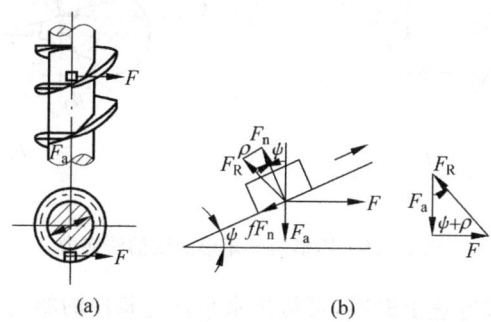

图 10-24 矩形螺纹上升时的受力分析

当滑块沿斜面等速上升时,F_a 为阻力,F 为驱动力。因摩擦力向下,总反力 F_R 与 F_a 的夹角为 $\psi+\rho$。由力的平衡条件可知,F_R、F 和 F_a 三力组成力多边形,如图 10-24(b)所示,由

图可得

$$F = F_a \tan(\psi + \rho) \tag{10-1}$$

作用在螺旋副上的相应驱动力矩

$$T = F \cdot \frac{d_2}{2} = F_a \frac{d_2}{2} \tan(\psi + \rho) \tag{10-2}$$

当滑块沿斜面等速下滑时，轴向载荷 F_a 变为驱动力，而 F 变为维持滑块等速运动所需的平衡力（见图 10-25）。由力多边形可得

$$F = F_a \tan(\psi - \rho) \tag{10-3}$$

作用在螺旋副上的相应力矩

$$T = F \cdot \frac{d_2}{2} = F_a \frac{d_2}{2} \tan(\psi - \rho) \tag{10-4}$$

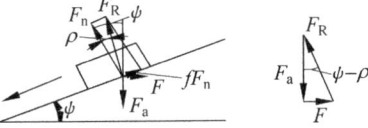

图 10-25　矩形螺纹下降时受力分析

在图 10-25 中，若去掉 F，即为将螺旋副旋转到一定高度撤除外力的状态，由力的分析可知，如果满足

$$F_a \sin\psi \leqslant fF_n = fF_a \cos\psi \tag{10-5}$$

则螺旋副不下滑，即处于自锁状态。从中可推出 $\psi \leqslant \rho$，此即为自锁条件。

2. 非矩形螺纹的受力分析

非矩形螺纹是指牙侧角 $\beta \neq 0°$ 的三角形螺纹、梯形螺纹和锯齿形螺纹。对比图 10-26(a) 和图 10-26(b) 可知，若略去螺纹升角的影响，在轴向载荷 F_a 作用下，非矩形螺纹的法向力比矩形螺纹的大。若把法向力的增加看作摩擦系数的增加，则非矩形螺纹的摩擦阻力可写为

$$\frac{F_a}{\cos\beta} f = \frac{f}{\cos\beta} F_a = f' F_a$$

式中，f' 为当量摩擦系数，即 $f' = \dfrac{f}{\cos\beta} = \tan\rho'$，$\rho'$ 为当量摩擦角，β 为牙侧角。f 改为 f'，ρ 改为 ρ'，就可像矩形螺纹那样对非矩形螺纹进行受力分析。

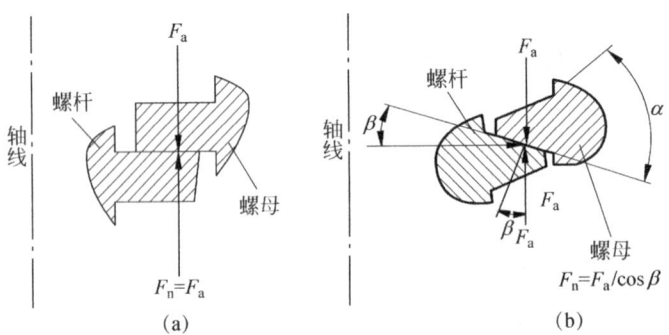

图 10-26　矩形与非矩形螺纹的法向力

当滑块沿非矩形螺纹等速上升时，可得出水平推力相应的驱动力矩：

$$T = F \cdot \frac{d_2}{2} = F_a \frac{d_2}{2} \tan(\psi + \rho') \tag{10-6}$$

当滑块沿非矩形螺纹等速下滑时，可得

$$F = F_a \tan(\psi - \rho') \tag{10-7}$$

相应的力矩为

$$T = F \cdot \frac{d_2}{2} = F_a \frac{d_2}{2}\tan(\psi - \rho') \tag{10-8}$$

与矩形螺纹分析相同,若螺纹升角 ψ 小于当量摩擦角 ρ',则螺纹具有自锁特性,如不施加驱动力矩,无论轴向驱动力 F_a 多大,都不能使螺旋副相对运动。考虑到极限情况,非矩形螺纹的自锁条件可表示为

$$\psi \leqslant \rho' \tag{10-9}$$

为了防止螺母在轴向力作用下自动松开,用于连接的紧固螺纹必须满足自锁条件。

3. 螺旋副的效率

螺旋副的效率是指有效功与输入功之比。若按螺旋副转动一圈计算,输入功为 $2\pi T$,此时升举滑块(重物)所做的有效功为 $F_a S$,故螺旋副的效率为

$$\eta = \frac{F_a S}{2\pi T} = \frac{\tan\psi}{\tan(\psi + \rho')} \tag{10-10}$$

由式(10-10)可知,当量摩擦角一定时,效率只是螺纹升角 ψ 的函数。

四、螺纹连接的预紧和防松

1. 螺纹连接的预紧

在实际工程中,绝大多数螺纹连接在装配时都必须拧紧,称为预紧。从而使连接在承受工作载荷之前就预先受到力的作用,这个预加的作用力称为预紧力。预紧的目的是为了增强连接的可靠性、紧密性和刚性,提高连接的防松能力,防止受载后被连接件间出现间隙或发生相对位移,对于受变载荷的螺纹连接还可提高其疲劳强度。预紧力的大小对螺纹连接的可靠性、强度和密封性均有很大的影响,对于一般的连接,可凭经验来控制预紧力的大小,但对重要的螺纹连接,应严格控制其预紧力。

螺纹连接的拧紧力矩 T(见图 10-27)等于克服螺纹副相对转动的阻力矩 T_1 和螺母支撑面上的摩擦阻力矩 T_2 之和,即

$$T = T_1 + T_2 = \frac{F_a d_2}{2}\tan(\psi + \rho') + f_c F_a r_f \tag{10-11}$$

图 10-27 摩擦阻力矩

式中,F_a 为轴向力,对于不承受轴向工作载荷的螺纹,F_a 即预紧力;d_2 为螺纹中径;f_c 为螺母与被连接件支撑面之间的摩擦系数,无润滑时可取 $f_c = 0.15$;r_f 为支撑面摩擦半径,$r_f \approx \frac{d_w + d_0}{4}$,其中 d_w 为螺母支撑面的外径,d_0 为螺栓孔直径。对于 M10~M68 的粗牙螺纹,若取 $f' = \tan\rho' = 0.15$ 及 $f_c = 0.15$,则式(10-11)可简化为

$$T \approx 0.2 F_a d \tag{10-12}$$

式中,d 为螺纹公称直径,mm;F_a 为预紧力。

为了充分发挥螺栓的工作能力和保证预紧的可靠性,螺栓的预紧应力一般可达材料屈服极限的 50%~70%。小直径的螺栓装配时应施加小的拧紧力矩,否则容易将螺栓杆拉断。

对重要的有强度要求的螺栓连接,如无控制拧紧力矩的措施,不宜采用小于 M12 的螺栓。

通常螺纹连接拧紧的程度是凭工人经验来决定的。为了能保证装配质量,重要的螺纹连接应按计算值控制拧紧力矩。小批量生产时可使用带指针刻度的测力矩扳手,当输出力矩达到所调节的额定值时,离合器便会打滑而自动脱开,并发出响声。

2. 螺纹连接的防松

连接用的螺纹螺旋升角较小,能满足自锁条件,在静载荷和工作温度变化不大时不会自动松脱。但是在冲击、振动和变载及温度变化大时,连接有可能自动松脱,容易发生事故,因此设计时必须考虑防松措施。螺纹连接防松的根本问题在于防止螺纹副的相对转动。按工作原理有三种防松方式:摩擦防松、机械防松、破坏螺旋副的运动关系防松。螺纹连接常用的防松方法见表 10-5。

表 10-5 螺纹连接常用的防松方法

防松方法	防松方法及特点			防松原理
摩擦防松	结构简单,使用方便,但垫圈弹力不均,因而不十分可靠,多用于不太重要的连接	结构简单,可用于低速重载的场合。但螺栓和螺纹部分均需加长,不够经济,且增加了外廓尺寸	结构简单,防松可靠,可多次装拆而不降低防松性能	采用各种措施使螺旋副中的摩擦力不随连接的外载荷波动而变化,保持较大的防松摩擦力矩
机械防松	开槽螺母拧紧后,将开口销穿过螺母上的径向槽和螺栓末端的孔,从而把螺母和螺栓固联在一起。防松可靠,可用于承受冲击载荷或载荷变化大的连接	将垫片折边,以固定螺母和被连接件的相对位置	使垫片内翅嵌入槽内,拧紧螺母后将垫片外翅之一折嵌于螺母的一个槽内	利用便于更换的金属元件约束螺旋副,使之不能相对转动

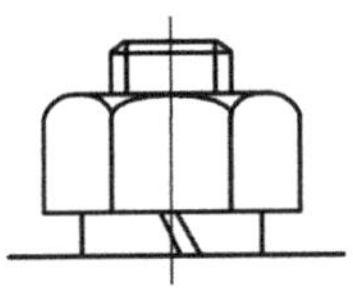

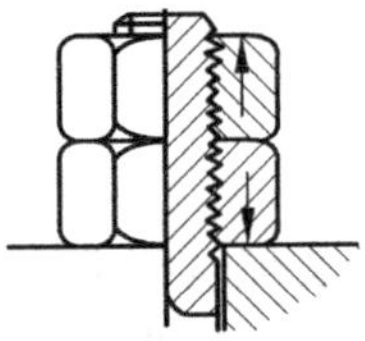

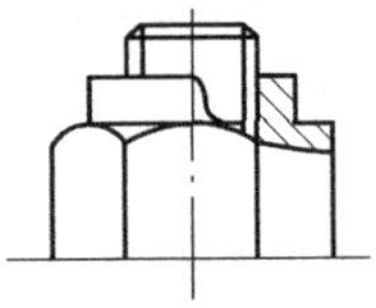

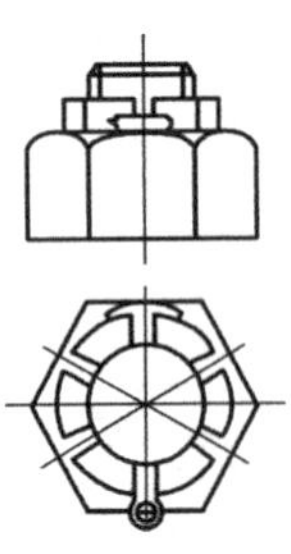

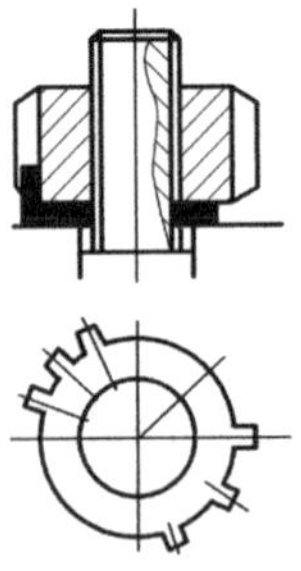

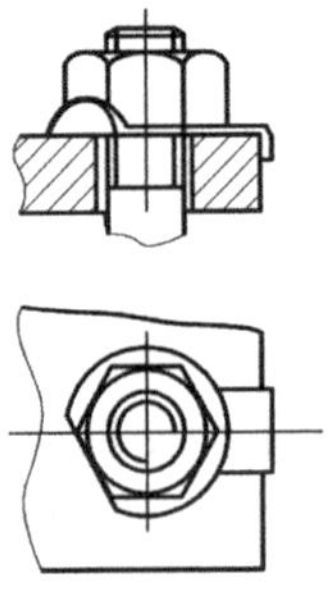

防松方法	防松方法及特点	防松原理
破坏螺旋副的运动关系防松	（图示：冲点防松 1～1.5P；涂黏合剂）防松效果好，但都属于不可拆的防松方法	破坏原有的运动关系，只有一次性连接

五、螺栓连接的强度计算

螺栓连接的强度是指连接螺栓中承受最大载荷的单个螺栓的强度。强度计算的内容包括确定螺栓直径、校核螺栓强度。

螺栓的主要失效形式是螺栓杆在轴向力的作用下被拉断。螺栓连接的强度计算主要是确定螺纹小径 d_1，然后按照标准选定螺纹公称直径 d 及螺距 p 等。强度校核一般分为松连接和紧连接两种情况进行。

1. 松螺栓连接

松螺栓连接装配时不需要把螺母拧紧，在承受工作载荷前，连接并不受力。如起重滑轮的松螺栓连接。当承受轴向工作载荷 F_a 时，其强度条件为

$$\sigma = \frac{F}{A} = \frac{F_a}{\frac{\pi d_1^2}{4}} \leqslant [\sigma] \tag{10-13}$$

式中，d_1 为螺纹小径，即螺栓危险截面的直径，mm；$[\sigma]$ 为许用拉应力，MPa。

由式(10-13)可得设计公式为

$$d_1 \geqslant \sqrt{\frac{4F_a}{\pi[\sigma]}} \tag{10-14}$$

计算出数值后再由普通螺纹的基本尺寸表(见表10-2)确定螺纹的公称直径。

2. 紧螺栓连接

紧螺栓连接装配时需要拧紧，设拧紧螺栓时螺杆承受的轴向拉力为 F_a（不承受轴向工作载荷的螺栓，F_a 即预紧力）。这时螺栓危险截面（即螺纹小径 d_1 处）除受拉应力 σ 外，还受到螺纹力矩 T_1 所引起的扭转切应力 τ，使螺栓螺纹部分处于拉伸与扭转的复合应力状态。

$$\sigma = \frac{F_a}{\frac{\pi d_1^2}{4}}$$

$$\tau = \frac{T_1}{\frac{\pi d_1^3}{16}} = \frac{F_a \tan(\psi+\rho') \cdot \frac{d_2}{2}}{\frac{\pi d_1^3}{16}} = \frac{2d_2}{d_1}\tan(\psi+\rho')\frac{F_a}{\frac{\pi d_1^2}{4}}$$

对于 M10～M68 的普通螺纹，取 d_2、d_1 和 ψ 的平均值，并取 $\tan\rho' = f' = 0.15$，得 $\tau \approx 0.5\sigma$。按照最大形变能理论，当量应力 σ_e 为

$$\sigma_e = \sqrt{\sigma^2 + 3\tau^2} = \sqrt{\sigma^2 + 3(0.5\sigma)^2} \approx 1.3\sigma \tag{10-15}$$

螺栓螺纹部分的强度条件为

$$\sigma_e = 1.3\sigma = \frac{1.3F_a}{\frac{\pi d_1^2}{4}} \leqslant [\sigma] \tag{10-16}$$

化简为

$$\frac{5.2F_a}{\pi d_1^2} \leqslant [\sigma]$$

设计公式为

$$d_1 \geqslant \sqrt{\frac{5.2F_a}{\pi[\sigma]}} \tag{10-17}$$

式中，$[\sigma]$ 为螺栓的许用应力，MPa。由此可见，紧连接螺栓的强度计算也可按纯拉伸考虑，但考虑螺纹摩擦力矩的影响，需将拉力增大30%。

(1) 承受横向工作载荷的螺栓强度

如图10-28所示的螺栓连接，被连接件承受垂直于螺栓轴线的横向工作载荷 F，由于处于拧紧状态，螺栓受预紧力 F_0 的作用，被连接件受到压力，在接合面之间就产生摩擦力 $F_0 \cdot f$（f 为接合面的摩擦系数）。若满足 $F_0 \cdot f \geqslant F$，则连接不产生滑动，考虑连接的可靠性及接合面的数目，引入可靠性系数 c、接合面数 m，则上式可改成

$$F_0 \cdot f \cdot m \geqslant cF \tag{10-18}$$

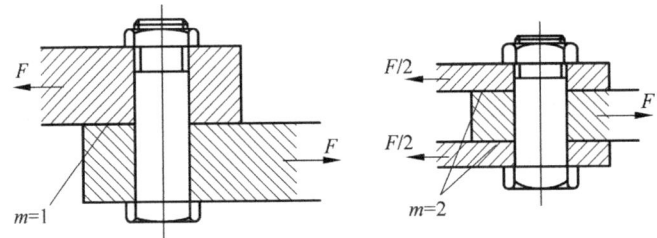

图10-28 受横向工作载荷的螺栓连接

因此螺栓所需的轴向力(即预紧力)应为

$$F_a = F_0 \geqslant \frac{cF}{mf} \tag{10-19}$$

式中，F_0 为预紧力；c 为可靠性系数，通常取 $c=1.1\sim1.3$；m 为接合面数；f 为接合面摩擦系数，对于钢或铸铁被连接件可取 $f=0.1\sim0.15$。求出 F_a 值后，可按式(10-16)计算螺栓强度。当 $f=0.15$、$c=1.2$、$m=1$ 时，$F_a \geqslant 8F$，即预紧力应为横向工作载荷的8倍，所以螺栓连接靠摩擦力来承担横向载荷时，其尺寸是较大的。

为了避免上述缺点，可用键、套筒或销承担横向工作载荷(见图10-29)，而螺栓仅起连接作用，键、套筒和销起到减载作用；也可采用螺杆与孔之间没有间隙的铰制孔用螺栓(见图10-30)来承受横向载荷。

(2) 受轴向工作载荷的螺栓连接

图10-31所示的缸体，设流体压强为 p，螺栓数为 z，D 为缸体内径，周围每个螺栓平均

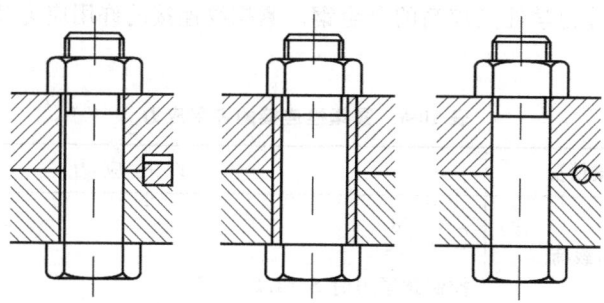

图 10-29　键、套筒和销的减载

承受的轴向工作载荷 $F_E=\dfrac{P\cdot\pi D^2}{4z}$。在受轴向工作载荷的螺栓连接中,螺栓实际承受的总拉伸载荷 F_a 并不等于预紧力 F_0 与 F_E 之和。螺栓未被拧紧时,螺栓和被连接件均不受力也不发生变形;螺栓被拧紧后,螺栓受预紧力 F_0 而伸长,被连接件受预紧压力 F_0 的作用而产生压缩变形;螺栓又受到轴向外载荷 F_E 作用时,被连接件随着螺栓的伸长而弹回,其压缩量减少,与此相应的压力减小,由 F_0 减小为 F_R,F_R 称为残余预紧力。工作载荷 F_E 和残余预紧力 F_R 一起作用在螺栓上,所以螺栓的总拉伸载荷为

$$F_a = F_E + F_R \tag{10-20}$$

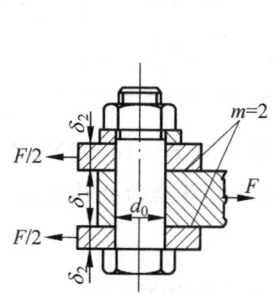

图 10-30　铰制孔用螺栓承受横向载荷

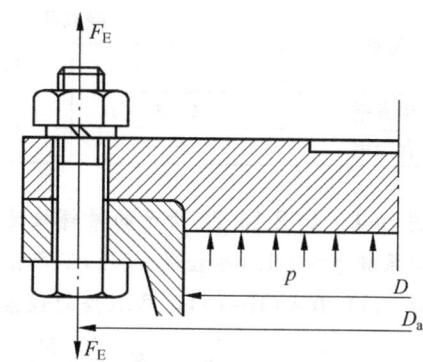

图 10-31　受轴向工作载荷的螺栓连接

紧螺栓连接应能保证被连接件的接合面不出现缝隙,因此残余预紧力 F_R 应大于零。当工作载荷 F_E 没有变化时,可取 $F_R=(0.2\sim0.6)F_E$;当 F_E 有变化时,取 $F_R=(0.6\sim1.0)F_E$;对于有紧密性要求的连接(如压力容器的螺栓连接),取 $F_R=(1.5\sim1.8)F_E$。

在一般计算中,可先根据连接的工作要求规定残余预紧力 F_R,其次由式(10-20)求出总拉伸载荷 F_a,然后按式(10-16)计算螺栓强度。

若轴向工作载荷 F_E 在 $0\sim F_E$ 间周期性变化,则螺栓所受总拉伸载荷应在 $F_R\sim F_a$ 间变化。受变载荷作用螺栓的粗略计算可按总拉伸载荷 F_a 进行,其强度条件仍为式(10-16),所不同的是许用应力应按表 10-6 和表 10-7 在变载荷项内查取。

(3) 螺栓的材料和许用应力

螺栓的常用材料为 Q215、Q235、10 钢、35 钢和 45 钢,重要和特殊用途的螺纹连接可采

用 40Cr、30CrMnSi 等力学性能较高的合金钢。紧螺纹连接的许用应力及安全系数见表 10-6 和表 10-7。

表 10-6 紧螺栓连接的许用应力

紧螺栓连接的受载情况	许用应力
受轴向载荷、横向载荷	$[\sigma]=\dfrac{\sigma_s}{S}$ 控制预紧力时 $S=1.2\sim1.5$
铰制孔用螺栓受横向载荷（静载荷）	$[\tau]=\dfrac{\sigma_s}{2.5}$ $[\sigma_p]=\dfrac{\sigma_s}{1.25}$（被连接件为钢） $[\sigma_p]=\dfrac{\sigma_b}{2\sim2.5}$（被连接件为铸铁）
铰制孔用螺栓受横向载荷（变载荷）	$[\tau]=\dfrac{\sigma_s}{3.5\sim5}$ $[\sigma_p]$——按静载荷的 $[\sigma_p]$ 值降低 20%～30%

表 10-7 紧螺栓连接的安全系数 S（不能严格控制预紧力时）

材料	静载荷		变载荷	
	M6～M16	M16～M30	M6～M16	M16～M30
碳素钢	4～3	3～2	10～6.5	6.5
合金钢	5～4	4～2.5	7.6～5	5

例 10-1 如图 10-28 所示的紧螺栓连接。已知横向载荷为 $F=18000\text{N}$，接合面数 $m=2$，摩擦系数 $f=0.12$，螺栓数 $z=2$，不严格控制预紧力，试确定螺栓的公称直径。

解：(1) 由式(10-19)计算螺栓的预紧力。

$$F_a=F_0\geqslant\dfrac{cF}{zmf}=\dfrac{1.2\times18000}{2\times2\times0.12}=45000\text{N}$$

(2) 螺栓材料选 Q235，其 $\sigma_s=235\text{MPa}$。

(3) 用试算法计算螺栓直径，假设螺栓为 M30，查表 10-7 选 $S=2$。

$$[\sigma]=\dfrac{\sigma_s}{S}=\dfrac{235}{2}=117.5\text{MPa}$$

计算螺纹小径 $d_1\geqslant\sqrt{\dfrac{5.2F_a}{\pi[\sigma]}}=\sqrt{\dfrac{5.2\times45000}{3.14\times117.5}}=25.18\text{mm}$

由表 10-2 得 M30 的螺栓 $d_1=26.211>25.18$，故选 M30。

例 10-2 一钢制液压油缸，油缸壁厚为 10mm，油压 $p=1.6\text{MPa}$，$D=160\text{mm}$，试设计其上盖的螺栓连接。

解：(1) 确定螺栓工作载荷 F_E。

暂取螺栓数 $z=8$，则每个螺栓承受的轴向工作载荷 F_E 为

$$F_E = \frac{p \times \pi D^2}{4z} = \frac{1.6 \times \pi \times 160^2}{4 \times 8} = 4.02 \text{kN}$$

（2）求螺栓总拉伸载荷 F_a。对于压力容器取残余预紧力 $F_R=1.8F_E$。

$$F_a = F_E + 1.8F_E = 2.8 \times 4.02 = 11.3 \text{kN}$$

（3）求螺栓直径。选取螺栓材料为 45 钢，$\sigma_s=355$MPa，装配时不要求严格控制预紧力，按表暂取安全系数 $S=3$。螺栓许用应力为

$$[\sigma] = \frac{\sigma_s}{S} = \frac{355}{3} = 118 \text{MPa}$$

$$d_1 \geqslant \sqrt{\frac{5.2F_a}{\pi[\sigma]}} = \sqrt{\frac{4 \times 1.3 \times 11.3 \times 10^3}{\pi \times 118}} = 12.6 \text{mm}$$

得螺纹的小径为 13.835mm，由表 10-2 选取 M16 螺栓。由照表 10-7 可知所取安全系数 $S=3$ 是正确的。

六、提高螺栓连接强度的措施

螺栓连接承受轴向变载荷时，其损坏形式多为螺栓杆部分的疲劳断裂，通常都发生在应力集中较严重之处，即螺栓头部、螺纹尾部和螺母支撑平面所在处。可以说螺栓连接的强度取决于螺栓的强度，下面主要分析影响螺栓强度的因素和提高其强度的措施。

1. 降低螺栓总拉伸载荷

螺栓的最大应力一定时，应力值越小，螺栓越不容易发生疲劳破坏，可采取降低螺栓刚度或增加被连接件的刚度以减小应力值，同时采用这两种措施时效果更明显。采用腰杆状螺栓和空心螺栓可降低螺栓刚度，对于有紧密性要求的连接，不采用软垫片密封而采用 O 形密封圈来密封，如图 10-32 所示。

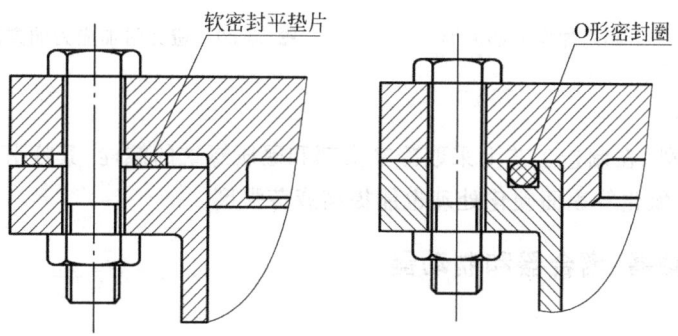

图 10-32 密封结构

2. 改善螺纹牙间的载荷分布

采用普通螺母时，轴向载荷在旋合螺纹各圈间的分布是不均匀的，从螺母支撑面算起，第一圈受载最大，以后各圈递减。理论分析和试验证明，旋合圈数越多，载荷分布不均的程度也越显著，到第 8～10 圈以后，螺纹几乎不受载荷。所以，采用圈数多的厚螺母，并不能提高连接强度。若采用图 10-33(a)所示的悬置（受拉）螺母，则螺母锥形悬置段与螺栓杆均为拉伸变形，有助于减少螺母与栓杆的螺距变化差，从而使载荷分布比较均匀。图 10-33(b)所示为环槽螺母，其作用和悬置螺母相似。增大过渡处圆角（见图 10-34(a)）、切制卸载槽

(见图 10-34(b)、(c))都是使螺栓截面变化均匀、减小应力集中的有效方法。

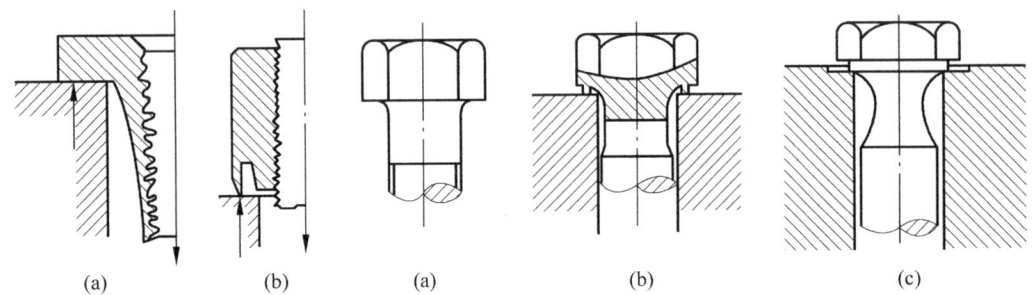

图 10-33　改善螺纹牙间的载荷分布　　　图 10-34　减小螺栓应力集中的措施

3．避免或减小附加应力

由于设计、制造或安装上的疏忽，有可能使螺栓受到附加弯曲应力(见图 10-35)，这对螺栓疲劳强度的影响很大，应设法避免。例如，在铸件或锻件等未加工表面上安装螺栓时，常采用凸台或沉头座等结构，经切削加工后可获得平整的支撑面，如图 10-36 所示。

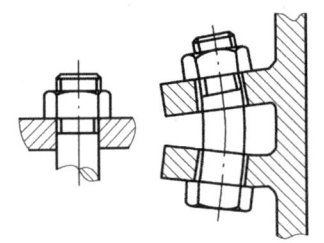 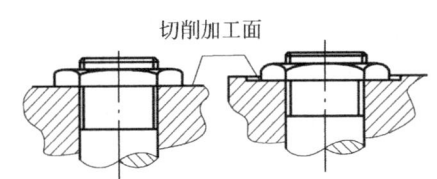

图 10-35　引起附加应力的原因　　　图 10-36　避免附加应力的方法

4．工艺措施

除上述方法外，在制造工艺上采取冷镦头部和碾压螺纹的螺栓，其疲劳强度比车制螺栓约高 30%，氰化、氮化等表面硬化处理也能提高疲劳强度。

10.3　联轴器、离合器和制动器

一、概述

联轴器和离合器是连接不同机构中的两根轴，使之一起回转并传递转矩的一种部件。用联轴器连接的两根轴，只有机器停止运转后，经过拆卸才能分离；而用离合器连接的两根轴在运转过程中能随时根据需要接合或分离。

对联轴器与离合器的一般要求是：工作可靠、结构紧凑、调整容易、装拆方便、价格低廉。对离合器还要求操纵方便、接合或分离平稳。对连接高速轴的联轴器应力求径向尺寸小、重量轻，避免由于离心力过大或挠性变形过大导致失效。

常用的联轴器大多已标准化，离合器也有一些行业标准。在选择和计算联轴器和离合器时，传递的最大转矩应考虑启动时的惯性力矩及过载等因素，根据计算确定转矩、轴径、转速，由手册或标准中选择型号、尺寸。

二、联轴器

联轴器所连接的两轴,由于制造和安装误差、受载变形、温度变化和机座下沉等原因,可能产生轴线的径向、轴向、角向或综合偏移,如图 10-37 所示。因而,要求联轴器在传递转矩的同时,还应具有一定范围的补偿轴线偏移、缓冲吸振的能力。联轴器常分为以下三类:

① 刚性联轴器;

② 挠性联轴器,又可分为无弹性元件挠性联轴器和有弹性元件挠性联轴器;

③ 安全联轴器。

1. 刚性联轴器

刚性联轴器结构简单、制造容易、承载能力大、成本低,但没有补偿轴线偏移的能力,适用于载荷平稳、转速稳定、两轴对中良好的场合。

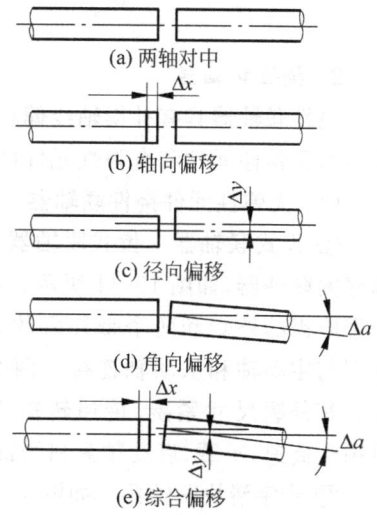

图 10-37 轴线偏移的形式

(1) 凸缘联轴器

如图 10-38 所示,凸缘联轴器由两个带有凸缘的半联轴器用螺栓连接而成。两半联轴器端面有定心止口,以保证两轴对中。凸缘联轴器结构简单,使用方便,对中精确,刚性好,传递转矩能力大,但要求安装准确。

(2) 夹壳联轴器

如图 10-39 所示,夹壳联轴器利用螺栓组将两个沿轴向剖分的夹壳夹紧(留有间隙 c),靠摩擦力传递转矩,以实现两轴的连接。该联轴器装拆方便,常用于低速、载荷平稳的场合。

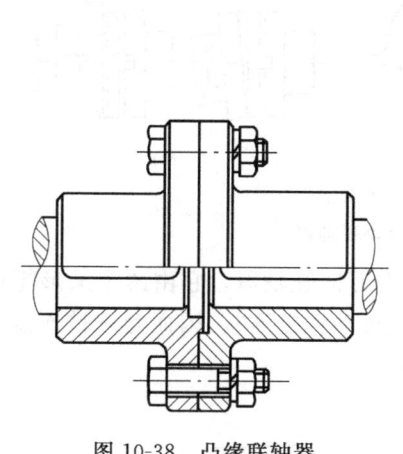

图 10-38 凸缘联轴器

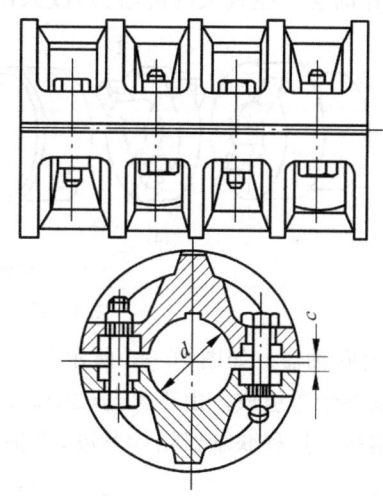

图 10-39 夹壳联轴器

(3) 套筒联轴器

如图 10-40 所示,套筒联轴器是用套筒把两根轴线重合的轴连接起来,轴与套筒用键或销固定。这种联轴器结构简单,径向尺寸小,制造成本低,装拆方便,适用于两轴同轴度高、工作平稳、转速不高的场合。

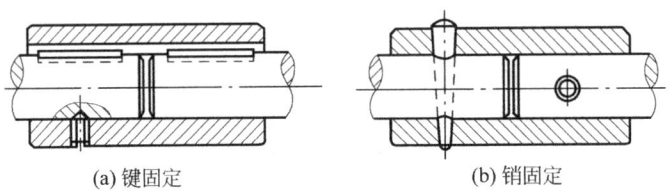

(a) 键固定   (b) 销固定

图 10-40 套筒联轴器

2. 挠性联轴器

挠性联轴器具有补偿轴线偏移的能力，适用于载荷和转速有变化及两轴有偏移的场合。可分为无弹性元件和有弹性元件两种。

(1) 无弹性元件挠性联轴器

① 齿式联轴器 齿式联轴器是一种允许轴线综合偏移的联轴器，如图 10-41 所示。由具有相同齿数的两个带内齿的外套和两个带外齿的轴套组成。两个轴套分别与主动轴和从动轴连接。两个外套用一组螺栓连接。其外廓尺寸紧凑、传递转矩大，但制造成本较高。适用于高速、重载、启动频繁和经常正反转的场合。

② 十字滑块联轴器 如图 10-42 所示，十字滑块联轴器是利用中间滑块与两个半联轴器端面的径向槽配合实现两轴连接。滑块沿径向滑动补偿径向偏移 Δy，并能补偿角偏移 $\Delta \alpha$。其结构简单、制造方便。但由于滑块偏心，工作时会产生较大的离心力，故只用于低速。

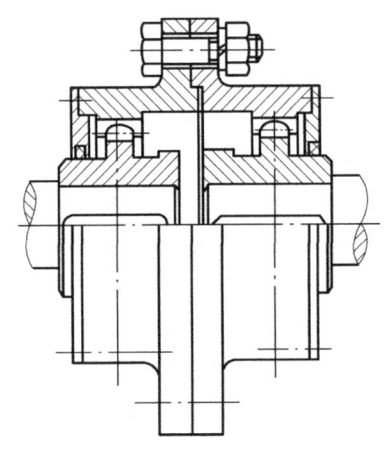

图 10-41 齿式联轴器

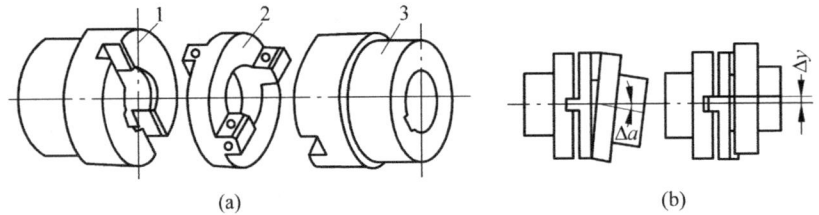

1,3—半联轴器；2—中间滑块

图 10-42 十字滑块联轴器

③ 万向联轴器 如图 10-43 所示为一种小型万向联轴器。它由两个叉形零件和一个中间轴以及轴销等组成。由于叉与轴销之间构成可动铰链连接，因而允许被连接的两轴有较大的角偏移。这种联轴器结构紧凑，维护方便。

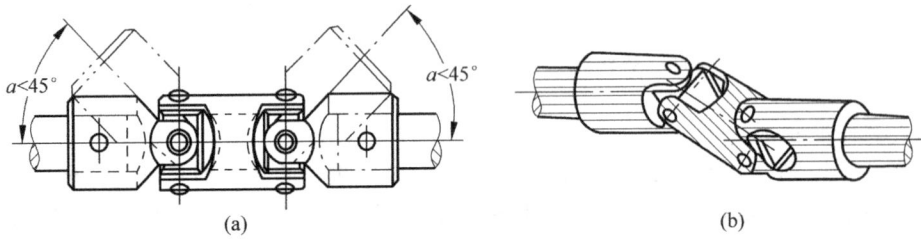

图 10-43 万向联轴器

(2) 有弹性元件挠性联轴器

① 弹性套柱销联轴器　如图10-44所示,弹性套柱销联轴器上有带有锥度的柱销固定于半联轴器1上,柱销上套装的橡胶弹性套伸入半联轴器4上的孔中,实现两轴连接。其制造、维修方便,适用于启动及换向频繁的高、中速轴的中、小转矩传动。

② 弹性柱销联轴器　如图10-45所示,弹性柱销联轴器利用于置于半联轴器凸缘孔中的尼龙柱销,实现两轴连接。固定在半联轴器端面的挡板是为了防止柱销外窜。适用于轴向窜动量较大、需正反转或启动频繁的传动。

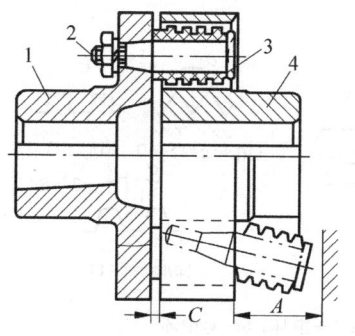

1,4—半联轴器；2—带锥度的柱销；3—橡胶弹性套图

图10-44　弹性套柱销联轴器

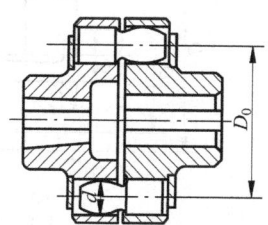

图10-45　弹性柱销联轴器

3. 安全联轴器

如图10-46所示,液压式安全离合器由双层套筒组成,中间注入高压油后外层扩张与轮毂挤紧,内层则将轴抱紧,联轴器即可传递与油压成正比的转矩。当转矩超过预定值时,联轴器即在轴上打滑,剪切管被剪切环剪断,油压将在千分之几秒内卸去,以保安全。换新剪切管在注油后可继续运转。

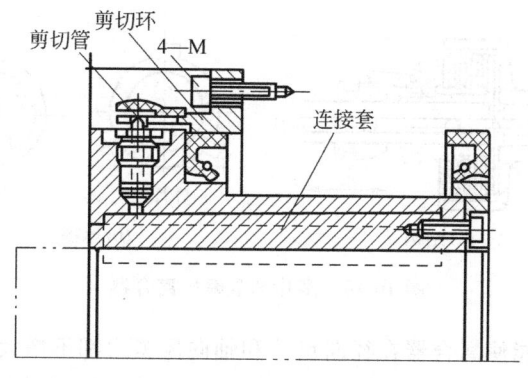

图10-46　液压式安全联轴器

三、离合器

离合器分为操纵离合器和自动离合器两大类。

1. 操纵离合器

操纵离合器是通过各种操纵方式使之接合或分离的离合器,主要有啮合式、摩擦式电磁感应式三种。

(1) 啮合式离合器

啮合式离合器有牙嵌式、齿式、转键式离合器等类型。下面只介绍牙嵌式离合器。如图 10-47 所示,牙嵌式离合器主要由端面带牙的两个半离合器组成。半离合器 1 用平键与主动轴连接,另一半离合器 2 用导向键与从动轴连接,并用滑环操纵离合器的分离与接合,对中环用来保证两轴不发生歪斜。牙嵌式离合器的齿形有三角形、梯形和矩形等。三角形齿传递中、小转矩,梯形齿和矩形齿传递较大的转矩。梯形齿有补偿磨损作用,冲击小,应用广泛。

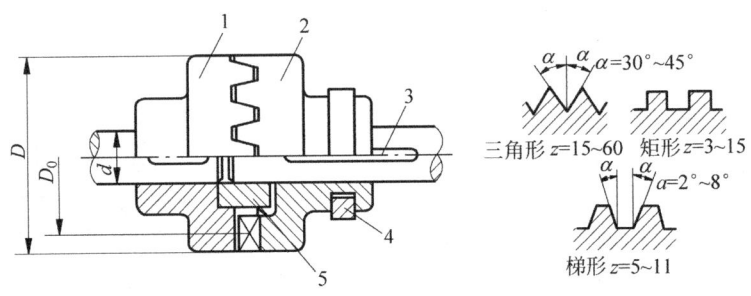

1,2—半离合器;3—导向键;4—滑环;5—对中环

图 10-47 牙嵌式离合器

(2) 摩擦式离合器

摩擦式离合器利用摩擦副的摩擦力传递转矩,主要有圆盘摩擦片(块)式、圆锥摩擦式、涨圈摩擦式、扭簧摩擦式等类型。如图 10-48 所示为多片圆盘摩擦式离合器,离合器左半部分固定在主动轴 I 上,右半部分固定在从动轴 II 上。左半部分与外摩擦片组、右半部分与内摩擦片组构成类似花键连接。当滑环在图示位置时,通过压板压紧交替安放的内外摩擦片,则两轴接合。向右移动滑环,则两轴分离。

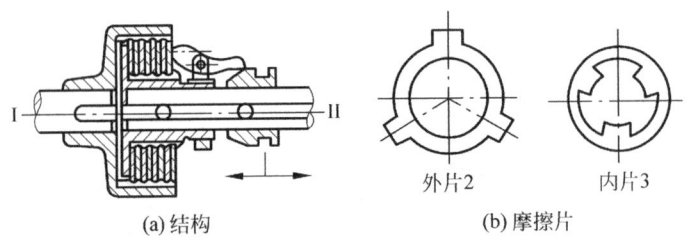

图 10-48 多片圆盘摩擦离合器

增加摩擦片数目,能使离合器在径向尺寸和轴向压紧力都不增大的情况下,提高其传递转矩的能力。但摩擦片过多会影响分离动作的灵活性,故一般限制在 10~15 对以下。

摩擦式离合器接合平稳,冲击与振动小,有过载保护作用。

2. 自动离合器

自动离合器利用离心力、弹力限定所传递数据的数值,自动控制离合;或利用特殊的楔效应,在正反转时自动控制离合。自动离合器有安全离合器、离心离合器和超越离合器三种类型。

(1) 安全离合器

安全离合器分为啮合式和摩擦式两种。啮合式如牙嵌式、钢珠式等；摩擦式如圆盘式、圆锥式等。图10-49所示为牙嵌式安全离合器，端面带牙的离合器左半部分2和右半部分3，靠弹簧嵌合压紧以传递转矩。当从动轴上的载荷过大时，牙面上产生的轴向分力将超过弹簧的压力，而迫使离合器发生跳跃式滑动，使从动轴自动停转。调节螺母可改变弹簧压力，从而改变离合器传递转矩的大小。

(2) 超越离合器

超越离合器分为啮合式和摩擦式两种。啮合式如牙嵌式、棘轮式等；摩擦式如滚柱式、楔块式等。图10-50所示为滚柱式超越离合器，星轮和外环分别装在主动件和从动件上。星轮与外环间有楔形空间，内装滚柱。每个滚柱都被弹簧推杆以适当的推力推入楔形空腔的小端，且处于临界状态(稍加外力便可楔紧或松开的状态)。星轮和外环都作顺时针回转时，根据相对运动关系，如外环转速小于星轮转速，则滚柱楔紧内、外接触面，外环与星轮接合。反之，滚柱与内、外接触面松开，外环与星轮分离。可见只有当星轮超过外环转速，才能起到传递转矩并一起回转的作用。

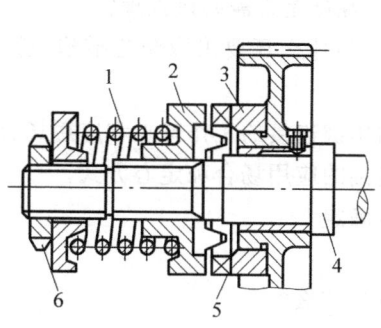

1—弹簧；2—左半部分；3—右半部分；
4—从动轴；5—牙面；6—螺母

图10-49 牙嵌式安全离合器

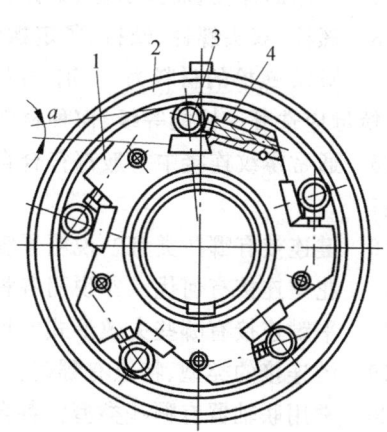

1—星轮；2—外环；3—滚珠；4—弹簧推杆

图10-50 滚柱式超越离合器

习题

10-1 为什么绝大多数螺纹连接都要预紧？主要有哪些防松措施？

10-2 在进行紧螺栓连接的强度计算时，为什么要将螺栓拉力增大30%？

10-3 螺纹的螺距和导程有何区别和联系？

10-4 具有相同直径和螺距的单线螺纹和多线螺纹哪一个效率高？为什么？

10-5 公称直径相等的普通螺纹连接，粗牙螺纹和细牙螺纹相比，哪一种自锁性能好？

10-6 用两个M10的螺钉固定一牵曳钩，若螺钉材料为Q235，装配时控制预紧力，接合面摩擦系数 $f=0.15$，求

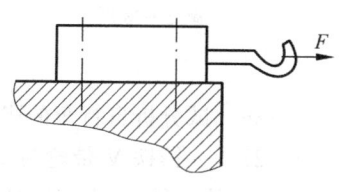

题10-6图

其允许的牵曳力 F。

10-7　在图示某重要拉杆螺纹连接中,已知拉杆所受拉力 $F_a = 13$ kN,载荷稳定,拉杆材料为 Q275,试计算螺纹接头的螺纹。

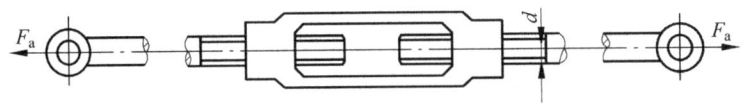

题 10-7 图

10-8　一钢制液压油缸,油压 $p = 3$ MPa,油缸内径 $D = 160$ mm。为保证气密性要求,螺柱间距 l 不得大于 $4.5d$(d 为螺柱大径),试计算此油缸的螺柱连接和螺柱分布圆直径 D_0。

10-9　螺纹有哪些主要参数?

10-10　螺纹导程和螺距有什么不同?两者有什么关系?

10-11　螺纹公差有几种,其公差等级、代号是什么?

10-12　常用的螺栓、双头螺柱、螺钉、螺母、垫圈有哪些型式?

10-13　螺栓、双头螺柱、螺钉、紧定螺钉在应用上有什么不同?

10-14　M12 螺栓的材料为 45 钢,性能等级为 9.8 级,试问其 σ_b、σ_s 各为多少 MPa?与之相配的螺母应选哪一性能等级、何种材料、螺栓与螺母是否需要热处理?

10-15　通常螺纹连接中一般都符合自锁条件,为什么还要采取防松措施,通常用哪些防松措施?

10-16　键连接有哪些类型?说明平键连接和楔键连接的工作特点和应用场合。

10-17　花键连接有何优点?说明各种花键连接的应用场合和定心方式。

10-18　平键连接有哪些失效形式?尺寸如何确定?

10-19　销连接的类型、特点有哪些?

10-20　常用联轴器有哪些类型?各自的特点是什么?

10-21　选用联轴器应考虑哪些主要因素?

10-22　齿式联轴器为什么允许补偿综合位移?

10-23　题 10-23 图所示凸缘联轴器,允许传递的最大转矩 $T = 1500$ N·m(静载荷),材料为 HT250。联轴器用 M16 螺栓联成一体,螺栓材料为 45 钢,联轴器材料为 25 钢,接合面摩擦系数为 $f = 0.15$,安装时不要求严格控制预紧力,试选取合适的螺栓数目。

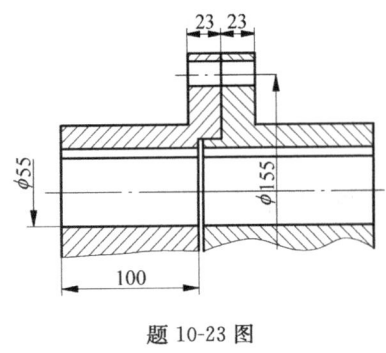

题 10-23 图

10-24　多片式圆盘摩擦离合器的内摩擦片与哪根轴同转,摩擦片数目为什么一般限制在 15 对以下?

10-25　牙嵌式离合器与牙嵌式安全离合器有何区别?

10-26　试分析自行车的飞轮应用了哪种离合器的工作原理?

10-27　一铸铁 V 带轮与钢轴用 A 型普通平键连接。已知轴径 $d = 50$ mm,带轮轮毂长 $l = 100$ mm,传递转矩 $T = 450$ N·m。试选择键连接(键的尺寸、代号、强度校核),作图并标出键槽尺寸和极限偏差。

10-28 分析题 10-28 图中螺纹连接有哪些不合理之处？画出正确的结构图。

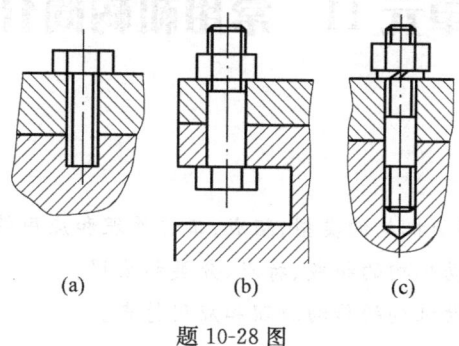

题 10-28 图

单元 11　常用机构简介

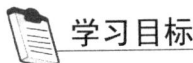

学习目标

(1) 理解凸轮机构、螺旋机构的类型、组成、工作原理和应用特点。
(2) 了解各种间歇运动机构的组成、特点、分类和应用。
(3) 了解各种新型传动机构的传动原理和应用特点。

11.1　凸轮机构

一、凸轮机构的组成、类型及特点

在机械工业中,尤其是在自动控制机械中,为实现某些特殊或复杂的运动规律,广泛地应用着各种凸轮机构。

凸轮机构的功用是将凸轮的连续转动或往复移动转换为从动件的连续或不连续的移动或摆动。它由凸轮、从动件和机架三个基本构件组成,如图 11-1 所示。其中,凸轮是一个具有控制从动件运动规律的曲线轮廓或凹槽的主动件,通常做连续等速转动或往复移动;从动件则在凸轮轮廓或凹槽的驱动下按预定运动规律做往复直线移动或摆动。

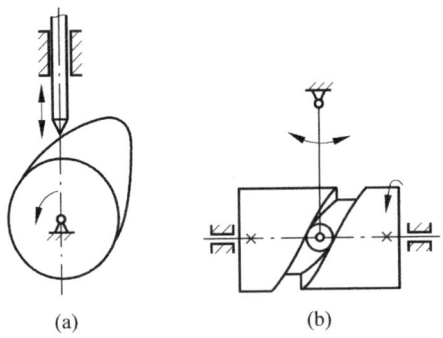

图 11-1　凸轮机构示意图

图 11-2 所示为凸轮形状。图 11-2(a)所示为盘状凸轮,它类似于圆盘,能做转动,其廓线位于外缘或端面上,它的回转中心到凸轮廓线各点之间的距离称为向径,其大小是变化的,因此从动件能依照接触处的向径变化获得往复移动或摆动。图 11-2(b)所示为圆柱凸轮,它能做转动,其圆柱面或端面上具有廓线凹槽。图 11-2(c)所示为移动凸轮,可以相对于机架做往复移动。

图 11-3 所示为从动件形状。图 11-3(a)所示为尖顶从动件,它能与任意复杂的凸轮轮廓保持接触,从而保证从动件实现复杂的运动规律。但尖顶与凸轮是点接触,磨损快,故只适宜受力小、低速和运动精确的场合,如仪器仪表中的凸轮控制机构等。图 11-3(b)所示为滚子从动件,即在从动件的尖顶处安装一滚子,滚子与凸轮之间由滑动摩擦变为滚动摩擦,

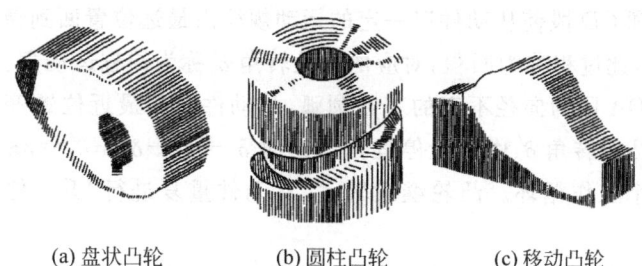

(a) 盘状凸轮　　　(b) 圆柱凸轮　　　(c) 移动凸轮

图 11-2　凸轮形状

故磨损小,可以承受较大载荷,在机械中应用最广泛。

图 11-3(c)所示为平底从动件,它与凸轮轮廓表面接触的端面为一平面,其优点是凸轮与从动件之间的作用力始终垂直于平底的平面(不计摩擦时),受力比较平稳,且接触面间易于形成油膜,利于润滑,减少磨损,适用于高速传动,但它不能应用在有凹槽轮廓的凸轮机构中,因此运动规律受到一定的限制。

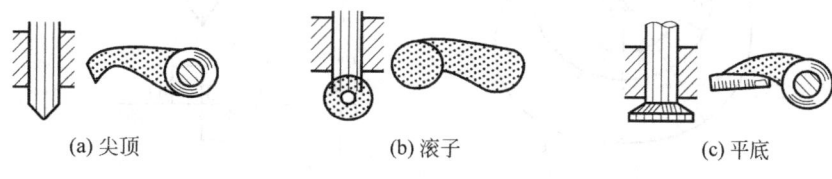

(a) 尖顶　　　　　(b) 滚子　　　　　(c) 平底

图 11-3　从动件形状

以上三种从动件均可做往复直线运动和往复摆动,前者称为直动从动件,后者称为摆动从动件。直动从动件的导路中心线通过凸轮的回转中心时,称为对心从动件,否则称为偏置从动件。

各种基本类型的凸轮和不同形状、不同运动形式的从动件的组合,可得到多种凸轮机构的类型。

凸轮机构的主要优点是:便于准确地实现给定的运动规律和轨迹,结构简单紧凑,易于设计。其缺点是:凸轮与从动件以点或线接触,不便于润滑,易磨损;凸轮加工制造复杂。因此,凸轮机构多用于需要实现特殊运动规律而传力不大的自动机械、仪表、控制机构及调节机构中。

二、凸轮机构的工作原理

图 11-4(a)所示为一尖顶对心直动从动件盘状凸轮机构。在凸轮上,以凸轮转动中心 O 为圆心、凸轮轮廓的最小向径 r_b 为半径所作的圆称为基圆,r_b 称为基圆半径。在图示位置,从动件与凸轮在 A 点接触,从动件处于最低位置,当凸轮逆时针转动时,从动件处于上升的起始位置。当凸轮以等角速度 ω 转过 δ_0 角时,其向径渐增的轮廓 AB 段将从动件按一定的运动规律推至最远位置 B' 点,这个过程称为推程或升程,对应的凸轮转角 δ_0 称为推程运动角;从动件上升的最大位移 h,称为行程。当凸轮继续转过 δ_s 角时,由于轮廓 BC 段为向径不变的圆弧,从动件停留在最远位置不动,此过程称为远停程,对应的凸轮转角 δ_s 称为远停程角。当凸轮又继续转过 δ_0' 角时,从动件在弹簧力或重力作用下,与凸轮廓线 CD 段接

触,向径渐减的轮廓 CD 段使从动件以一定的运动规律由最远位置回到最近位置(从动件与凸轮在 D 点接触),此过程称为回程,对应的凸轮转角 δ'_0 称为回程运动角。当凸轮继续转过 δ'_s 角时,由于轮廓 DA 段为向径不变的基圆圆弧,从动件又在最近位置停止不动,此过程称为近停程,对应的凸轮转角 δ'_s 称为近停程角。这时 $\delta_0 + \delta_s + \delta'_0 + \delta'_s = 2\pi$,凸轮刚好转过一圈,机构完成了一个工作循环。凸轮继续转动,从动件重复进行"升—停—降—停"的运动循环。

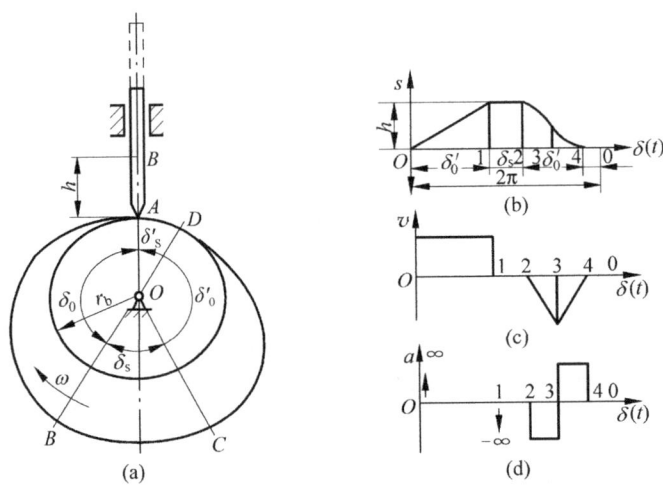

图 11-4 凸轮机构的运动过程和运动规律

上述介绍的仅是一种典型的凸轮机构的运动过程。一般情况下,推程是凸轮机构的工作行程,凸轮机构中是否需要远停程或近停程,要视具体工作要求而定。

以从动件的位移 s 为纵坐标,对应的凸轮转角 δ 为横坐标,则可以逐点画出从动件的位移 s 与凸轮转角 δ 或时间 t(凸轮通常以等角速度 ω 转动,$\delta = \omega t$)之间的关系曲线。此曲线称为从动件的位移曲线,即 s-δ(t) 曲线,如图 11-4(b) 所示,它表明了从动件位移 s 与凸轮转角 δ 或时间 t 之间的函数关系。

从动件在运动过程中,其位移 s、速度 v、加速度 a 随时间 t(或凸轮转角 δ)的变化规律分别如图 11-4(b)、(c)、(d) 所示,称为从动件的运动规律。从动件的运动规律有等速运动、等加速与等减速运动、简谐运动、摆线运动和函数曲线运动等。由上述可见,从动件的运动规律完全取决于凸轮的轮廓形状;反之,设计凸轮轮廓时,必须首先根据工作要求确定从动件的运动规律,并按此运动规律——位移线图设计凸轮轮廓,以实现从动件预期的运动规律。

三、凸轮机构的应用实例

图 11-5 所示为刀架进给机构,它主要由三个盘状凸轮、带扇形齿轮的滚子摆动从动件、齿条及三个刀架等组成。三个盘状凸轮廓线的初始位置,按一定的要求安装在分配轴上,工件的转动是切削主运动。当驱动分配轴时,经三个滚子摆动从动件与三个盘状凸轮的廓线直接接触,分别使滚子从动件做一定范围的摆动,其中从动件 2 通过扇形齿轮、齿条的啮合,直接驱动前刀架 A;从动件 1 通过扇形齿轮传动,再经扇形齿轮、齿条的啮合驱动后刀架 B;

从动件 3 通过扇形齿轮传动,连杆及扇形齿轮、齿条的啮合驱动立刀架 C。该机构利用 3 个凸轮的廓线,可使各刀架实现快速进入→等速进给→快速退回→静止等循环动作。

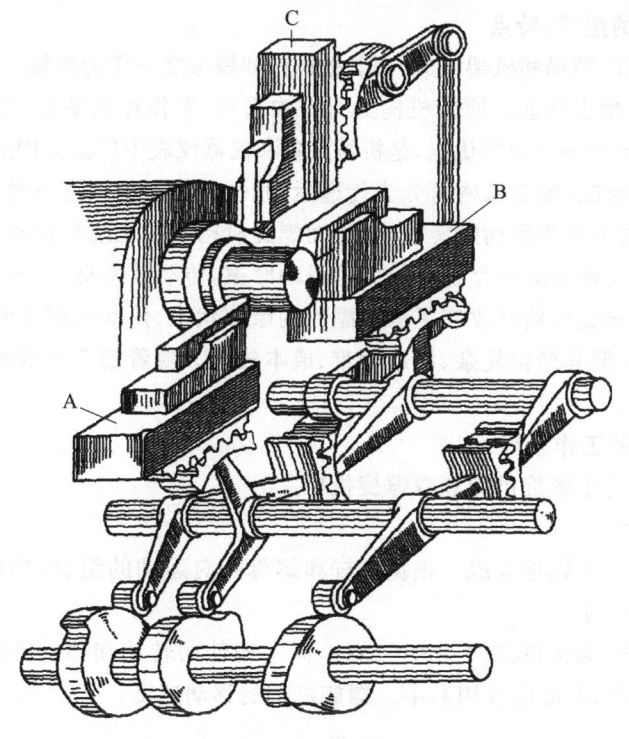

A—剪刀架；B—后刀架；C—立刀架

图 11-5　刀架进给机构

图 11-6 所示为齿轮变速操纵机构,它主要由带两条廓线的圆柱凸轮、两个角形摆动从动件及双联齿轮、三联齿轮和箱体等组成。两个摆动从动件的一端用圆柱销插入廓线凹槽的相应位置,另一端与拨叉相连。当扳动手柄使圆柱凸轮转动时,通过廓线凹槽的直接接触,推动两从动件做一定范围的摆动,然后再经拨叉分别带动双联齿轮、三联齿轮在花键轴上滑移,使不同的齿轮分别对应啮合,从而改变主轴的转速。

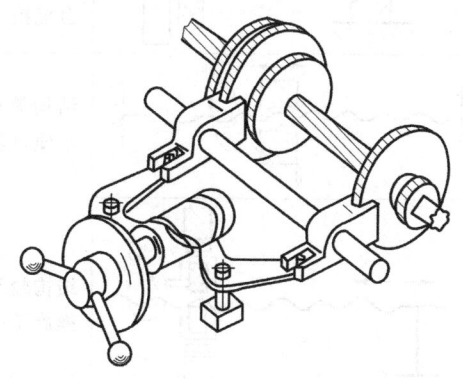

图 11-6　齿轮变速操纵机构

11.2 螺旋机构

一、螺旋机构的组成、特点

螺旋机构由螺杆、螺母和机架组成(一般把螺杆和螺母之一作为机架),能将旋转运动变换为直线运动,并具有增力性能。螺旋机构具有结构简单、工作连续平稳、传动比大、承载能力强、传递运动准确、易实现自锁等优点,是机械设备和仪器仪表中广泛应用的一种传动机构。

按用途和受力情况,螺旋机构可分为传递运动、动力和用于调整三种类型;按螺旋副的摩擦性质,螺旋机构可分为滑动螺旋机构、滚动螺旋机构和静压螺旋机构三种类型。

滑动螺旋机构的螺旋副间存在着较大的滑动摩擦,传动效率低(一般为 0.3~0.4)。滚动螺旋机构和静压螺旋机构则改变了螺旋副间的摩擦状态,传动效率达到了 0.9 以上,是新型理想的传动机构,但其结构复杂、制造困难、成本较高。随着制造技术的不断发展,其应用正在得到不断推广。

二、螺旋机构的工作原理

螺旋机构可分为单螺旋机构和双螺旋机构。

1. 单螺旋机构

由一个螺杆和一个螺母组成。根据螺杆和螺母相对运动的组合,单螺旋机构有四种基本传动形式,见表 11-1。

由表 11-1 可知,无论以何构件为主动件,同一构件的转动和移动方向均符合左右手定则:左旋螺纹用左手,右旋螺纹用右手。螺旋机构的移动速度:

$$v = \frac{nL}{60} (\text{mm/s}) \tag{11-1}$$

式中,n——主动件转速(r/min);

L——导程(mm)。

表 11-1 单螺旋机构四种基本传动形式及特点

	基本传动形式	示意图	特点和应用
1	螺母固定,螺杆转动并轴向移动	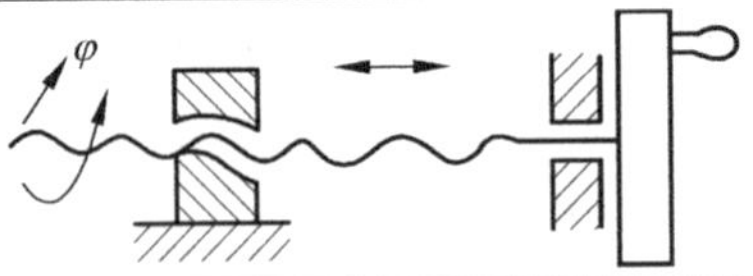	可获得较高的传动精度,适合于行程较小的场合,如千斤顶、压力机、台虎钳
2	螺母固定,螺杆转动并轴向移动	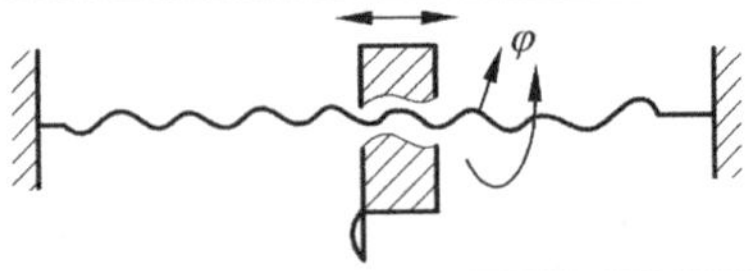	结构简单、紧凑,但精度较差,使用不便,应用较少
3	螺母转动,螺杆轴向移动	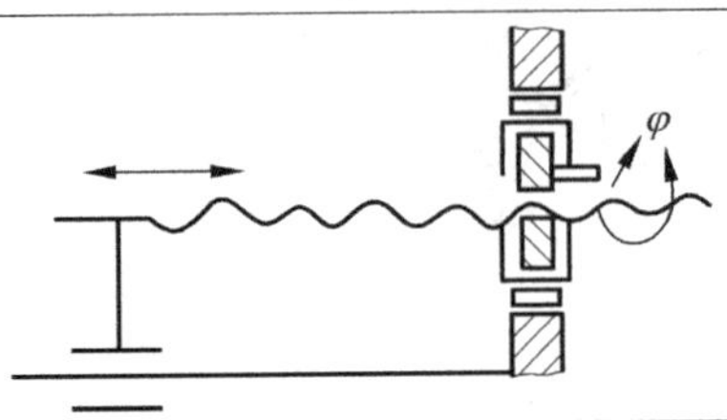	结构较复杂,用于仪器调节机构,如螺旋千分尺的微调机构

续表

	基本传动形式	示意图	特点和应用
4	螺母转动,螺杆轴向移动	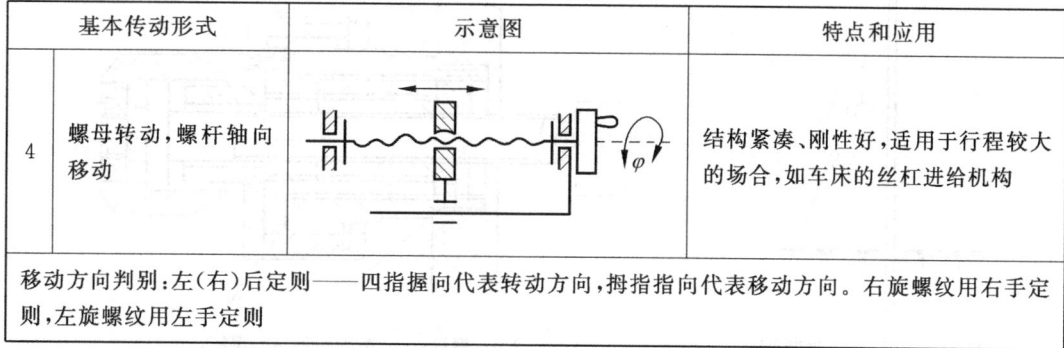	结构紧凑、刚性好,适用于行程较大的场合,如车床的丝杠进给机构

移动方向判别:左(右)后定则——四指握向代表转动方向,拇指指向代表移动方向。右旋螺纹用右手定则,左旋螺纹用左手定则

图 11-7 所示为车床丝杆传动,丝杆(螺杆)转动,螺母带动刀架实现纵向进给运动。

2. 双螺旋机构

双螺旋机构中由一个具有两段螺纹的螺杆与两个螺母组成两个螺旋副,如图 11-8 所示。通常将两个螺母中的一个固定,另一个移动(只能移动不能转动),并以螺杆为转动主动件。

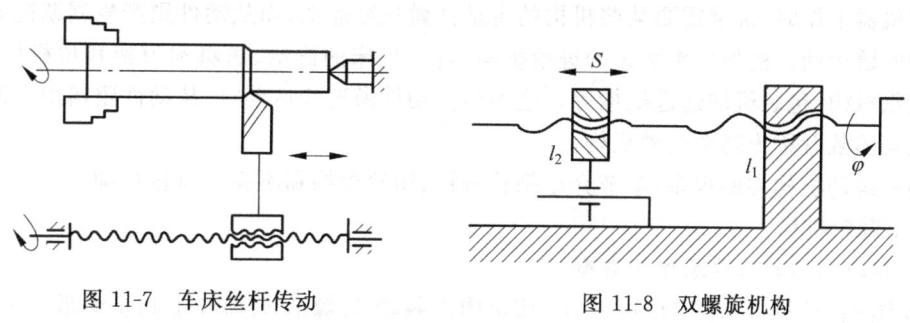

图 11-7 车床丝杆传动　　图 11-8 双螺旋机构

根据两螺旋副的旋向,双螺旋机构可形成以下两种传动形式。

(1) 差动螺旋机构

当两螺旋副中的螺纹旋向相同时,则形成差动螺旋机构。图 11-8 中,设两处螺纹的导程分别为 S_1 和 S_2,且 $S_1 > S_2$。当螺杆转过 φ 角时,移动螺母相对机架的位移 $\overline{S}$ 为

$$\overline{S} = (S_1 - S_2)\varphi/2\pi \tag{11-2}$$

当 S_1 和 S_2 相差很小时,位移 $\overline{S}$ 可以很小。利用这一特性,可将差动螺旋机构应用于各种微动装置中,如测微器、分度机构、精密机械进给机构及精密加工刀具等。

(2) 复合螺旋机构

当两螺旋副中的螺纹旋向相反时,则形成复合螺旋机构。当螺杆转过 φ 角时,移动螺母相对机架的位移 $\overline{S}$ 为

$$\overline{S} = (S_1 + S_2)\varphi/2\pi \tag{11-3}$$

复合螺旋机构可应用于需快速移动或调整的装置中,故也称为倍速机构。实际应用中,如要求两构件同步移动,只需使 $S_1 = S_2$ 即可。如图 11-9 所示的电线杆张紧器就是倍速机构,它能迅速拉紧及放松拉线。图 11-10 为应用螺旋机构的粗动和微动调节装置。粗动调节是由粗动手轮带动螺杆来实现的;微动时,由螺母 1 和螺母 2 的螺距差来实现。

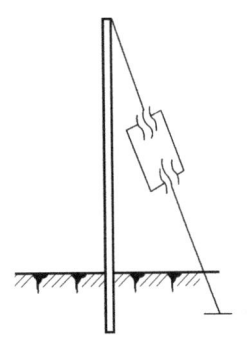

图 11-9 电线杆张紧器

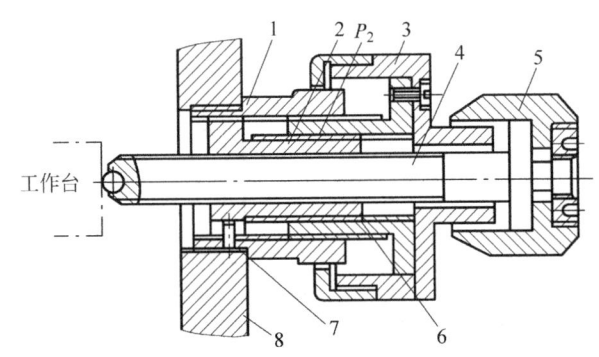

1,2,6—螺母；3—微动手轮；4—螺杆；
5—粗动手轮；7—防转销；8—支架

图 11-10 螺旋式调节装置

11.3 间歇运动机构

在机器工作时，常常需要某些机构的主动件做连续运动，而从动件则产生周期性的时动时停的间歇运动。例如牛头刨床的进给机构，自动机床的进给、送料和刀架转位机构，印刷机的进纸机构，包装机的送进机构等。这种当主动件做连续运动时，从动件跟随做周期性的间歇运动的装置称为间歇运动机构。

间歇运动机构类型很多，本节介绍棘轮机构、槽轮机构和不完全齿轮机构。

一、棘轮机构

1. 棘轮机构的工作原理及类型

典型的棘轮机构如图 11-11 所示，该机构由棘轮 3、棘爪 2、摇杆 1 和止动爪 4 等组成。弹簧 5 使止动爪 4 和棘轮 3 始终保持接触。当摇杆逆时针摆动时，棘爪便插入棘轮的齿间，推动棘轮转过一定角度。当摇杆顺时针摆动时，止动爪阻止棘轮顺时针转动，同时棘爪在棘轮的齿面上滑过，故棘轮静止不动。这样，当摇杆连续往复摆动时，棘轮便得到单向的间歇运动。

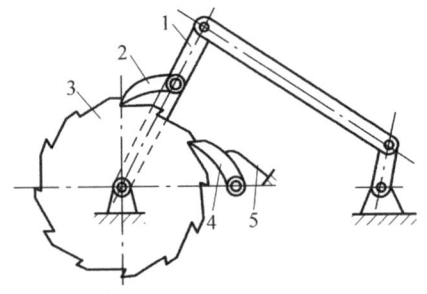

1—摇杆；2—棘爪；3—棘轮；4—止动爪；5—弹簧

图 11-11 棘轮机构

棘轮机构的类型按传递力的方式，可分为棘齿式和摩擦式两大类。棘齿式棘轮机构的棘轮如图 11-12 所示，其外缘(见图 11-12(a))、内缘(见图 11-12(b))或端面(见图 11-12(c))

上有棘齿。这种机构又可分为下列三种形式：

① 单动式棘轮机构，如图 11-11 所示，其特点是摇杆往复摆动一次，棘轮转过某一角度。

② 双动式棘轮机构，如图 11-13 所示，其特点是摇杆往复摆动时都能使棘轮按单一方向转动。

③ 可变向棘轮机构，如图 11-14 所示，这种棘轮机构在实线时，主动杆 OA 与棘爪 AB 将使棘轮沿逆时针方向做间歇运动；当棘爪 AB 翻转到虚线位置 AB′ 时，主动杆 OA 与棘爪 AB 将使棘轮沿顺时针方向做间歇运动。

  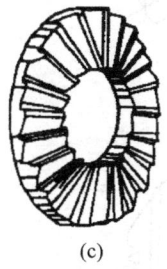 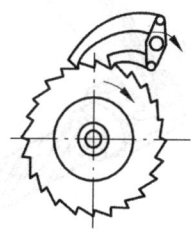

(a) (b) (c)

图 11-12　棘齿式棘轮机构的棘轮　　　　　图 11-13　双动式棘轮机构

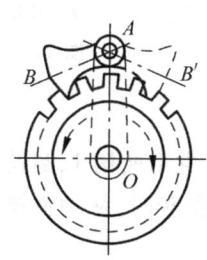 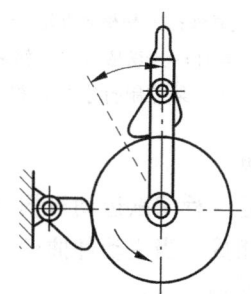

图 11-14　可变向棘轮机构　　　　　图 11-15　摩擦式棘轮机构

图 11-15 所示为摩擦式棘轮机构，通过棘爪压在棘轮上产生的摩擦力来推动棘轮转动。止退棘爪是为了防止棘轮倒转。这种机构在传动时没有噪声，而且可以是无级地改变棘轮转角的大小，但接触面容易发生滑动，为了增加摩擦力，常将棘轮制成槽形，棘爪嵌在棘轮槽内。

2. 棘轮机构的特点及应用

棘轮机构结构简单，制造方便，运转可靠，转角大小调节方便；但是棘爪和棘轮开始接触的瞬间会发生冲击，传动平稳性较差。因此，棘轮机构常用于低速、轻载、转角小或转角大小需要调节的场合，如机器的进给、送料机构中和起重设备的停止器中。

图 11-16 所示为某控制打字机输格装置。当打完一个字符后使字车完成一个输格动作。输格功能的实现是由输格电磁铁 1 的通电动作，使输格离合器 2 转动一定角度，带动输格爪 5 动作，拉动棘轮 6 和丝杆 4 一起转动，使安装在字车上的滑块 3 与字车一起沿丝杆移动一个字的距离，为打下一个字符做好准备。

图 11-17 所示为防止机构逆转的停止器。起重设备中常应用这种机构，当转动的鼓轮 3 带动工件 5 上升到所需高度位置时，鼓轮 3 就停止转动。为了防止鼓轮 3 的逆转，使用棘

爪 2 依靠弹簧 1 而嵌入棘轮 4 的轮齿间，这样就可以防止鼓轮在任意位置停留时产生的逆转，保证起重设备工作安全可靠。

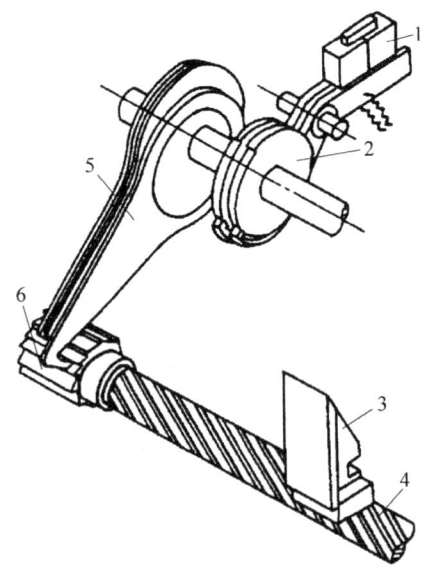

1—输格电磁铁；2—输格离合器；3—滑决；
4—丝杆；5—输格爪；6—棘轮
图 11-16 某控制打字机输格装置

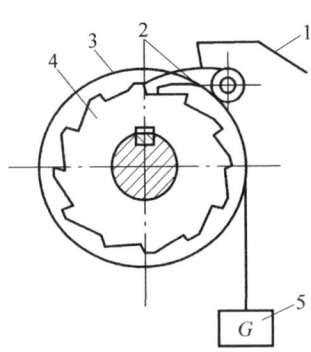

1—弹簧；2—棘爪；3—鼓轮；
4—棘轮；5—工件
图 11-17 停止器

二、槽轮机构

槽轮机构也是一种间歇运动机构，如图 11-18 所示。它由曲柄 1、圆销 2、具有径向槽的槽轮 3 及机架等组成。当主动件曲柄 1 以等角速度连续回转时，从动件槽轮将做时而转动时而静止的间歇运动。

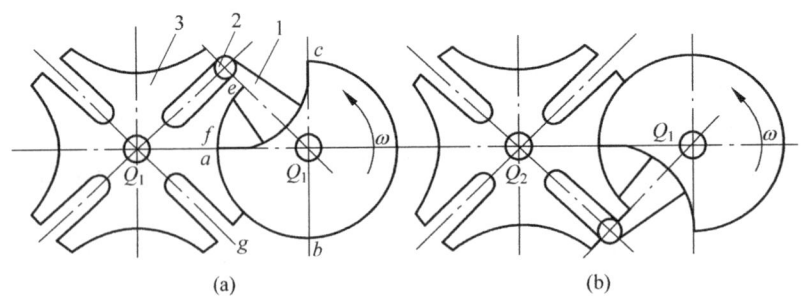

1—曲柄；2—圆销；3—槽轮
图 11-18 单圆销外啮合槽轮机构

1. 槽轮机构的组成和工作原理

当曲柄 1 上的圆销 2 还未进入槽轮 3 的径向槽内时，槽轮的内凹圆弧 efg（即槽轮锁止凹弧）被转动的曲柄的外凸圆弧 abc（即曲柄锁止凸弧）卡住，因此槽轮是静止不转的；当圆销开始刚要进入槽轮的径向槽内时，则锁止弧正处在图 11-18(a) 所示的位置。此时已不起锁紧作用，所以圆销 2 就可带动槽轮 3 转动，使槽轮转过一个角度。当圆销从槽轮的径向槽内离开时,如图 11-18(b)所示,则槽轮的另一锁止凹弧又被曲柄的锁止凸弧"卡住"而不能转动,直到圆销再开始进入下一个径向槽,然后重复上述循环。这样就可以将曲柄的连续转动变换为槽轮的间歇运动。

2. 槽轮机构的特点及应用

槽轮机构结构简单,制造方便,工作可靠,机械效率高,能平稳地实现间歇运动。因此,它广泛地应用于自动化机械中。

图 11-19 所示为在电影放映机中用于实现电影胶片间歇运动的槽轮机构。为了适应人们的视觉暂留现象,要求电影胶片做间歇运动。当圆销拨动槽轮转动时,胶片移动一段距离,当销子退出槽轮时,胶片静止不动,以使影片的画面有一段停留时间。

图 11-20 所示为用于六角车床刀架转位的槽轮机构。为了满足零件加工工艺的要求,能自动地更换需要的刀具,故采用槽轮机构。与槽轮固联在一起的刀架上装有六种刀具,当圆销进、出槽轮一次,就推动槽轮转动 60°,从而将下一工序所用的刀具转换到工作位置。

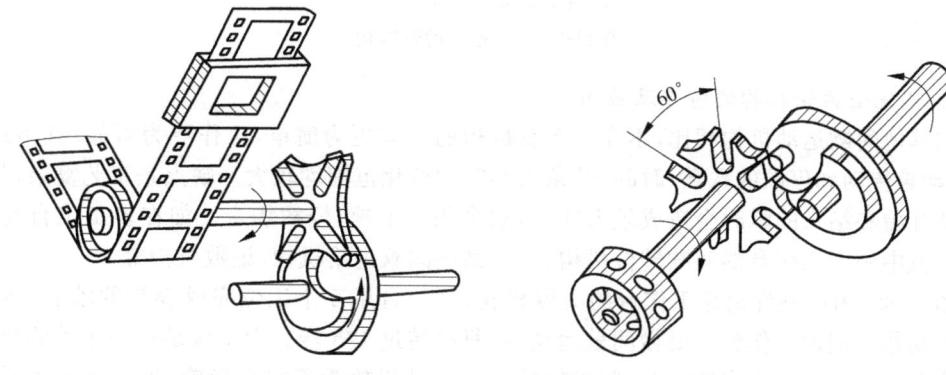

图 11-19　电影放映机的槽轮机构　　　　图 11-20　刀架转位的槽轮机构

图 11-21 所示为双圆销槽轮机构,在工作中曲柄旋转一周,则双圆销即可使槽轮间歇地转动两次。

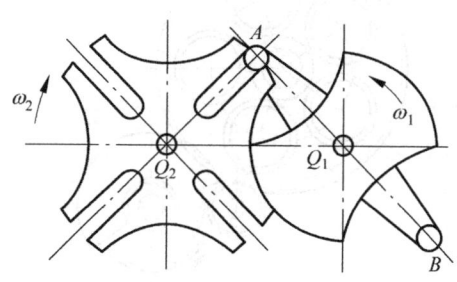

图 11-21　双圆销槽轮机构

三、不完全齿轮机构

1. 不完全齿轮机构的工作原理

不完全齿轮机构是由渐开线齿轮机构演变而来的一种间歇运动机构。如图 11-22 所示,在一对齿轮传动中的主动齿轮 1 上只保留一个或几个轮齿,根据其运动与停歇时间要求,在从动齿轮 2 上制作出与主动齿轮相啮合的齿间。这样,当主动齿轮匀速转动时,从动齿轮就只做间歇转动。图 11-22(a)中主动齿轮转 1 周,从动齿轮转 1/8 周;图 11-22(b)中主动齿轮转 1 周,从动齿轮转 1/4 周。为防止从动齿轮反过来带动主动齿轮转动,与槽轮机构一样,应设锁止弧。

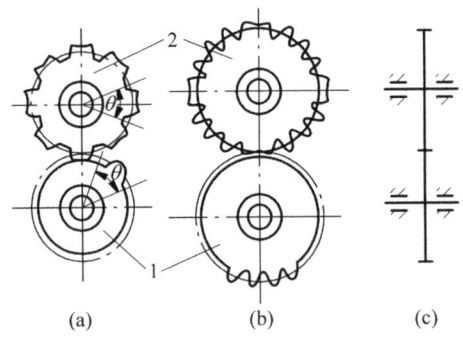

1—主动齿轮;2—从动齿轮

图 11-22 不完全齿轮机构

2. 不完全齿轮机构的特点及应用

与其他间歇运动机构相比,不完全齿轮机构的结构更为简单,工作更为可靠,且传递力大,从动轮传动和停歇的次数、时间、转角大小等的变化范围均较大。缺点是工艺复杂,从动轮运动开始和结束的瞬时会造成较大冲击,故多用于低速、轻载场合。如在多工位自动、半自动机械中用于工作台的间歇转位机构,以及某些间歇进给机构、记数机构等。

图 11-23 为压制蜂窝煤工作台的间歇机构,工作台用 5 个工位完成煤粉的填装、压制、退煤等动作。因此工作台需要做间歇运动,即每次转过 1/5 转。为了满足这一运动的要求,在工作台上装有一个大齿圈,用中间齿轮传动。主动齿轮为不完全齿轮,当连续转动时,它中间齿轮组成间歇齿轮机构,可使工作台得到预期的间歇运动。

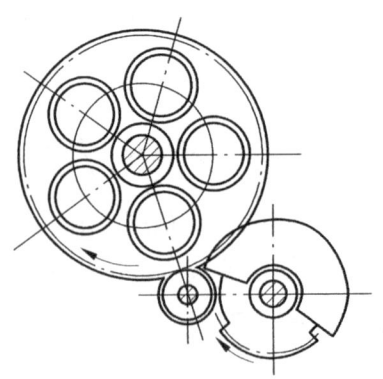

图 11-23 压制蜂窝煤工作台的间歇机构

11.4 其他新型传动机构

一、滚动螺旋传动

1. 滚珠丝杠的工作原理及分类

图 11-24 是滚动螺旋传动结构图。在螺杆和螺母之间设有封闭循环的滚道,在滚道内

填充钢珠,使螺旋副的滑动摩擦变为滚动摩擦,当螺杆相对于螺母旋转时,两者发生轴向位移,滚珠可沿着滚道既自转又循环滚动。这种螺旋传动称为滚动螺旋传动,又称滚珠丝杆副。它是一种回转运动与直线运动相互转换的新型理想传动。图 11-25 为滚珠丝杠的示例图。

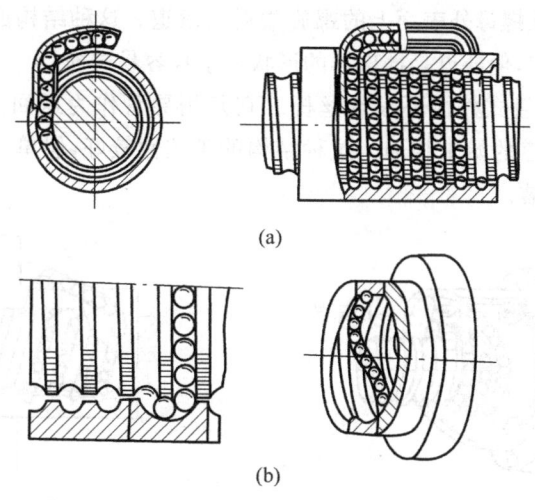

图 11-24 滚动螺旋传动结构图

(1) 滚珠丝杠按用途分类

① 定位滚珠丝杠　通过旋转角度和导程控制轴向位移量,称为 P 类滚珠丝杠。

② 传动滚珠丝杠　用于传递动力的滚珠丝杠,称为 T 类滚珠丝杠。

(2) 滚珠丝杠按滚珠的循环方式分类

① 内循环滚珠丝杠。

如图 11-26 所示,滚珠在循环回路中始终和螺杆接触,螺母上开有侧孔,孔内装有反向器将相邻两螺纹滚道联通,滚珠越过螺纹顶部进入相邻滚道,形成一个循环回路。一个螺母常装配 2~4 个反向器。当螺母上有两个封闭循环滚道时,两个反向器在圆周上相隔 180°;当螺母上有三个封闭循环滚道时,三个反向器在圆周上两两相隔 120°。内循环滚珠丝杠的每一封闭循环滚道只有一圈滚珠,滚珠的数量较少,因此流动性好、摩擦损失小、传动效率高、径向尺寸小。

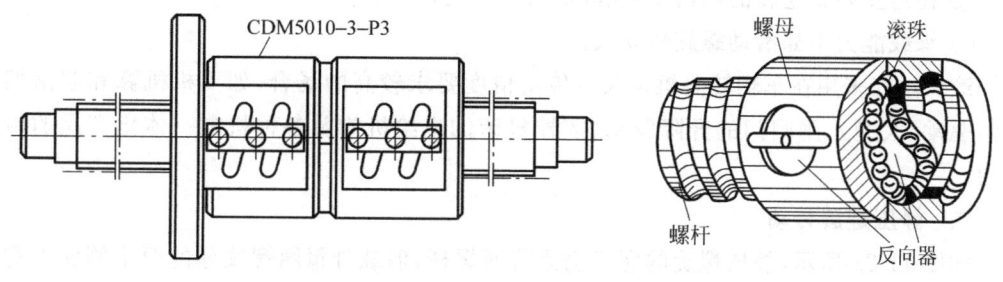

图 11-25　滚珠丝杠的示例图　　　图 11-26　内循环滚珠丝杠

② 外循环滚珠丝杠。

滚珠在循环回路中脱离螺杆的滚道,在螺旋滚道外进行循环。常见的外循环形式有螺旋槽式和插管式两种。图 11-27 所示为螺旋槽式外循环滚珠丝杠。这是在螺母的外表面上铣出一个供滚珠返回的螺旋槽,其两端钻有圆孔,与螺母上的内滚道相通。在螺母的滚道上装有挡珠器,引导滚珠从螺母外表面上的螺旋槽返回滚道。这种结构的加工工艺性比内循环滚珠丝杠好,故应用较广,但缺点是挡珠器的形状复杂且容易磨损。

图 11-28 所示为插管式外循环滚珠丝杠。它是用导管作为返回滚道,导管的端部插入螺母的孔中,与工作滚道的始末相通。这种结构的工艺性较好,但单返回滚道凸出于螺母外面,不便在设备内部安装。

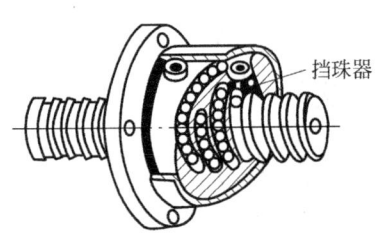
图 11-27　螺旋槽式外循环滚珠丝杠

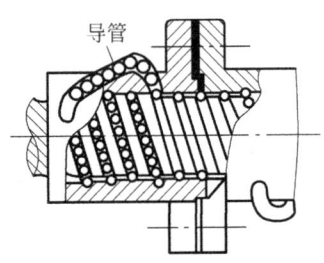
图 11-28　插管式外循环滚珠丝杠

2. 滚珠丝杠的特点

与滑动螺旋传动相比较,滚珠丝杠的主要优点如下:

① 传动效率高。滚动摩擦系数小,其效率可达 90% 以上,摩擦系数 $f=0.002\sim0.005$。

② 运动平稳无爬行。摩擦系数与速度的关系不大,故启动扭矩接近运转扭矩,工作较平稳。

③ 磨损小且寿命长。其寿命一般比滑动螺旋传动高 5~6 倍。

④ 运动精度高。可用调整装置调整间隙,传动精度与刚度均得到提高。

⑤ 不具有自锁性。可将直线运动转变为回转运动。

滚珠丝杠的缺点如下:

① 结构复杂,制造成本高。

② 在需要防止逆转的机构中,须添加自锁机构。

③ 承载能力不如滑动螺旋传动大。

滚珠丝杠多用在车辆转向机构及对传动精度要求较高的场合,如飞机机翼和起落架的控制驱动、大型水闸闸门的升降驱动、数控机床的进给机构及各种机电一体化产品的传动机构。

二、静压螺旋传动

如图 11-29 所示,静压螺旋的螺杆仍为普通螺杆,但螺母每圈螺纹牙的两个侧面上都开 3~4 个油腔。通过一套附加的供油系统给油腔供油,靠压力油的油压来承受载荷,从而使得静压螺旋传动机构在工作时,将螺旋副之间的摩擦转化为液体摩擦。

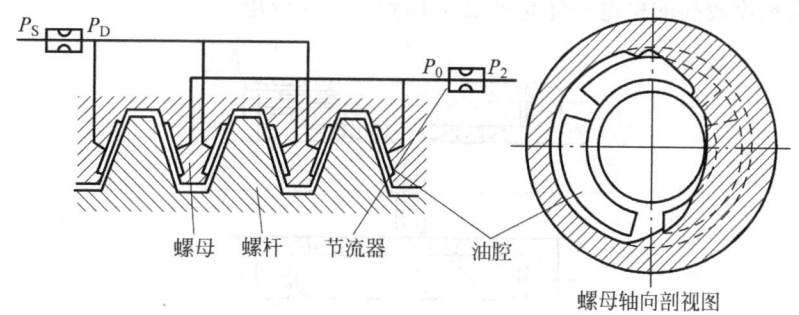

图 11-29 静压螺旋传动

三、滚珠花键传动

如图 11-30 所示,滚珠花键传动装置由花键、花键套、循环装置及滚珠组成。在花键轴的外圆上,配置有等分的 3 条凸起轨道,分别放置 12 条滚珠列,其中 6 条用于负载,6 条用于滚珠循环退出。当花键套沿花键轴运动时,滚珠在滚道和保持的通道内循环,并可自动定心。花键套与花键轴间通过滚珠还可以传递一定的转矩。通过选配滚珠的直径使滚珠花键副内产生过盈,即预加载荷,以提高接触刚度、运动精度和抗冲击能力。花键套有键槽以备连接其他传动件;保持架使滚珠互不摩擦,且拆卸使时不会脱落;用橡胶圈密封防尘,以提高使用寿命;通过油孔润滑可减少各件之间的摩擦。

目前,滑珠花键广泛地用作镗床、钻床组合机床等机床的主轴部件,各类测量仪器、自动绘图仪的精密导向机构,压力机、自动搬运机等机械的导向轴,各类变速装置及刀架的精密分度轴及各类工业机器人的执行机构等。

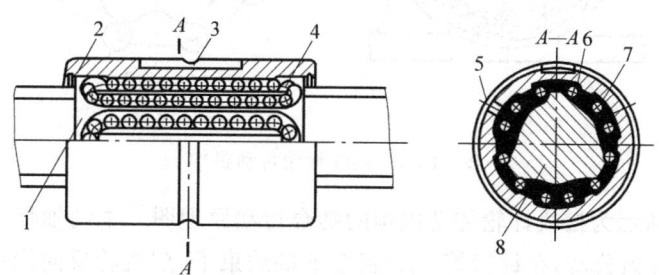

1—保持架;2—橡胶密封圈;3—键槽;4—外筒;5—油孔;6—负荷滚珠列;7—退出滚珠列;8—花键轴

图 11-30 滚珠花键传动

四、锥环无键联轴传动

图 11-31 所示为锥环(锥形夹紧环)无键联轴器。该机构利用锥环之间摩擦实现轴与毂之间的无间隙连接以传动转矩,且可任意调节两连接件之间的角度位置。通过选择所用锥环的对数,可传递不同大小的转矩,使动力传递没有反向间隙。螺栓通过压圈施加轴向力时,由于锥环之间的锲紧作用,内外环分别产生径向弹性变形消除轴与套筒之间的配合间隙,并产生接触压力,通过摩擦传递转矩,而且套筒与轴之间的角度位置可以任意调节。这种传动定心性好、承载能力强、传递功率大、转速高、使用寿命长,具有过载保护能力,能在受振动和冲击载荷等恶劣条件下连续工作,安装、使用和维护方便,作用于系统中的载荷小、噪

声低,在传动精度较高的机电一体化产品中得到了广泛应用。

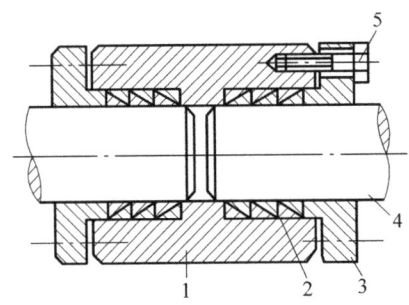

1—套筒;2—内外环;3—压圈;4—轴;5—螺栓

图 11-31 锥环无键联轴器

五、摆线针轮行星传动

图 11-32(a)所示为摆线针轮传动机构。它主要与主动轴固联的偏心套 1、滚动轴 2、齿数为 z_1 并具有摆线齿形的摆线轮 3,与壳体机架固联、数量为 z_2 的针齿销 4 及其上面的针齿套 5,等速传动机构 6 及机架 7 等组成。

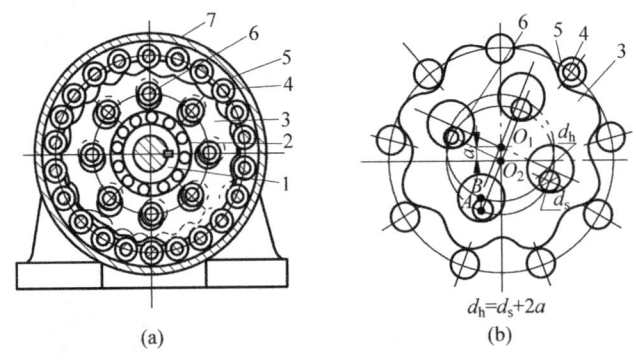

图 11-32 摆线针轮传动机构

图 11-32(b)所示为摆线针轮传动机构的啮合传动原理图。主动轴带动偏心套 1 转动,从而带动摆线轮 3 做公转,在针齿销 4、针齿套 5 的约束下,摆线轮反向做自转运动,因此摆线轮 3 可看作行星轮。针齿销 4、针齿套 5 及壳体机架可看作中心轮,称为针轮。偏心轮 1 可看作转臂 H。摆线轮 3 上的 4 个销孔与等速传动机构 6 上的 4 个销轴啮合,从而使摆线轮 3 的低速自转运动经由 4 个销轴的等速传动机构 6 输出。

可以证明,摆线针轮行星传动能保证传动比恒定不变,针齿销数(针轮齿数)与摆线轮齿数的齿数差 (z_2-z_1) 只能为 1,所以其传动比为

$$i_{13}=\frac{\omega_1}{\omega_2}=\frac{z_1}{z_1-z_2}=-z_1 \qquad (11-4)$$

摆线针轮行星传动的传动特点是传动比范围较大,单级传动的传动比为 9～87,两级传动的传动比可达 121～7569。由于同时参加啮合的齿数多(理论上一半的齿参加传递载荷),故承载能力较强,传动平稳。又由于针齿销可加套筒,使摆线轮之间的摩擦为滚动摩

擦,故轮齿磨损小、使用寿命长、传动效率较高。摆线针轮行星传动在国防、冶金、矿山等部门得到广泛的应用。

六、谐波齿轮传动

谐波齿轮传动由美国的 C. W. Wusser 发明,其工作原理不同于普通齿轮传动。它是通过波发生器所产生的连续移动变形波使柔性齿轮产生弹性变形,从而产生齿间相对位移而达到传动的目的。

如图 11-33 所示,谐波齿轮传动由三个基本构件组成,即具有内齿的刚轮(相当于中心轮)、可产生弹性变形的柔轮(它相当于行星轮)及波发生器 H(其长度大于柔轮内孔直径,相当于行星架)。当波发生器装入柔轮内孔后,将使柔轮产生径向变形而成椭圆状。椭圆长轴两段的柔轮外齿与刚轮内齿啮合,短轴两端则与钢轮处于脱开状态,其他各点处于啮合与脱开的过渡阶段。一般钢轮固定不动,当波发生器回转时,柔轮产生的径向变形方向也不断变化,使柔轮与钢轮的啮合区跟着转动。由于柔轮比刚轮少 (z_1-z_2) 个齿,故柔轮相对刚轮沿相反方向转动 (z_1-z_2) 个齿的角度,即反转 $(z_1-z_2)/z_2$ 周,所以其传动比 i_{H2} 为

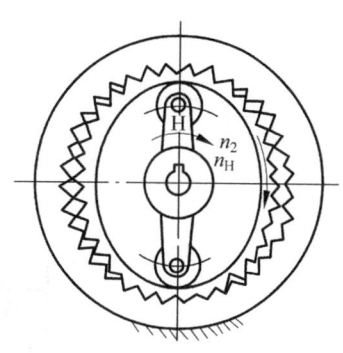

图 11-33 谐波齿轮传动

$$i_{H2} = \frac{\omega_H}{\omega_2} = -\frac{1}{(z_1-z_2)/z_2} = -\frac{z_2}{z_1-z_2} \tag{11-5}$$

工作时柔轮的径向变形形成一种沿圆周方向周期性前进的变形波。如果采用直角坐标系把波形沿圆周方向展开,则它近似或恰好是一条正弦曲线,故称这种传动为谐波传动。

谐波齿轮传动与摆线针轮传动都属于行星齿轮传动的范畴,两者所不同的是,谐波齿轮传动借助于波发生器使柔轮产生可控的弹性变形而实现柔轮与刚轮的啮合及运动传递,取代了摆线针轮传动所需的等角速度输出机构,因而大大简化了结构,使传动机构体积小、重量轻、安装方便。同时,谐波齿轮传动同时啮合的齿数较多,且柔轮采用了高疲劳强度的特殊钢材,因而传动平稳、承载能力强。此外,其摩擦损失也较小,故传动效率高。

谐波齿轮传动可获得较大的传动比,单级传动比可达 70～320。但其缺点是使用寿命会受柔轮疲劳损伤的影响。目前,谐波齿轮传动已广泛用于能源、造船、航天等部门。

习题

11-1 凸轮机构由哪几个基本构件组成?举出实际生产中应用凸轮机构的几个实例,通过实例说明凸轮机构的特点。

11-2 螺旋机构由哪些基本运动形式?各自的特点及应用如何?

11-3 图题 11-3 图所示为一偏心圆凸轮机构,O 为偏心圆的几何中心。偏心距 $e=15\text{mm}, d=60\text{mm}$。试在图中标出:①该凸轮的基圆半径、从动件的最大位移值 h 和推程运动角 δ_0;②凸轮转过 90° 时从动件的位移值 s。

11-4 如题 11-4 图所示螺旋机构,已知左旋双线螺杆的螺距为 3mm,问当螺杆按图示方向转动 180° 时,螺母移动了多少距离?向什么方向移动?

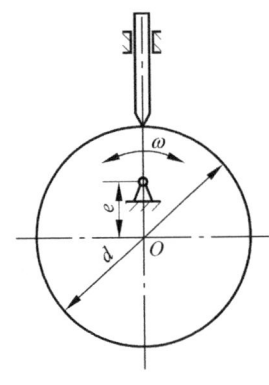

题 11-3 图

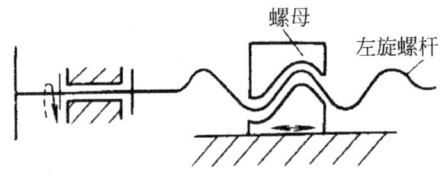

题 11-4 图

11-5 题 11-4 图所示为一微调螺旋机构,通过调整螺杆的转动可使被调螺母左右微移。设螺旋副 A 为右旋,导程为 1mm,要求调整螺杆按图示方向转动一周,螺母左移 0.2mm,螺旋副 B 的旋向和导程应如何设计?

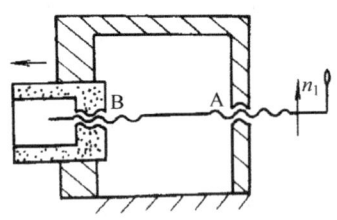

题 11-5 图

11-6 什么叫间歇运动机构?常用的间歇运动机构有哪些?各有何运动特点?

11-7 试述滚珠丝杠的工作原理及滚珠循环方式。

11-8 滚珠丝杠有哪些特点?应用情况如何?

11-9 试述滚珠花键传动、锥环无键联轴传动的工作原理及应用特点。

11-10 摆线针轮传动机构中,针轮与摆轮的齿数差为多少?

11-11 试述谐波齿轮传动的工作原理。该传动中刚轮与柔轮的齿数差如何确定?

单元 12　机 械 创 新

学习目标

(1) 了解机械创新设计的思维与基本技法。
(2) 理解机构组合的原理及特点、创新设计的规律与过程。
(3) 了解机构的演化特点与规律,培养机械创新理念并能在机械设计专利方面有所突破。
(4) 通过专利案例的学习培养学生的创新思维能力。

12.1　机械创新设计概述

设计是人类社会最基本的一种生产活动,它是创造精神财富和物质财富的重要环节。创新设计是技术创新的重要内容。工程设计是建立技术系统的第一道工序,它对产品的技术水平和经济效益起决定性的作用。据统计,产品成本的 75%~80% 是由设计阶段确定的。

设计的本质是革新和创造。强调创新设计是要求在设计中更充分发挥设计者的创造力,利用最新科技成果,在现代设计理论和方法的指导下,设计出更具有竞争力的新颖产品。

一、机械创新设计的概念

机械创新设计是指充分发挥设计者的创造力和智慧,利用人类已有的相关科学理论、方法和原理,进行新的构思,设计出新颖、有创造性及实用性的机构或机械产品(装置)的一种实践活动。它包含两个部分:一是改进、完善生产或生活中现有机械产品的技术性能、可靠性、经济性、适用性等;二是设计制造出新机器、新产品,以满足新的生产或生活的需要。由于机械创新设计过程凝结了人们的创造性智慧,因而机械创新设计的产品无疑是科学技术与艺术结晶的产物,具有美学性,反映出和谐统一的技术美。

1. 机械创新设计与常规机械设计的关系

机械的类型、用途、性能和结构的特点虽然千差万别,但它们的设计过程却大多遵循着同样的规律。概括起来,常规机械设计过程一般可分为四个阶段,即机械总体方案设计、机械的运动设计、机械的动力设计、机械的结构设计。常规设计一般是在给定机械结构或只对某些结构做微小改动的情况下进行的,其主要内容是进行尺度设计、动力设计和结构设计。

机械创新设计是相对常规设计而言的,它特别强调人在设计过程中,特别是在总体方案设计阶段中的主导性及创造性作用。机械创新设计有高低层次之分,这可用创新度来衡量。创新度可用来衡量一个设计项目创新含量的深度和广度。创新度大,创新层次高;反之,创新层次低。例如,工厂中的非标准件设计虽属常规设计范畴,却已含有较多的创造性设计成分。

2. 机械创新设计与机械创造发明的关系

机械创造发明大多属于机械结构方案的创新设计。关于机械创造发明过程及方法的相关专著已问世,但大多是宏观论述,缺少具体的可操作性。学生学习之后,在机械创新设计的原理、方法及实现等方面仍缺少实用的知识。机械创新设计要完成的一个核心内容,就是要探索机械产品创新发明的机理、模式及方法,要具体描述机械产品创新设计过程,并将它程式化、定量化,乃至符号化、算法化。

二、机械创新设计的特点

1. 独创性

机械创新设计必须具有独创性和新颖性。设计者应追求与前人、众人不同的方案,打破一般思维的常规惯例,提出新功能、新原理、新机构、新材料,在求异和突破中体现创新。

2. 实用性

机械创新设计必须具有实用性。纸上谈兵无法体现真正的创新。发明创造成果只是一种潜在的财富,只有将它们转化为现实生产力或市场商品,才能真正为经济发展和社会进步服务。设计的实用化主要表现为市场的适应性和可生产性两个方面。

3. 多方案选优

机械创新设计涉及多个学科,如机械、液压、电力、气动、热力、电子、光电、电磁及控制等学科的交叉、渗透与融合。应尽可能从多方面、多角度、多层次寻求多种解决问题的途径,在多方案比较中求新、求异、选优。以发散性思维探求多种方案,再通过收敛评价取得最佳方案,这是创新设计方案的特点。

三、机械创新设计中的创新思维

机械创新设计是人类创造活动的具体领域,需要设计者对创新思维的特点、本质、形成过程有所掌握,认识创新思维与其他类型思维、创新原理、创新技法的关系等。机械创新设计不是简单的模仿或技术改造,而应具有突破性、新颖性、创造性、实用性及带来的社会效益性。

创新思维是一种高层次的思维活动,它是建立在常规思维基础上的人脑机能在外界信息激励下,自觉综合主观和客观信息后产生新的客观实体(如工程领域中的新成果,自然规律或科学理论的新发现等)的思维活动和过程。创新思维的主要特点有:综合性、跳跃性、新颖性、潜意识的自觉性、顿悟性、流畅灵活性等。

人类现代文明的一切成果,无不是人的创新思维的结果。创新思维是人们从事创造发明的源泉,是创造原理和创新技法的基础。例如,逆反创造原理源于有序思维、综合创造原理源于发散-收敛思维、迂回创造原理源于创新思维的形成过程原理等。了解和掌握创新思维的基本知识有助于创新思维的培养,有利于学习、掌握创造原理和创新技法,有利于人们从事各种创新活动。

创新思维的形成过程大致可分为三个阶段。

1. 储存准备阶段

这一阶段就是明确要解决的问题,围绕问题收集信息,并试图使之概括化和系统化,使问题和信息在脑细胞及神经网络中留下印记。大脑的信息存储和积累是诱发创新思维的先决条件,存储越多,诱发越多。任何一项创造发明都需要一个准备过程,只是时间长短不一而已。

2. 悬想加工阶段

在围绕问题进行积极思索时,大脑会不断地对神经网络中的递质、突触、受体进行能量积累,为产生新的信息而运作。这一阶段人脑能总体上根据各种感觉、知觉、表象提供的信息,认识事物的本质,使大脑神经网络的综合、创造力有超前的力量和自觉性。在准备之后,一种研究的进行或一个问题的解决,难以一蹴而就,往往需经过探索尝试。故这一阶段也常常叫作探索解决问题的潜伏期、孕育阶段。

3. 顿悟阶段

人脑有意无意地突然出现某些新的形象、新的思想,使一些长久未能解决的问题在突然之间得以解决。进入这一阶段,问题的解决一下子变得豁然开朗。创造主体突然间被特定情景下的某一特定启发唤醒,创新意识猛然被发现,以前的困扰顿时一一化解,问题顺利解决。这一阶段是创新思维的重要阶段,被称为"直觉的跃进""思想上的光芒"。这一阶段客观上是由于重要信息的启示、艰苦不懈的思索,主观上是由于孕育阶段研究者未全身心地进行思考,从而使无意识思维处于积极活动状态,不像专注思索时思维按照特定方向运行。这时思维范围扩大,多种信息相互联系并相互影响,从而为问题的解决提供了良好的条件。

四、常用创新技法

创新技法是以创新思维为基础,通过分析大量实例总结出的关于创造发明的技巧和方法。由于创新设计的思维过程复杂,有时发明者本人也说不清楚是用哪种方法获得成功的,但通过不断地实践和对理论的总结,大致可得出以下几种方法。

1. 智力激励法(集思广益法)

智力激励法是一种典型的群体集智法。它是通过召开智力激励会、书面集智或函询集智来实施。

2. 提问追溯法

提问追溯法在思维方面具有逻辑推理的特点。它是通过对问题进行分析,加以推理以扩展思路,或把复杂问题进行分解,找出各种影响因素,再进行分析推理,从而寻求问题解答的一种创新技法。

3. 联想类推法

联想类推法是通过启发、类比、联想、综合等方法创造出新的想法以解决问题,主要有相似联想法、抽象类比法、借用法、仿生法等。

4. 组合创新法

组合创新法就是利用事物间的内在联系,用已有的知识和成果进行新的组合而产生新的方案。组合创新法主要可分为以下两种方法:

① 组合法 把现有的技术或产品通过功能、原理、模块等方法的组合变化,形成新的技术思想或新的产品。

② 综摄怯 将已知的事物作为媒介,把毫无关联的、不相同的知识要素结合起来,摄取各种产品的长处将其综合在一起,制造出新产品的一种新的创新技法。它具有综合摄取的

组合特点。例如,日本南极探险队在输油管不够的情况下,因地制宜,用铁管作为模子,绑上绷带,层层淋水使之结成一定厚度的冰,制作成冰管,作为输油管的代用品,这就是综摄法的应用。

12.2 平面四杆机构尺寸的确定

平面四杆机构的结构尺寸,主要是根据给定的条件,通过解析法、几何法或试验法来确定的。几何法和试验法比较直观、简明;解析法比较精确,但计算复杂。若用计算机辅助设计,则既精确,又迅速,是设计方法的新方向。

一、按给定的连杆位置确定四杆机构

1. 给定连杆的两个位置

例 12-1 已知连杆 BC 的长度 l_{BC},连杆的两个给定位置 B_1C_1、B_2C_2,如图 12-1 所示,试确定该四杆机构的结构尺寸。

解: 按已知条件 l_{BC}、位置 B_1C_1、B_2C_2 作出机构示意图,如图 12-1(a)所示,只要确定固定铰链中心 A 和 D,便可定出各构件长度。显然,由于连杆上 B 和 C 两点的轨迹分别在以 A 和 D 两点为圆心的圆周上,所以 A 和 D 两点必然分别位于 B_1B_2 和 C_1C_2 的中垂线 b_{12} 和 c_{12} 上。

根据以上分析,得出下列作图步骤(见图 12-1(b)):

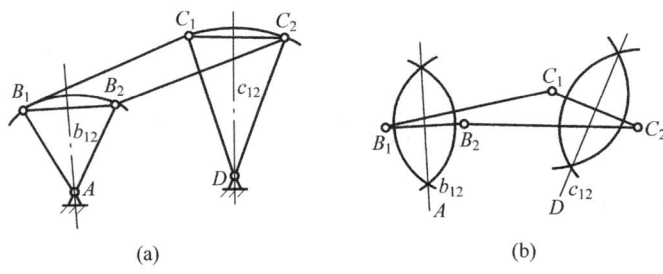

图 12-1 给定连杆的两个位置

① 选取比例尺,按给定位置画出 B_1C_1 和 B_2C_2;
② 连接 B_1B_2 和 C_1C_2,作 B_1B_2 和 C_1C_2 的中垂线 b_{12} 和 c_{12};
③ 在 b_{12} 上任取一点 A,在 c_{12} 上任取一点 D,连接 AB_1、B_1C_1、C_1D,则 AB_1C_1D 即为所求四杆机构。各构件长度在图中量取后按比例确定。

由于 A 和 D 两点可在 b_{12} 和 c_{12} 上任意选取,故可有无穷多个解,必须给定辅助条件(如构件尺寸范围等),才能确定 A 和 D 的具体位置。

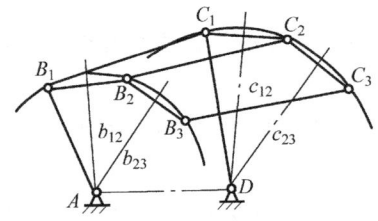

图 12-2 给定连杆的三个位置

2. 给定连杆的三个位置

如图 12-2 所示给定连杆三个位置 B_1C_1、B_2C_2、B_3C_3 及连杆长度 l_{BC},确定四杆机构的方法与给定连杆两个位置相同,只是固定铰链 A 是 B_1B_2 的中垂线 b_{12} 和 B_2B_3 的中垂线 b_{23} 的交点;固定铰链 D 是 C_1C_2 的中垂线 c_{12} 和 C_2C_3 的中垂线 c_{23} 的交点,结果是唯一的。

二、按给定的行程速比系数 K 确定四杆机构

给定行程速比系数 K,就给定了四杆机构急回的运动条件。在此条件下,先按 K 求出极位夹角 θ,再按极限位置的几何关系,结合给定的辅助条件,即可定出机构的尺寸。

以曲柄摇杆机构为例说明如下。

已知条件:摇杆长度 l_{CD} 及其摆角 ψ 和行程速比系数 K。

分析:按已知条件,试作该机构运动示意图,如图 12-3(a)所示。由图可知,关键在于确定铰链中心 A 的位置。因为当 A 点确定后,便可求得 $l_{AB}=\dfrac{l_{AC_2}-l_{AC_1}}{2}$,$l_{BC}=\dfrac{l_{AC_2}+l_{AC_1}}{2}$ 和 l_{AD}。A 点是极位夹角 θ 的顶点。由图 12-3(b)可知,若过 C_1、C_2、A 三点作一辅助圆 L,$\overparen{C_1AC_2}$ 弧上的任意点 P 与 C_1、C_2 点连线的夹角都等于 θ,故 A 点应在 $\overparen{C_1AC_2}$ 弧上。

给定行程速比系数,确定四杆机构尺寸的步骤如下:

① 计算 θ。

$$\theta = 180° \frac{K-1}{K+1}$$

② 作摇杆两极限位置,任选一点 D,按比例及摆角 ψ 画 C_1D 和 C_2D。

③ 作辅助圆 L,连接 C_1C_2,作 $C_1M \perp C_1C_2$,作 $\angle C_1C_2N=90°-\theta$,$C_1M$ 与 C_2N 交于 P 点。以 C_1、C_2、P 作辅助圆 L,由于 $\angle C_1PC_2=\theta$,故弧 $\overparen{C_1PC_2}$ 内任一点都满足极位夹角顶点 A 的要求。

④ 定出各构件长度。在 $\overparen{C_1PC_2}$ 弧上任取一点 A,连接 AD、AC_1、AC_2。各构件的尺寸如下:

$$l_{AB} = \frac{(l_{AC_2}-l_{AC_1})}{2}$$

$$l_{BC} = \frac{(l_{AC_2}+l_{AC_1})}{2}$$

由于 A 点是任选,因此解答不唯一的,需要给出辅助条件,如给出机架长度 l_{CD} 等,才能得出最终结果。

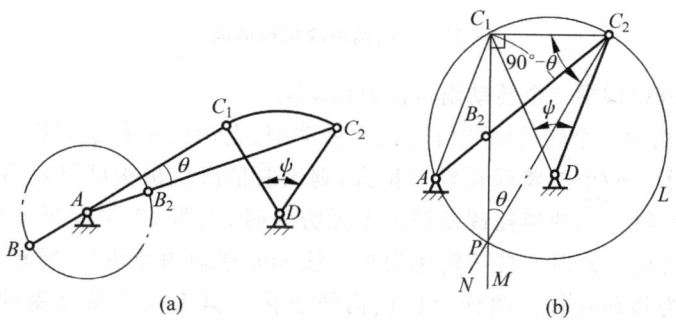

图 12-3 给定行程速比系数

12.3 机构的演化

在实际机械中,平面连杆机构的型式是多种多样的,但其中绝大多数是在铰连四杆机构的基础上发展和演化而成的。一般可通过以下途径演化。

1. 转动副转化成移动副

(1) 铰链四杆机构中一个转动副转化成移动副

如图 12-4(a)所示的曲柄摇杆机构中,摇杆 3 上 C 点的轨迹是以 D 点为圆点、杆 3 的长度 L_3 为半径的圆弧 $\overset{\frown}{mm}$。如将转动副 D 扩大,使其半径等于 L_3,并在机架上按 C 点的近似轨迹 $\overset{\frown}{mm}$ 制作成一弧形槽,摇杆 3 制作成与弧形槽相配的弧形块,如图 12-4(b)所示。此时,虽然转动副 D 的外形改变,但机构的运动特性并没改变。若将弧形槽的半径增至无穷长,则转动副 D 的中心移至无穷远处,弧形槽变为直槽,转动副 D 则转化为移动副,构件 3 由摇杆变成了滑块,于是曲柄摇杆机构就演化为曲柄滑块机构,如图 12-4(c)所示。此时移动方位线 mm 不通过曲柄回转中心,故称为偏置曲柄滑块机构。曲柄转动中心至其移动方位线 mm 的垂直距离称为偏距 e,当移动方位线 mm 通过曲柄转动中心 A 时(即 $e=0$),则称为对心曲柄滑块机构,如图 12-4(d)所示。

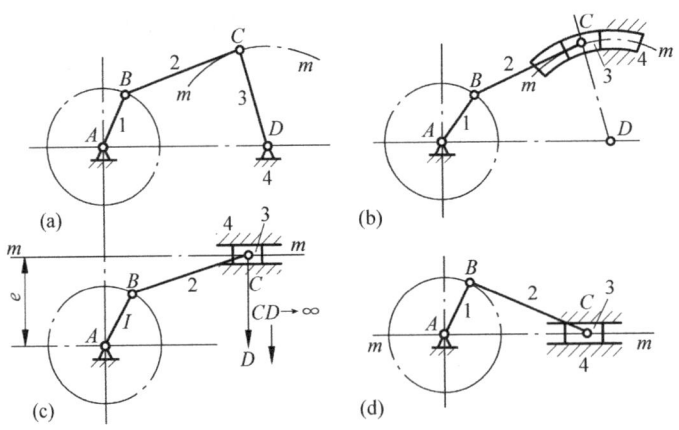

图 12-4 曲柄滑块机构的演化

(2) 铰链四杆机构中二个转动副转化为移动副

铰链四杆机构中一个转动副如何转化为移动副,上面已进行了研究。同理,在图 12-5(a)所示的曲柄滑块机构中,将转动副 C 扩大,则该曲柄滑块机构可等效为图 12-5(b)所示的机构。若将圆弧槽 $\overset{\frown}{mm}$ 的半径逐渐增加至无穷大时,则图 12-5(b)所示机构就演化为图 12-5(c)所示的机构。此时连杆 2 转化为沿直线 mm 移动的滑块 2;转动副 C 则变为移动副,滑块 3 转化为移动导杆。曲柄滑块机构便演化为具有两个移动副的四杆机构,此机构称为曲柄移动导杆机构,是含有两个移动副四杆机构的基本型式之一。

由于此机构当主动曲柄 1 等速回转时,从动导杆 3 的位移为简谐运动,故又称为正弦机构。如图 12-6 所示的缝纫机引线机构即为其应用实例。

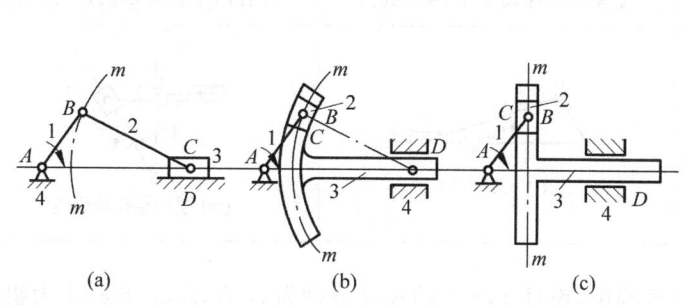

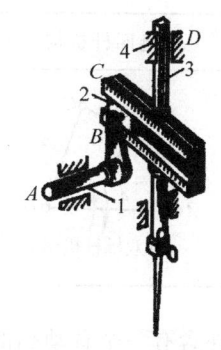

图 12-5 曲柄移动导杆机构的演化　　　图 12-6 正弦机构的应用

2. 取不同构件为机架

当以铰链四杆机构中的曲柄摇杆机构、含有一个移动副的曲柄滑块机构及含有两个移动副的四杆机构中的正弦机构为基础时,通过分别选取此三类机构中的不同构件为机架,则可获得相应的各种派生的四杆机构,如表 12-1 所示。在表 12-1 中有阴影线者为选取机架的构件。

表 12-1　四杆机构取不同的构件作为机架的派生型式

铰链四杆机构	含有一个移动副的四杆机构	含有两个移动副的四杆机构
(a) 曲柄摇杆机构	(e) 曲柄(摇杆)滑块机构	(j) 曲柄移动导杆机构
(b) 双曲柄机构	(f) 曲柄转动导杆机构	(k) 双转块机构
(c) 曲柄摇杆机构	(g) 曲柄摇动导杆机构	(l) 双滑块机构
	(h) 曲柄摇块机构	

续表

铰链四杆机构	含有一个移动副的四杆机构	含有两个移动副的四杆机构
(d) 双摇杆机构	(i) 定块机构	(m) 摆动导杆块机构

在含有一个移动副的四杆机构中,设杆 1,2,4 的长度分别为 l_1,l_2,l_4,若杆 1 为机架,当 $l_2 > l_1$ 时为转动导杆机构;当 $l_2 < l_1$ 时为摆动导杆机构。导杆机构广泛应用于回转式油缸、牛头刨床等机器中。若选杆 2 为机架,则形成曲杆摇块机构,如自卸式卡车的自动卸料装置。若选滑块 3 为机架时,则形成定块机构。

在含有两个移动副的四杆机构中,若选用杆 1 为机架时,则可形成双摇块机构。此种机构的两滑块均能相对于机架做整周转动,当其主动滑块 2 转动时,通过连杆 3 可使从动滑块 4 获得与主动滑块 2 同步的转动。因此,它可用作十字滑块联轴节,如图 12-7 所示。当其主动轴 2 和从动轴 4 的轴线不重合时,仍可保证两轴转速同步。若选构件 3 为机架,则可形成双滑块机构。一般,两滑块的移动方向垂直,其连杆 AB(或其延长线)上的任一点的轨迹必为椭圆,故常用作椭圆仪,如 12-8 所示。

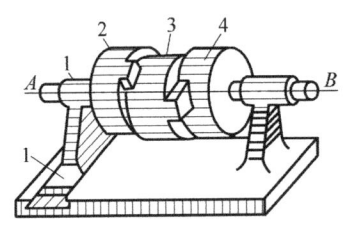

图 12-7 双摇块机构

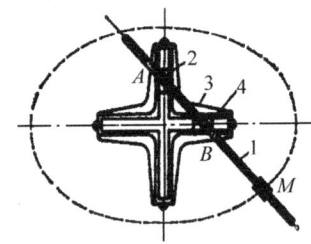

图 12-8 双滑块机构

12.4 机构的组合与创新

机械常由简单的基本机构组合而成。例如,内燃机由连杆机构、凸轮机构、齿轮机构等组合而成;电风扇摇头机构由连杆机构和齿轮机构组合而成;点阵打印机是一种现代机械产品,它也是由许多基本机构组合而成的。这些机械都是由多种基本机构的组合来实现某些复杂的运动要求的。因此,进行机构的组合设计是实现机械创新的一个重要途径。

机构的组合原理,是指将几个基本机构按一定的原则或规律,组合成一个复杂的机构。这个复杂的机构有两种形式:一种是由几种基本机构融合成性能更加完善、运动形式更加多样化的新机构——组合机构;另一种则是由几种基本机构组合在一起,组合体的各基本机构还保持各自特性,但需要各个机构的运动或动作协调配合,以实现组合的目的,这种形式被称为机构的组合。

基本机构主要是指机械中最常用的、最简单的一些机构。如工程技术人员较熟悉的四杆机构、凸轮机构、齿轮机构、间歇运动机构等,这些基本机构应用较广。但随着生产过程机械化、自动化的发展,对机构输出的运动和动力特性提出了更高的要求,而单一的基本机构的运动和动力性能都具有一定的局限性,使其在某些性能上不能满足要求。例如,四杆机构不能完全精确地实现任意给定的运动规律;凸轮机构虽然可以实现任意运动规律,但不能使从动件做整周的转动;齿轮机构只能实现一定规律的连续单向转动;棘轮机构、槽轮机构等间歇运动机构只能实现单向的间歇运动等。为解决这些问题,必须进行创新设计,充分利用各种基本机构的良好性能,改善它们的不良特性,运用机构组合原理构造出既满足工作要求,又具有良好运动和动力性能的机构。

机构的组合方式很多,下面主要介绍串联式机构组合、并联式机构组合、复合式机构组合和叠加式机构组合。

一、串联式机构组合与创新

1. 串联式机构组合的原理与创新方法

串联式机构组合是指若干个单自由度的基本机构顺序连接,以前一个机构的输出构件作为后一个机构的输入构件的机构组合方式。若连接点设在前一个机构中做简单运动的连架杆上,则称其为 I 型串联;若连接点设在前一个机构中做平面复杂运动的构件上,则称其为 II 型串联。

串联式机构组合的特点是运动顺序传递,结构简单。

下面结合具体实例,论述串联式机构组合的两种结构形式,分析其运动和动力性能,以及如何实现各种特殊要求。

2. 串联式机构组合的主要功能分析

(1) I 型串联式组合

下面主要讨论两个基本机构的串联组合问题,假设这两个基本机构分别为前置子机构和后置子机构。在对基本机构进行串联组合时,需要了解每种基本机构的性能特点,分析各种基本机构在什么条件下适合作前置子机构或后置子机构,这样才能完成具体的组合。可推荐的串联组合方法有以下三种。

① 前置子机构为连杆机构　连杆机构的输出构件一般是连架杆,它能实现往复摆动、往复移动及变速转动输出,且具有急回特性。常采用的后置子机构如下:

• 连杆机构,可利用变速转动的输入获得等速转动的输出,还可利用杠杆原理确定合适的铰接位置,在不减小机构传动角的情况下实现增程和增力作用;

• 凸轮机构,可使凸轮获得变速转动和往复移动的输入,使后置子机构的从动件获得更多的运动规律;

• 齿轮机构,利用摆动或移动的输入,使从动齿轮或齿条获得大行程摆动或移动,还可利用变速转动的输入进一步通过后置的齿轮机构进行减速或增速;

• 槽轮机构,利用变速转动的输入,减小槽轮转位时的速度波动;

• 棘轮机构,利用往复摆动和移动输入拨动棘轮进行间歇转动。

例 12-2 图 12-9 所示的缝纫机梭心摆动机构,前置子机构为铰链四杆机构,后置子机构为导杆机构,其中导杆 O_BC 与摇杆 O_BB 联为一体。当主动件曲柄 O_AA 回转时,从动件摇

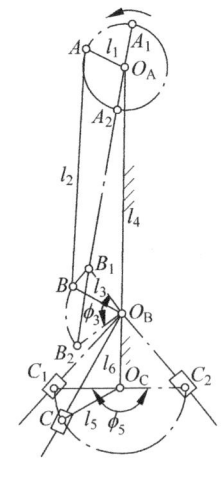

图 12-9 缝纫机梭心摆动机构

杆 O_BB 做往复摆动,其最大摆角为 ϕ_3。该摆角满足不了缝纫机梭心摆动的摆角要求,为此,通过串联一导杆机构,则摇杆 O_CC 的摆角 ϕ_5 可达 200°左右,增大了输出摆角,即可满足缝纫机梭心的摆动要求。该串联式机构组合,实现了输出摆角增大的作用。

例 12-3 图 12-10 所示的连杆齿轮齿条行程倍增机构,前置子机构为连杆机构,后置子机构为齿轮齿条机构。主动曲柄 1 转动,推动齿轮 3 与上下齿条 4 和 5 啮合传动,上齿条 4 固定,下齿条 5 做往复移动。其行程 $S=4R$,即把连杆机构的输出行程扩大了一倍。显然,输出位移相同的前提下,其曲柄比一般对心曲柄滑块机构的曲柄缩小一半,从而可缩小整个机构尺寸。若将齿轮 3 改为双联齿轮 3—3′,节圆半径分别为 r_3 和 r_3',齿轮 3 与固定齿条 4 啮合,齿轮 3′ 与移动齿条 5 啮合。其行程为

$$S = 2\left(1 + \frac{r_3'}{r_3}\right)R$$

当 $r_3' > r_3$ 时,$S>4R$。该串联式机构组合实现了输出行程成倍增大。

例 12-4 图 12-11 所示的连杆槽轮机构,前置子机构为双曲柄机构,后置子机构为槽轮机构。由于普通槽轮机构工作时,其主动拨盘一般做匀速转动,且回转半径不变,而当运动传递给槽轮时,主动拨盘的滚销在槽轮的传动槽内沿径向位置相对滚动,致使槽轮的受力作用点也沿径向位置发生变化,导致槽轮在一次转位过程中,角速度由小变大,再由大变小。而连杆槽轮机构中,双曲柄机构 ABCD 中的从动曲柄 CD 与槽轮机构的主动拨盘 DE 联为一体,故槽轮机构工作时,其主动拨盘可做非匀速转动,若在设计双曲柄机构时考虑好 E 点的速度变化,能够中和槽轮的转速变化,则槽轮将以近似等速转位。由此可见,经串联组合的槽轮机构的运动和动力性能均有较大改善。

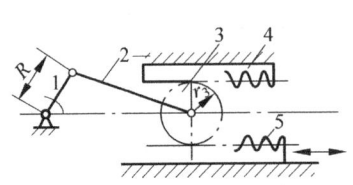

图 12-10 连杆齿轮齿条行程倍增机构

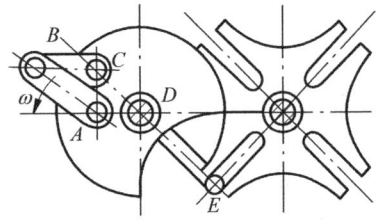

图 12-11 连杆槽轮机构

② 前置子机构为凸轮机构 凸轮机构的输出通常为移动或摆动,可实现任意的运动规律,但行程较小。通常后置子机构利用凸轮机构输出构件的运动规律,改善后置子机构的运动特性,或使其运动行程增大。后置子机构可以是连杆机构、齿轮机构、槽轮机构等。

例 12-5 图 12-12 为使运动行程增大的凸轮-连杆机构示意图,前置子机构为摆动从动件凸轮机构,后置子机构为摇杆滑块机构。凸轮机构的从动件与摇杆滑块机构的主动件联为一体。该机构利用一个输出端半径 r_2 大于输入端半径 r_1 的摇杆 BAC,使 C 点的位移大于 B 点的位移,从而可在凸轮尺寸较小的情况下,使滑块获得较大行程。

③ 前置子机构为齿轮机构 齿轮机构的输出通常为转动或移动;后置子机构选用各

种类型的基本机构,可获得减速、增速及其他功能要求。

例 12-6 图 12-13 所示的齿轮和圆柱凸轮组合的行程增大(减小)机构,前置子机构为齿轮机构,后置子机构为圆柱凸轮机构。齿轮 2 与凸轮 3、5 固定连接。齿轮 1 转动时,齿轮 2 带动凸轮一起转动,但由于凸轮机构 5 与 4 中的从动件 4 不能左右移动,故凸轮 5 边转边移,凸轮 3 也边转边移。带动从动件 6 往复移动,使从动件 6 的行程增大或减小。若凸轮 3、5 曲线槽的升程分别是 S_3 和 S_5,从动件 6 的移距 S_6 则是 S_3 和 S_5 的合成

$$S_6 = S_3 \pm S_5$$

若两凸轮的曲线槽反向时,上式取正号,即机构为行程增大机构;两凸轮的曲线槽同向时取负号,即机构为行程减小机构。

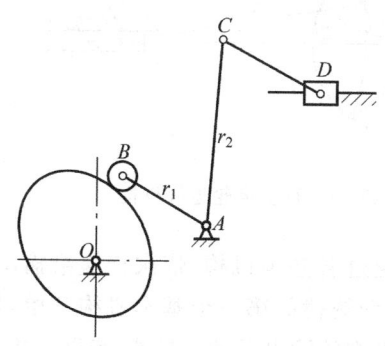
图 12-12 凸轮-连杆机构示意图

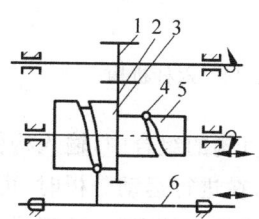
图 12-13 齿轮和圆柱凸轮组合机构

综上所述,Ⅰ型串联式组合机构常用于改善输出构件的运动和动力性能,常见于后置子机构输出的运动性能不很满意的情况。如速度与加速度有较大波动,从而造成运转不稳定,并且产生振动等。为改变这种状况,可串联一个输出非匀速运动的前置子机构,用以中和后置子机构的速度变化,改善输出构件的运动和动力性能。此外,Ⅰ型串联式组合机构还用于运动或力的放大,此时可根据运动或力放大的具体要求选择不同的方法。若选择连杆机构,则按杠杆原理确定支点的位置,即确定相关杆的长度比;若选择齿轮机构,则需要确定适当的齿数比。

(2) Ⅱ型串联式组合

在Ⅱ型串联式组合机构中,后置子机构的输入构件,一般与前置子机构中做平面复杂运动的连杆在某一点连接。若前置子机构为周转轮系,则后置子机构的输入构件与前置子机构中的行星轮连接。这主要是利用前置子机构与后置子机构连接点处的特殊运动轨迹——直线、圆弧曲线、"8"字自交形曲线等,使机构的输出构件获得某些特殊的运动规律,如停歇、行程两次重复等。

例 12-7 图 12-14 所示的六杆机构,在一个运动循环内,滑块可实现两个不同的行程。在铰链四杆机构 $BCDE$ 中,连杆 2 的 A 点的运动轨迹为一个具有自交点的横向"8"字形的曲线(图中虚线所示),构件 4 与连杆 2 在 A 点铰接,与滑块 5 在 F 点铰接,滑块 5 可沿固定导路移动。这样,当曲柄 1 回转一周时,滑块 5 可往复移动两次。这就是利用连杆机构中连杆上某点的特殊轨迹串联一个后置子机构,实现特殊的运动要求。

例 12-8 图 12-15 所示的行星齿轮连杆机构,系杆 1 为输入构件,行星齿轮 2 与固定内

齿轮 5 相啮合。当两齿轮的齿数满足 $z_5=3z_2$ 时，齿轮 2 节圆上点的轨迹是三段近似圆弧的摆线，其圆弧半径近似等于 $8r_2'$（r_2' 为齿轮 2 的节圆半径），输出件行星齿轮 2 在节圆处与连杆 3 铰接，当连杆 3 的长度等于 $8r_2'$ 时，滑块 4 与连杆 3 的铰接点近似位于圆心处，则当系杆转动一圈时，滑块 4 有三分之一的时间处于停歇状态。这就是利用行星轮系中行星齿轮的平面复合运动输出特殊的运动规律，串联组合后置子机构使输出构件满足特殊的运动要求。

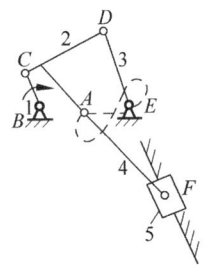

图 12-14　六杆机构

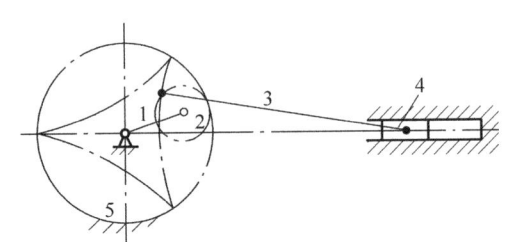

图 12-15　行星齿轮连杆机构

在串联式机构的组合中，输入构件的运动是通过各基本机构，依次传递给输出构件的。根据这个特点，在进行运动分析时，可以从已知运动规律的第一个基本机构开始，按照运动的传递路线顺序解决的方法，求得最后一个基本机构的输出运动。显然，串联式机构组合的位移关系，是各基本机构位移函数的复合函数。

二、并联式机构组合与创新

1. 并联式机构组合的原理与创新方法

两个或两个以上基本机构并列布置，称为并联式机构组合。各个基本机构具有各自的输入构件，而有共同的输出构件则为 I 型并联；各个基本机构有共同的输入与输出构件，则为 II 型并联；各个基本机构有共同的输入构件，但却有各自的输出构件则为 III 型并联。并联式机构组合的特点是运动并行传递。按输出运动的性质划分，并联式机构组合可分为简单型和复杂型。

简单型并联式机构组合，要求并联的两个子机构类型、形状和尺寸完全相同，并且对称布置。它主要用于改善机构的受力状态、动力特性、自身的动平衡，解决机构运动中的死点及输出运动的可靠性等问题。并联的两子机构常采用连杆机构或齿轮机构，它们共同的输入或输出构件一般是两子机构共有的同一构件。输入或输出运动的性质，是简单的移动、转动或摆动。

复杂型并联式机构组合的两并联子机构，可以是不同类型的基本机构，也可以是同一类型但具有不同结构尺寸的基本机构，还可以是经过串联组合的机构。它主要用于实现复杂的运动或动作要求，它的输出形式一般按功能要求而设定。如果用于运动合成，则一个子机构的输出构件是连架杆，输出简单运动，而另一子机构的输出构件与其通过运动副连接，并按预定的要求实现复杂运动或动作的输出。如果用于运动的分解，则两个子机构均输出简单运动，但两简单运动一般要求动作协调配合。这类复杂型的并联组合问题，设计时要求两个子机构严格控制时序关系。

下面通过具体实例说明其组合的特点及实际应用。

2. 并联式机构组合的主要功能分析

① Ⅰ型并联式组合　该组合相当于运动的合成,其主要功能是对输出构件运动形式的补充、加强和改善。设计时要求两个并联的子机构要协调,以满足所要求的输出运动。

例 12-9　图 12-16 所示的六缸发动机曲柄连杆机构,由多个曲柄滑块机构并联组合而成,各曲柄滑块机构的曲柄为制成一体的曲轴,当运动由各曲柄滑块机构的活塞输入时,曲柄即可实现无死点位置的定轴回转运动,且具有良好的平衡、减振作用。但应注意,各并联机构的结构尺寸必须相同。

例 12-10　图 12-17 所示的缝纫机针杆传动机构,由凸轮机构和曲柄滑块机构并联组合而成。原动件分别为曲柄 1 和凸轮 4,从动件为针杆 3,可以实现上下往复移动和摆动的复杂平面运动。若想改变摆角,可通过调整偏心凸轮的偏心距来实现。该机构组合具有两个自由度,必须有两个输入运动才能确定。设计时,两个主动构件的运动一定要协调配合,要按照输出构件的复合运动要求绘制运动循环图,按照运动循环图确定两个主动构件的初始位置。

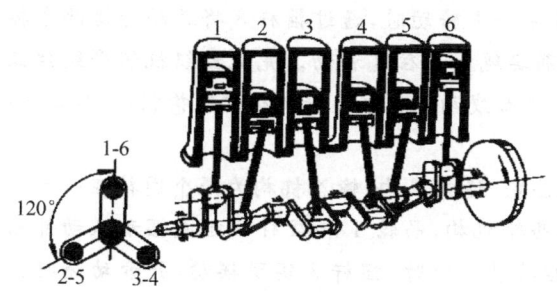

图 12-16　六缸发动机曲柄连杆机构

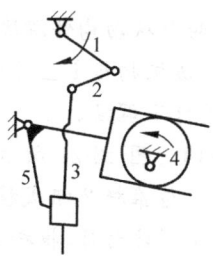

图 12-17　缝纫机针杆传动机构

② Ⅱ型并联式组合　该组合相当于将一个运动分解为两个运动,再将这两个运动合成为一个运动输出。其主要功能是用于改善输出构件的运动状态和运动轨迹,同时还可以改善机构的受力状态,可以使机构获得自身的动平衡。设计的主要问题也是两个并联的机构要协调配合,或完全对称布置。

例 12-11　图 12-18 为平板印刷机上吸纸机构示意图,由两个摆动从动件凸轮机构和一个五杆机构组成,两盘状凸轮固接在同一转轴上,五杆机构的两连架杆分别与凸轮机构的从动件联为一体。当凸轮转动时,推动从动件 2 和 3 分别按要求的运动规律运动,并带动五杆机构的两连架杆,使固接在连杆 5 上的吸纸盘 P 按要求的矩形轨迹运动,以此完成吸纸和送进等动作。该并联式组合机构可使连杆的输出运动实现指定的运动轨迹。

例 12-12　图 12-19 所示的间歇传送机构,由两个齿轮机构和两个连杆机构组成。齿轮 1 经两个齿轮 2 与 2′带动一对曲柄 3 与 3′同步转动,曲柄使连杆 4(送料动梁)平动,5 为工作滑轨,6 为被推送的工件。该机构将齿轮机构的连续转动转化为间歇运动,运动可靠,常用于自动机的物料间歇送进。

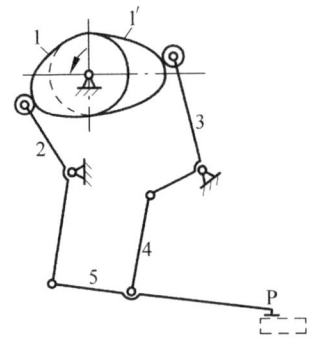
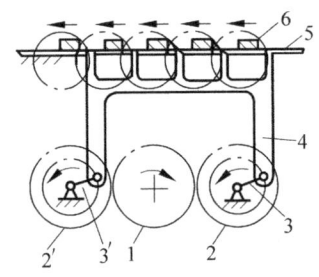

图 12-18 吸纸机构示意图　　图 12-19 齿轮-连杆间歇传送机构

③ Ⅲ型并联式组合　该组合相当于运动的分解,其主要功能是实现两个运动输出,而这两个运动又相互配合,完成较复杂的工艺动作。设计的主要问题是两个并联机构动作的协调和时序的控制。

例 12-13　图 12-20 所示为丝织机的开口机构,输入机构为曲柄摇杆机构,两个摇杆滑块机构并联组合分别输出。当主动构件曲柄 1 转动时,通过摇杆 3 将运动传给两个摇杆滑块机构,使两个从动构件滑块 5 和 7 分别实现上下往复移动。完成丝织机织平纹丝织物的开口动作。该机构与Ⅰ型并联式组合的多缸发动机曲柄连杆机构的结构相同,只是对输入、输出构件进行了调换。

例 12-14　图 12-21 所示的冲压机凸轮-连杆机构,输入机构为两个固接在一起的盘状凸轮,凸轮 1 与推杆 2 组成移动从动件凸轮机构,凸轮 $1'$ 和摆杆 3 组成摆动从动件凸轮机构,当凸轮 1-$1'$ 转动时,推杆 2 实现左右移动。同时,摆杆 3 实现摆动,并带动连杆机构运动,使从动构件滑块 5 实现上下移动。设计凸轮时应注意推杆 2 与滑块 5 的时序关系。

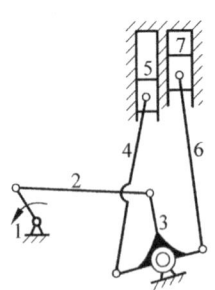
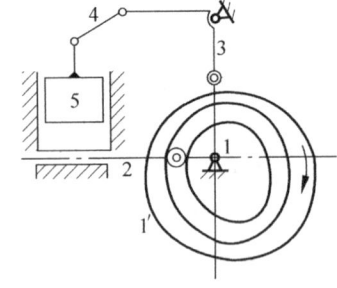

图 12-20 丝织机的开口机构　　图 12-21 凸轮-连杆机构

三、复合式机构组合与创新

1. 复合式机构组合的原理与创新方法

一个具有两个或两个以上自由度的基础机构和一个附加机构并接在一起的组合形式称为复合式机构组合。这是一种比较复杂的组合形式,基础机构的输入运动除来自自身的主动构件外,必有一个来自附加机构。复合式机构组合中的基础构件一般为二自由度机构,如五杆机构、差动齿轮机构等,或引入空间运动副的空间运动机构,而附加机构则为各种基本机构及其串联式组合。复合式机构组合一般是不同类型的基本机构的组合,且各种基本机构有机地融为一体,成为一种新机构,如齿轮-连杆机构、凸轮-连杆机构、齿轮-凸轮机构等。其主要功能是可以实现任意运动规律的输出,如一定规律的停歇、逆转、加速、减速、前进、倒退等。但设计比较复杂,缺乏共同规律,需要根据具体的机构进行分析和综合。

2. 复合式机构组合的主要功能分析

例 12-15 图 12-22 所示的 IHI 摆式飞剪机剪切机构,其中具有两个自由度的五杆机构 ABCDE 为基础机构,四杆机构 AFGE 为附加机构。基础机构中的连架杆 AB 与附加机构中的连架杆 AF 并接,基础机构中的连架杆 DE 与附加机构中的连架杆 GE 并接,输出构件为基础机构中的连杆。当给整个机构一个输入时,由四杆机构带动五杆机构的连架杆运动,合成后使基础机构中连杆按指定运动规律输出。该飞剪机剪切机构可实现上刀刃输出(图示运动轨迹),而在剪切时(相当于上刀刃在 ab 段)刀刃的水平分速度与钢带连续送进速度相同。

例 12-16 图 12-23 所示的滚齿机工作台校正机构,基础机构为差动凸轮机构,即由齿轮 1 和 2、凸轮 4、从动摇杆 3 及系杆 H 组成,附加机构为齿轮 1、6、5、4′ 组成的定轴轮系。当运动由齿轮 1 输入差动凸轮机构的同时,又由齿轮 1 经定轴轮系,将运动输入到差动凸轮机构中的凸轮 4,使凸轮在滚齿机工作台旋转一周时,比齿轮 1 多转一周,从而通过摇杆 3 使行星齿轮 2 获得附加转动。由于上述两种运动的叠加,使系杆 H 时而转得快,时而转得慢。由于系杆 H 与分度蜗杆 7 相连,凸轮廓形是按事先测定的分度蜗杆副的传动误差来设计的,因此可用分度蜗杆的转角快慢来补偿分度蜗杆副中的传动误差,使工作台获得理论上的精确转角。

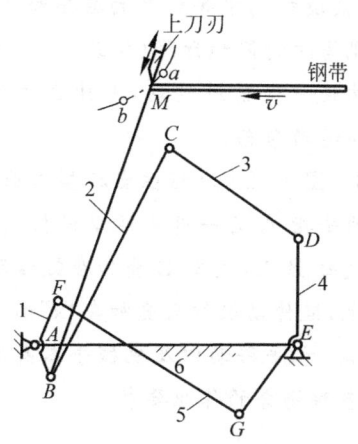

图 12-22 IHI 摆式飞剪机剪切机构

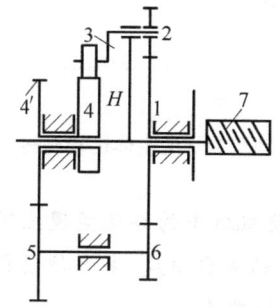

图 12-23 滚齿机工作台校正机构

四、叠加式机构组合与创新

1. 叠加式机构组合的原理与创新方法

将一个机构安装在另一机构的某个运动构件上的组合形式,称为叠加式机构组合,其输出运动是若干个机构输出运动的合成。叠加式机构组合的主要功能,是实现特定的输出,完成复杂动作。设计的主要问题是根据所要求的运动和动作,选择各子机构的类型和解决输入运动的控制。对于控制问题,主要借助于机械、液压、气压、电磁等控制系统解决,使输出的复杂动作适度并符合工作要求。而各子机构的类型通常选择单自由度的,使其运动的输入、输出形式简单,以达到容易控制的目的。通常,实现水平移动选择移动式液压缸或汽缸、齿轮齿条机构等;实现垂直移动选择移动式液压缸或汽缸、"x"形连杆机构、螺旋机构等;实现转动采用齿轮机构、带传动或链传动机构等;实现平动采用平行四边形机构等;实现伸缩、仰俯、摆动可选择摆动液压缸、曲柄摇块机构等。

叠加式机构组合的运动关系有两种情况:一种为运动独立式,即各机构的运动关系是相互独立的,其最后一个子机构往往动作要求比较复杂,有搬运、夹持、抓取等,可采用的机构类型较多,如连杆机构、齿轮机构、液压机构、挠性件机构等,常见于各种机械手中;另一种为运动相关式,即各机构之间的运动有一定的相互影响,通常设定一个子机构为基础机构,另一子机构为附加机构,通过附加机构叠加在基础机构的一个活动构件上,同时附加机构的从动件又与基础机构的另一活动构件固接,虽输入一个独立运动,却获得输出两个运动合成的复合运动,如摇头电扇的传动机构。

2. 叠加式机构组合的主要功能分析

(1) 运动独立式

例 12-17 图 12-24 所示的电动玩具马的主体运动机构,能模仿马飞奔前进的运动形态。它由曲柄摇块机构 ABC 安装在导杆机构的转动导杆 4 上组合而成。工作时分别由转动构件 4 和曲柄 1 输入转动,使曲柄摇块机构中导杆 2 的摇摆和其上 M 点的轨迹来实现马的俯仰和升降(跳跃)。以导杆机构作为基础机构使马做前进运动,三种运动形态合成马飞奔前进的运动形态。

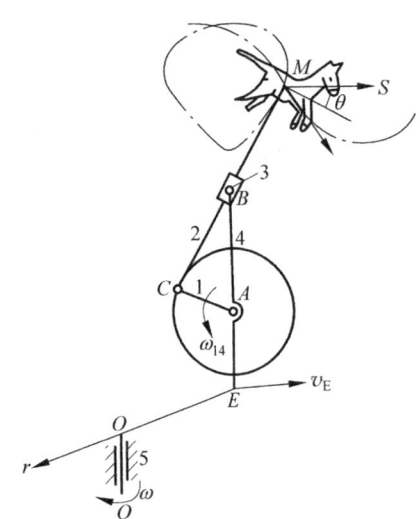

图 12-24 电动玩具马的主体运动机构

例 12-18 图 12-25 为圆柱坐标型工业机械手。工业机械手的手指 A 为一开式运动链机构,安装在水平移动的汽缸 B 上,汽缸 B 叠加在链传动机构的回转链轮 C 上,链传动机构又叠加在"x"形连杆机构 D 的连杆上,使机械手的终端实现上下移动、回转运动、水平移动以及机械手本身的手腕转动和手指抓取的多自由度、多方位动作效果,以适应各种场合的作业要求。

(2) 运动相关式

例 12-19 图 12-26 为摆头电扇的传动机构。电动机安装在双摇杆机构的摇杆上,向蜗杆输入转动,双摇杆机构的主动构件是由电动机轴通过蜗杆蜗轮传动的,蜗轮固定在连杆上,故两个机构的运动通过蜗轮与连杆的固接互相影响,使得电扇在实现蜗杆带动翼片快速转动的同时又以较慢的速度摆动。

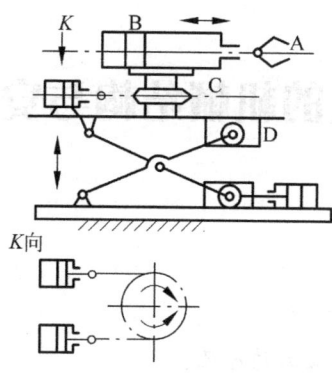
图 12-25 圆柱坐标型工业机械手

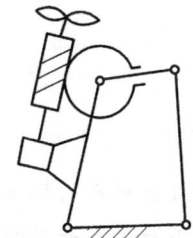
图 12-26 摆头电扇的传动机构

习题

12-1 常用的创新技法有哪些？各有何特点？

12-2 试用图解法设计一导杆机构。已知机架长度为 100mm，行程速比系数 $K=1.4$。

12-3 试用图解法设计一曲柄摇杆机构。已知摇杆长 $l_{CD}=100$mm，最大摆角 $\psi=45°$，行程速比系数 $K=1.25$，机架长 $l_{AD}=115$mm。

12-4 对题 12-4 图所示的六杆机构，试通过变换演化为凸轮齿轮齿条机构。

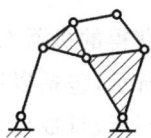
题 12-4 图

单元 13　工业机器人的机械结构与安装

学习目标

(1) 掌握工业机器人的机械结构组成。
(2) 掌握工业机器人手臂的分类、结构组成及工作原理。
(3) 掌握工业机器人手腕的分类、结构组成及工作原理。
(4) 了解工业机器人关节的分类、结构组成及工作原理。
(5) 了解工业机器人末端执行器的分类、结构组成及工作原理。
(6) 掌握工业机器人的机械装配和本体安装。

13.1　工业机器人的分类

一、按机械结构特征分类

从机械结构特征来看,工业机器人总体上分为串联机器人和并联机器人。

1. 串联机器人

当各连杆组成一开式机构链时,所获得的机器人结构称为串联结构,如 ABB 的 IRB120 型工业机器人。串联机器人如图 13-1 所示,包括以底座为开始,以末端执行器为结束的一系列连杆和关节。它的连杆和关节常常被设计成可以提供独立平移和定方向的结构。由单一的一系列连杆和关节组成的机器人就定义为串联机器人。当前工业机器人大多采用串联结构。

经过近 50 多年的发展,国内外的串联机器人技术已经较为成熟,尤其国外的串联机器人技术与应用已达到较高的成熟度。工业生产中,串联机器人的数量最多,应用领域也最广,比如喷漆、装配、搬运、焊接等。汽车生产线上,多台串联机器人协同工作,各司其职,相互配合完成工作。除传统工业行业领域外,串联工业机器人还应用于海洋开发、太空探测等领域。

2. 并联机器人

自 20 世纪 80 年代以来,一类以并联机构为主机构的新型工业机器人(并联机器人)为某些特定工业领域不断提供更为完美的解决方案,引起了工业界和学术界的普遍关注。

当末端执行器通过至少两个独立运动链和基座相连,且组成一闭式机构链时,所获得的机器人结构称为并联结构,并联机器人如图 13-2 所示。

并联机器人由两个或两个以上串联机器人来支撑末端执行器。在设计阶段,并联机器人结构的共同特性是:用相同结构且对称放置的腿连接基座和动平台。每条腿是具有一个或两个主动自由度的串联运动链,其余的自由度均为被动自由度。它的运动空间也具有对称性,但不是轴对称的。对称性由腿的数目和驱动关节的类型确定。近年来几乎所有陆基式天文望远镜都采用了并联机构,用作主镜或副镜的校准系统。

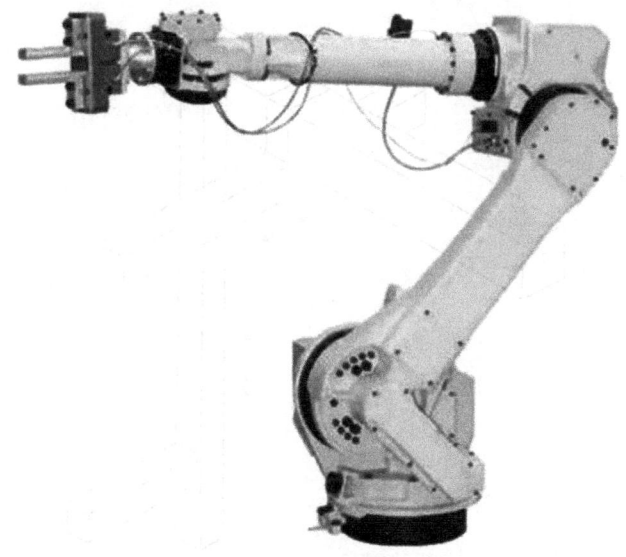

图 13-1　串联机器人

图 13-2　并联机器人

二、按坐标系特征分类

1. 直角坐标机器人

直角坐标机器人具有空间上相互垂直的多个直线移动轴,通常为 3 个,如图 13-3 所示,通过直角坐标方向的 3 个独立自由度确定其手部的空间位置,其动作空间为一长方体。直角坐标机器人结构简单,定位精度高,空间轨迹易于求解,但其动作范围相对较小,设备的空间因数较低,实现相同的动作空间要求时,机体本身的体积较大。

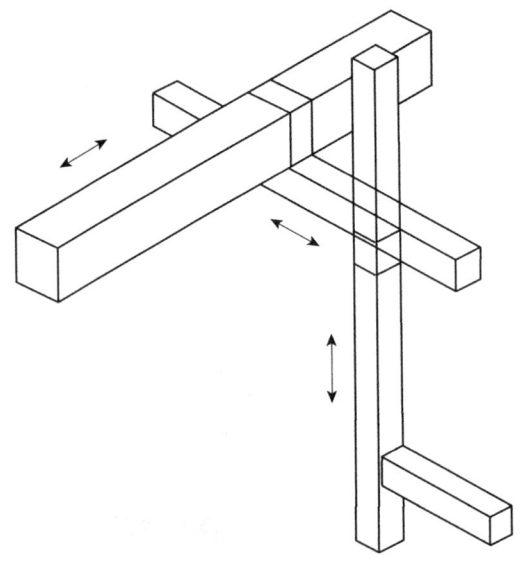

图 13-3 直角坐标机器人

2. 柱面坐标机器人

柱面坐标机器人的空间位置机构主要由旋转基座、垂直移动轴和水平移动轴构成,如图 13-4 所示。其具有 1 个回转自由度和 2 个平移自由度,动作空间呈圆柱体。这种机器人结构简单、刚性好,但缺点是在机器人的动作范围内,必须有沿轴线前后方向的移动空间,空间利用率较低。

3. 球面坐标机器人

如图 13-5 所示,球面坐标机器人的空间位置分别由旋转、摆动和平移 3 个自由度确定,

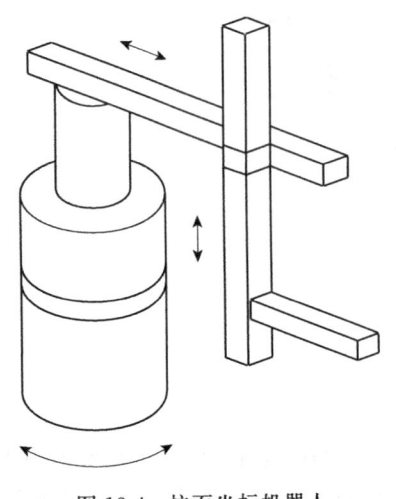

图 13-4 柱面坐标机器人

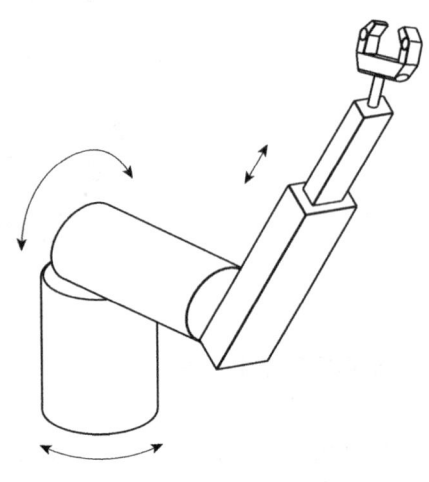

图 13-5 球面坐标机器人

动作空间为球面的一部分。其机械手能够做前后伸缩移动、在垂直平面上摆动及绕底座轴线在水平面上旋转。其特点是结构紧凑,所占空间体积小于直角坐标机器人和柱面坐标机器人,但仍大于多关节机器人。

4. 多关节机器人

多关节机器人一般由多个转动关节串联起若干连杆组成,其运动由前后的俯仰及立柱的回转构成。其结构紧凑、工作空间大、动作最接近人的动作,应用范围很广,在搬运、焊接、喷涂等作业场所都有应用。目前装机最多的工业机器人是 SCARA 型水平多关节四轴机器人和垂直多关节六轴机器人。

(1) 水平多关节机器人

如图 13-6 所示,水平多关节机器人在结构上具有串联配置的两个能够在水平面内旋转的手臂,其自由度可以根据用途选择 2~4 个,动作空间为一圆柱体。其优点是在垂直方向上的刚性好,能方便地实现二维平面的动作,在装配作业中得到普遍应用。

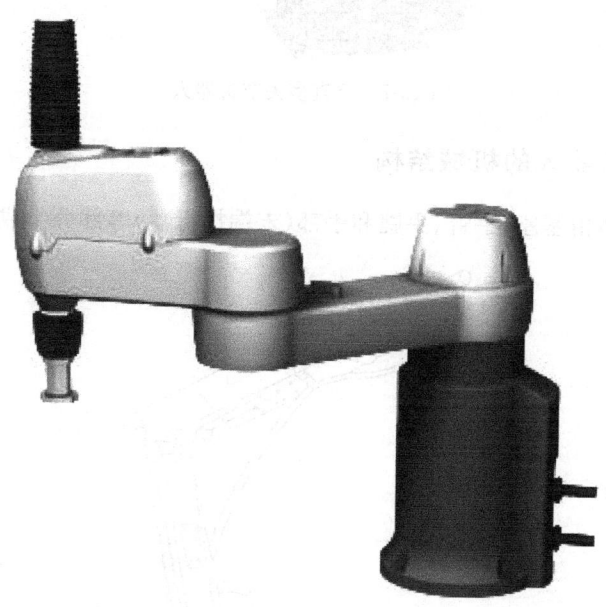

图 13-6 水平多关节机器人

(2) 垂直多关节机器人

垂直多关节机器人模拟了人类的手臂功能,由垂直于地面的腰部旋转轴(相当于大臂旋转的肩部旋转轴)、带动小臂旋转的肘部旋转轴及小臂前端的手腕等构成。手腕通常有 2~3 个自由度。垂直多关节机器人的动作空间近似一个球体,所以也称为多关节球面机器人,如图 13-7 所示。其优点是可以自由地实现三维空间的各种姿态,可以生成各种复杂形状的轨迹,相对机器人的安装面积,其动作范围很宽;缺点是结构刚度较低,动作的绝对位置精度较低。

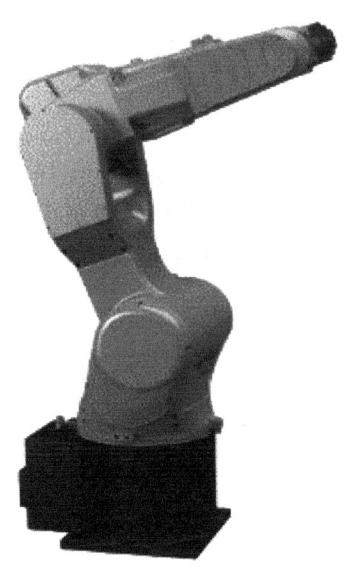

图 13-7 垂直多关节机器人

13.2 工业机器人的机械结构

工业机器人本体由基座、手臂、手腕和手部(末端执行器)等部分组成,如图 13-8 所示。

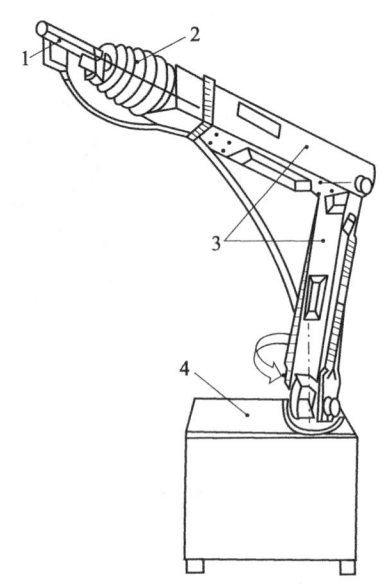

1—手部(末端执行器);2—手腕;3—手臂;4—基座
图 13-8 工业机器人本体的结构组成

一、工业机器人的手臂

手臂是工业机器人的主要运动部件,它用来支撑手腕和手部,并用来调整手部在空间的位置。手臂一般有 3 个自由度,即垂直移动、径向移动和回转运动。

① 垂直移动 垂直移动是指机器人手臂的上下运动。这种运动通常采用液压缸机构或通过调整机器人机身在垂直方向上的安装位置来实现。

② 径向移动 径向移动是指手臂的伸缩运动。机器人手臂的伸缩使其手臂的工作范围发生变化。

③ 回转运动 回转运动是指机器人绕铅垂轴的转动。这种运动决定了机器人的手臂所能达到的角度位置。

手臂的直线运动可通过液压缸或汽缸驱动来实现,也可以通过齿轮齿条、滚珠丝杠、直线电动机等来实现。回转运动的实现方法很多,例如蜗轮蜗杆式、齿轮齿条式、链轮链条式,以及谐波齿轮传动装置等。

手臂不仅承受被抓取工件的重量,还承受末端执行器、手腕和手臂自身的重量。

机器人的手臂由大臂、小臂或多臂组成。手臂的驱动方式主要有液压驱动、气动驱动和电动机驱动等几种形式,其中电动机驱动形式最为通用。

臂部伸缩机构行程小时,采用油(汽)缸直接驱动;当行程较大时,可采用油(汽)缸驱动齿轮齿条传动的倍增机构或步进电动机及伺服电动机驱动,也可用丝杠螺母或滚珠丝杆传动。为了增加手臂的刚性,防止手臂在伸缩运动时绕轴线转动或产生变形,臂部伸缩机构需设置导向装置,或设计成方形、花键等形式的臂杆。常用的导向装置有单导向杆和双导向杆等,可根据手臂的结构、抓重等因素选取。

手臂的俯仰通常采用摆动油(汽)缸驱动、铰链连杆机构传动实现;臂部回转与升降机构回转常采用回转缸与升降缸单独驱动,适用于升降行程短而回转角度小的情况,也有用升降缸与气动马达-锥齿轮传动机构。

图13-9所示为工业机器人的手臂传动机构。其大小臂是用高强度铝合金材料制成的薄臂框形结构,各运动轴都采用齿轮传动。驱动大臂的传动机构如图13-9(a)所示,大臂1的驱动电动机7安置在臂的后端,兼起配重平衡作用,运动经电动机轴上的小锥齿轮6、大锥齿轮5和一对圆柱齿轮2、3驱动大臂轴转动。驱动小臂17的传动机构如图13-9(b)所示,驱动装置安装于大臂10的框形臂架上,驱动电动机11也置于大臂后端,经驱动轴12,锥齿轮9、8,圆柱齿轮14、15,驱动小臂轴转动。回转机座的回转运动由伺服电动机24经齿轮23、22、21和19驱动,如图13-9(c)所示。偏心套4、13、16及20用来调整齿轮的传动间隙。

二、工业机器人的手腕

1. 手腕的运动方式

腕部是臂部与手部的连接部件,起支撑手部和改变手部姿态的作用。为了使手部能处于空间任意方向,要求腕部能实现对空间3个坐标轴 X、Y、Z 的转动,即具有偏转(Yaw)、俯仰(Pitch)和回转(Roll)3个自由度。如图13-10所示为工业机器人腕部的运动方式。工业机器人一般具有6个自由度才能使手部(末端执行器)达到目标位置和处于期望的姿态,使手部能处于空间任意方向,要求腕部能实现对空间3个坐标轴 X、Y、Z 的旋转运动。

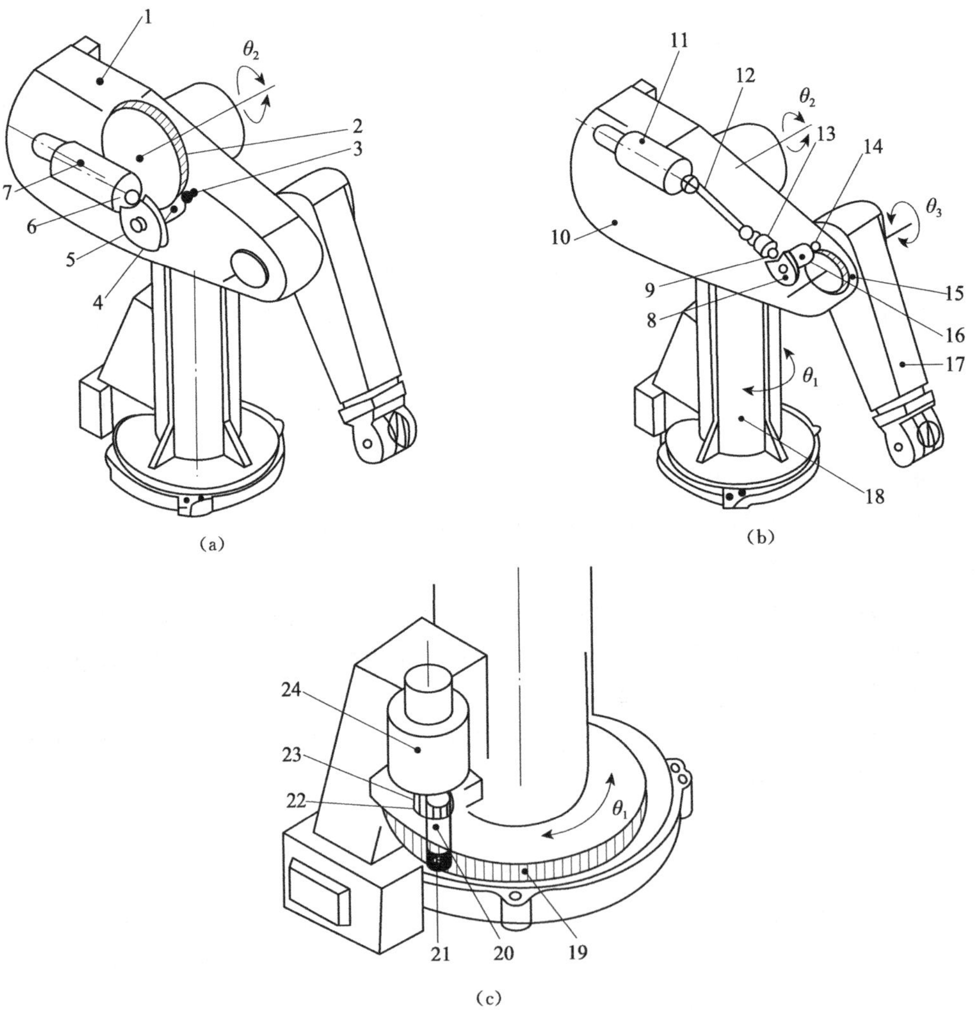

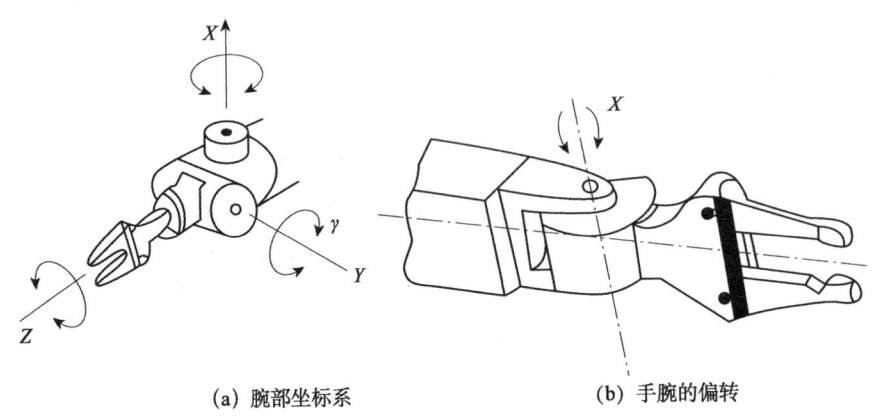

1,10—大臂；2,3—圆柱齿轮；4,13,16,20—偏心套；5—大锥齿轮；6—小锥齿轮；7,11—驱动电动机；8,9—锥齿轮；12—驱动轴；14,15—圆柱齿轮；17—小臂；18—支撑柱；19,21,22,23—齿轮；24—伺服电动机

图 13-9 工业机器人手臂的传动机构

(a) 腕部坐标系　　(b) 手腕的偏转

图 13-10 工业机器人腕部的运动方式

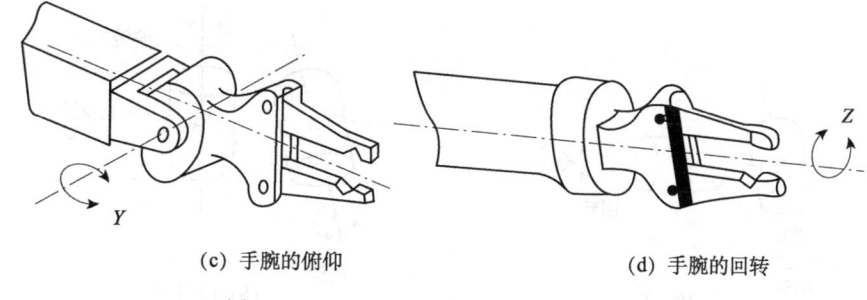

(c) 手腕的俯仰　　　　　　　　(d) 手腕的回转

图 13-10　工业机器人腕部的运动方式(续)

2. 手腕的分类

1) 按自由度分

手腕按自由度数目,可分为单自由度手腕、二自由度手腕和三自由度手腕等。

(1) 单自由度手腕

单自由度手腕如图 13-11 所示。图 13-11(a)所示为一种翻转关节(Roll Joint,也称为 R 关节),它使手臂纵轴线和手腕关节轴线构成共轴线形式。这种 R 关节旋转角度大,可达 360^0 以上。图 13-11(b)和图 13-11(c)所示为一种折曲关节(Bend Joint,也称为 B 关节),关节轴线与前、后两个连接件的轴线相垂直。这种 B 关节因为受到结构上的干涉,旋转角度小,方向角会受到限制。图 13-11(d)所示为移动关节(Translate Joint,也称为 T 关节)。

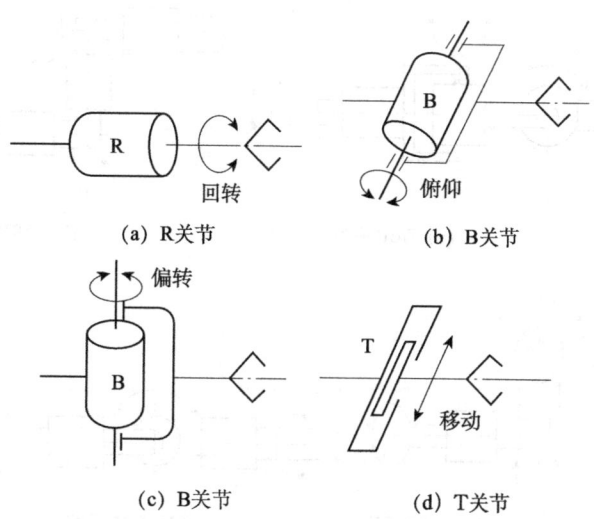

(a) R关节　　　　　　　　(b) B关节

(c) B关节　　　　　　　　(d) T关节

图 13-11　单自由度手腕

(2) 二自由度手腕

如图 13-12 所示,二自由度手腕可以由一个 R 关节和一个 B 关节组成 BR 手腕(见图 13-12(a)),也可以由两个 B 关节组成 BB 手腕(见图 13-12(b)),但是不能由两个 R 关节组成 RR 手腕。因为两个 R 关节共轴线,所以消除了一个自由度,实际只构成单自由度手腕(见图 13-12(c))。二自由度手腕中最常用的是 BR 手腕。

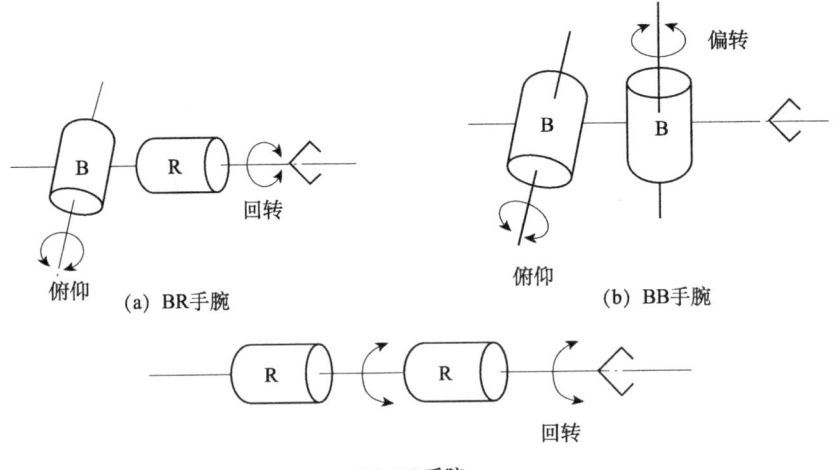

(a) BR手腕 (b) BB手腕

(c) RR手腕

图 13-12 二自由度手腕

(3) 三自由度手腕

三自由度手腕可以是由 B 关节和 R 关节组成的多种形式的手腕，但在实际应用中，常用的有 BBR、RRR、BRR 和 RBR 四种，如图 13-13 所示。

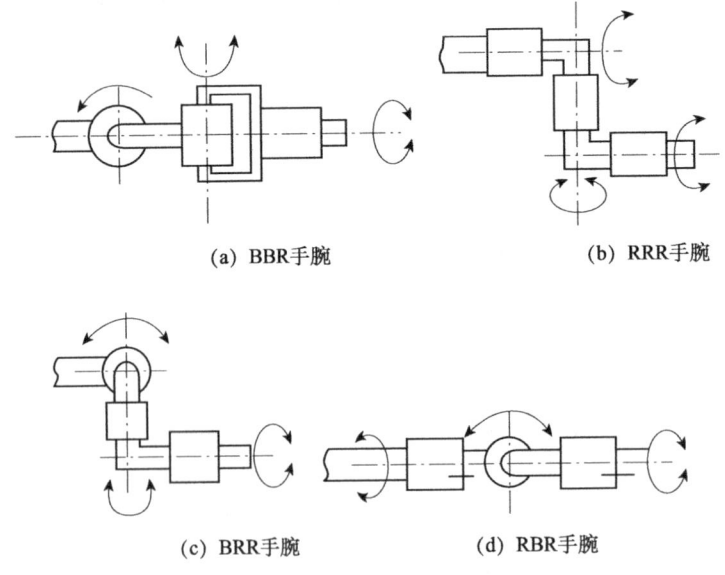

(a) BBR手腕 (b) RRR手腕

(c) BRR手腕 (d) RBR手腕

图 13-13 三自由度手腕

2) 按驱动方式分

(1) 直接驱动手腕

驱动源直接安装在腕部来驱动手腕，如图 13-14 所示。这种直接驱动手腕的关键在于能否设计和加工出尺寸小、质量轻而驱动扭矩大、驱动性能好的驱动电动机或液压电动机。

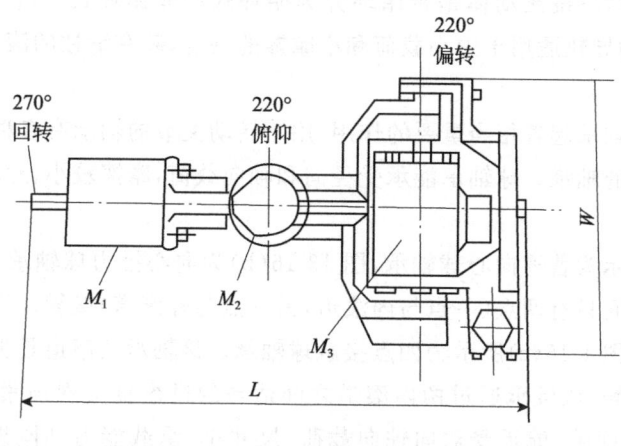

图 13-14　直接驱动手腕

(2) 远距离传动手腕

有时为了确保具有足够大的驱动力,驱动装置又不能做得足够小,同时也为了减轻手腕的重量,可以采用远距离的驱动方式,实现 3 个自由度的运动,如图 13-15 所示。目前,它已成功地用于点焊、喷漆等通用机器人上。

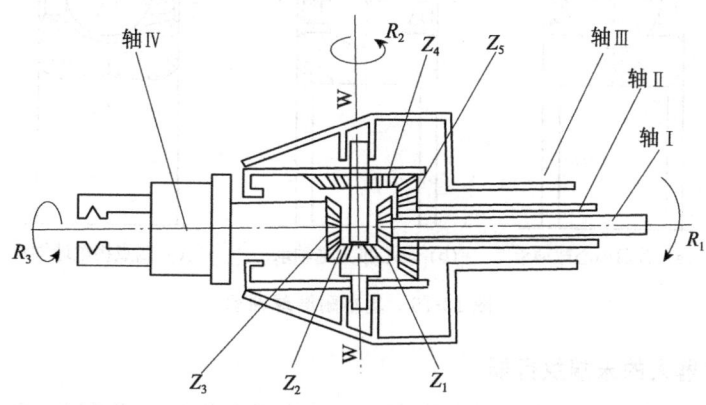

图 13-15　远距离传动手腕

三、工业机器人的关节

工业机器人中连接运动部分的机构称为关节。关节有转动型和移动型两种,分别称为转动关节和移动关节。转动关节在机器人中简称为关节,关节由回转轴、轴承和驱动机构组成。它既连接各机构,又传递各机构间的回转运动,用于基座与手臂、手臂与手部等连接部位。

移动关节由直线运动机构和在整个运动范围内起直线导向作用的直线导轨部分组成。导轨部分分为滑动导轨、滚动导轨、静压导轨和磁性悬浮导轨等形式。通常,由于机器人在速度和精度方面的要求很高,故一般采用结构紧凑、价格合适的滚动导轨。

滚动导轨按滚动体不同分为球、圆柱滚子滚动导轨和滚针滚动导轨;按轨道不同分为圆轴式、平面式和滚道式;按滚动体是否循环分为循环式和非循环式。这些滚动导轨各有特点,装有滚珠的滚动导轨适用于中小载荷和小摩擦的场合,装有滚柱的滚动导轨适用于重载和高刚性的场合。

工业机器人中轴承起着相当重要的作用,用于转动关节的轴承有多种形式,球轴承是机器人结构中最常用的轴承。球轴承能承受径向和轴向载荷,摩擦较小,对轴和轴承座的刚度不敏感。

图 13-16(a)所示为普通向心球轴承,图 13-16(b)为向心推力球轴承。这两种轴承的每个球滚子和滚道之间只有两点(一点与内滚道,另一点与外滚道)接触。为实现预载,这种轴承必须成对使用。图 1-16(c)所示为四点接触球轴承。该轴承的滚道是尖拱式半圆,球滚子与每个滚道两点接触,该轴承通过两内滚道之间适当的过盈量实现预紧。因此,四点接触球轴承的优点是无间隙,能承受双向轴向载荷,尺寸小,承载能力和刚度比同样大小的一般球轴承高 1.5 倍。

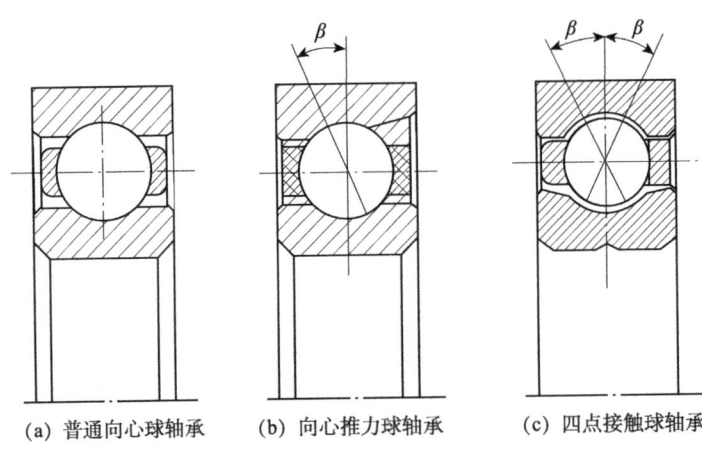

(a) 普通向心球轴承　　(b) 向心推力球轴承　　(c) 四点接触球轴承

图 13-16　基本耐磨球轴承

四、工业机器人的末端执行器

工业机器人的手部也称为末端执行器,是指连接在机器人关节处,并具有一定功能的部件。工业机器人通过其末端执行器进行作业,进而实现物品搬运、材料装卸、零件组装、焊接、喷涂等工作。尤其是在处理高温、危化、有毒等产品的时候,它比人手更适合工作。

1. 手爪类末端执行器

手爪类末端执行器具有一定的通用性,其功能是抓住工件、握持工件、释放工件。

1) 夹持类手部

夹持类手部一般由手指(手爪)和驱动装置、传动机构和承接支架组成。夹钳式手部的组成如图 13-17 所示,能通过手指的开闭动作实现对物体的夹持。

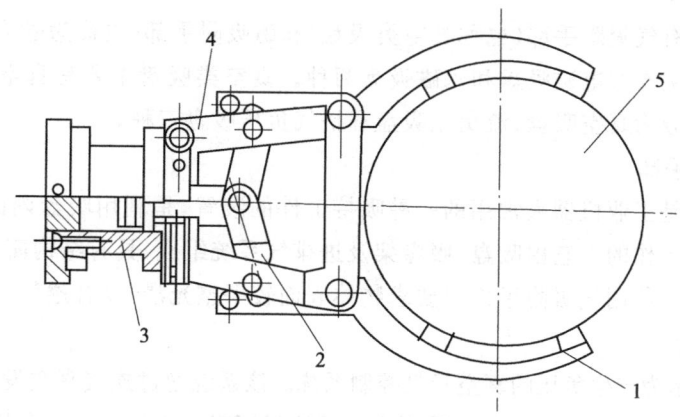

1—手指；2—传动机构；3—驱动装置；4—承接支架；5—工件
图 13-17　夹钳式手部的组成

① 手指：它是直接与工件接触的构件。手部松开和夹紧工件，就是通过手指的张开和闭合来实现的。一般情况下，机器人的手部只有两个手指，少数有三个或多个手指。它们的结构形式常取决于被夹持工件的形状和特性，如图 13-18 所示。

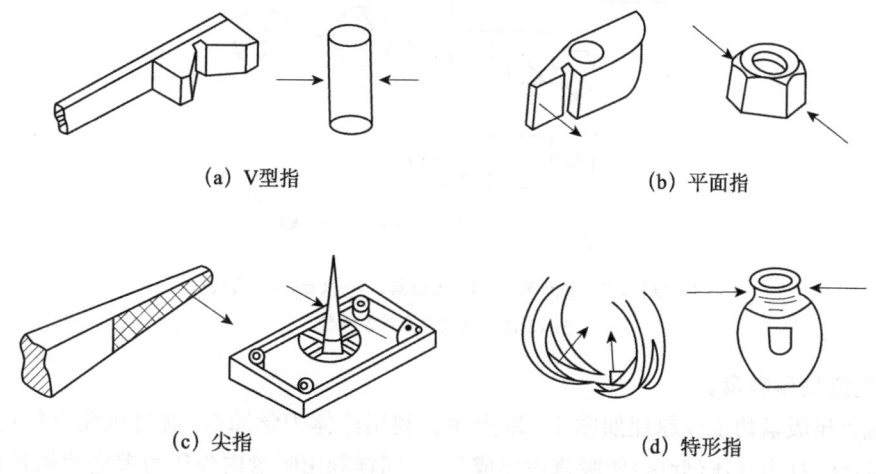

(a) V型指　　　　　　　　　　　(b) 平面指

(c) 尖指　　　　　　　　　　　　(d) 特形指

图 13-18　手指的结构形式

② 传动机构：向手指传递运动和动力，以实现夹紧和松开动作的机构。传动机构根据手指开合的动作特点可分为回转型和平移型。回转型手部使用较多，其手指就是一对杠杆。回转型又分为一支点回转和多支点回转。根据手爪夹紧是摆动还是平动，手部又可分为摆动回转型和平动回转型。平移型夹钳式手部是通过手指的指面做直线往复运动或平面移动来实现张开或闭合动作的，常用于夹持具有平行平面的工件（如箱体等）。

③ 驱动装置：向传动机构提供动力的装置，按驱动方式不同有液压、气动、电动和机械驱动之分。

④ 承接支架：使手部与机器人的腕或臂相连接。

2) 吸附类手部

吸附类手部有气吸附手部(也称真空类吸盘)和磁吸附手部(也称为磁力类吸盘)两种类型。磁力类吸盘主要有电磁吸盘和永磁吸盘两种。真空类吸盘主要是真空式吸盘,根据形成真空的原理可分为真空吸盘、流负压吸盘和挤气负压吸盘三种。

(1) 气吸附手部

气吸附手部是工业机器人常用的一种吸持工件的装置,是利用吸盘内的压力和大气压之间的压力差而工作的。它由吸盘、吸盘架及进排气系统组成,具有结构简单、重量轻、使用方便可靠等优点。使用气吸附手部时要求物体表面较平整光滑,没有透气空隙。

① 真空吸盘。

图 13-19 所示为产生负压的真空吸盘控制系统。该系统通过连接真空发生装置和气体发生装置实现抓取和释放工件。工作时采用真空泵能保证吸盘内持续产生负压,吸盘内的大气压力小于吸盘外大气压力,工件在外部压力的作用下被抓取。吸盘吸力取决于吸盘与工件表面的接触面积和吸盘内外压差,另外与工件表面状态也有十分密切的关系,它影响负压的泄漏。

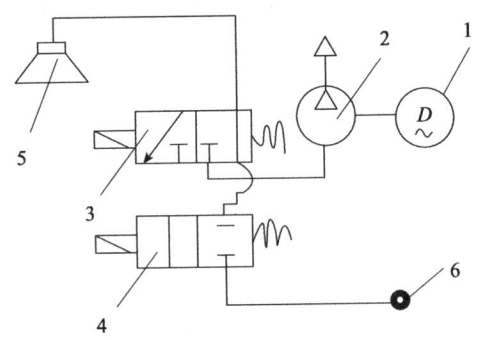

1—电机;2—真空泵;3、4—电磁阀;5—吸盘;6—通气口
图 13-19 真空吸盘控制系统

② 气流负压吸盘。

气流负压吸盘的工作原理如图 13-20 所示。利用流体力学原理,通过压缩空气(高压)高速流动带走吸盘内气体(低压)使吸盘内形成负压,同样利用吸盘内外压力差完成取件动作,切断压缩空气消除吸盘内负压,完成释放工件动作。在工厂一般都有空压机或空压站,空压机气源比较容易解决,不需专为机器人配置真空泵,因此气流负压吸盘在工厂使用方便。

③ 挤气负压吸盘。

挤气负压吸盘的结构如图 13-21 所示。利用吸盘变形和拉杆移动改变吸盘内外部压力完成工件吸取和释放动作。当吸盘压向工件表面时,将吸盘内空气挤出;松开时,去除压力,吸盘恢复弹性变形使吸盘内腔形成负压,将工件牢牢吸住,机械手即可进行工件搬运;到达目标位置后,可用碰撞力或用电磁力使压盖动作,使空气进入吸盘腔内,释放工件。这种挤气负压吸盘不需要真空泵也不需要压缩空气气源,比较经济方便,但是可靠性比真空吸盘和气流负压吸盘差。

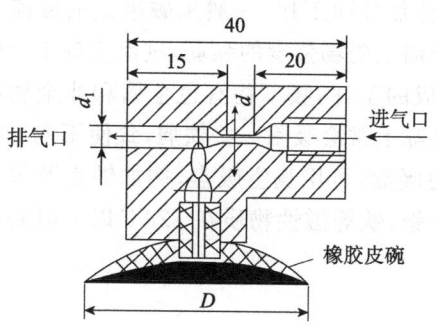

图 13-20 气流负压吸盘的工作原理

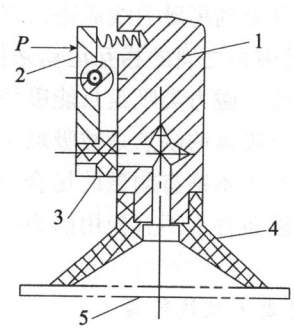

1—吸盘架；2—压盖；3—密封垫；4—吸盘；5—工件
图 13-21 挤气负压吸盘的结构

(2) 磁吸附手部

磁吸附手部利用永久磁铁或电磁铁通电后产生的磁力吸取工件。常见的磁力吸盘有电磁吸盘(见图 13-22)、永磁吸盘等。电磁吸盘是在手部安装电磁铁,线圈通电后,在铁芯内产生磁场,磁力线穿过铁芯,空气隙和衔铁被磁化并形成回路,通过磁场吸力把工件吸住;断电后磁吸力消失,将工件松开。图 13-23 为电磁吸盘的结构。

图 13-22 电磁吸盘

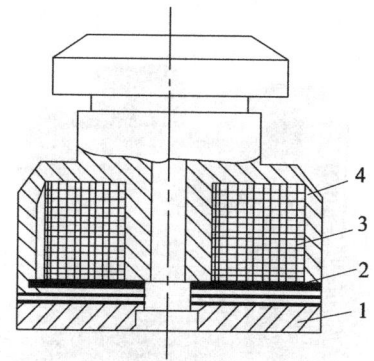

1—磁盘；2—防尘盖；3—线圈；4—外壳体
图 13-23 电磁吸盘的结构

永磁吸盘是利用磁力线通路的连续性及磁场叠加性而工作,一般永磁吸盘的磁路为多个磁系,通过磁系之间的相互运动来控制工作磁极面上磁场强度的强弱,进而实现工件的吸附和释放动作。磁力类吸盘只能吸住铁磁材料制成的工件,吸不住有色金属和非金属材料工件。磁力类吸盘的缺点是被吸取工件有剩磁,吸盘上常会吸附一些铁屑,致使不能可靠地吸住工件。对于不准有剩磁的场合,不能选用磁力吸盘,可用真空吸盘,例如钟表及仪表零件。另外高温条件下不宜使用磁力吸盘,主要在于钢、铁等磁性物质在 723℃ 以上时磁性会消失。

2．工具类末端执行器

工具类末端执行器(见图 13-24)是完成特定工作任务的专用工具,因作业的不同而不同。如机器人涂装用喷枪、机器人焊接用焊枪等。

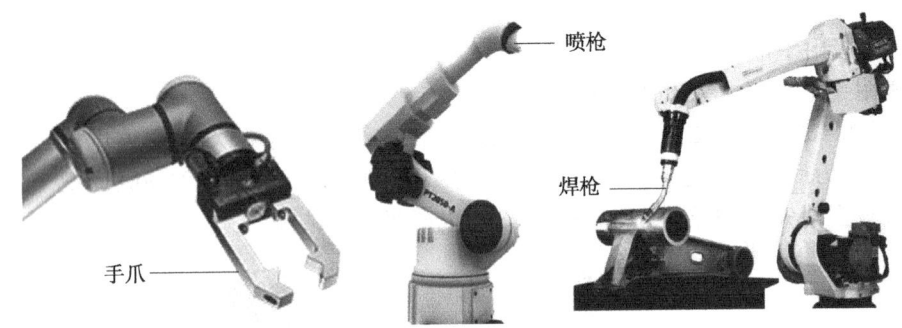

图 13-24　工具类末端执行器

3．工业机器人工具快换装置

机器人工具快换装置也被称为自动工具快换装置(ATC)、机器人工具快换、机器人连接器、机器人连接头等,为自动更换工具并连通各种介质提供了极大的柔性。它可以自动锁紧连接,同时可以连通和传递电信号、气体和水等介质,如图 13-25 所示。大多数的机器人连接器使用气体锁紧主侧和工具侧,主要要求有:同时具备气源、电源及信号的快速连接与切换;能承受末端执行器的工作载荷,在失电、失气情况下,机器人停止工作时不会自行脱离,并具有一定的换接精度等。

图 13-25　工业机器人工具快换装置

13.3 工业机器人的机械装配和本体安装

一、伺服电动机的装配

1. 伺服电动机及作用

伺服电动机是指在伺服系统中控制机械元件运转的电动机,它是一种辅助马达间接变速装置,可以将电压信号转化为转矩和转速以驱动控制对象,电动机转子的转速受输入信号控制,不仅反应速度快,而且可使控制的速度和位置精度非常准确,工业上常用的六轴机器人一般都采用伺服电动机作为驱动装置,其常见的外观如图13-26所示。

图13-26 伺服电动机外观图

2. 伺服电动机在工业机器人中的应用

在工业机器人中,伺服电动机主要用于驱动机器人关节运动,其运动方式主要有以下两种。

一是通过电动机轴直接带动减速器工作,此时,电动机轴旋转中心与机器人关节旋转中心同轴,如图13-27中J1~J4所示。J1电动机轴的旋转中心与机器人腰部旋转座的旋转中心同轴,J2电动机轴的旋转中心与大臂的旋转中心同轴,J3电动机轴的旋转中心与前臂旋转壳体的旋转中心同轴,J4电动机轴的旋转中心与前臂的旋转中心同轴。

二是通过带传动等其他形式间接带动减速器工作。此时,因功能结构设计等原因,机器人关节的旋转中心与电动机不同轴,需要通过其他传动形式将运动传递到关节。图13-27所示机器人的J5轴和J6轴,其中J5轴通过带传动控制手腕壳体的旋转,J6轴通过带传动和一对伞齿轮传动控制终端法兰的旋转。

3. 伺服电动机的装配技术要求及注意事项

(1) 装配技术要求

① 电动机的旋转方向应符合要求,声音正常。

② 电动机的振动应符合规范要求。

③ 电动机不应有过热现象。

(2) 装配注意事项

① 不要在有腐蚀性气体、易潮、易燃、易爆的环境中使用伺服电动机,以免引发火灾。

② 不要损伤电缆或对其施加过度压力、放置重物和挤压,否则可能导致触电,损坏电动机。

③ 不要将手放入驱动器内部,以免灼伤手和导致触电。

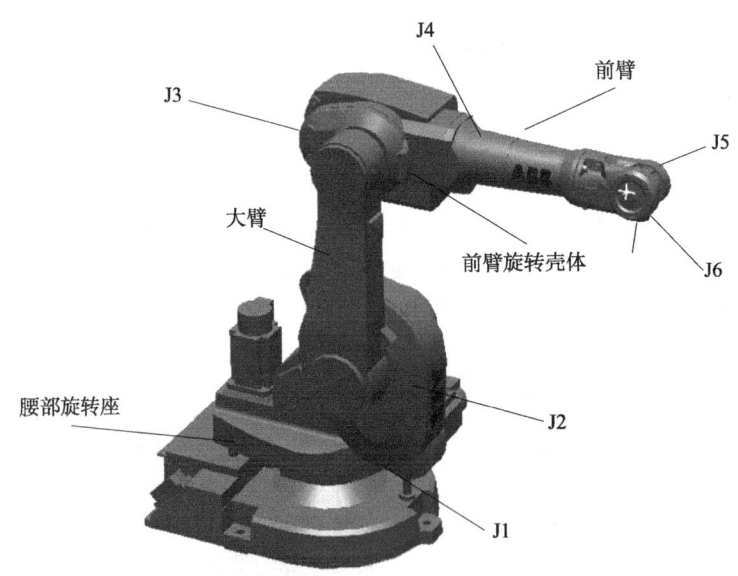

图 13-27　电动机旋转中心与机器人关节旋转中心

④ 不要在伺服电动机运行过程中,用手去触摸电动机旋转部位,以免烫伤手。

⑤ 切断电源,确认无触电危险之后,方可进行电动机的移动、配线、检查等操作,以免人员触电。

⑥ 将电动机固定,并在切割机械系统的状态下进行试运转的动作确认,之后再连接机械系统,以免人员受伤。

4．伺服电动机的安装工艺过程及安装方法

(1) 作业前

按作业要求准备伺服电动机装配用的物料及工具,物料和工具需按作业要求的位置放置,防止混乱、错用。

所需物料和工具:内六角圆柱头螺钉、螺纹防松胶和密封胶、内六角扳手、周转箱、清洁抹布、密封圈等。

(2) 作业中

按作业要求检查工艺文件(装配工艺卡、作业方案和作业计划)是否完整。

伺服电动机装配流程见表 13-1。

表 13-1　伺服电动机装配流程

序号	装配内容	装配要求	工具或物料
1	去锐边、检查螺纹孔和密封槽等	无隆起、毛边或异物啃入	油石
2	清洁安装平面	各安装平面不能有异物、油渍等	油石、清洁抹布
3	将电动机密封圈装入机架安装平面上的密封圈槽内	密封圈完全嵌入密封圈槽内,且不能扭曲	密封圈
4	给伺服电动机的安装平面上涂抹密封胶	均匀涂抹	密封胶

续表

序号	装配内容	装配要求	工具或物料
5	将伺服电动机的安装平面贴紧机架安装平面	安装平面要贴紧，中间要对齐，螺丝孔要对齐	螺栓、加长内六角扳手、螺纹防松胶
6	拧入一半螺纹时对两安装平面进行预紧	拧入螺栓不能发生歪斜	
7	给露在外面的半截螺栓添加螺纹防松胶	螺纹防松胶要加够	
8	用内六角扳手拧紧螺栓	拧紧力要合适，不能用力扳	
9	检验	按技术要求，灵活转动无阻滞	

(3) 作业后

按要求进行物品检查，整理工具，清理作业场地。

注意：

① 按要求检查装配位置是否正确、装配情况是否牢固。

② 检查安装平面四周有无密封胶溢出，检查螺栓部位有无螺纹防松胶溢出，若有应清理干净。

二、谐波减速器的装配

1. 谐波减速器的结构与原理

近代，在人机协作中，制造机器人时常选用柔性传动元件。这种形式的机械设计保证了传动装置与连杆之间的惯性解耦，从而减少了机器人与人类意外碰撞产生的危险。这种机械设计不但增加了安全性，更保证了刚性机器人的速度及末端执行器运动精度等要求。目前工业机器人的旋转关节有 60%～70% 都是使用谐波减速器传动。

谐波减速器传动是一种依靠弹性变形运动来实现传动的新型机构，它突破了机械传动采用刚性构件机构的模式，使用了一个柔性构件来实现机械传动。此种传动方式在机器人技术比较先进的国家已得到了广泛的应用，它传动比大，结构紧凑，常用在中小型机器人上。工业机器人的腕部传动多采用谐波减速器。

谐波减速器由具有内齿的刚性齿轮（刚轮）、具有外齿的柔性齿轮（柔轮）和谐波发生器三个主要零件组成，通常谐波发生器为主动件，而刚轮和柔轮之一为从动件，另一个为固定件，如图 13-28 所示。工作时，刚性齿轮 6 固定安装，各齿均布于圆周上，具有柔性外齿圈 2 的柔性齿轮 5 沿刚性齿轮的刚性内齿圈 3 转动。柔性齿轮比刚性齿轮少 2 个齿，所以柔性齿轮沿刚性齿轮每转一圈就反向转过 2 个齿的相应转角。谐波发生器 4 具有椭圆形轮廓，装在其上的滚珠用于支撑柔轮，谐波发生器驱动柔轮旋转并使之发生塑性变形。转动时，柔轮的椭圆形端部只有少数齿与刚轮啮合，只有这样，柔轮才能相对于刚轮自由地转过一定的角度。通常刚轮固定，谐波发生器作为输入端，柔轮与输出轴相连。

谐波减速器传动比计算公式为

$$i = -\frac{z_2 - z_1}{z_2} \tag{1-1}$$

式中，z_1 为柔轮的齿数，z_2 为刚轮的齿数，负号表示柔轮的转向与谐波发生器的转向相反。由于柔轮比刚轮的齿数少 2 个，所以当谐波发生器转动一周时，柔轮向相反方向转过 2 个齿的角度,从而实现了大的减速比。通常将谐波发生器安装在输入轴,把柔性齿轮安装在输出轴,以获得较大的齿轮减速比。

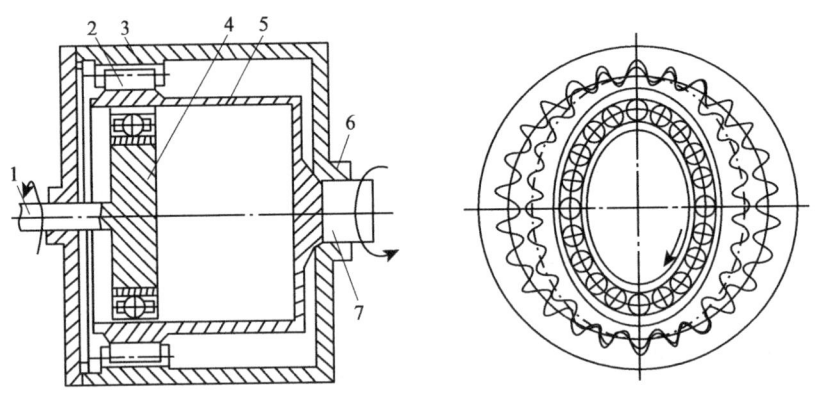

1—输入轴;2—柔性外齿圈;3—刚性内齿圈;4—谐波发生器;5—柔性齿轮;6—刚性齿轮;7—输出轴
图 13-28　谐波减速器

2. 谐波减速器的装配

(1) 作业前

安装谐波减速器的物料及工具包括六角圆柱头螺钉、螺纹防松胶和密封胶、内六角扳手、气动扳手、润滑油、周转箱和清洁抹布等。注意,应将物料和工具按作业要求的位置放置,防止混乱、错用。

(2) 作业中

按作业要求检查工艺文件是否完整。

① 谐波减速器组件的装配。装配步骤见表 13-2。

表 13-2　谐波减速器装配步骤

序号	装配内容	装配要求	工具或物料
1	检查各构件是否完好	各安装平面不能歪斜; 各啮合部位不能有异物; 螺栓孔部位不能有隆起、毛边或异物嵌入	清洁抹布
2	在刚轮的轮齿上涂抹润滑油防锈	均匀涂抹,润滑充分,不得有杂物混入	润滑油
3	在柔轮的轮齿和相应部位涂上润滑油防锈	均匀涂抹,润滑充分,不得有杂物混入	
4	在谐波发生器上涂上润滑油防锈	均匀涂抹,润滑充分	
5	先将柔轮和刚轮组合	不得敲击柔轮开口部的轮齿,也不能用力压,防止柔轮轮齿变形或齿面磨损	
6	再将谐波发生器装入柔轮轮齿内侧	不能敲击谐波发生器轴承部位,防止轴承损坏	
7	检验	符合技术要求,灵活转动无阻滞	

② 谐波减速器组件与机器人关节的装配。

表 13-3 为新松六轴机器人 J4 轴谐波减速器组件与机器人关节的装配流程。

表 13-3　谐波减速器组件与机器人关节的装配流程

序号	装配内容	装配要求	工具或物料
1	检查螺纹孔	无隆起、毛边或异物啮入	
2	清洁安装平面	各安装平面不能有异物、油渍等	清洁抹布
3	给谐波减速器添加润滑油进行润滑	润滑充分	润滑油
4	在刚轮一侧安装面上均匀涂抹密封胶	均匀涂抹，注意不要让密封胶蔓延到轮齿啮合部位	密封胶
5	将谐波减速器装到安装端面上	刚轮与安装平面要贴紧，中间不留空隙，对正所有连接螺纹孔	
6	给连接螺栓涂上螺纹防松胶，然后经预紧、防松后拧紧螺栓	不要一次性拧紧螺栓，要先预紧，再拧紧，拧紧螺栓时按对角线顺序依次拧紧	螺栓、加长内六角扳手、螺纹防松胶
7	检验	符合技术要求，灵活转动无阻滞	

(3) 作业后

按要求进行物品检查，整理工具，清理作业场地。

三、RV 减速器的装配

RV 减速器是由一个行星齿轮减速器的前级和一个摆线针轮减速器的后级组成的。RV 齿轮利用滚动接触元素减少磨损，延长使用寿命；摆线设计的 RV 齿轮和针齿轮结构，进一步减小齿隙，以获得比传统减速器更高的耐冲击能力。其具有体积小、重量轻、传动比范围大、寿命长、精度稳定、效率高及传动平稳等优点，被广泛应用于工业机器人领域中。

1. RV 减速器的结构

RV 减速器由第一级渐开线圆柱齿传输线行星减速机构和第二级摆线轮行星减速机构两部分组成，包括输入轴、行星轮、曲柄轴、摆线轮、针齿、输出轴和针齿壳等零部件。

输入轴：输入轴又称为渐开线中心轮，用来传递输入功率，且和行星轮互相啮合。

行星轮：与曲柄轴固连，均匀分布在一个圆周上，起功率分流的作用，将输入轴输入的功率分流传递给摆线轮行星机构。

曲柄轴：曲柄轴是摆线轮的旋转轴。它的一端与行星轮相连接，另一端与支撑圆盘相连接。它采用滚动轴承带动 RV 齿轮产生公转，又支撑 RV 齿轮产生自转。

摆线轮：也叫 RV 齿轮，为了实现径向力的平衡并提供连续的齿轮啮合，一般要在曲柄轴上安装两个完全相同的摆线轮，且两 RV 齿轮的偏心位置互成 $180°$。

针齿：针齿与机架固定连在一起，其间隙小，耐冲击力强。

输出轴：输出轴是减速器与外界从动工作机构相连接的传动轴，输出运动或动力。

2. RV 减速器的原理

RV 减速器结构图如图 13-29 所示,渐开线行星轮与曲柄轴连成一体,作为摆线轮传动部分的输入。如果输入轴顺时针方向旋转,则渐开线行星轮在公转的同时还有逆时针方向的自转,并通过曲柄轴带动摆线轮做偏心运动,此时摆线轮在其轴线公转的同时,还将在针齿的作用下反向自转,即顺时针运动,同时通过曲柄轴将摆线轮的转动等速传给输出机构。

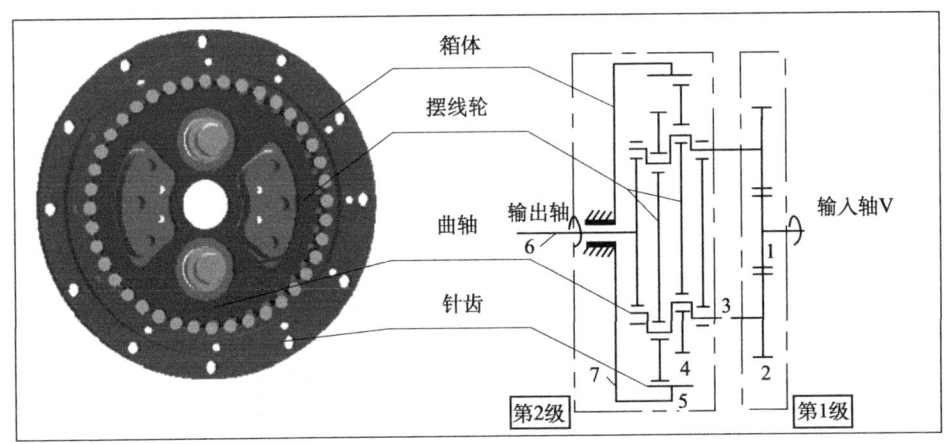

图 13-29 RV 减速器结构图

3. RV 减速器的装配技术要求及注意事项

(1) RV 减速器的装配技术要求

① 安装时不要对减速器的输出部件、箱体施加压力,连接时满足机器与减速器之间的同轴度与垂直度的相应要求。

② 减速器初始运行至 400 小时应重新更换润滑油,其后的换油周期约为 4000 小时。

③ 箱体内应该保留足够的润滑油量,并定时检查。当发现油量减少或油质变坏时应及时补足或更换润滑油,应注意保持减速机外观清洁,及时清除灰尘、污物以利于散热。

(2) RV 减速器的装配注意事项

① 向减速器内添加润滑油时,应使润滑油占全部体积的 10% 左右,保证润滑充分。

② 注意保持减速器外观清洁欤,及时清除灰尘、污物以利于散热。

③ 装配时,严禁用强力敲打 RV 减速器,避免损坏减速器。

④ 涂抹密封胶时,量不能太多,以免密封胶流入减速器内部;量也不能太少,否则会造成密封不良。

4. RV 减速器的安装工艺过程及安装方法

以新松六轴机器人 J2 轴 RV 减速器与关节的装配为例,介绍 RV 减速器组件与机器人关节的装配过程与装配方法。

(1) 作业前

安装 RV 减速器的物料及工具包括内六角柱头螺钉、螺纹防松胶和密封胶、内六角扳手、气动扳手、润滑油、周转箱、清洁抹布。

将物料和工具按作业要求的位置放置,防止混乱、错用。

(2) 作业中

按作业要求检查工艺文件是否完整。

RV 减速器组件与机器人关节的装配步骤见表 13-4。

表 13-4 RV 减速器组件与机器人关节的装配步骤

序号	装配内容	装配要求	工具或物料
1	检查螺纹孔	无隆起、毛边或异物啮入	
2	清洁安装平面	各安装平面不能有异物、油渍等	清洁抹布
3	给 RV 减速器添加润滑油进行润滑	润滑充分	润滑油
4	在 RV 减速器输入轴侧安装面上均匀涂抹密封胶	均匀涂抹,注意不要让密封胶溢到轴孔中	密封胶
5	将 RV 减速器安装到机体空座中	安装平面要贴紧,中间不留空隙,对正所有连接螺纹孔	
6	给连接螺栓涂上螺纹防松胶,然后经预紧、防松后拧紧螺栓	不要一次性拧紧螺栓,要先预紧,再拧紧,拧紧螺栓时按对角线顺序依次拧紧	螺栓、加长内六角扳手、螺纹防松胶
7	检验	符合技术要求,灵活转动无阻滞	

(3) 作业后

按要求进行物品的检查,整理工具,清理作业场地。

四、工业机器人六轴机械装配

六轴工业机器人是目前自动化装备中应用最广泛的一种工业机器人。对于它的六轴安装,应遵守相关技术要求,规范地进行安装。下文以某型号的工业机器人为例,介绍工业机器人六轴机械装配。机器人各轴总装配爆炸图如图 13-30。

1. 机器人 J1 轴安装

机器人 J1 轴爆炸图见图 13-31。

底部 J1 轴主要由底座、转盘、J1 轴伺服电动机、J1 轴 RV 减速器和螺钉等构成。

底座是工业机器人装配的基础,它上部连接着工业机器人的转盘,底部用螺钉与基体相连,同时它还固定着 J1 轴减速器的输入端。转盘与减速器的输出端相连,所以转盘可以绕底座中心旋转,此为 J1 轴的运动。J1 轴伺服电动机固定在转盘的输入端,电动机轴的终端连着齿轮轴,与减速器输入齿轮啮合传递运动和动力。

安装时,首先放置垫木和转盘;然后安装 O 形密封圈和 RV 减速器,并检查 RV 减速器输出端平面和底座安装面,使其光滑、无毛刺,固定底座和底板,向 RV 减速器内注入黄油,调试 J1 轴零点位置;最后安放和固定电动机。

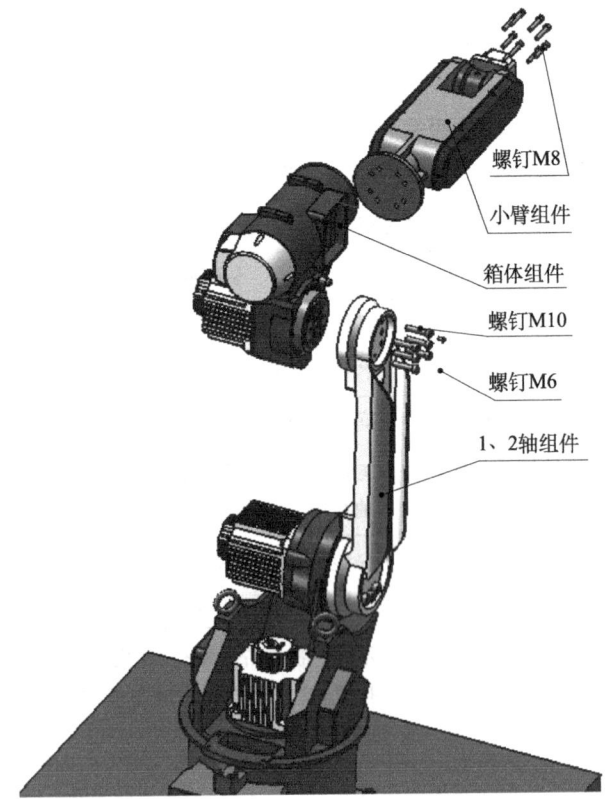

图 13-30 机器人各轴总装配爆炸图

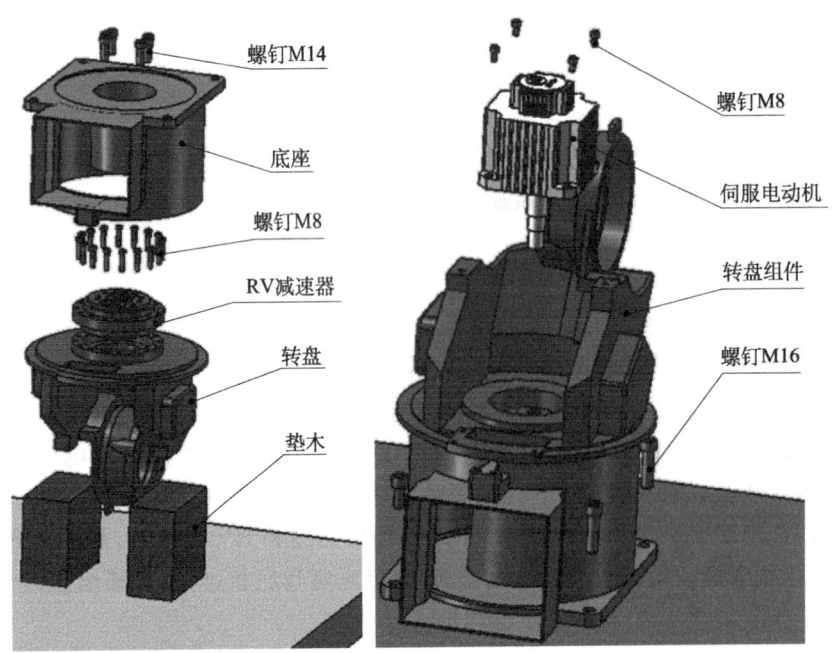

图 13-31 机器人 J1 轴爆炸图

2. 机器人 J2 轴安装

机器人 J2 轴爆炸图见图 13-32。

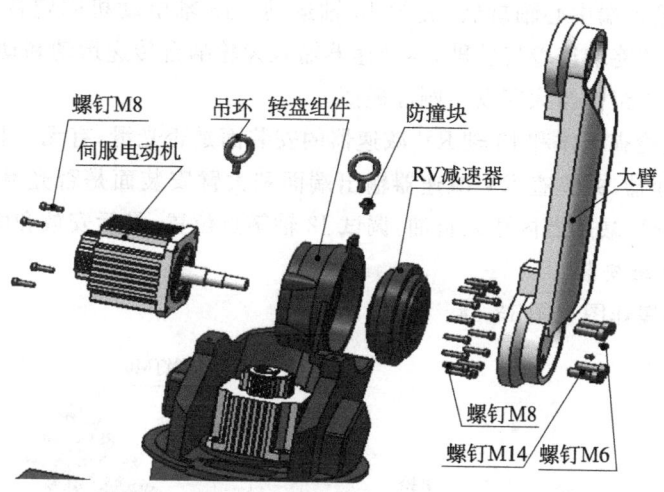

图 13-32　机器人 J2 轴爆炸图

腰部 J2 轴主要由转盘、J2 轴伺服电动机、大臂及 J2 轴 RV 减速器等零部件组成。

腰部旋转座的输出端与减速器输入端相连,大臂输入端与减速器输出端相连,所以大臂可以绕转盘输出端中心轴旋转,此为 J2 轴的运动。J2 轴电动机固定在转盘输出端的一侧,电动机轴的终端连着齿轮轴,与减速器输入齿轮啮合传递运动和动力。

安装时,首先检查转盘和 J2 轴 RV 减速器的安装面是否光滑,有无毛刺;然后安装 O 形密封圈、RV 减速器和吊环并检查 RV 减速器输出端面和大臂安装面是否光滑,有无毛刺,安放和固定大臂,向 RV 减速器内注入黄油,调试 J2 轴零点位置;最后安放和固定电动机。

3. 机器人 J3 轴安装

机器人 J3 轴爆炸图见图 13-33。

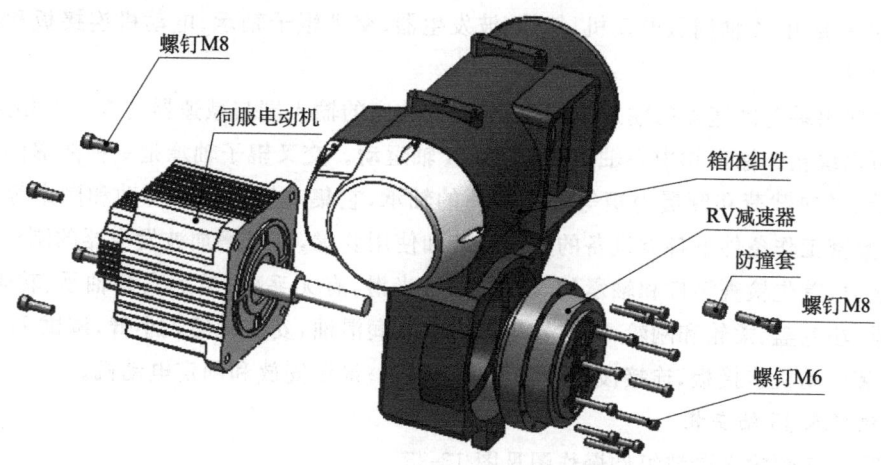

图 13-33　机器人 J3 轴爆炸图

大臂输出端J3轴主要由大臂、J3轴伺服电动机、箱体组件及防撞套等组成。

大臂输出端与减速器输入端相连,前臂旋转壳体输入端与减速器输出端相连,所以箱体组件可以绕大臂输出端中心轴旋转,此为J3轴运动。J3轴电动机固定在箱体组件输入端另一侧,电动机轴的终端连着齿轮轴,与减速器输入齿轮啮合传递运动和动力。防撞套的作用是限位,防止箱体组件与大臂发生刚性碰撞。

安装时,首先检查箱体和J3轴RV减速器的安装面是否光滑,有无毛刺;然后安装O形密封圈和RV减速器,并检查RV减速器输出端面和大臂安装面是否光滑,有无毛刺,安放和固定J3轴,向RV减速器内注入黄油,调试J2轴零点位置;最后安放和固定电动机。

4. 机器人J4轴安装

机器人J4轴爆炸图见图13-34。

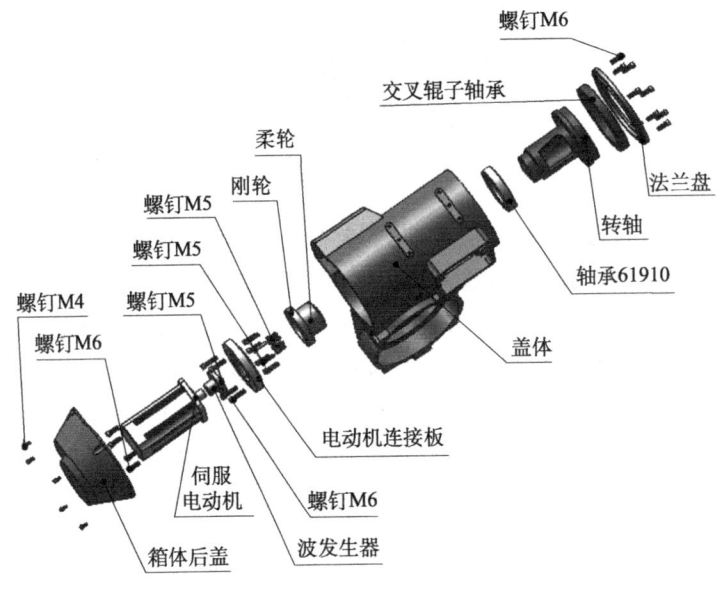

图13-34 机器人J4轴爆炸图

J4轴主要由J4轴伺服电动机、箱体、波发生器、交叉辊子轴承、电动机连接板和前臂支撑座等组成。

箱体输出端与减速器的输入端相连,前臂支撑座的输入端与减速器的输出端相连,前臂支撑座可以绕箱体输出端中心轴旋转,此为J4轴运动。交叉辊子轴承是一种能够同时承受轴向载荷、径向载荷和倾覆力矩等综合载荷的轴承,它集支撑、旋转、传动和固定等功能一身,满足紧密工作条件下各类设备的不同安装和使用要求,可以增加波发生器的刚性。

安装时,首先检查零件和轴承的安装面是否光滑,有无毛刺;然后安装轴承、转轴、交叉滚子轴承、法兰盘、柔轮和刚轮,向波发生器内注入润滑油,安装机器人小臂,调试J4轴零点位置,安装电动机连接板,连接波发生器和电动机轴;最后安放和固定电动机。

5. 机器人J5轴安装

机器人J5轴输入谐波组件爆炸图见图13-35。

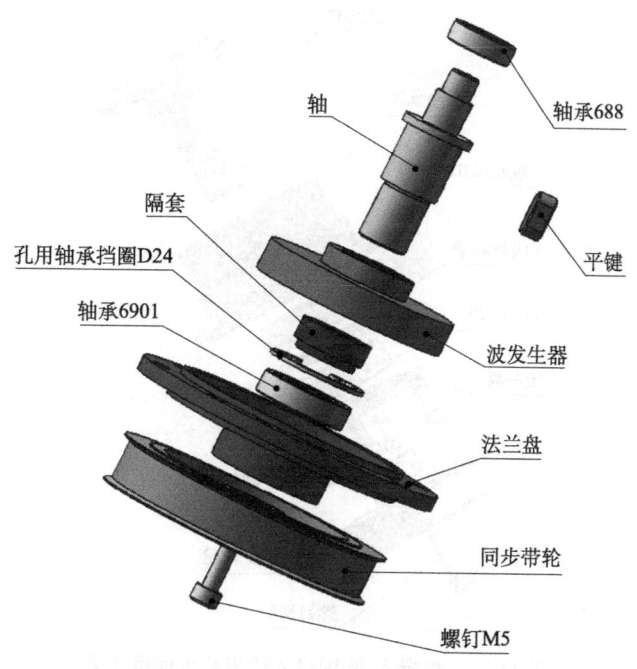

图 13-35　机器人 J5 轴输入谐波组件爆炸图

J5 轴输入谐波组件主要由同步带轮、法兰盘、波发生器、轴承等组成。

安装谐波组件时,首先要检查安装面,检查各零件和轴承的安装面是否光滑,有无毛刺、磕碰;然后按照平键、波发生器、隔套、轴承 6901、孔用轴承挡圈、轴、同步带轮、螺钉、轴承 688 的顺序来安装谐波组件。注意:安装后转动齿轮轴和同步带轮,应该做到没有间隙,转动轻快、顺畅。

6. 机器人 J6 轴安装

机器人 J6 轴输入锥齿轮组件爆炸图见图 13-36。

J6 轴输入锥齿轮组件主要由齿轮轴、轴承、法兰盘、同步带轮等组成。

安装谐波组件时,首先要检查安装面,检查各零件和轴承的安装面是否光滑,有无毛刺、磕碰;然后按照轴承 6202、齿轮轴、平键、谐波减速器、盖的顺序来安装输入锥齿轮组件,安装后,将以上装配好的组件通过轴承座的止口配合部位安装到腕体内并锁紧。注意:安装后要转动谐波减速器,检查其旋转是否轻快、顺畅。

五、工业机器人本体的机械安装

本节以 ABB 机器人 IRB120 为例,介绍机器人本体的机械安装。

1. 安装前的操作程序

在将机器人运到其安装现场前,要确保该现场符合基座载荷要求和基座安装要求,机器人质量为 25kg。

(1) 基座载荷要求

图 13-37 所示为机器人受力的方向,表 13-5 以地面安装为例给出机器人所受的各种力和力矩。

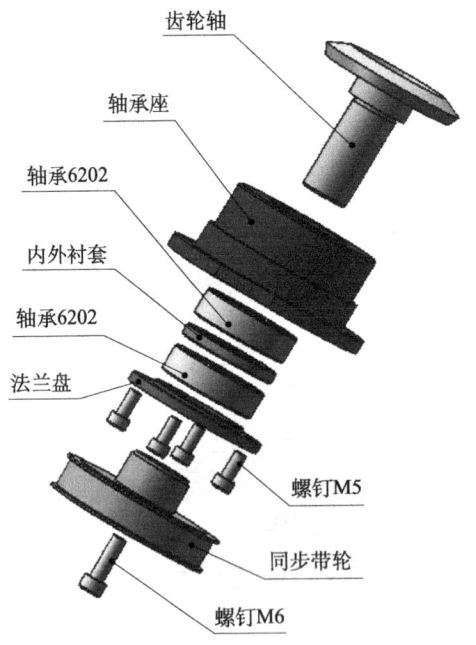

图 13-36 机器人 J6 轴输入锥齿轮组件爆炸图

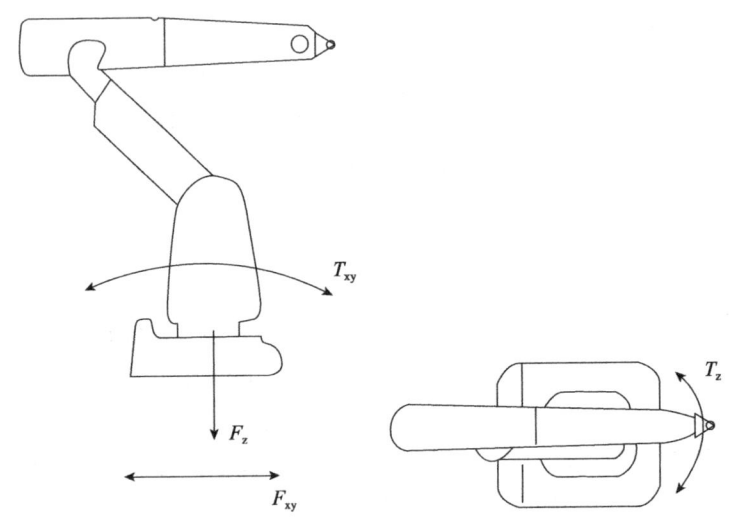

图 13-37 机器人受力的方向

表 13-5 地面安装中机器人所受的各种力和力矩

类型	力	耐久性载荷(操作中)	最大载荷(紧急停止)
F_{xy}	XY 平面中任意方向上的力	±265N	±515N
F_z	Z 平面中的力	−265±200N	−265±365N
T_{xy}	XY 平面中任意方向上的弯曲转矩	±195N·m	±400N·m
T_z	Z 平面中的弯曲转矩	±85N·m	±155N·m

(2) 对基座的要求

针对带定中装置的基座固定装置,通过底板和锚栓将机器人固定在合适的混凝土基座上。基座固定装置由带固定的销和剑型销、六角螺栓及碟形垫圈、底板、锚栓、注入式化学锚固剂和动态套件等组成。表 13-6 为 IRB120 机器人基座的安装要求。

表 13-6 IRB120 机器人基座的安装要求

要求	值	注释
基础地面的平整度	0.1/500mm	机器人底座中锚定点周围的水平度值
最大倾角	5°	
最小共振频率	22 Hz	推荐此值以获得最佳性能

2. 安装流程

(1) 用圆形吊带吊升机器人

图 13-38 显示了使用圆形吊带吊升机器人的连接方法,其中 B 是专门制作的防护垫,防止吊带损坏机器人本体。

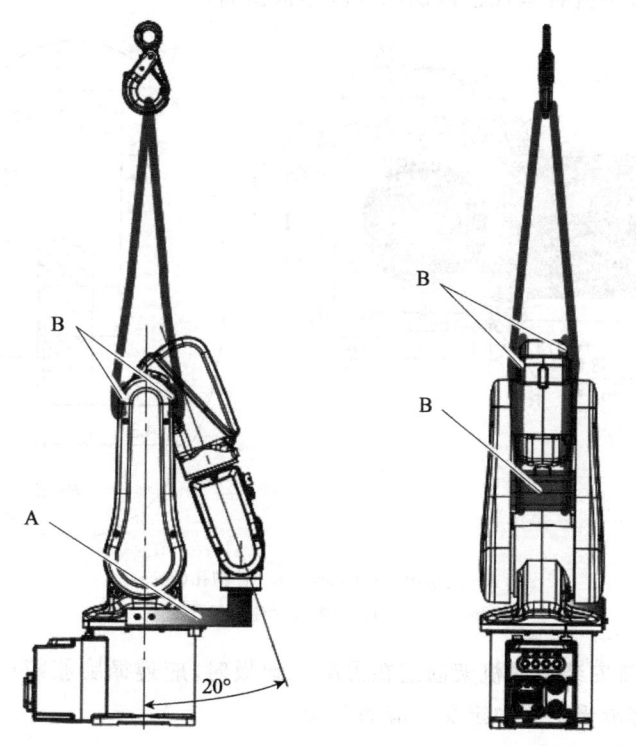

A—支架;B—防护垫

图 13-38 使用圆形吊带吊升机器人

注意:

① IRB 120 机器人质量为 25kg,必须使用相应尺寸的起吊附件。

② 在建议位置以外的任何位置吊升机器人可能会导致机器人翻倒并造成严重的损坏

或伤害。

③ 在任何情况下,人员均不得出现在悬挂载荷的下方。
④ 将机器人移到其最稳定的位置。
⑤ 关闭机器人的所有电力、液压和气压供给。
⑥ 用连接螺钉和垫圈安装支架,以将上臂固定到底座上。
⑦ 连接圆形吊带。
⑧ 用高架起重机吊升机器人。

(2) 确定方位并固定机器人

按照如下方法确定方位并固定机器人。

① 在安装现场准备止动螺孔。
② 将机器人吊升至安装现场。
③ 将两个插销安装到底座的孔中(固定机器人时使用的孔配置见图13-39)。
④ 在将机器人放入其安装位置时,使用连接螺钉轻轻引导机器人。
⑤ 将固定螺钉和垫圈安装到底座的止动孔中。
⑥ 以十字交叉方式拧紧螺栓以确保底座不被扭曲。

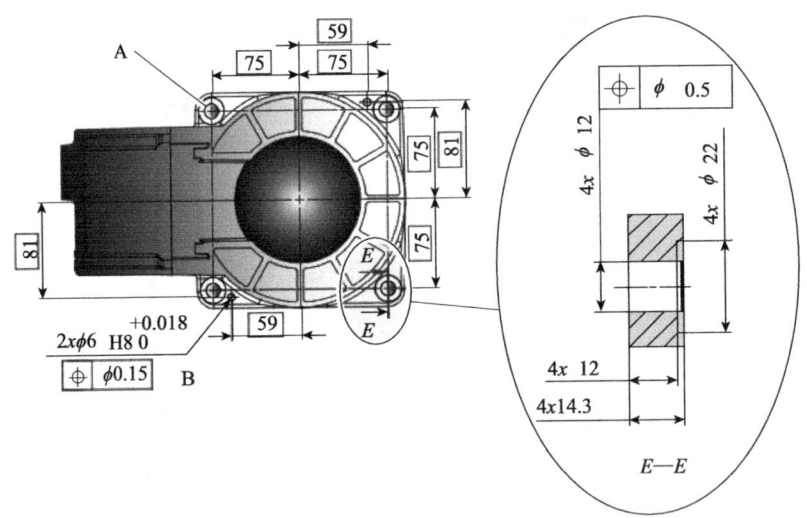

A—连接螺钉孔(4pcs);B—针脚孔(2pcs)
图 13-39　固定机器人时使用的孔配置

注意:用螺栓将安装板或机架固定在混凝土地板时,应遵循膨胀螺栓的一般操作要求。螺钉接头必须能够承受上文中定义的应力载荷。

(3) 将设备安装到机器人上

机器人上具有安装附加设备的安装孔。这些安装孔中的任何一个都可能被机器人用户安装的其他布线、设备等堵塞。确保可以在规划机器人单元时接触所需的安装孔。对于 IRB120 型机器人来说,底座每一侧的最大载荷为 5N,上臂最大载荷为 3N,详见图 13-40。

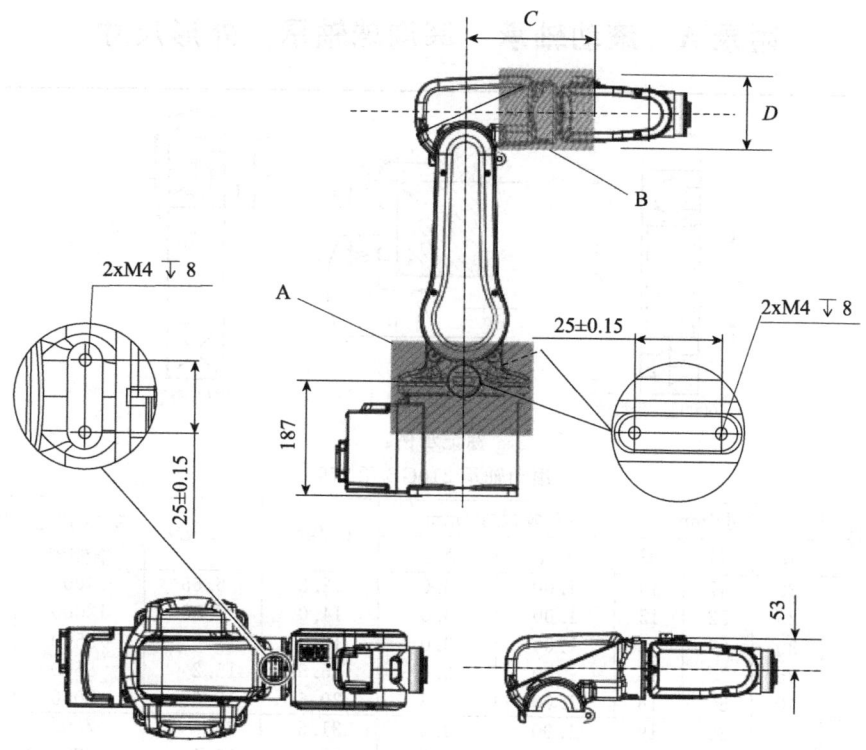

A—载荷区底座,最大载荷 5N(每一侧);B—载荷区上臂,最大载荷 3N;C—最高 172mm;D—最大半径 75mm

图 13-40　机器人底座和上臂上可用于安装额外设备的安装孔

习题

13-1　常见的工业机器人手部如何分类?

13-2　工业机器人腕部有哪几种形式?

13-3　六轴工业机器人分别采用了哪些减速机构?各有什么特点?其装配有什么要求?

13-4　比较谐波减速器和 RV 减速器装配的异同。

13-5　简述工业机器人装配时齿轮啮合过松或过紧会造成的影响。

13-6　简述六轴工业机器人的结构。

13-7　六轴工业机器人的装配应注意哪些事项?

13-8　操作题。

ABB 工业机器人 IIRB120 本体的安装和固定。

(1) 将机器人本体从运输的木箱中取出,检查其有无损坏。

(2) 将机器人吊运或者用叉车搬运到合适位置,然后用螺栓将机械本体固定到水平地面上,保证不会倾倒或移动。

(3) 按照另一个对角方向将另外两个螺栓拧上,并预紧。四个螺栓预紧后,再次确定机器人的位置摆放是否合适,然后将四个螺栓全部拧紧,将机器人固定在工作台上。

附录 A 滚动轴承 深沟球轴承 外形尺寸

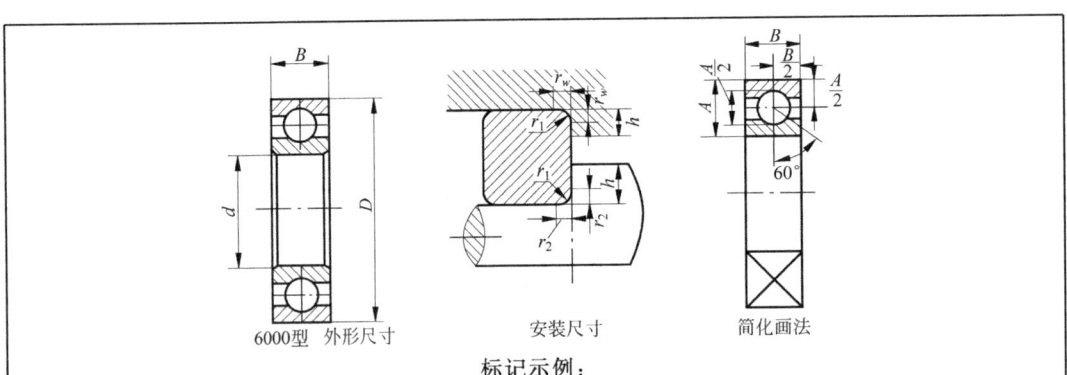

6000型 外形尺寸　　安装尺寸　　简化画法

标记示例：
滚动轴承 210GB/T 276

轴承型号	尺寸/mm			安装尺寸/mm		C_r/kN	C_{0r}/kN	极限转速 n/(r/min)	
	d	D	B	r_{max}	h_{min}			脂润滑	油润滑
6204	20	47	14	1.00	3.0	12.8	6.65	14000	18000
6205	25	52	15	1.00	3.0	14.0	7.88	12000	16000
6206	30	62	16	1.00	3.0	19.5	11.5	9500	13000
6207	35	72	17	1.00	3.5	25.5	15.2	8500	11000
6208	40	80	18	1.00	3.5	29.5	18.0	8000	10000
6209	45	85	19	1.00	3.5	31.5	20.5	7000	9000
6210	50	90	20	1.00	3.5	35.0	23.2	6700	8500
6211	55	100	21	1.50	4.5	43.2	29.2	6000	7500
6212	60	110	22	1.50	4.5	47.8	32.8	5600	7000
6213	65	120	23	1.50	4.5	57.2	40.0	5000	7000
6214	70	125	24	1.50	4.5	60.8	45.0	4800	6000
6304	20	52	15	1.00	3.50	15.8	7.88	13000	17000
6305	25	62	17	1.00	3.50	22.2	11.5	10000	14000
3606	30	72	19	1.00	3.50	27.0	15.2	9000	12000
6307	35	80	21	1.50	4.50	33.2	19.2	8000	10000
6308	40	90	23	1.50	4.5	40.8	24.0	7000	9000
6309	45	100	25	1.50	4.5	52.5	31.8	6300	8000
6310	50	110	27	2.0	5	61.8	38.0	6000	7500
6311	55	120	29	2.0	5	71.5	44.8	5300	6700
6312	60	130	31	2.1	6	81.8	51.8	5000	6300
6313	65	140	33	2.1	6	93.8	60.5	4500	5600
6314	70	150	35	2.1	6	105	68.0	4300	5300
6404	20	72	19	1.00	3.5	31.0	15.2	9500	13000
6405	25	80	21	1.50	4.5	38.2	19.2	8500	11000
6406	30	90	23	1.50	4.5	47.5	24.5	8000	10000
6407	35	100	25	1.50	4.5	56.8	29.5	6700	8500
6408	40	110	27	2.0	5	65.5	37.5	6300	8000
6409	45	120	29	2.0	5	77.5	45.5	5600	7000
6410	50	130	31	2.1	6	9.2	55.2	5300	6700
6411	55	140	33	2.1	6	100	62.5	4800	6000
6412	60	150	35	2.1	6	108	70.0	4500	5600
6413	65	160	37	2.1	6	118	78.5	4300	5300
6414	70	180	42	2.5	7	140	99.5	3800	4800

注：r_{max}——轴和外壳孔单向最大圆角半径。

附录B 滚动轴承 角接触球轴承 外形尺寸

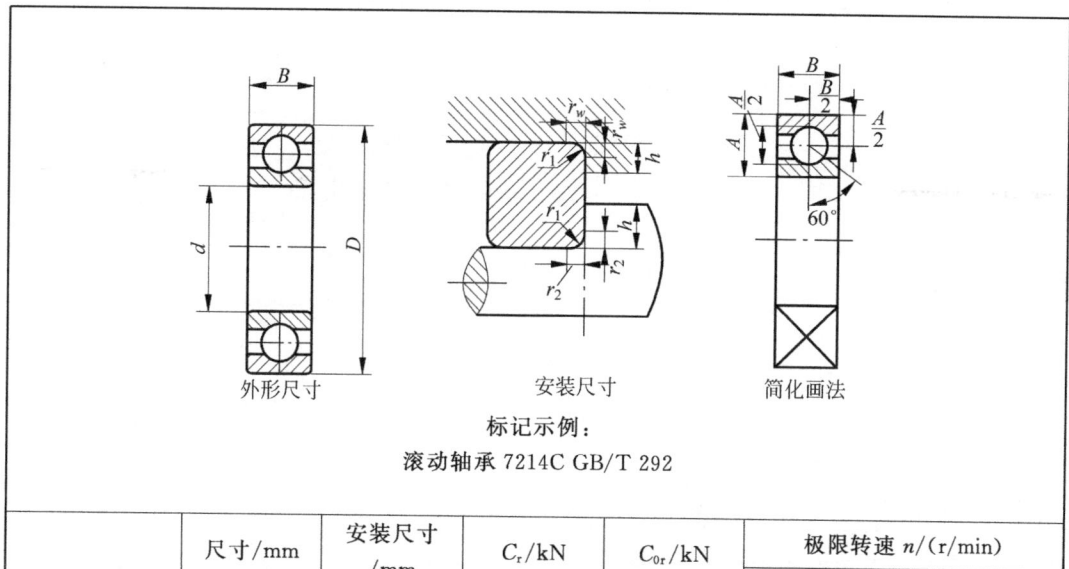

外形尺寸　　安装尺寸　　简化画法

标记示例：

滚动轴承 7214C GB/T 292

轴承型号		尺寸/mm			安装尺寸/mm		C_r/kN		C_{0r}/kN		极限转速 n/(r/min)			
											脂润滑		油润滑	
		d	D	B	r_{max}	h_{min}	7000C	7000AC	7000C	7000AC	7000C	7000AC	7000C	7000AC
7204C	7204AC	20	47	14	1.00	3.0	14.5	14.0	8.22	7.82	13000	13000	18000	18000
7205C	7205AC	25	52	15	1.00	3.0	16.5	15.8	10.5	9.88	11000	11000	10000	10000
7206C	7206AC	30	62	16	1.00	3.0	23.0	22.0	15.0	14.2	9000	9000	13000	13000
7207C	7207AC	35	72	17	1.00	3.5	30.5	29.0	20.0	19.2	8000	8000	11000	11000
7208C	7208AC	40	80	18	1.00	3.5	36.8	35.2	25.4	24.5	7500	7500	10000	10000
7209C	7209AC	45	85	19	1.00	3.5	38.5	36.8	28.5	27.2	6700	6700	9000	9000
7210C	7210AC	50	90	20	1.00	3.5	42.8	40.8	32.0	30.5	6300	6300	8500	8500
7211C	7211AC	55	100	21	1.50	4.5	52.8	50.5	40.5	38.5	5600	5600	7500	7500
7212C	7212AC	60	110	22	1.50	4.5	61.0	58.2	48.5	46.2	5300	5300	7000	7000
7213C	7213AC	65	120	23	1.50	4.5	69.8	66.5	55.2	52.5	4800	4800	6300	6300
7214C	7214AC	70	125	24	1.50	4.5	70.2	69.2	60.0	57.2	4500	4500	6000	6000

注：r_{max}——轴和外壳孔的单向最大圆角半径。